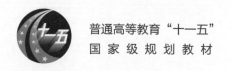

普通高等教育"十一五"
国家级规划教材

C程序设计系列教材

C语言
程序设计教程（第3版）

◎ 王敬华 林 萍 主编

清华大学出版社
北京

内 容 简 介

C语言是目前较为流行的通用程序设计语言之一,是许多计算机专业人员和计算机爱好者学习程序设计语言的首选。本书共12章,内容包括C语言程序设计预备知识、C语言程序设计基础、基本数据类型、运算符与表达式、基本输入/输出和顺序程序设计、选择结构程序设计、循环结构程序设计、数组、函数、指针、预处理命令、复杂数据类型、文件等。

本书注重可读性和实用性,每章开头都给出了学习意义、学习目标及难点提示;对关键知识点进行了详细的说明,并附有大量的图表,方便读者正确、直观地对问题进行理解;样例程序由浅入深,强化知识点、算法、编程方法与技巧,并给出了详细的解释;为了帮助初学者正确地掌握C语言的语法特点,每章还列举了初学者在编程过程中常出现的错误。另外,本书还配套提供题型丰富的《C语言程序设计教程(第3版)习题解答与实验指导》教材;为任课老师免费提供精心制作的电子课件,其中包括全部例题和习题源程序文件。

作者长期在高校从事计算机软件教学,有丰富的教学经验和科研开发能力。本书文字流畅、通俗易懂、概念清楚、深入浅出、例题丰富、实用性强。

本书为普通高等教育"十一五"国家级规划教材,适合作为高等院校计算机类专业的C语言课程教学用书,也可以作为全国计算机等级考试参考书。

本书封面贴有清华大学出版社防伪标签,无标签者不得销售。

版权所有,侵权必究。举报: 010-62782989, beiqinquan@tup.tsinghua.edu.cn。

图书在版编目(CIP)数据

C语言程序设计教程/王敬华,林萍主编. —3版. —北京:清华大学出版社,2021.8(2025.2重印)
C程序设计系列教材
ISBN 978-7-302-57117-9

Ⅰ.①C… Ⅱ.①王…②林… Ⅲ.①C语言—程序设计—高等学校—教材 Ⅳ.①TP312.8

中国版本图书馆CIP数据核字(2020)第259216号

策划编辑:魏江江
责任编辑:王冰飞　薛　阳
封面设计:刘　键
责任校对:李建庄
责任印制:刘　菲

出版发行:清华大学出版社
网　　址:https://www.tup.com.cn, https://www.wqxuetang.com
地　　址:北京清华大学学研大厦A座　　　邮　编:100084
社 总 机:010-83470000　　　　　　　　　邮　购:010-62786544
投稿与读者服务:010-62776969, c-service@tup.tsinghua.edu.cn
质量反馈:010-62772015, zhiliang@tup.tsinghua.edu.cn
课件下载:https://www.tup.com.cn, 010-83470236

印 装 者:三河市龙大印装有限公司
经　　销:全国新华书店
开　　本:185mm×260mm　　印　张:30.75　　字　数:751千字
版　　次:2005年9月第1版　　2021年9月第3版　　印　次:2025年2月第14次印刷
印　　数:145501～147500
定　　价:69.80元

产品编号:048528-01

第3版前言

党的二十大报告指出：教育、科技、人才是全面建设社会主义现代化国家的基础性、战略性支撑。必须坚持科技是第一生产力、人才是第一资源、创新是第一动力，深入实施科教兴国战略、人才强国战略、创新驱动发展战略，开辟发展新领域新赛道，不断塑造发展新动能新优势。高等教育与经济社会发展紧密相连，对促进就业创业、助力经济社会发展、增进人民福祉具有重要意义。

1. 再版说明

2005年，由我们编写的《C语言程序设计教程》一书自清华大学出版社出版以来，深受广大C语言爱好者的喜爱，并得到了全国众多高校广大教师和学生的高度认可和充分肯定，一致认为该教材版面布局新颖，图解丰富、直观，内容全面、专业，讲解细致入微，实例程序经典，是一本既适合于教学，又非常适合于自学的专业教材。但该版教材也存在一些不足，有些内容有待进一步补充和完善，于是在2009年我们对该教材进行了改版，编写了《C语言程序设计教程》(第2版)，改版后的教材保留了原版教材的风格和特点，在某些章节内容方面进行了一定的补充和删减，使得教材内容更为充实和专业，十多年来，一直深受全国众多高校教师和学生喜爱。但随着时间的推移，教材中的某些内容略显陈旧，2020年，我们决定对《C语言程序设计教程》(第2版)再次进行改版，改版后的教材继续保留了第2版教材的风格和特点，在某些章节内容方面进行了一定的修订和补充，主要表现在以下几个方面：

(1) 编译环境的提升。C语言程序主要基于Visual C++ 6.0(简称VC 6.0)、Visual C++ 2010(简称VC 2010)、CodeBlocks 17.12(简称CB 17.12)三种不同的编译环境，剔除了Borland C++ 3.1和Turbo C 2.0。

(2) 每章习题量均有一定程度的增加。让读者通过习题练习进一步加深对C语言知识点的理解和掌握。

(3) 第 2 章修订了"C 语言的应用",将"C 语言与 C++、Java 和 C♯之间的关系"一节改为"C 语言与 C++、Java、C♯和 Python 之间的关系",让读者更深刻地认识到 C 语言学习的重要性。

(4) 第 3 章针对 VC 6.0、VC 2010 及 CB 17.12 不同编译环境对例题程序做了一定的修改,并对不同编译环境下的运行结果进行了详细解释,有利于读者对不同编译环境下的 C 语言程序的理解。

(5) 第 4 章增加了"算法的特性"一节,算法的基本结构中增加了用 N-S 流程图来表示。

(6) 第 5 章、第 6 章、第 7 章、第 9 章增加了对例子程序算法思路的设计,并给出了相应的算法流程图,有利于读者更好地理解例子程序,学会算法设计的思想和方法。第 7 章中还相应地增加了例子程序。

(7) 第 8 章增加了"常用库函数"一节,并增加了两个例子程序,有利于读者对常用库函数的理解和应用。

(8) 第 11 章增加了有关链表操作的实例程序,有利于读者对链表操作的正确理解和把握。

总之,为了方便广大读者特别是初学者能够更容易、更准确、更好地学好 C 语言,把握其精髓,我们试图在第 3 版教材中做到语言更简练易懂、内容更翔实、更全面、更专业,但由于我们水平有限,本教材肯定还存在缺点和不足,热切期望得到同行、专家和读者的批评指正。

2. 本书的特色

本书的目标是力争成为最易懂、最专业、最详细、最实用的 C 语言教材和参考手册。具体体现在以下几个方面:

(1) 站在计算机内存的角度来介绍 C 语言的数据类型。正确理解和把握 C 语言数据类型是学好 C 语言的关键。数据类型贯穿于 C 语言整个学习过程的始终。C 语言数据类型极其丰富,初学者往往只注重对 C 语言语法的学习,而忽视对数据类型的把握,对数据类型的学习感到比较"虚",不易正确理解和把握,特别是"指针"的概念更是难以理解。本书从计算机内存的角度深入浅出地介绍了 C 语言各种数据类型的特点,并以内存图示的形式直观、形象地反映数据类型在内存中的表示,让读者对数据类型的理解落到"实"处。

(2) 从正反两方面来介绍 C 语言语法。为了便于读者对 C 语言语法规则的正确理解和把握,本书不仅从正面介绍了 C 语言的语法规则,而且还列举了大量的反例来加深读者对语法规则的正确认识。对 C 语言中易混淆的语法规则还进行了总结和比较。

(3) 加深对 C 语言库函数的学习。对 C 语言的学习,读者不仅要掌握 C 语言的数据类型和语法规则,而且应对 C 语言提供的一些常用库函数做到牢记于心。没有一定的库函数的积累,想编写一个高质量的 C 语言程序恐怕是困难的,就像没有一定的词汇量,要写好一篇英文文章是不可能的一样。本书根据作者多年来 C 语言应用程序开发的经验,从 C 语言上百个库函数中精心挑选出了一些常用的和实用的库函数,并结合有关章节的内容进行了详细的介绍,而且还应用于实例程序中。

(4) 基于 VC、CB 编译环境。C 语言编译版本较多,目前使用最多的有 VC 6.0、VC 2010 和 CB 17.12,本书从 C 语言序列学习的连贯性出发,采用目前最为流行的 VC、CB 为开发环境,详细介绍了标准 C 语言程序设计的全过程,并给出了不同 C 语言版本彼此之间的差异。

(5) 以大量的图表来阐述知识内容。在每个章节的讲解方面,本书尽量采用图表的方式解释概念、规则和程序运行结果。这样可以帮助读者更直观地了解和学习 C 语言,降低了本教材的阅读难度。

（6）配备大量经典实例程序，并对每行语句做详尽的解释。为了帮助读者对C语言各章节知识的理解和提高程序设计的能力，本书在各章节都配备有大量的精心设计的实例程序，不仅介绍了算法设计思路，而且对实例程序中的每一行语句都做了详尽的解释。

（7）注重章节学习意义，提出章节学习目标，给出难点提示。读者在学习C语言各章节内容时，往往是被动的和教条式的学习，对章节学习意义和有关知识的把握程度缺乏了解。为了帮助读者正确地理解和把握各章节的内容，本书在每个章节的前面都阐述了本章节的学习意义，提出了学习目标，给出了难点提示。

（8）配备大量的习题，习题类型丰富，难度各异，具有广泛的代表性和实战性。为了帮助读者加深对各章节内容学习的巩固，每章都配备有题型丰富、代表性强的大量习题，习题的答案在与本书配套的《C语言程序设计教程（第3版）习题解答与实验指导》教材中。

3. 章节组织

本教材对C语言的精华部分做了较为细致的介绍。我们还针对目前高等院校和社会上举办的程序设计竞赛、软件水平考试及计算机等级考试等，精心组织了教材的内容。本书共12章，内容包括：C语言程序设计预备知识，C语言程序设计基础，基本数据类型、运算符与表达式，基本输入/输出和顺序程序设计，选择结构程序设计，循环结构程序设计，数组，函数，指针，预处理命令，复杂数据类型，文件等。其中，C语言程序设计预备知识这一章主要是针对初学者而编写的，是学习C语言必须具备的有关知识，如果读者对该章的内容已经掌握，可跳过本章，直接进入下一章的学习。

4. 适用的读者

本书适用于计算机专业的本专科生及研究生使用，也可以作为大学各专业公共教材和全国计算机等级考试参考书。本书深入浅出的讲解方式，也很适合广大计算机软件爱好者迅速、深入地掌握C语言的精髓。

5. 出版说明

与本书同时配套出版的《C语言程序设计教程（第3版）习题解答与实验指导》，提供了全部习题解答和与实验相关的内容。它以主要知识点为主线设计的实验题目，兼具趣味性和实用性，并以循序渐进的任务驱动方式，指导读者完成实验程序设计。书中还给出了VC 6.0、VC 2010和CB 17.12环境下的标准C程序调试方法。

本书是教育部普通高等教育"十一五"国家级规划教材，为方便广大读者对本教材的学习，我们精心制作了与本教材相配套的多媒体教学课件（该课件界面极为美观，包含所有知识点的动画，非常适合教师教学），届时连同全部例题与习题的源程序文件一起免费提供给使用本教材的教学单位或个人。有需要者可与出版社或作者本人直接联系。

全书的统稿工作由王敬华负责，第1~3章和第7~12章及附录由王敬华编写，第4~6章由林萍编写。

由于作者水平有限，书中难免会有疏漏，恳请读者批评指正。

编著者

目 录

随书资源

第1章　C语言程序设计预备知识 ··· 1

  1.1　计算机系统组成及工作原理简介 ·· 1
    1.1.1　硬件系统基本组成及工作原理 ······································ 2
    1.1.2　软件系统的组成及分类 ··· 3
    1.1.3　硬件与软件的关系 ··· 4
  1.2　进位计数制及其转换 ·· 4
    1.2.1　十进制数的表示 ·· 4
    1.2.2　二进制数、八进制数和十六进制数的表示 ······················· 5
    1.2.3　二进制数和十进制数的转换 ··· 6
    1.2.4　二进制数、八进制数和十六进制数的转换 ······················· 7
  1.3　机器数的表示形式及其表示范围 ·· 9
    1.3.1　真值与机器数 ··· 9
    1.3.2　数的原码表示 ··· 9
    1.3.3　数的反码表示 ··· 10
    1.3.4　数的补码表示 ··· 11
    1.3.5　补码的加、减运算 ··· 12
    1.3.6　无符号整数 ··· 12
    1.3.7　字符表示法 ··· 12
  1.4　二进制数的位运算 ··· 13
  1.5　本章小结 ··· 14
  习题 1 ·· 15

第 2 章 C 语言程序设计基础 ·········· 18
- 2.1 程序设计语言的发展及其特点 ·········· 18
- 2.2 C 语言的发展及其特点和应用 ·········· 20
- 2.3 C 语言与 C++、Java、C# 和 Python 之间的关系 ·········· 22
- 2.4 C 语言程序的基本结构 ·········· 24
- 2.5 编制 C 语言程序的基本步骤 ·········· 30
- 2.6 本章小结 ·········· 31
- 习题 2 ·········· 32

第 3 章 基本数据类型、运算符与表达式 ·········· 36
- 3.1 C 语言的数据类型 ·········· 37
- 3.2 常量、变量和标识符 ·········· 38
- 3.3 简单数据类型与表示范围 ·········· 41
  - 3.3.1 整型数据 ·········· 41
  - 3.3.2 实型数据 ·········· 48
  - 3.3.3 字符型数据和字符串常量 ·········· 51
  - 3.3.4 简单数据类型的表示范围 ·········· 53
  - 3.3.5 数据的简单输出 ·········· 55
- 3.4 C 语言的运算符与表达式 ·········· 58
  - 3.4.1 赋值运算符、赋值表达式 ·········· 58
  - 3.4.2 强制类型转换符 ·········· 59
  - 3.4.3 算术运算符、算术表达式 ·········· 62
  - 3.4.4 自增自减运算符、负号运算符 ·········· 63
  - 3.4.5 算术运算中数据类型转换规则 ·········· 65
  - 3.4.6 位运算符、位运算表达式 ·········· 66
  - 3.4.7 逗号运算符、逗号表达式 ·········· 67
  - 3.4.8 sizeof 运算符、复合赋值运算符 ·········· 68
- 3.5 运算符的优先级和结合性 ·········· 69
- 3.6 有符号数与无符号数之间的运算问题 ·········· 70
- 3.7 本章小结及常见错误列举 ·········· 72
- 习题 3 ·········· 76

第 4 章 基本输入/输出和顺序程序设计 ·········· 83
- 4.1 格式化输出 printf ·········· 84
  - 4.1.1 整数的输出 ·········· 86
  - 4.1.2 实数的输出 ·········· 90
  - 4.1.3 字符和字符串的输出 ·········· 92
  - 4.1.4 格式化输出小结 ·········· 93

4.2 格式化输入 scanf ……………………………………………………………………… 95
4.3 字符数据的非格式化输入/输出 ……………………………………………………… 100
4.4 程序的控制结构 ……………………………………………………………………… 104
    4.4.1 算法的基本概念 ………………………………………………………………… 104
    4.4.2 算法的特性 ……………………………………………………………………… 106
    4.4.3 算法的描述方法 ………………………………………………………………… 107
    4.4.4 算法的基本结构 ………………………………………………………………… 109
4.5 顺序程序设计举例 …………………………………………………………………… 111
4.6 本章小结及常见错误列举 …………………………………………………………… 113
习题 4 ……………………………………………………………………………………… 115

第 5 章 选择结构程序设计 ……………………………………………………………… 120

5.1 C 语言程序中语句的分类 …………………………………………………………… 121
5.2 关系运算符、逻辑运算符、条件运算符 …………………………………………… 122
    5.2.1 关系运算符和关系表达式 ……………………………………………………… 122
    5.2.2 逻辑运算符和逻辑表达式 ……………………………………………………… 124
    5.2.3 条件运算符和条件表达式 ……………………………………………………… 125
5.3 选择结构的程序设计 ………………………………………………………………… 127
    5.3.1 if 语句 …………………………………………………………………………… 127
    5.3.2 switch 语句 ……………………………………………………………………… 132
5.4 选择结构程序设计举例 ……………………………………………………………… 137
5.5 本章小结及常见错误列举 …………………………………………………………… 143
习题 5 ……………………………………………………………………………………… 146

第 6 章 循环结构程序设计 ……………………………………………………………… 155

6.1 循环结构的程序设计 ………………………………………………………………… 156
    6.1.1 while 语句 ………………………………………………………………………… 156
    6.1.2 do-while 语句 …………………………………………………………………… 160
    6.1.3 for 语句 ………………………………………………………………………… 162
    6.1.4 循环嵌套 ………………………………………………………………………… 164
    6.1.5 break 与 continue 语句 ………………………………………………………… 166
    6.1.6 goto 语句 ………………………………………………………………………… 170
    6.1.7 exit( )函数 ……………………………………………………………………… 171
6.2 循环结构类型的选择及转换 ………………………………………………………… 172
6.3 循环结构程序设计举例 ……………………………………………………………… 174
6.4 本章小结及常见错误列举 …………………………………………………………… 183
习题 6 ……………………………………………………………………………………… 186

第7章 数组 ... 196

7.1 一维数组 ... 197
7.1.1 一维数组的定义和引用 ... 197
7.1.2 一维数组的赋值 ... 199
7.1.3 一维数组的应用举例 ... 202

7.2 二维数组 ... 209
7.2.1 二维数组的定义和引用 ... 210
7.2.2 二维数组的赋值 ... 211
7.2.3 二维数组的应用举例 ... 213

7.3 字符串与数组 ... 216
7.3.1 字符串的本质 ... 216
7.3.2 字符及字符串操作的常用函数 ... 217
7.3.3 字符串数组 ... 224

7.4 数组综合应用举例 ... 227
7.5 本章小结及常见错误列举 ... 230
习题7 ... 234

第8章 函数 ... 244

8.1 函数概述 ... 244
8.2 函数的定义与调用 ... 246
8.2.1 无参数无返回值的函数 ... 246
8.2.2 无参数有返回值的函数 ... 249
8.2.3 带参数无返回值的函数 ... 251
8.2.4 带参数有返回值的函数 ... 253

8.3 函数参数的传递方式 ... 255
8.4 变量的作用域和生存期 ... 259
8.5 变量的存储类型 ... 264
8.6 函数的嵌套和递归调用 ... 269
8.6.1 函数的嵌套调用 ... 269
8.6.2 函数的递归调用 ... 271

8.7 函数的作用域 ... 278
8.8 常用库函数 ... 280
8.9 函数封装 ... 288
8.10 函数应用综合举例 ... 289
8.11 本章小结及常见错误列举 ... 296
习题8 ... 301

目 录

第 9 章 指针 ·············· 311

- 9.1 指针与指针变量的概念 ·············· 312
- 9.2 指针变量的定义和引用 ·············· 314
- 9.3 指针和地址运算 ·············· 319
- 9.4 指针与数组 ·············· 320
  - 9.4.1 数组的指针和指向数组的指针变量 ·············· 320
  - 9.4.2 指向多维数组的指针——数组指针 ·············· 323
  - 9.4.3 元素为指针的数组——指针数组 ·············· 328
- 9.5 指针与字符串 ·············· 330
- 9.6 指针与动态内存分配 ·············· 337
- 9.7 多级指针 ·············· 342
- 9.8 指针作为函数参数 ·············· 345
- 9.9 指针作为函数的返回值——指针函数 ·············· 351
- 9.10 指向函数的指针——函数指针 ·············· 353
- 9.11 带参数的 main 函数 ·············· 356
- 9.12 本章小结及常见错误列举 ·············· 360
- 习题 9 ·············· 364

第 10 章 预处理命令 ·············· 373

- 10.1 预处理命令简介 ·············· 373
- 10.2 宏定义 ·············· 374
  - 10.2.1 不带参数的宏定义 ·············· 374
  - 10.2.2 带参数的宏定义 ·············· 377
- 10.3 文件包含 ·············· 379
- 10.4 条件编译 ·············· 381
- 10.5 本章小结及常见错误列举 ·············· 385
- 习题 10 ·············· 387

第 11 章 复杂数据类型 ·············· 391

- 11.1 复杂数据类型概述 ·············· 391
- 11.2 结构体 ·············· 392
  - 11.2.1 结构体类型的定义 ·············· 392
  - 11.2.2 结构体变量的定义和引用 ·············· 394
  - 11.2.3 结构体变量的赋值 ·············· 398
  - 11.2.4 结构体变量内存分配问题透析 ·············· 401
  - 11.2.5 简化结构体类型名 ·············· 404
  - 11.2.6 结构体数组 ·············· 404
- 11.3 线性链表 ·············· 407

11.4 联合体 418
  11.4.1 联合体类型的定义 418
  11.4.2 联合体变量的定义和引用 419
  11.4.3 联合体变量的赋值 420
11.5 位域 423
11.6 枚举类型变量的定义和引用 426
11.7 复杂数据类型应用综合举例 429
11.8 本章小结及常见错误列举 433
习题 11 437

第 12 章 文件 446

12.1 文件的基本概念 446
12.2 文件的类别 447
12.3 文件操作概述 448
12.4 文件指针 449
12.5 文件的打开、读写和关闭 450
  12.5.1 文件的打开与关闭 450
  12.5.2 文件的读写 452
  12.5.3 文件读写函数选用原则 464
12.6 文件的定位读写 464
12.7 文件应用综合举例 468
12.8 本章小结及常见错误列举 469
习题 12 470

附录 478

参考文献 479

第1章　C语言程序设计预备知识

◇ 学习意义

计算机是以逻辑部件为物质基础，能够对信息进行自动处理的机器。逻辑部件其实就是指计算机的硬件系统，而对信息的自动处理则是由计算机的软件系统来实现的。这里的"信息"包括的范围很广，它可以是数字、文字、图像、声音等，但不管是哪种类型的信息，在计算机中都是以二进制数据信息来表示和处理的。C语言其实就是对这些信息进行处理的软件工具，所以在学习C语言之前，除了要了解一些计算机的工作原理之外，另一个方面就是要了解二进制数在计算机中的表示形式、表示范围以及二进制数的算术运算和位运算，另外还有了解数据在计算机中是如何存储的，所有这些都是学习C语言必须要掌握的基础知识，如果连数据在计算机中如何表示和存放的都不知道，那还谈什么用C语言编程来处理这些数据呢？所以要真正学好C语言编程，本章所介绍的内容是每个C语言程序员必须掌握的。

◇ 学习目标

(1) 了解计算机的系统组成及工作原理；
(2) 掌握二进制数的表示及二进制数与其他进制数的转换方法；
(3) 掌握机器数的表示形式和表示范围，特别是补码表示形式；
(4) 掌握补码的加、减运算方法；
(5) 掌握二进制数的位运算方法。

◇ 难点提示

(1) 计算机系统组成及工作原理；
(2) 进制间的相互转换；
(3) 机器数及其表示范围。

微课视频

1.1　计算机系统组成及工作原理简介

"系统"一词是指由若干相互独立而又相互联系的部分所组成的整体，从这个角度而言，计算机系统由硬件系统和软件系统两大部分组成。

1.1.1 硬件系统基本组成及工作原理

硬件是指构成计算机的物理装置,看得见、摸得着,是一些实实在在的有形实体。半个世纪以来,计算机已发展成为一个庞大的家族,尽管各种类型的计算机在性能、结构、应用等方面存在着差别,但是它们的基本组成结构却是相同的。

现在所使用的计算机硬件系统的结构一直沿用了由美籍著名数学家冯·诺依曼提出的模型,它由运算器、控制器、存储器、输入设备和输出设备五大功能部件组成。计算机系统的基本硬件结构及工作原理如图 1-1 所示。

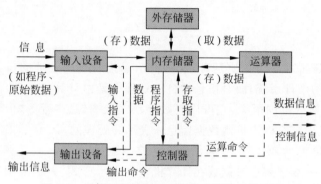

图 1-1 计算机系统的基本硬件组成及工作原理

1. 运算器

运算器(Arithmetic Logic Unit,ALU)又称算术逻辑部件,是计算机用来进行数据运算的部件。数据运算包括算术运算和逻辑运算。

2. 控制器

控制器(Controller)是计算机的指挥系统,计算机就是在控制器的控制下有条不紊地工作的。控制器通过地址访问存储器,逐条取出选中单元的指令,分析指令,根据指令产生相应的控制信号作用于其他各个部件,控制其他部件完成指令要求的操作。上述过程周而复始,保证了计算机能自动、连续地工作。

一般把运算器和控制器集成在一块电路芯片上,称为中央处理器(Central Processing Unit,CPU)。CPU 是计算机硬件系统的核心和关键。计算机的性能主要取决于 CPU。

3. 存储器

存储器(Memory)是计算机中具有记忆能力的部件,用来存放程序或数据。程序和数据是两种不同的信息,应放在不同的地方,两者不可混淆。

> ⚠ 注意:图 1-1 中所表示的信息流动方向:指令总是送到控制器,而数据则总是送到运算器。存储器就是一种能根据地址接收或提供指令、数据的装置。

存储器可分为两大类,即内存储器和外存储器。

内存储器简称内存,又称主存,是 CPU 能根据地址线直接寻址的存储空间,是计算机内部存放数据的硬件设备,是程序和数据存储的基本要素,由半导体器件制成。内存中存放数据是以相应的内存单元为单位进行存放的,内存单元的大小可以是 1 字节(Byte,B),也可以是多字节,每个内存单元都有一个编号,它表示该内存单元所对应的内存地址。内存的特点是存取速度快,基本上能与 CPU 速度相匹配。

外存储器简称外存,又称辅存,它作为一种辅助存储设备,主要用来存放一些暂时不用而又需长期保存的程序或数据。当需要执行外存中的程序或处理外存中的数据时,必须通过 CPU 输入/输出指令,将其调入内存中才能被 CPU 执行处理,所以外存实际上属于输入/输出设备。

4. 输入设备

输入设备(Input Device)是用来输入程序和数据的部件。常见的输入设备有键盘、鼠标、传声器(俗称麦克风)、扫描仪、手写板、数码相机、摄像头等。

5. 输出设备

输出设备(Output Device)正好与输入设备相反,是用来输出结果的部件。要求输出设备能以人们所能接收的形式输出信息,如以文字、图形的形式在显示器上输出。除显示器外,常用的输出设备还有音箱、打印机、绘图仪等。

计算机的工作原理可简单地概括为:各种各样的信息,通过输入设备,进入计算机的存储器,然后送到运算器,运算完毕把结果送到存储器存储,最后通过输出设备显示出来。整个过程由控制器进行控制。

1.1.2 软件系统的组成及分类

软件是指计算机程序及有关程序的技术文档资料。两者中更为重要的是程序,它是计算机进行数据处理的指令集,也是计算机正常工作最重要的因素。在不太严格的情况下,认为程序就是软件。软件内容丰富,种类繁多,通常根据软件用途将其分为两大类:系统软件和应用软件。

1. 系统软件

系统软件是指管理、监控、维护计算机正常工作和供用户操作使用计算机的软件。这类软件一般与具体应用无关,是在系统一级上提供的服务。系统软件主要包括以下两类:一类是面向计算机本身的软件,如操作系统、诊断程序等;另一类是面向用户的软件,如各种语言处理程序(如 VC、CodeBlocks 等)、实用程序、字处理程序等。

2. 应用软件

应用软件是指某特定领域中的某种具体应用,供最终用户使用的软件,它必须在操作系统的基础上运行,如财务报表软件、数据库应用软件等。初学 C 语言的读者的主要任务是学习如何编写应用软件。

1.1.3 硬件与软件的关系

硬件和软件是一个完整的计算机系统中互相依存的两大部分,它们的关系主要体现在以下几方面。

1. 硬件和软件互相依存

硬件是软件赖以工作的物质基础,软件的正常工作是硬件发挥作用的唯一途径,软件是用户与机器的接口。计算机系统必须要配备完善的软件系统才能正常工作,且充分发挥其硬件的各种功能。

2. 硬件和软件无严格界线

随着计算机技术的发展,在许多情况下,计算机的某些功能既可以由硬件实现,也可以由软件来实现。因此,硬件与软件在一定意义上来说并没有绝对严格的界线。

3. 硬件和软件协同发展

计算机软件随着硬件技术的迅速发展而发展,而软件的不断发展与完善又促进硬件的更新,两者密切地交织发展,缺一不可。

1.2 进位计数制及其转换

计算机能够处理数值、文字、声音、图像等信息。读者也许会问:为什么作为电子设备的计算机能处理那么多复杂的信息呢? 实际上,当把这些信息转换成计算机能识别的形式后计算机就能进行处理。目前,计算机中所有的信息都用"0"和"1"两个数字符号组合的二进制数来表示。

数值、文字、声音、图像等各种形式的信息,需要使用计算机加工处理时,必须按一定的法则转换成二进制数。本节将以常用的十进制为出发点,来讨论二进制、八进制及十六进制的特点,然后介绍各种进制数之间的转换方法。

1.2.1 十进制数的表示

进位计数制是一种计数的方法,习惯上最常用的是十进制计数法。十进制数的每位数可以用下列 10 个数码之一来表示:0,1,2,3,4,5,6,7,8,9。十进制的基数为 10,基数表示进位制所具有的数码的个数。

十进制数的计数规则是"逢十进一",也就是说,每位累计不能超过 9,计满 10 就应向高位进 1。

一般来讲,任意一个十进制数 N(假设有 n 位整数,m 位小数),可以用位置计数法表示如下:

$$(N)_{10} = (a_{n-1} a_{n-2} \cdots a_1 a_0 . a_{-1} a_{-2} \cdots a_{-m})_{10}$$

也可以用按权展开式表示如下：

$$(N)_{10} = a_{n-1} \times 10^{n-1} + a_{n-2} \times 10^{n-2} + \cdots + a_1 \times 10^1 + a_0 \times 10^0 +$$
$$a_{-1} \times 10^{-1} + a_{-2} \times 10^{-2} + \cdots + a_{-m} \times 10^{-m}$$
$$= \sum_{i=-m}^{n-1} a_i \times 10^i$$

式中，a_i 表示各个数字符号为 0~9 这 10 个数码中的任意一个；n 为整数部分的位数，m 为小数部分的位数；10^i 为该位数字的权。例如：

$$(1234.56)_{10} = 1 \times 10^3 + 2 \times 10^2 + 3 \times 10^1 + 4 \times 10^0 + 5 \times 10^{-1} + 6 \times 10^{-2}$$

通常，对十进制数的表示，可以在数字的右下角标注 10 或 D。

1.2.2 二进制数、八进制数和十六进制数的表示

计算机中为了便于存储及计算的物理实现，采用了二进制数。二进制数的基数为 2，只有 0、1 两个数码，其计数规则是"逢二进一"，即每位计满 2 就向高位进 1。它的各位的权是以 2^i 表示的。

对于任意一个二进制数 N（假设有 n 位整数，m 位小数），用位置计数法表示为：

$$(N)_2 = (a_{n-1} a_{n-2} \cdots a_1 a_0 . a_{-1} a_{-2} \cdots a_{-m})_2$$

用按权展开式表示为：

$$(N)_2 = a_{n-1} \times 2^{n-1} + a_{n-2} \times 2^{n-2} + \cdots + a_1 \times 2^1 + a_0 \times 2^0 +$$
$$a_{-1} \times 2^{-1} + a_{-2} \times 2^{-2} + \cdots + a_{-m} \times 2^{-m}$$
$$= \sum_{i=-m}^{n-1} a_i \times 2^i$$

式中，a_i 表示各个数字符号为 0 或 1 这两个数码中的任意一个；n 为整数部分的位数，m 为小数部分的位数；2^i 为该位数字的权。例如：

$$(101101)_2 = 1 \times 2^5 + 0 \times 2^4 + 1 \times 2^3 + 1 \times 2^2 + 0 \times 2^1 + 1 \times 2^0 = (45)_{10}$$

通常，对二进制数的表示，可以在数字的右下角标注 2 或 B。

二进制运算规则简单，便于电路实现，它是数字系统中广泛采用的一种数制。但因用二进制表示一个数时，所用的位数比用十进制数表示的位数多，人们读写很不方便，容易出错，因此常采用八进制或十六进制。C 语言程序设计中就经常会用到这两种进制。

八进制数的基数是 8，采用的数码是 0，1，2，3，4，5，6，7。计数规则是"逢八进一"，它的各位的权是以 8^i 表示的。通常，对八进制数的表示，可以在数字的右下角标注 8 或字母 O，但在 C 语言中是在数的前面加数字 **0** 来表示。例如，$(1234)_8$ 就表示一个八进制数 1234，而不是十进制数 1234，在 C 语言中它表示为 **01234**。

十六进制数的基数是 16，采用的数码是 0，1，2，3，4，5，6，7，8，9，A，B，C，D，E，F。其中，A~F 分别表示十进制数字 10~15。十六进制的计数规则是"逢十六进一"，它的各位的权是以 16^i 表示的。通常，对十六进制数的表示，可以在数字的右下角标注 16 或 H，但在 C 语言中是在数的前面加数字 **0** 和字母 **X** 即 **0X** 来表示。例如，$(12AF)_{16}$ 就表示一个十六进制

数 12AF,在 C 语言中它表示为 0X12AF。

由此可得出二进制、八进制、十进制与十六进制的特征对照表,如表 1-1 所示。

表 1-1 二进制、八进制、十进制与十六进制的特征对照表

进制	数码	计数规则	数的表示法
十进制	0,1,2,3,4,5,6,7,8,9	逢十进一	$(1234)_{10}$
二进制	0,1	逢二进一	$(1101)_2$
八进制	0,1,2,3,4,5,6,7	逢八进一	$(4567)_8$
十六进制	0~9,A,B,C,D,E,F	逢十六进一	$(45AF)_{16}$

微课视频

1.2.3 二进制数和十进制数的转换

1. 二进制数转换为十进制数

二进制数转换成十进制数是很方便的,只要将二进制数写成按权展开式,并将式中各乘积项的积计算出来,然后各项相加,即可得到与该二进制数相对应的十进制数。例如:

$$(11010.101)_2 = 1 \times 2^4 + 1 \times 2^3 + 0 \times 2^2 + 1 \times 2^1 + 0 \times 2^0 + $$
$$1 \times 2^{-1} + 0 \times 2^{-2} + 1 \times 2^{-3}$$
$$= 16 + 8 + 2 + 0.5 + 0.125$$
$$= (26.625)_{10}$$

2. 十进制数转换为二进制数

十进制数转换成二进制数分成整数部分转换和小数部分转换。下面分别来介绍它们转换的方法。

1) 整数部分转换

把要转换的十进制数的整数部分不断除以基数 2,并记下余数,直到商为 0 为止。

【例 1-1】 $(N)_{10} = (117)_{10}$。

$117/2 = 58$ ($a_0 = 1$)   最低整数位
$58/2 = 29$ ($a_1 = 0$)
$29/2 = 14$ ($a_2 = 1$)
$14/2 = 7$ ($a_3 = 0$)
$7/2 = 3$ ($a_4 = 1$)
$3/2 = 1$ ($a_5 = 1$)
$1/2 = 0$ ($a_6 = 1$)   最高整数位

所以,$(117)_{10} = (1110101)_2$。

⚠ 注意:对于整数部分的转换第一次除以 2 所得到的余数是二进制数整数的最低位,最后所得到的余数是二进制数整数的最高位。

2) 小数部分转换

对于被转换的十进制数的小数部分则应不断乘以基数2,并记下其整数部分,直到结果的小数部分为0或达到一定的精度为止。

【例1-2】 $(N)_{10}=(0.8125)_{10}$。

$$0.8125 \times 2 = \boxed{1}.625 \quad (b_1=1) \quad 最高小数位$$
$$0.625 \times 2 = \boxed{1}.25 \quad (b_2=1)$$
$$0.25 \times 2 = \boxed{0}.5 \quad (b_3=0)$$
$$0.5 \times 2 = \boxed{1}.0 \quad (b_4=1) \quad 最低小数位$$

所以,$(0.8125)_{10}=(0.1101)_2$。

⚠ 注意:对于小数部分的转换式中的整数不参加连乘,第一次乘以2所得到的整数部分是二进制数小数的最高位,最后所得到的整数部分是二进制数小数的最低位。

在十进制数的小数部分转换中,有时连续乘以2不一定能使小数部分等于0,这说明该十进制小数不能用有限位二进制小数表示。这时,只要取足够多的位数,使其误差达到所要求的精度就可以了。

十进制数转换成二进制数的这种方法其实也适用于十进制数转换成其他进制的数,只是基数不再是2,而是要转换的进制数的基数。下面的例子是将一个十进制数转换成八进制数。

【例1-3】 $(N)_{10}=(117)_{10}$。

$$117/8 = 14 \quad (a_0=5) \quad 最低整数位$$
$$14/8 = 1 \quad (a_1=6)$$
$$1/8 = 0 \quad (a_2=1) \quad 最高整数位$$

所以,$(117)_{10}=(165)_8$。

【例1-4】 $(N)_{10}=(0.8125)_{10}$。

$$0.8125 \times 8 = \boxed{6}.5 \quad (b_1=6) \quad 最高小数位$$
$$0.5 \times 8 = \boxed{4}.0 \quad (b_2=4) \quad 最低小数位$$

所以,$(0.8125)_{10}=(0.64)_8$。

1.2.4 二进制数、八进制数和十六进制数的转换

八进制数的基数是8($8=2^3$),十六进制数的基数是16($16=2^4$)。二进制数、八进制数和十六进制数之间具有2的整指数倍的关系,因而可直接进行转换。

1. 二进制数→八进制数

从小数点开始,分别向左、向右按3位分组转换成对应的八进制数字字符,最后不满3

微课视频

位的,则需补 0(整数部分最高位前补 0,小数部分最低位后补 0)。

【例 1-5】 将二进制数 $(1101101.10101)_2$ 转换成八进制数。

具体方法为：

$$
\begin{array}{c}
\text{二进制数：} \underline{0\ 0\ 1} \quad \underline{1\ 0\ 1} \quad \underline{1\ 0\ 1} \quad . \quad \underline{1\ 0\ 1} \quad \underline{0\ 1\ 0} \\
\downarrow \quad\quad \downarrow \quad\quad \downarrow \quad\quad\quad \downarrow \quad\quad \downarrow \\
\text{八进制数：} \quad 1 \quad\quad\quad 5 \quad\quad\quad 5 \quad\quad . \quad 5 \quad\quad\quad 2
\end{array}
$$

所以,$(1101101.10101)_2 = (155.52)_8$。

2. 八进制数→二进制数

将每位八进制数用 3 位二进制数表示即可。

【例 1-6】 将八进制数 $(345.64)_8$ 转换成二进制数。

具体方法为：

$$
\begin{array}{c}
\text{八进制数：} \quad \underline{3} \quad \underline{4} \quad \underline{5} \quad . \quad \underline{6} \quad \underline{4} \\
\downarrow \quad \downarrow \quad \downarrow \quad\quad \downarrow \quad \downarrow \\
\text{二进制数：} \quad 011 \quad 100 \quad 101 \quad . \quad 110 \quad 100
\end{array}
$$

所以,$(345.64)_8 = (11100101.1101)_2$。

3. 二进制数→十六进制数

从小数点开始,分别向左、向右按 4 位分组转换成对应的十六进制数字字符,最后不满 4 位的,则需补 0(整数部分最高位前补 0,小数部分最低位后补 0)。

【例 1-7】 将二进制数 $(1101101.10101)_2$ 转换成十六进制数。

具体方法为：

$$
\begin{array}{c}
\text{二进制数：} \underline{0\ 1\ 1\ 0} \quad \underline{1\ 1\ 0\ 1} \quad . \quad \underline{1\ 0\ 1\ 0} \quad \underline{1\ 0\ 0\ 0} \\
\downarrow \quad\quad\quad \downarrow \quad\quad\quad\quad \downarrow \quad\quad\quad \downarrow \\
\text{十六进制数：} \quad 6 \quad\quad\quad D \quad\quad . \quad A \quad\quad\quad 8
\end{array}
$$

所以,$(1101101.10101)_2 = (6D.A8)_{16}$。

4. 十六进制数→二进制数

将每位十六进制数用 4 位二进制数表示即可。

【例 1-8】 将十六进制数 $(A8D.6C)_{16}$ 转换成二进制数。

具体方法为：

$$
\begin{array}{c}
\text{十六进制数：} \quad \underline{A} \quad \underline{8} \quad \underline{D} \quad . \quad \underline{6} \quad \underline{C} \\
\downarrow \quad \downarrow \quad \downarrow \quad\quad \downarrow \quad \downarrow \\
\text{二进制数：} \quad 1010 \quad 1000 \quad 1101 \quad . \quad 0110 \quad 1100
\end{array}
$$

所以,$(A8D.6C)_{16} = (101010001101.011011)_2$。

【思考题 1-1】 $(135)_7 = (\underline{\quad\quad\quad})_6 = (\underline{\quad\quad\quad})_5$。

1.3 机器数的表示形式及其表示范围

1.3.1 真值与机器数

前面讨论的数都没有考虑符号,一般认为是正数,但在算术运算中总会出现负数。不带符号的数是数的绝对值,在绝对值前加上表示正负的符号就成了带符号数。一个带符号数由两部分组成:一部分表示数的符号,另一部分表示数的数值。一般地,直接用正号"+"和负号"−"来表示符号的二进制数,称为符号数的**真值**。计算机中的数是用二进制来表示的,数的符号也是用二进制来表示的。把一个数连同其符号在内在机器中的表示加以数值化,这样的数称为**机器数**。一般用最高有效位来表示数的符号,正数用 0 表示,负数用 1 表示。图 1-2 给出了二进制正数+1011 和负数−1011 所对应的机器数(原码)的表示形式。

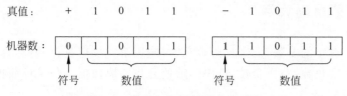

图 1-2 真值与机器数的表示形式

机器数可以用不同的码制来表示,常用的有原码、反码和补码表示法。下面分别来介绍机器数的这三种表示形式及其数据的表示范围。

1.3.2 数的原码表示

原码又称为"符号-数值表示"。在以原码形式表示的正数和负数中,第 1 位表示符号位,对于正数,符号位记为 0,对于负数,符号位记为 1,其余各位表示数值部分。

假如两个带符号的二进制数分别为 N_1 和 N_2,其真值形式为:

$$N_1 = +10011 \quad N_2 = -01010$$

则 N_1 和 N_2 的原码表示形式为:

$$[N_1]_{原} = 010011 \quad [N_2]_{原} = 101010$$

根据上述原码形成规则,一个 n 位的整数 N(包含一位符号位)的原码一般表示为:

$$[N]_{原} = \begin{cases} N & 0 \leqslant N < 2^{n-1} \\ 2^{n-1} - N & -2^{n-1} < N \leqslant 0 \end{cases}$$

则对于这样的 n 位整数其原码表示的数的范围为:$-(2^{n-1}-1) \sim (2^{n-1}-1)$。

$$\underbrace{111\cdots\cdots 1}_{n-1个1} \text{--} \underbrace{011\cdots\cdots 1}_{n-1个1}$$

对于定点小数,小数点通常定在最高位的左边,这时数值小于 1。定点小数原码一般表示为：

$$[N]_原 = \begin{cases} N & 0 \leqslant N < 1 \\ 1-N & -1 < N \leqslant 0 \end{cases}$$

则对于这样的 m 位小数（包含一位符号位）其原码表示的数的范围为 $-(1-2^{-(m-1)})\sim(1-2^{-(m-1)})$。

$$1.\underbrace{11\cdots\cdots 1}_{m-1个1} \dashrightarrow 0.\underbrace{11\cdots\cdots 1}_{m-1个1}$$

从原码的一般表示式中可以看出：

- 当 N 为正数时，$[N]_原$ 就是 N 本身。
- 当 N 为负数时，$[N]_原$ 和 N 的区别是增加一位用 1 表示的符号位。
- 在原码表示中，有两种不同形式的 0，即

$$[+0]_原 = 000\cdots 0 \quad 或 \quad 0.00\cdots 0$$
$$[-0]_原 = 100\cdots 0 \quad 或 \quad 1.00\cdots 0$$

微课视频

1.3.3 数的反码表示

反码又称为"对 1 的补数"。用反码表示时，左边第一位也是符号位，符号位为 0 代表正数，符号位为 1 代表负数，对于负数，反码的数值是将原码数值按位求反而得到的，而对于正数，其反码和原码相同。

假如两个带符号的二进制数分别为 N_1 和 N_2，其真值形式为：

$$N_1 = +10011 \quad N_2 = -01010$$

则 N_1 和 N_2 的反码表示形式为：

$$[N_1]_反 = 010011 \quad [N_2]_反 = 110101$$

根据上述反码形成规则，一个 n 位的整数 N（包含一位符号位）的反码一般表示为：

$$[N]_反 = \begin{cases} N & 0 \leqslant N < 2^{n-1} \\ (2^n-1)+N & -2^{n-1} < N \leqslant 0 \end{cases}$$

则对于这样的 n 位整数其反码表示的数的范围为：$-(2^{n-1}-1)\sim(2^{n-1}-1)$。

$$\underbrace{100\cdots\cdots 0}_{n-1个0} \dashrightarrow \underbrace{011\cdots\cdots 1}_{n-1个1}$$

对于定点小数，若小数部分的位数为 m，则它的反码一般表示为：

$$[N]_反 = \begin{cases} N & 0 \leqslant N < 1 \\ (2-2^{-m})+N & -1 < N \leqslant 0 \end{cases}$$

则对于这样的 m 位小数（包含一位符号位）其反码表示的数的范围为 $-(1-2^{-(m-1)})\sim(1-2^{-(m-1)})$。

$$1.\underbrace{00\cdots\cdots 0}_{m-1个0} \dashrightarrow 0.\underbrace{11\cdots\cdots 1}_{m-1个1}$$

从反码的一般表示式中可以看出：

- 正数 N 的反码 $[N]_反$ 与原码 $[N]_原$ 相同。

- 对于负数 N,其反码[N]$_\text{反}$的符号为 1,数值部分是将其原码数值部分按位求反而得到的。
- 在反码表示中,有两种不同形式的 0,即:

$$[+0]_\text{反} = 000\cdots0 \quad \text{或} \quad 0.00\cdots0$$
$$[-0]_\text{反} = 111\cdots1 \quad \text{或} \quad 1.11\cdots1$$

1.3.4 数的补码表示

微课视频

补码又称为"对 2 的补数"。在补码表示法中,正数的补码表示同原码和反码的表示是相同的,而负数的补码表示却不同。对于负数的补码,其符号位为 1,而数值部分是将其原码数值部分"按位求反,末位加 1"而得到的。

假如两个带符号的二进制数分别为 N_1 和 N_2,其真值形式为:

$$N_1 = +10011 \quad N_2 = -01010$$

则 N_1 和 N_2 的补码表示形式为:

$$[N_1]_\text{补} = 010011 \quad [N_2]_\text{补} = 110110$$

根据上述补码形成规则,一个 n 位的整数 N(包含一位符号位)的补码一般表示为:

$$[N]_\text{补} = \begin{cases} N & 0 \leqslant N < 2^{n-1} \\ 2^n + N & -2^{n-1} \leqslant N < 0 \end{cases}$$

则对于这样的 n 位整数其补码表示的数的范围为: $-2^{n-1} \sim (2^{n-1}-1)$。

$$\underbrace{100\cdots\cdots0}_{n-1\text{个}0} \dashrightarrow \underbrace{011\cdots\cdots1}_{n-1\text{个}1}$$

这样,8 位补码能表示数的范围为 $-2^{8-1} \sim (2^{8-1}-1)$,即 $-128 \sim +127$;16 位补码能表示数的范围为 $-2^{16-1} \sim (2^{16-1}-1)$,即 $-32768 \sim +32767$。

对于定点小数,补码的一般表示为:

$$[N]_\text{补} = \begin{cases} N & 0 \leqslant N < 1 \\ 2 + N & -1 \leqslant N < 0 \end{cases}$$

则对于这样的 m 位小数(包含一位符号位)其补码表示的数的范围为 $-1 \sim (1-2^{-(m-1)})$。

$$1.\underbrace{00\cdots\cdots0}_{m-1\text{个}0} \dashrightarrow 0.\underbrace{11\cdots\cdots1}_{m-1\text{个}1}$$

从补码的一般表示式中可以看出:

- 正数 N 的补码[N]$_\text{补}$与原码[N]$_\text{原}$和反码[N]$_\text{反}$相同。
- 对于负数 N,其补码[N]$_\text{补}$的符号位为 1,数值部分为其反码数值部分加 1。
- 在补码表示法中,0 的表示形式是唯一的,即

$$[+0]_\text{补} = 000\cdots0 \quad \text{或} \quad 0.00\cdots0$$
$$[-0]_\text{补} = 000\cdots0 \quad \text{或} \quad 0.00\cdots0$$

> ⚠ 注意：绝大多数机器数的表示采用补码表示法。例如，C语言中的整数在计算机中的存放形式就是以其补码的形式存储的。

微课视频

1.3.5 补码的加、减运算

由补码的定义可以证明如下补码加、减运算规则：

$$[N_1 + N_2]_\text{补} = [N_1]_\text{补} + [N_2]_\text{补}$$

$$[N_1 - N_2]_\text{补} = [N_1]_\text{补} + [-N_2]_\text{补}$$

补码的加、减运算规则表明：两数和的补码等于两数的补码之和，而两数差的补码也可以用加法来实现。运算时，符号位和数据位一样参加运算，如果符号位产生进位，则需要将此进位"丢掉"。运算结果的符号位为 0 时，说明是正数的补码；运算结果的符号位为 1 时，说明是负数的补码。下面举例说明。

【例 1-9】 已知 $N_1 = +10011$，$N_2 = -01010$，求 $[N_1 + N_2]_\text{补}$ 和 $[N_1 - N_2]_\text{补}$。

解：$[N_1 + N_2]_\text{补} = [N_1]_\text{补} + [N_2]_\text{补} = 010011 + 110110$

```
        0 1 0 0 1 1
    +)  1 1 0 1 1 0
  丢掉 ← 1 0 0 1 0 0 1
```

由于符号位产生了进位，因此，要将此进位丢掉，即 $[N_1 + N_2]_\text{补} = 001001$，运算结果的符号位为 0，说明是正数的补码，故其真值为 $N_1 + N_2 = +01001$。

又 $[N_1 - N_2]_\text{补} = [N_1]_\text{补} + [-N_2]_\text{补} = 010011 + 001010$

```
        0 1 0 0 1 1
    +)  0 0 1 0 1 0
        0 1 1 1 0 1
```

即 $[N_1 - N_2]_\text{补} = 011101$，运算结果的符号位为 0，说明是正数的补码，故其真值为 $N_1 - N_2 = +11101$。

微课视频

1.3.6 无符号整数

在某些情况下，要处理的数全是正数，此时再保留符号位就没有意义了。可以把最高有效位也作为数值处理，这样的数称为无符号数。16 位无符号数的表示范围是 $0 \leqslant N \leqslant 65535$，8 位无符号数的表示范围是 $0 \leqslant N \leqslant 255$。

在计算机中最常用的无符号整数是表示地址的数。在某些情况下，带符号的数（在机器中用补码表示）与无符号数的处理是有差别的，读者在处理数时，应注意它们的区别。在第 3 章中，将进一步地介绍无符号数。

1.3.7 字符表示法

计算机中处理的信息并不全是数，有时需要处理字符或字符串。例如，从键盘输入的信息或打印输出的信息都是以字符方式输入输出的,因此,计算机必须能表示字符(例如,C语言中可通过定义字符型变量来存储字符)。字符包括以下几种类型：

(1) 字母：A,B,…,Z,a,b,…,z。

(2) 数字：0,1,…,9。

(3) 专用字符：+,-,*,/,↑,SP(Space 空格)等。

(4) 非打印字符：BEL(Bell 响铃)、LF(Line Feed 换行)、CR(Carriage Return 回车)等。

这些字符在机器里必须用二进制数来表示。计算机中常采用美国信息交换标准代码(American Standard Code for Information Interchange,ASCII)来表示。这种代码用1字节(8位二进制码)来表示一个字符,其中低7位为字符的ASCII值,最高位一般用作校验位。在附录E中给出了常用字符的ASCII值。

1.4 二进制数的位运算

微课视频

1. "与"运算

"与"运算(AND)又称为逻辑乘,可用符号"·"或"∧"来表示,**C语言中用"&"来表示**。如有A、B两个逻辑变量(每个变量只能有0或1两种取值),A、B组合有4种取值情况(即00、01、10、11)。在各种取值的条件下得到的"与"运算结果如表1-2(a)所示,即只有当A、B两个变量的取值均为1时,它们的"与"运算的结果才是1。

表1-2 二进制数的位运算

(a)"与"运算			(b)"或"运算			(c)"非"运算		(d)"异或"运算		
A	B	A&B	A	B	A|B	A	~A	A	B	A^B
0	0	0	0	0	0	1	0	0	0	0
0	1	0	0	1	1	0	1	0	1	1
1	0	0	1	0	1			1	0	1
1	1	1	1	1	1			1	1	0

2. "或"运算

"或"运算(OR)又称为逻辑加,可用符号"+"或"∨"来表示,**C语言中用"|"来表示**。"或"运算的规则如表1-2(b)所示,即A、B变量中只要一个变量取值为1,则它们"或"运算的结果就是1。

3. "非"运算

"非"运算(NOT)又称为逻辑反。如果变量为A,则它的"非"运算的结果可以用~A来表示,**C语言中用"~"来表示非运算**。"非"运算的规则如表1-2(c)所示。

4. "异或"运算

"异或"运算(XOR)可用符号"⊕"来表示，**C 语言中用"^"来表示**。"异或"运算的规则如表 1-2(d)所示，即当两个变量的取值相异时，则它们"异或"运算的结果就是 1。

【例 1-10】 如果两个变量的值分别为 X＝0X00FF，Y＝0X5555，求 X&Y、X|Y、～X、X^Y 的值。

解：

$$
\begin{aligned}
X &= (00000000 1111 1111)_2 \\
Y &= (0101 0101 0101 0101)_2 \\
\hline
X\&Y &= (0000 0000 0101 0101)_2 \\
&= 0X0055
\end{aligned}
$$

$$
\begin{aligned}
X &= (00000000 1111 1111)_2 \\
Y &= (0101 0101 0101 0101)_2 \\
\hline
X|Y &= (0101 0101 1111 1111)_2 \\
&= 0X55FF
\end{aligned}
$$

$$
\begin{aligned}
X &= (00000000 1111 1111)_2 \\
\hline
\sim X &= (1111 1111 0000 0000)_2 \\
&= 0XFF00
\end{aligned}
$$

$$
\begin{aligned}
X &= (0000 0000 1111 1111)_2 \\
Y &= (0101 0101 0101 0101)_2 \\
\hline
X^\wedge Y &= (0101 0101 1010 1010)_2 \\
&= 0X55AA
\end{aligned}
$$

【思考题 1-2】 已知 X＝0X00FF，Y＝0X5555，问 X^Y^Y 的值是多少？

微课视频

1.5 本章小结

本章主要介绍了计算机系统组成及其工作原理；进位计数制及其转换；机器数的表示形式及其表示范围；二进制数的位运算等。所有这些都是学习 C 语言的基础，也是读者必须掌握的内容。下面对本章的内容进行一个总结。

(1) 计算机是由硬件系统和软件系统组成的。硬件系统又是由控制器、运算器、存储器、输入及输出设备五大部件构成的。其中，控制器和运算器集成在一起称为中央处理器(CPU)，控制器发出控制命令指挥其他逻辑部件进行工作。运算器可执行算术和逻辑运算操作；存储器分为内存和外存，所有的数据和程序必须在内存中运行和执行，内存中存放数据是以存储单元为单位进行存放的，每个存储单元都有一个存储地址，计算机就是通过存储地址来访问存储单元中的数据的。软件是指计算机程序及有关程序的技术文档资料。两者中更为重要的是程序，它是计算机进行数据处理的指令集，也是计算机正常工作最重要的因素。计算机离开了软件系统是无法工作的，软件分为系统软件和应用软件，系统软件中最为典型的就是操作系统，平时编制的软件通常是应用软件。

(2) 计算机中使用的进制数是二进制数，而不是十进制数，因为二进制只有两个数码，运算简单便于硬件实现，同时二进制便于逻辑运算。将十进制数转换成二进制数应分为整数部分转换和小数部分转换，整数部分转换可采用基数除法来实现，小数部分转换可采用基数乘法来实现。八进制和十六进制也是 C 语言中经常表示数据的进制，因为它们与二进制之间的转换非常方便,但要注意它们不是计算机中使用的进制。

(3) 机器数的表示形式有原码、反码和补码几种形式。计算机中通常是使用补码的形式来表示一个数,因为补码运算可以连同符号位一起参与运算,这便于运算器的设计和实现。

(4) 二进制的位运算有"与"运算、"或"运算、"非"运算和"异或"运算。

习题 1

自测题

1. 简答题

(1) 冯·诺依曼计算机模型有哪几个基本组成部分?各部分的主要功能是什么?
(2) 简述计算机的工作原理。
(3) 计算机软件系统分为哪几类?
(4) 什么叫软件?说明软件与硬件之间的相互关系。
(5) 什么叫机器数?为什么计算机中通常使用补码的形式来表示一个数?

2. 填空题

(1) 运算器通常又称为 ALU,是计算机用来进行数据运算的部件。数据运算包括_____运算和_____运算。

(2) 目前计算机最常用的输入设备有_____和_____。

(3) 计算机的 CPU 主要是由_____和_____构成的。

(4) 十进制的基数为_____,二进制的基数为_____。

(5) 在 C 语言中,表示一个八进制数用前缀_____标记,表示一个十六进制数用前缀_____标记。

(6) 机器数的三种表示形式是_____、_____和_____。

(7) 十进制数 23 和 −23 的 8 位二进制补码分别是_____和_____。

(8) 用 8 位二进制补码表示有符号的定点整数,可表示的最大整数是_____,最小整数是_____。

(9) 用 16 位二进制码表示无符号的定点整数,可表示的最大整数是_____,最小整数是_____。

(10) 二进制的位运算主要有_____、_____、_____和_____。

(11) 设 x 的二进制数是 11001101,若想通过 x&y 运算使 x 中的低 4 位不变,高 4 位清零,则 y 的二进制数是_____。

(12) 设 x 是一个整数(16 位),若要通过 x|y 使 x 低 8 位置 1,高 8 位不变,则 y 的八进制数是_____。

(13) 十六进制数 F6.A 转换成八进制数为_____,转换成二进制数为_____。

(14) $(2345)_9 = (_____)_7 = (_____)_6$。

(15) 表达式 0x13&0x17 的十六进制值是_____。

3. 选择题

(1) 计算机工作时,内存储器用来存储( )。
    A. 程序和指令   B. 数据和信号
    C. 程序和数据   D. ASCII 码和数据

(2) 语言编译程序若按软件分类则属于( )。
    A. 系统软件   B. 应用软件
    C. 操作系统   D. 数据库管理系统

(3) 在计算机内一切信息的存取、传输和处理都是以( )形式进行的。
    A. ASCII 码   B. 二进制   C. 十进制   D. 十六进制

(4) 十进制数 35 转换成二进制数是( )。
    A. 100011   B. 0100011   C. 100110   D. 100101

(5) 十进制数 268 转换成十六进制数是( )。
    A. 10B   B. 10C   C. 10D   D. 10E

(6) 下列无符号整数中最大的数是( )。
    A. $(10100011)_2$ B. $(FF)_{16}$ C. $(237)_8$ D. 789

(7) 与二进制数 0.1 等值的十六进制小数为( )。
    A. $(0.2)_{16}$ B. $(0.1)_{16}$ C. $(0.4)_{16}$ D. $(0.8)_{16}$

(8) 真值为 −100101 的二进制数在字长为 8 的机器中,其补码形式为( )。
    A. 11011011   B. 10011011   C. 10110110   D. 10110111

(9) 若 $x_{补}=0.1101010$,则 $x_{原}=$( )。
    A. 1.0010101   B. 1.0010110   C. 0.0010110   D. 0.1101010

(10) 若 X=+1101,Y=−1011,则 $[X+Y]_{补}=$( )。
    A. 00010   B. 100010   C. 10010   D. 00011

(11) 将 250 与 5 进行按位与的结果是( )。
    A. 0   B. 1   C. $(FF)_{16}$ D. $(F0)_{16}$

(12) 将 $(AF)_{16}$ 与 $(78)_{16}$ 进行按位异或的结果是( )。
    A. $(D7)_{16}$ B. $(28)_{16}$ C. $(D8)_{16}$ D. $(27)_{16}$

(13) 将 $(717)_8$ 进行按位求反的结果是( )。
    A. $(110001)_2$ B. $(060)_8$ C. $(60)_{10}$ D. 都不正确

(14) 将二进制数 10110010 的最高位求反的操作是( )。
    A. 与 $(7F)_{16}$ 按位与   B. 与 $(7F)_{16}$ 按位异或
    C. 与 $(80)_{16}$ 按位或   D. 都不正确

(15) 将二进制数 10110010 的高 4 位求反,低 4 位不变的操作是( )。
    A. 与 $(0F)_{16}$ 按位与   B. 与 $(F0)_{16}$ 按位异或
    C. 与 $(0F)_{16}$ 按位异或   D. 与 $(0F)_{16}$ 按位或

(16) 以下表达式的值不一定为 0 的是( )。
    A. m&~m   B. m&0   C. m^m   D. m|m

(17) 设 ch 的值为 11011001,若要保留这一字节中的中间 4 位,而将高、低 2 位清零,则以下能实现此功能的表达式是(　　)。

  A. ch|074   B. ch&074   C. ch&0303   D. ch|0303

(18) 表达式 0x13&0x17 的值是(　　)。

  A. 0x17   B. 0x13   C. 0xf8   D. 0xec

(19) 计算机系统中,采用(　　)可以将减法运算转换为加法运算。

  A. 原码   B. 补码   C. 真值   D. 反码

(20) 计算机中的字符常用(　　)编码方式来表示。

  A. ASCII   B. 二进制   C. 五笔字型   D. 拼音

第2章　C语言程序设计基础

微课视频

◇ 学习意义

从本章开始正式进入 C 语言程序设计的学习,也许读者会问:为什么要学习 C 语言呢?要回答这个问题,有必要了解程序设计语言的发展历史及其特点,知道 C 语言是属于哪种类型的语言,C 语言是如何产生和发展的,C 语言的特点有哪些,它应用在哪些方面等,这样才可以做到学习目的明确,才能有意识地去学好 C 语言程序设计。本章让读者来实际感受一下 C 语言程序是一个什么样子,它的结构特点是什么,这是进行 C 语言程序设计必须遵循的规范。本章最后,读者应该掌握的是如何编写和调试一个 C 语言程序,这是每一个 C 语言程序员所必须具备的基本功。

◇ 学习目标

(1) 了解程序设计语言的发展及其特点;
(2) 掌握机器语言、汇编语言和高级语言的差异;
(3) 了解 C 语言的发展历史、特点和应用;
(4) 掌握 C 语言程序的基本结构;
(5) 掌握编写 C 语言程序的基本步骤和调试过程。

◇ 难点提示

(1) C 语言程序结构;
(2) 程序编译和链接。

微课视频

2.1　程序设计语言的发展及其特点

计算机是由硬件系统和软件系统两大部分构成的。硬件是物质基础,而软件可以说是计算机的灵魂。没有软件,计算机是一台"裸机",什么也不能干,有了软件,才能灵动起来,成为一台真正的"电脑"。所有的软件都是用计算机语言编写的。

计算机程序设计语言的发展,经历了从机器语言、汇编语言到高级语言的历程。

1. 机器语言

机器语言是计算机能唯一识别的语言。机器语言程序是一串串由"0"和"1"组成的指令序列。使用机器语言是十分痛苦的,特别是在程序有错需要修改时更是如此。而且,由于每台计算机的指令系统往往各不相同,因此,在一台计算机上执行的程序,要想在另一台计算机上执行,必须另编程序,从而造成重复工作。但由于使用的是针对特定型号计算机的语言,故而运算效率是所有语言中最高的。机器语言是第一代计算机程序设计语言。

2. 汇编语言

为了减轻使用机器语言编程的痛苦,人们进行了一种有益的改进:用一些简洁的英文字母、符号串来替代一个特定的指令的二进制串,例如,用"ADD"代表加法,"MOV"代表数据传递等。这样一来,人们很容易读懂并理解程序在干什么,纠错及维护都变得方便了,这种程序设计语言就称为汇编语言,即第二代计算机程序设计语言。然而计算机是不认识这些符号的,这就需要一个专门的程序,负责将这些符号翻译成二进制数的机器语言,这种翻译程序被称为汇编程序。

汇编语言同样十分依赖于机器硬件,移植性不好,但效率仍十分高,针对计算机特定硬件而编制的汇编语言程序,能准确发挥计算机硬件的功能和特长,程序精炼而质量高,所以至今仍是一种常用而强有力的软件开发工具。

3. 高级语言

从最初与计算机交流的痛苦经历中,人们意识到,应该设计一种这样的语言,这种语言接近于数学语言或人的自然语言,同时又不依赖于计算机硬件,编出的程序能在所有机器上使用。经过努力,1954年,第一个完全脱离机器硬件的高级语言——FORTRAN问世了,六十多年来,共有几百种高级语言出现,有重要意义的有几十种,影响较大、使用较普遍的有FORTRAN、ALGOL、COBOL、BASIC、LISP、SNOBOL、PL/1、Pascal、C、PROLOG、Ada、C++、VC、VB、Delphi、Java等。

高级语言的发展也经历了从早期语言到结构化程序设计语言,从面向过程到非过程化程序语言的过程。相应地,软件的开发也由最初的个体手工作坊式的封闭式生产,发展为产业化、流水线式的工业化生产。

20世纪60年代中后期,软件越来越多,规模越来越大,而软件的生产基本上是各自为战,缺乏科学规范的系统规划与测试、评估标准,其恶果是大批耗费巨资建立起来的软件系统,由于含有错误而无法使用,甚至带来巨大损失,软件给人的感觉是越来越不可靠,以致几乎没有不出错的软件。这一切,极大地震动了计算机界,史称"软件危机"。人们认识到:大型程序的编制不同于写小程序,它应该是一项新的技术,应该像处理工程一样处理软件研制的全过程。程序的设计应易于保证正确性,也便于验证正确性。于是,1969年,提出了结构化程序设计方法。1970年,第一个结构化程序设计语言——Pascal语言的出现,标志着结构化程序设计时期的开始。

20世纪80年代初开始,在软件设计思想上又产生了一次革命,其成果就是面向对象的程序设计。在此之前的高级语言,几乎都是面向过程的,程序的执行是流水线似的,在一个模块被执行完成前,人们不能干别的事,也无法动态地改变程序的执行方向。这和人们日常处理事物的方式是不一致的,对人而言是希望发生一件事就处理一件事,也就是说,不能面向过程,而应是面向具体的应用功能,也就是对象(Object)。其方法就是软件的集成化,如同硬件的集成电路一样,生产一些通用的、封装紧密的功能模块,称为软件集成块,它与具体应用无关,但能相互组合,完成具体的应用功能,同时又能重复使用。对使用者来说,只关心它的接口(输入量、输出量)及能实现的功能,至于如何实现,那是它内部的事,使用者完全不用关心,如 C++、Python、VB、Delphi 就是典型代表。

高级语言的下一个发展目标是面向应用,也就是说,只需要告诉程序要干什么,程序就能自动生成算法,自动进行处理,这就是非过程化的程序语言。

2.2 C 语言的发展及其特点和应用

1. C 语言发展史

C 语言属于高级语言。C 语言的发展颇为有趣,它的原型是 ALGOL 60 语言。

1963 年,剑桥大学将 ALGOL 60 语言发展成为 CPL(Combined Programming Language)语言。

1967 年,剑桥大学的 Matin Richards 对 CPL 进行了简化,于是产生了 BCPL 语言。

1970 年,美国贝尔实验室的 Ken Thompson 将 BCPL 进行了修改,并为它起了一个有趣的名字"B 语言",意思是将 CPL 煮干,提炼出它的精华。并且他用 B 语言编写了第一个 UNIX 操作系统。

而在 1973 年,B 语言也被人"煮"了一下,美国贝尔实验室的 D. M. Ritchie 在 B 语言的基础上最终设计出了一种新的语言,他取了 BCPL 的第二个字母作为这种语言的名字,这就是 C 语言。

为了推广 UNIX 操作系统,1977 年,Dennis M. Ritchie 发表了不依赖于具体机器系统的 C 语言编译文本《可移植的 C 语言编译程序》。

1978 年,Brian W. Kernighian 和 Dennis M. Ritchie 出版了名著 The C Programming Language,从而使 C 语言成为目前世界上流行最广泛的高级程序设计语言。

1988 年,随着微型计算机的日益普及,出现了许多 C 语言版本。由于没有统一的标准,使得这些 C 语言之间出现了一些不一致的地方。为了改变这种情况,美国国家标准研究所(ANSI)为 C 语言制定了一套 ANSI 标准(或 ANSI C),成为现行的 C 语言标准。

2. C 语言版本

C 语言有不同的版本,常用的编译软件有 Microsoft Visual C++(简称 VC)、CodeBlocks(简称 CB)、Borland C++(简称 BC)、Turbo C(简称 TC)、Borland C++ Builder、Watcom C++、GNU DJGPP C++、LCC-Win32 C、Microsoft C、High C 等。这些版本大多遵循 ANSI C 的标准,只是在某些细节或库函数调用等方面有些差异,读者只要掌握其中的一种,其他版本将很快就会掌握。本书的内容将基于 ANSI C 进行展开,主要是针对 Visual C++ 6.0(简称

VC 6.0)和 Visual C++ 2010(简称 VC 2010),同时也兼顾 CodeBlocks 17.12(简称 CB 17.12),书中所列举的实例,对于这三个版本如果有区别,都会给出说明。

3. C 语言的特点

计算机程序设计语言相当多,每种语言都有其各自的特点,但随着计算机应用的发展,很多程序设计语言已逐渐地退出了历史舞台。但 C 语言却长盛不衰,是目前世界上流行、使用最广泛的高级程序设计语言之一。它之所以能够生存和发展到今天,完全依赖于它不同于其他编程语言的独特优势。概括起来,C 语言有如下 10 个突出的特点。

(1) 简洁紧凑、灵活方便。C 语言一共只有 30 多个关键字,9 种控制语句,程序书写自由,主要用小写字母表示。它把高级语言的基本结构和语句与低级语言的实用性结合起来。C 语言可以像汇编语言一样对位、字节和地址进行操作,而这三者是计算机最基本的工作单元。

(2) 运算符丰富。C 语言的运算符包含的范围很广泛,共有 34 个运算符。C 语言把括号、赋值、强制类型转换等都作为运算符处理,从而使 C 语言的运算类型极其丰富,表达式类型多样化,灵活使用各种运算符,可以实现在其他高级语言中难以实现的运算。

(3) 数据结构丰富。C 语言的数据类型有整型、实型、字符型、数组类型、指针类型、结构体类型、联合体类型等,能用来实现各种复杂的数据类型的运算。并引入了指针概念,使程序效率更高。另外,C 语言具有强大的图形功能,支持多种显示器和驱动器,并且具有强大的计算功能和逻辑判断功能。

(4) 结构式语言。结构式语言的显著特点是代码和数据的分隔化,即程序的各个部分除了必要的信息交流外彼此独立。这种结构化方式可使程序层次清晰,便于使用、维护以及调试。C 语言是以函数形式提供给用户的,这些函数可方便地调用,并具有多种循环、条件语句控制程序流向,从而使程序完全结构化。

(5) 语法限制不太严格,程序设计自由度大。一般的高级语言语法检查比较严,能够检查出几乎所有的语法错误,而 C 语言允许程序编写者有较大的自由度。

(6) 允许直接访问物理地址,可以直接对硬件进行操作。C 语言既具有高级语言的功能,又具有低级语言的许多功能,能够像汇编语言一样对位、字节和地址进行操作,而这三者是计算机最基本的工作单元,可以用来编写系统软件。

(7) 程序生成代码质量高,程序执行效率高。C 语言程序一般只比汇编程序生成的目标代码效率低 10%~20%。

(8) 适用范围大,可移植性好。C 语言有一个突出的优点就是适合于多种操作系统,如 DOS、Windows、UNIX/Linux。也适用于多种机型,在某种类型的计算机上编写的程序,无须修改或经过很少的修改,就可以在其他类型的计算机上运行。

(9) 具有预处理功能。C 语言提供了预处理器,程序可以利用宏指令提高可读性和可移植性。

(10) 具有递归功能。C 语言允许递归调用,在解决递归问题上具有独特优势。

4. C 语言的应用

因为 C 语言既具有高级语言的特点,又具有汇编语言的特点,所以可以作为工作系统设计语言，编写系统应用程序，也可以作为应用程序设计语言，编写不依赖计算机硬件的应用程序。其应用范围极为广泛，不仅是在软件开发上，各类科研项目也都要用到 C 语言。下面列举了 C 语言一些常见的应用领域。

（1）应用软件。Linux 操作系统中的应用软件都是使用 C 语言编写的，因此这样的应用软件安全性非常高。

（2）服务器端开发。很多互联网公司的后台服务器程序都是基于 C/C++ 开发的，而且大部分服务器使用的是 Linux 操作系统，所以，如果你想做这方面的工作，就需要熟悉 Linux 操作系统及其开发，熟悉数据库开发，精通网络编程。

（3）对性能要求严格的领域。一般对性能有严格要求的地方都是用 C 语言编写的，如网络程序的底层和网络服务器端底层、地图查询、计算机通信等。

（4）系统软件和图形处理。C 语言具有很强的绘图能力和可移植性，并且具备很强的数据处理能力，可以用来编写系统软件（如 UNIX、Linux 等操作系统），制作动画，绘制二维图形和三维图形等。例如，虚拟现实这个领域一直在发展，目前 VR 眼镜比较火，需要大量基于 C/C++ 开发的应用。

（5）数字计算。相对于其他编程语言，C 语言是数字计算能力超强的高级语言。

（6）嵌入式设备开发。手机、PDA 等时尚消费类电子产品相信读者都不陌生，其内部的应用软件、游戏等很多都是采用 C 语言进行嵌入式开发的。

（7）游戏软件开发。很多人就是通过玩游戏熟悉了计算机，利用 C 语言可以开发很多游戏，如推箱子、贪吃蛇等。

此外，C 语言在电子设备方面的应用也比较多。例如，嵌入式行业就是用 C 语言做应用开发的，包括手机软件、各种硬件驱动程序、网络安全程序（如防火墙之类），还有现在比较流行的数字机顶盒、路由器、监控安防等应用都是用 C 语言开发的。

上面仅列出了几个主要的 C 语言应用领域，实际上，C 语言几乎可以应用到程序开发的任何领域。

微课视频

2.3 C 语言与 C++、Java、C♯ 和 Python 之间的关系

尽管 C 语言在计算机应用领域还占有相当的市场空间，但随着计算机软件技术的快速发展，在当今世界，C 语言已渐渐失去了其占有的市场份额，除其固守的系统软件开发阵地和历史延续下来的大型软件外，几乎仅在小型的且追求运行效率的软件和嵌入式软件开发方面有一定空间，这一点点空间也正在逐渐缩小。取而代之的是 C++、Java、C♯ 和 Python 等后生语言以及一些很专门化的语言。有趣的是，C 语言仍有为数不少的铁杆迷，他们对其爱不释手，对那些后生语言不屑一顾。这样的人，在代表最高编程水平的黑客社区里特别多。能轻松驾驭 C 语言几乎是"高手"必备的素质之一。

C++ 从名字上看就知道与 C 语言有着不解的渊源。C++ 几乎完全兼容 C 语言的语法，且所有流行的 C++ 编译器都能编译 C 语言程序，所以很多人认为 C++ 就是 C 语言的升级。在很多场合，它们也被放在一起，称为 C/C++。这个"＋＋"加上后，便是大名鼎鼎的"面向对象"(Object Oriented)。

在面向对象被广泛接受之前,流行的是结构化程序设计思想。C 和 Pascal 等语言都是结构化的,后面的章节将会学到详细的结构化思想。面向对象的程序设计思想对程序设计的影响可谓翻天覆地,整个计算机界的思维都因其而改变,程序设计更加贴近现实世界,更加符合人类固有的习惯。C++借助 C 语言的影响力,携面向对象的威力,其影响迅速增大。在 20 世纪 90 年代曾有民间组织统计,当年发布的软件中,90%以上采用 C++语言开发。

C++兼有 C 语言的能力,也是一种"什么都能干"的高级语言,所以学习和使用起来也不简单。做系统开发的毕竟是少数,直接面向最终用户的应用开发才是语言的必争之地。Java 语言就是在这种情况下诞生的。

Sun 公司推出的 Java 语言以纯面向对象、平台无关和易学易用而著称。它全面照搬了 C++的语法,并去掉了其不常用和不成功的部分,化繁为简,迅速获得了程序员们的认可,得到了越来越多的支持。Java 语言融合了很多先进的程序设计思想、方法,不管是桌面应用,还是网络服务、嵌入式应用都可用它进行高效的开发。当然,如果要开发底层的、占用资源少的程序,Java 语言就无能为力了。Java 语言的市场做得很不错,它已经被广泛接受,以至于很多客户都指名道姓地要求开发商必须用 Java 语言为其开发软件,尽管他们并不十分明白 Java 语言究竟如何。

Java 语言的成功,让软件大鳄微软(Microsoft)公司坐不住了。它及时推出了 C♯(读作 C Sharp)语言。"♯"这个符号就是四个加号围坐一圈,所以有人戏称其为 C++++。从名字可以看出它与 C/C++的渊源,没错,它也照搬了 C/C++的语法。

C♯语言诞生在 Java 语言之后,所以它能把 Java 语言的成功之处吸收进来,把不成功之处抛弃,打造了一个似 Java 而非 Java,还有点儿超越 Java 的语言。但它年龄不大,2000 年诞生(Java 语言诞生于 1995 年),所以还没有多少惊人之举,不过前途不可限量。

Python 是一种脚本语言,主要由 C 语言实现,其创始人为荷兰人吉多·范罗苏姆(Guido van Rossum)。1989 年圣诞节期间,在阿姆斯特丹,Guido 为了打发圣诞节的无趣,决心开发一个新的脚本解释程序,作为 ABC 语言的一种继承。之所以选中 Python(大蟒蛇的意思)作为该编程语言的名字,是取自英国 20 世纪 70 年代首播的电视喜剧《蒙提·派森的飞行马戏团》(*Monty Python's Flying Circus*)。

Python 其实也是基于 C/C++创造的,它们的区别主要体现在,C/C++效率高,编程难;Python 效率低,编程简单。同样的事情,Python 程序员可以很快地写出代码,但机器运行却可能需要成倍于 C/C++的时间;反之,C/C++程序员编程实现的难度比较大,但在机器上的运行效率很高。因此,很多公司在核心的功能、需要大量运行的部分更倾向于选择 C/C++,而在执行次数不多,但对写代码速度要求比较高的部分则更倾向于使用 Python。

Python 可以说是目前最火的语言之一了,人工智能的兴起让 Python 一夜之间变得家喻户晓,Python 号称目前最简单易学的语言,由于 Python 语言的简洁性、易读性以及可扩展性,在国内外用 Python 做科学计算的研究机构日益增多,现在有不少高校开始将 Python 作为大一新生的入门语言。

目前,C/C++、Java、C♯和 Python 语言在每年度 TIOBE 公布的编程语言排行榜中基本囊括前 5 位,其他语言仅能在其专属领域里得以发挥作用。同时,C++,Java、C♯和 Python 语言也在不断地完善、扩充自身,极力挤压其他语言的空间。在这种情况下,C 语言的空间变得越来越小,那么为什么还要学习 C 语言呢？相信聪明的读者已经能从上面的叙述中找到答案了。C 语言可以说是 C++、Java、C♯和 Python 语言的基础,还有很多专用语言也学习和借鉴了 C 语言,如进行 Web 开发的 PHP 语言、做仿真的 MATLAB 的内嵌语言等。学好 C 语言对以后再学习其他语言大有帮助。计算机科学发展很快,若干年以后,什么技术、什么语言尽显风流无法预言。唯有掌握最基础的,才能以不变应万变,并立于不败之地。

2.4 C 语言程序的基本结构

这一节的主要任务是了解 C 语言程序的基本结构,即 C 语言程序是什么样子的。一个 C 语言程序可以是非常简单的,也可以是特别复杂的,这取决于程序所要实现的功能。下面先来认识一个最为简单的 C 语言程序(行号不属于 C 语言程序)。

【例 2-1】 最简单的 C 语言程序。

微课视频

```
1    /* This is the first C program */    ←——注释信息
2    #include <stdio.h>    ←——预处理命令
3                ┌——整型返回值
4    int main( )    ←——无参数、有整型返回值的主函数
5            └——主函数名
6    {    ←——函数开始
7        ┌——内部函数名    ┌——回车换行符
8        printf("Hello C Language!\n");    ——函数调用      函数体
9              参数          └——语句结束标志
10       return 0;    ——返回整型值0
11   }    ←——函数结束
```

运行结果:

Hello C Language!

程序解释:

- 程序的第 1 行是注释信息。C 语言程序中,注释是程序员为了增加程序的可读性和易懂性,人为增加的说明性信息。其主要是用来说明程序的功能、用途、符号的含义或程序实现的方法等。C 程序中的注释不影响程序的功能和执行,注释的多少都无关紧要。要成为一个优秀的程序员,一定要养成对程序加注释的习惯,特别是在软件项目团队合作开发过程中更是如此。**在 C 语言程序中,注释由"/*"开始,由"*/"结束**,在"/*"和"*/"之间放置注释的内容,但注释不能嵌套,例如,/* This is /* first */ C program */则是错误的。

第2章 C语言程序设计基础

> ⚠️ **注意**：在C++的程序中，注释有以下两种方式。
>
> 第一种，使用"/*"开始，"*/"结束，来实现多行注释。例如：
>
> /* 注释信息 */
>
> 第二种，使用"//"进行单行注释。例如：
>
> //注释信息
>
> 由于本书的程序主要基于C++的开发环境，所以程序中的注释有时使用"//"进行注释，请读者在阅读后面的程序时注意。

- 程序的第2行是C语言中的文件包含预处理命令。**C语言的预处理命令都是以"♯"号开头**。stdio.h是一个头文件，通过文件包含预处理命令♯include 把 stdio.h 包含在自己所在的程序中，stdio.h 是关于标准输入/输出的头文件（stdio 意为 standard input output，h 意为 head），其中包含使用标准输入/输出库函数的许多信息。在本程序中，由于第8行使用 printf 函数（C语言标准库函数之一）输出信息到计算机屏幕，因此需要用♯include 预处理命令将必要的头文件 stdio.h 包含进来。关于预处理命令将在第10章进行详细介绍。

> ⚠️ **注意**：在C语言中，系统提供了许多用于处理某种功能的程序模块，称为C语言内部函数。每个函数都有自己的名字，也就是函数名。在编写C语言程序时，有些功能的实现不必非要自己编写代码，而可以调用C语言本身提供的内部函数（如屏幕上格式化输出函数 printf）来实现，但在调用这些内部函数之前，必须使用文件包含♯include 预处理命令将该函数所对应的头文件包含进来。

- 程序的第3、5、7、9行是空行。C语言程序中允许插入若干空行，它不影响程序的功能，同注释一样。为了程序的易读性，在编写C语言程序时，根据需要可插入一定的空行。

- 程序的第4~11行是C语言程序的主函数 main 的定义。main是主函数名，**一个C语言程序有且仅有一个 main 函数**。C语言程序执行时就是从 main 函数开始，具体地讲就是从"{"开始，到"}"结束。花括号中间的部分就是 main 函数的具体实施部分，称为函数体。C语言中的函数其实就是代表实现某种功能并可重复执行的一段程序，每个函数都有一个名字，并且不能与其他的函数同名。执行一个函数称为函数调用，函数可以带参数，也可以不带参数。main 的后面跟着空的( )，表明 main 函数没有参数。函数可以有返回值，也可以没有返回值，在 main 函数前加上 int（整型），表明 main 函数有整型返回值。

- 程序的第8行是 main 函数体中的一条函数调用语句。printf 是C语言的内部函数（也称标准库函数）名，因为它后面跟着( )，其功能是将"Hello C Language!\n"显示在计算机的屏幕上（双引号和\n不显示）。文本"Hello C Language!\n"被放在了一对双引号中间了。被双引号括起来的文本称为字符串。字符串"Hello C

25

Language!\n"被称为函数 printf 的参数。字符串中的"\n"是转义字符,起回车换行的作用。该语句最后加上分号";"表示语句的结束,**C 语言规定:语句必须以分号结束**。读者在开始进行 C 语言编程时,这一点要务必注意!

- 程序的第 10 行是 main 函数体中的一条返回值语句。当定义一个带有返回值的函数时,可通过 return 语句将返回值返回。return 0 表示 main 函数的返回值为整数 0。

例 2-1 的程序非常简单,它体现的概念主要是注释、文件包含预处理命令、函数、函数调用和参数、返回值。下面来认识一个稍微复杂一点的程序。

【例 2-2】 计算输入的两个整数的和。

微课视频

```
1    /* This is the second C program */    ← 注释信息
2    #include <stdio.h>    ← 预处理命令
3
4    int main( )    ← 无参数、有整型返回值的主函数
5    {
6        int x, y, z;    ← 变量定义,变量间以逗号分隔,最后以分号结尾
7                ← 变量名
8        scanf("%d%d", &x, &y);    ← 函数调用
9            ← 函数名    ← 带有三个参数,参数间以逗号分隔隔
10       z=x+y;    ← 语句,以分号结束
11       printf("the sum of two integer is %d\n", z);
12           ← 函数名    ← 第一个参数    ← 第二个参数
13       return 0;
14   }
```
函数体

运行结果 (假设输入的数为:10 20✓):

```
the sum of two integer is 30
```

程序解释:

- 该程序与例 2-1 一样,也只有一个 main 函数。但 main 函数有了处理数据的功能。
- 程序的第 6 行是变量的定义。C 语言是用变量来代表数据的。因此如果程序要处理数据(通常是这样),就必须先定义变量。第 6 行定义了三个整型变量 x、y、z,符号 int 代表一种数据类型,int(是 integer 的缩写)代表整数类型,符号 x、y、z 是三个变量名,且代表三个整数值。变量名之间以逗号分隔。**C 语言规定,定义变量时,要以分号结尾**。
- 变量定义了以后,当程序运行时,计算机系统就会给定义的变量分配相应大小的内存单元,用来存放数据。
- 程序的第 8 行是用于接收从键盘输入两个整型数据到变量 x 和 y 中。scanf 是 C 语言输入/输出标准函数中提供的输入函数,它按照转换字符(这里是%d,表示整型)的要求将相应类型的数据输入到指定变量的存储单元中,&x 表示取变量 x 的地址。假如从键盘上输入的两个整数分别是 10 和 20(✓表示回车),那么变量 x 的

值将是 10,变量 y 的值将是 20。

- 程序的第 10 行是 C 语言程序的一条语句,它表示将变量 x 的值(10)和变量 y 的值(20)先进行求和(其值为 30),然后赋值给变量 z(z 的值将为 30)。"＝"是赋值运算符,它的作用是把右边表达式的值赋给左边的变量。
- 程序的第 11 行是通过调用 printf 函数在屏幕上显示两个数的和数(和数已存放在变量 z 中)。函数 printf 调用时带有两个参数,第一个参数是一个字符串,第二个参数是变量 z,这两个参数用逗号分开。由于 printf 函数的功能是将第一个参数的字符串显示在计算机屏幕上,因此程序输出"the sum of two integer is"可以理解,但为什么没有输出%d 呢?%d 是一个输出转换说明,意思是:输出时用一个整型值来代替它,这里这个整型值是变量 z 的值(30)。于是本程序的输出结果为:the sum of two integer is 30。
- C 语言程序的函数由两部分构成,一部分定义变量(变量代表数据),称为声明部分;另一部分代表操作,由 C 语句构成,称为执行部分。**在 C 语言程序中,要求函数的声明部分在前面,执行部分在后面,它们的顺序不能颠倒,也不能交叉**。但在 C++ 程序中,声明部分和执行部分可以相互交叉,没有严格的界限,当然,执行部分中所使用的变量只要在其之前进行定义即可。表 2-1 给出了在 C 语言和 C++ 语言程序中函数定义的差别及对错。

表 2-1 C 语言和 C++ 语言程序中函数定义对比

C 语言程序中定义的函数	C++ 语言程序中定义的函数	C 语言或 C++ 语言程序中定义的函数

int main( )
{
  int a;
 	
  a＝10;
  int b;
  b＝a+20;
  return 0;
}
	int main( )
	{
	  int a;
	
	  a＝10;
	  int b;
	  b＝a+20;
	  return 0;
	}
		int main( )
		{
		  int a;
		
		  a＝10;
		  b＝a+20;
		  int b;
		  return 0;
		}

错误,变量定义 int b;放到了执行部分	正确,只要执行部分所使用的变量在前面已经定义	错误,变量 b 不能定义在执行部分之后

> **注意**:在 C 语言程序中,变量必须先定义,后使用,顺序不能颠倒。

例 2-2 的程序与例 2-1 的程序相比,可以说更像程序了。因为例 2-2 的程序能处理数据。具体实现时,例 2-2 的程序定义了变量 x、y、z 来表示数据。然而,例 2-2 的程序并不能代表一个完整的 C 语言程序。下面再认识一个程序,看看完整的 C 语言程序是什么样子的。

【例2-3】 求输入的两个整数的最大数。

```
1    /* This is the third C program */      ← 注释信息
2    #include <stdio.h>                     ← 预处理命令
3
4    int max(int a, int b);                 ← 函数声明
5
6    int main()                             ← 无参数、有整型返回值的主函数
7    {
8        int x, y, z;                       ← 变量定义
9
10       scanf("%d%d", &x, &y);             ← 内部函数调用
11                   ┌── 自定义函数名
12       z = max(x, y);                     ← 自定义函数调用
13                ↑── 实际参数
14       printf("max=%d\n", z);             ← 内部函数调用
15       return 0;
16   }
17              ┌── 自定义函数名
18   int max(int a, int b)                  ← 有参数、有整型返回值的自定义函数
19   {         ┌── 形式参数
20       int c;                             ← 变量定义
21              ┌── 条件表达式
22       if (a > b)                         ← 如果a大于b
23           c = a;                         ← 最大值是a,赋给c
24       else                               ← 否则(a小于或等于b)
25           c = b;                         ← 最大值是b,赋给c
26       return(c);                         ← 返回最大值c
27   }
```

运行结果 （假设输入的数为：10　20✓）：

```
max=20
```

程序解释：

- 本程序定义了两个函数：主函数 main 和被调用函数 max。main 函数中调用了三个函数：scanf、max 和 printf,但程序中只提供了 max 函数的定义,因为 scanf 和 printf 函数是 C 语言提供的标准库函数,故可通过预处理命令 #include 将 stdio.h 头文件包含进来后,在程序中就可以直接调用了。函数 max 不是库函数,而是用户自己定义的函数,调用时必须提供函数的定义才能使用。

- 程序的第 4 行是有关自定义函数 max 的原型声明。自定义函数的使用和变量的使用一样,必须先定义后使用。因为函数 max 的定义是在 main 函数之后,所以在 main 函数中调用它时必须事先对函数原型进行声明,否则就会产生错误。函数声

第2章　C语言程序设计基础

明时，不要忘了以分号结尾。
- 程序的第18~27行是函数max的定义。max函数的功能是求得两个整数的最大值。该函数带有两个参数a和b，其数据类型均为整型(int)，它们被称为函数的形式参数，简称形参。函数max前面的int表示该函数带有一个整型返回值，即a、b中的最大值。第22~25行是C语言中的一种判定控制语句结构，它根据a是否大于b来选择执行c=a或c=b，即最终是将a、b中的最大者赋值给变量c，最后通过return语句将c的值返回。
- 程序的第12行是通过调用自定义函数max来求得x和y中的最大值，这里的x和y的值是通过键盘输入得来的，它们是函数max的实际参数，简称实参。注意：函数调用时，必须以实际参数来调用。具体调用时，实参x的值将赋给形参a，实参y的值将赋给形参b；调用完后，即把max的返回值(x和y的最大值)赋给变量z。

C语言中变量和函数都有自己的名字，它们都必须是合法的标识符。**标识符就是一个名字，C语言规定标识符只能由字母、数字和下画线三种字符构成，并且第一个字符必须是字母或下画线。**

C语言是大小写敏感的语言，因此hello和Hello是两个不同的标识符。

C语言中有一些特别的标识符，它们的用途已经事先规定好了，程序员不能再将它们另做它用。这些特别的标识符被称为关键字(也称保留字)。到目前为止，本书中出现过的关键字有int、if、else、return。以后随着学习的深入，将会遇到越来越多的关键字(C语言关键字可参考附录C)。

C语言规定，在同一个程序内，不允许同时定义两个完全相同的标识符。所以，在为变量和函数命名时要注意，定义的标识符不能与其他变量名、函数名(包括库函数名)重名。

通过前面三个例子的学习，相信读者对C语言程序的结构已经有了一个初步的认识，现在来总结一下：

(1) C语言程序是由多个函数构成的。
(2) 每个C语言程序中有且只有一个main函数。
(3) main函数是程序的入口和出口。
(4) 不使用行号，无程序行的概念。
(5) 程序中可使用空行和空格。
(6) C语言程序格式常用锯齿形(对齐与缩进相结合)书写格式。
(7) C语言程序中可加任意多的注释。
(8) 引用C语言标准库函数，一般要用文件包含预处理命令将其头文件包含进来。
(9) 用户自定义的函数必须先定义后使用。
(10) 变量必须先定义后使用。
(11) 变量名、函数名必须是合法的标识符，标识符习惯用小写字母，C语言是字母大小写敏感的语言。
(12) 不能用关键字来命名变量和函数。
(13) 函数包含两部分：声明部分和执行部分。在C语言程序中，声明部分在前，执行部分在后，这两部分的顺序不能颠倒，也不能有交叉。
(14) C语言的语句都是以分号结尾。

2.5 编制 C 语言程序的基本步骤

通过前面的学习，已经了解了 C 语言程序的概貌，但要想让计算机能够执行编写的 C 语言程序，还需要进行以下一些步骤。

1. 安装 C 语言编程工具

这个工作只需要做一次。由于计算机不能理解 C 语言程序，因此，必须提供将 C 程序翻译成计算机指令的工具软件，主要包括编译器和链接器。此外，程序必须输入到计算机中才能被翻译，所以必须提供程序的编辑器。这些软件工具通常由软件厂商提供，常见的有 Turbo C、Borland C、MSC、Visual C、CodeBlocks 等。在编写程序之前，必须安装这些编程工具。本书将基于 Visual C++ 6.0、Visual C++ 2010 或 CodeBlocks 17.12 环境，因此，建议读者安装对应的软件。

2. 编辑程序

要想编写程序，首先要启动 VC 或 CB 的编程开发环境，打开程序编辑器。在编辑器中将 C 语言程序输入到计算机中，并以文本文件（文件的后缀必须是 .c 或 .cpp，由于本书是基于 C++ 环境，因此用 .cpp）的形式保存在计算机的磁盘上。以文本文件存放的 C 语言程序称为 C 语言源程序。

3. 编译程序

编译是指将编辑好的 C 语言源程序翻译成二进制目标代码的过程。编译过程是使用 C 语言提供的编译程序（编译器）完成的。不同操作系统下的各种编译器的使用命令不完全相同，使用时应注意计算机环境。编译时，编译器首先要对源程序中的每一条语句检查语法错误，当发现错误时，就在屏幕上显示错误的位置和错误类型的信息。此时，要再次调用编辑器进行查错修改。然后，再进行编译，直至排除所有语法和语义错误。正确的 C 语言源程序文件经过编译后在磁盘上生成目标文件（文件后缀为 .obj）。

4. 链接程序

编译后产生的目标文件（.obj 文件）是可重定位的程序模块，不能直接运行。链接就是把目标文件和其他分别进行编译生成的目标程序模块（如果有的话）及系统提供的标准库函数等"合成"在一起，生成可以运行的可执行文件（文件后缀为 .exe）的过程。这一过程很简单，有时候甚至完全体会不到，所以很多人习惯上把它也算作编译的一部分。当链接出现错误时，就在屏幕上显示错误类型的信息，此时，要再次调用编辑器进行查错修改，然后再编译和链接，直到排除所有错误。链接过程使用 C 语言提供的链接程序（链接器）完成，生成的可执行文件存在磁盘中。

5. 运行程序

生成可执行文件后,就可以在操作系统控制下运行。若执行程序后达到预期目的,则 C 语言程序的开发工作到此完成。否则,要进一步检查修改源程序,重复编辑→编译→链接→运行的过程,直到取得预期结果为止。

总之,要想编写一个实现某种功能的 C 语言程序,必须经历编辑→编译→链接→运行这四个步骤,每个步骤将完成不同的功能并生成不同类型的文件(如图 2-1 所示),如果其中的某一步出错,则必须重新编辑并进行调试,所以编写一个正确的 C 语言程序,调试过程是一个反反复复的过程(如图 2-2 所示)。

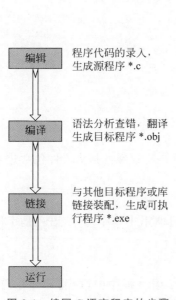

图 2-1　编写 C 语言程序的步骤

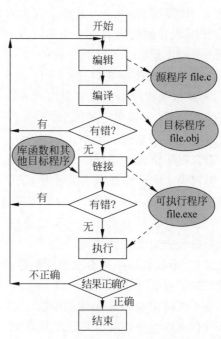

图 2-2　调试 C 语言程序的流程

2.6　本章小结

微课视频

本章主要介绍了程序设计语言的发展历程,特别是 C 语言的发展史、C 语言的特点及应用,通过几个实例程序重点介绍了 C 语言程序的基本结构和有关的语法特点,最后对编制 C 语言程序的基本步骤进行了说明。这一章的内容是读者了解 C 语言、认识 C 语言及编制 C 语言的基础。下面对本章的内容进行一个总结。

(1) 计算机程序设计语言的发展,经历了从机器语言、汇编语言到高级语言的历程。机器语言是计算机能唯一识别的语言,而汇编语言其实就是机器语言的一种符号化语言,它们都十分依赖于机器硬件,移植性不好,但效率十分高;高级语言接近于数学语言或人的自然语言,同时又不依赖于计算机硬件,编出的程序能在所有机器上使用;用汇编语言和高级语言编制的程序计算机都无法直接运行,必须事先将它们"翻译"(编译)成机器语言才可以运行。

(2) C语言属于高级语言,它的原型是 ALGOL 60 语言。C语言具有十大突出的特点:即简洁紧凑、灵活方便;运算符丰富;数据结构丰富;结构式语言;语法限制不太严格,程序设计自由度大;允许直接访问物理地址,可以直接对硬件进行操作;程序生成代码质量高,程序执行效率高;适用范围大,可移植性好;具有预处理功能;具有递归功能。正是因为 C 语言的这些突出特点,所以 C 语言的应用领域非常广泛,但随着计算机软件技术的快速发展,C 语言的应用空间也正在逐渐缩小。取而代之的是 C++、Java、C♯和 Python 等后生语言以及一些专门的语言,但无论怎样,C 语言可以说是 C++、Java、C♯和 Python 语言的基础,学好 C 语言对以后再学习其他语言大有帮助。

(3) C 语言程序的结构有它自身的特点,归纳如下:

- C 语言程序是由多个函数构成的。
- 每个 C 语言程序中有且只有一个 main 函数。
- main 函数是程序的入口和出口。
- 不使用行号,无程序行的概念。
- 程序中可使用空行和空格。
- C 语言程序格式常用锯齿形书写格式。
- C 语言程序中可加任意多的注释。
- 引用 C 语言标准库函数,一般要用文件包含预处理命令将其头文件包含进来。
- 用户自定义的函数必须先定义后使用。
- 变量必须先定义后使用。
- 变量名、函数名必须是合法的标识符,标识符习惯用小写字母,C 语言是字母大小写敏感的语言。
- 不能用关键字来命名变量和函数。
- 函数包含两部分:声明部分和执行部分。在 C 语言程序中,声明部分在前,执行部分在后,这两部分的顺序不能颠倒,也不能有交叉。
- C 语言的语句都是以分号结尾。

(4) 编写一个实现某种功能的 C 语言程序,必须经历编辑→编译→链接→运行这四个步骤,每个步骤将完成不同的功能并生成不同类型的文件,如果其中的某一步出错,则必须重新编辑并进行调试,所以编写一个正确的 C 语言程序,调试过程是一个反反复复的过程。

自测题

习题 2

1. 简答题

(1) C 语言有哪些特点?

(2) C 语言的主要应用有哪些?

(3) 列举几种程序设计语言。

(4) 编写一个实现某种功能的 C 语言程序，必须经历哪几个步骤？
(5) 说明一个 C 语言程序的组成结构。

2. 填空题

(1) 计算机程序设计语言的发展，经历了从_____、_____到_____的历程。
(2) 计算机能唯一识别的语言是_____。
(3) C 语言最初是在_____语言的基础上发展而来的。
(4) C 语言程序是由_____构成的。
(5) 每个 C 语言程序中有且只有一个_____函数，它是程序的入口和出口。
(6) 引用 C 语言标准库函数，一般要用_____预处理命令将其头文件包含进来。
(7) 用户自定义的函数，必须先_____后_____。
(8) 用户自定义函数包含两个部分，即_____和_____。_____在前，_____在后，这两部分的顺序不能颠倒，也不能有交叉。
(9) 在 C 语言中，输入操作是由库函数_____完成的，输出操作是由库函数_____完成的。
(10) C 语言的源程序必须通过_____和_____后，才能被计算机执行。

3. 选择题

(1) C 语言属于(　　)。
　　A. 机器语言　　　B. 低级语言　　　C. 中级语言　　　D. 高级语言
(2) C 语言程序能够在不同的操作系统下运行，这说明 C 语言具有很好的(　　)。
　　A. 适应性　　　B. 移植性　　　C. 兼容性　　　D. 操作性
(3) 一个 C 语言程序是由(　　)。
　　A. 一个主程序和若干子程序组成　　　B. 函数组成
　　C. 若干过程组成　　　D. 若干子程序组成
(4) C 语言规定，在一个源程序中，main 函数的位置(　　)。
　　A. 必须在最开始　　　B. 必须在系统调用的库函数的后面
　　C. 可以任意　　　D. 必须在最后
(5) C 语言程序的执行，总是起始于(　　)。
　　A. 程序中的第一条可执行语句　　　B. 程序中的第一个函数
　　C. main 函数　　　D. 包含文件中的第一个函数
(6) 下列说法中正确的是(　　)。
　　A. C 语言程序书写时，不区分大小写字母
　　B. C 语言程序书写时，一行只能写一个语句
　　C. C 语言程序书写时，一个语句可分成几行书写
　　D. C 语言程序书写时每行必须有行号
(7) 以下叙述不正确的是(　　)。
　　A. 一个 C 语言源程序可由一个或多个函数组成
　　B. 一个 C 语言源程序必须包含一个 main 函数

C. C语言程序的基本组成单位是函数

D. 在C语言程序中,注释说明只能位于一条语句的后面

(8) 下面对C语言特点的描述不正确的是(　　)。

　　A. C语言兼有高级语言和低级语言的双重特点,执行效率高

　　B. C语言既可以用来编写应用程序,又可以用来编写系统软件

　　C. C语言的可移植性较差

　　D. C语言是一种结构式模块化程序设计语言

(9) C语言源程序的最小单位是(　　)。

　　A. 程序行　　　　B. 语句　　　　C. 函数　　　　D. 字符

(10) C语言程序的注释是(　　)。

　　A. 由"/＊"开头,"＊/"结尾　　　　B. 由"/＊"开头,"/＊"结尾

　　C. 由"//"开头　　　　　　　　　　D. 由"/＊"或"//"开头

(11) C语言程序的语句都是以(　　)结尾。

　　A. "."　　　　　B. ";"　　　　　C. ","　　　　　D. 都不是

(12) 标准C语言程序的文件名的后缀为(　　)。

　　A. .c　　　　　B. .cpp　　　　C. .obj　　　　D. .exe

(13) C语言程序经过编译以后生成的文件名的后缀为(　　)。

　　A. .c　　　　　B. .obj　　　　C. .exe　　　　D. .cpp

(14) C语言程序经过链接以后生成的文件名的后缀为(　　)。

　　A. .c　　　　　B. .obj　　　　C. .exe　　　　D. .cpp

(15) C语言编译程序的首要工作是(　　)。

　　A. 检查C语言程序的语法错误　　B. 检查C语言程序的逻辑错误

　　C. 检查程序的完整性　　　　　　D. 生成目标文件

(16) C语言规定,必须用(　　)作为主函数。

　　A. function　　B. include　　　C. main　　　　D. stdio

(17) 以下叙述错误的是(　　)。

　　A. 分号是C语句的必要组成部分

　　B. C程序的注释可以写在语句的后面

　　C. 函数是C程序的基本单位

　　D. 主函数的名字不一定用main表示

(18) 以下叙述错误的是(　　)。

　　A. 一个C源程序必须有且只能有一个主函数

　　B. 一个C源程序可以含零个或多个子函数

　　C. 在C源程序中注释说明必须位于语句之后

　　D. C源程序的基本结构是函数

(19) 一个C语言程序的执行是从(　　)。

　　A. 本程序的main函数开始,到main函数结束

　　B. 本程序文件的第一个函数开始,到本程序文件的最后一个函数结束

　　C. 本程序的main函数开始,到本程序文件的最后一个函数结束

D. 本程序文件的第一个函数开始,到本程序 main 函数结束

(20) 以下叙述正确的是( )。

A. 在 C 程序中,main 函数必须位于程序的最前面

B. C 程序的每行中只能写一条语句

C. C 语言本身没有输入输出语句

D. 在对一个 C 程序进行编译的过程中,可发现注释中的拼写错误

第3章　基本数据类型、运算符与表达式

微课视频

◇ 学习意义

学习 C 语言的最终目的就是能编写程序来解决实际问题，那么什么是程序呢？从功能上来讲，程序是解决某种问题的一组指令的有序集合；从结构上来讲，一个程序应包括对数据的描述和对数据处理的描述。著名计算机科学家沃思(Nikiklaus Wirth)提出一个公式：**程序＝数据结构＋算法**，这里的数据结构其实就是指对数据的描述。数据结构是计算机学科的核心课程之一，有许多专门著作论述，本书就不再赘述。在 C 语言中，系统提供的数据结构是以数据类型的形式体现出来的。而算法其实就是对数据处理的描述，算法是为解决一个问题而采取的方法和步骤，是程序的灵魂。

因此，要学好 C 语言并用 C 语言来编写程序，首先必须十分了解和熟练掌握 C 语言中的数据类型描述以及运算符与表达式，这是学习 C 语言的重要基础，后续章节的内容从某种意义上来讲都是在此基础上展开的。

◇ 学习目标

(1) 掌握变量和常量的概念；
(2) 理解各种类型的数据在内存中的存放形式；
(3) 掌握各种类型数据的常量的使用方法；
(4) 掌握各种整型、字符型、浮点型变量的定义和引用方法；
(5) 了解调用 printf 函数输出各种类型数据的方法；
(6) 掌握数据类型转换的规则以及强制数据类型转换的方法；
(7) 掌握赋值运算符、算术运算符、位运算符、逗号运算符、sizeof 运算符的使用方法；
(8) 理解运算符的优先级和结合性的概念，记住所学的各种运算符的优先级关系和结合性。

◇ 难点提示

(1) 数据在内存中的表示；
(2) 有符号数与无符号数；
(3) 数据类型的自动转换与强制类型转换。

第3章 基本数据类型、运算符与表达式

3.1 C语言的数据类型

C语言程序在处理数据之前,要求数据必须具有明确的数据类型。因此,C语言是一种强类型语言。所谓数据类型是按被说明量的性质、表示形式、占据存储空间的多少及构造特点来划分的。在C语言中,数据类型可分为基本数据类型、构造数据类型、指针类型、空类型四大类。

1. 基本数据类型

基本数据类型最主要的特点是其值不可以再分解为其他类型。也就是说,基本数据类型是自我说明的。在C语言中,基本数据类型主要有整型(短整型、长整型)、字符型、实型(单精度实型、双精度实型)三种。这是本章讨论的重点。

2. 构造数据类型

构造数据类型也叫复杂数据类型,是根据已定义的一个或多个数据类型用构造的方法来定义的。也就是说,一个构造数据类型的值可以分解成若干个"成员"或"元素"。每个"成员"都是一个基本数据类型或又是一个构造数据类型。在C语言中,构造数据类型主要有:数组类型、结构类型、联合体类型(共用体类型)、位域、枚举类型五种。关于构造数据类型将在第7章和第11章进行详细讨论。

3. 指针类型

指针是一种特殊的同时又是具有重要作用的数据类型,其值用来表示某个量在内存中的地址。虽然指针变量的取值类似于整型量,但这是两个类型完全不同的量,因此不能混为一谈。关于指针类型将在第9章进行详细讨论。

4. 空类型

空类型是从语法完整性的角度给出的一种数据类型,表示该处不需要具体的数据值,因而没有数据类型。其类型说明符为void。关于空类型将在第8章进行详细介绍。

图3-1为C语言数据类型层次图。

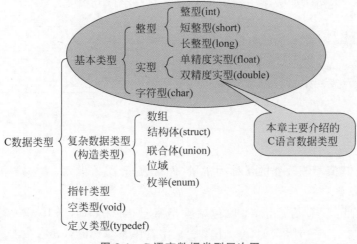

图3-1 C语言数据类型层次图

3.2 常量、变量和标识符

C语言中存在着两种表征数据的形式:常量和变量。常量用来表示数据的值,变量不仅可以用来表示数据的值,而且可以用来存放数据。因为变量对应着一定的内存单元。但变量甚至常量以及后面要介绍的函数常常需要一个名字(即标识符)来表示才能使用,所以首先介绍标识符及其命名规则。

1. 标识符

1) 标识符的定义

用来标识变量、常量、函数等的字符序列。

2) 标识符的命名规则

(1) 有效字符:只能由字母、数字、下画线组成,且第一个字符必须是字母或下画线。

(2) 有效长度:随系统而异,在 TC 2.0 及 BC 3.1 中,变量名(标识符)的有效长度为 1~32 个字符,默认值为32,但在 VC 6.0、VC 2010、CB 17.12 中其长度可达到 255。

(3) C语言的关键字(又叫保留字)不能用作变量名(关键字见附录C)。

(4) C语言对英文字母的大小写敏感,即同一字母的大小写,被认为是两个不同的字符。

【思考题 3-1】 在C语言中,变量名 total 与变量名 TOTAL、ToTaL、tOtAl 等是同一个变量吗?

3) 标识符的命名习惯

(1) 变量名和函数名中的英文字母一般用小写,以增加可读性。

(2) 见名知意,即通过变量名就知道变量值的含义。通常应选择能表示数据含义的英文单词(或缩写)作为变量名,或汉语拼音字头作为变量名。例如,name/xm(姓名)、sex/xb(性别)、age/nl(年龄)、salary/gz(工资)。

(3) 字符不易混淆。如数字1与字母l、数字0与字母O等。

【思考题 3-2】 判断下列标识符的合法性。

```
sum    Sum   M.D.John   day    Date   3days   student_name
#33    lotus_1_2_3   char   a>b   _above   $123   main
```

2. 常量

1) 常量的定义

程序运行时其值不能改变的量称为常量(即常数)。

2) 常量的分类

(1) 直接常量:又称值常量,主要包括整型常量(如 10,15,−10,−30)、实型常量(如 12.5,30.0,−1.5)、字符常量(如'A','b','c')、字符串常量(如"sum","A","123")。

（2）符号常量：用标识符来代表常量。定义一个符号常量需要使用一条预处理命令♯define，其定义格式为：

```
#define   符号常量   常量
```

例如：

```
#define   NUM   20
#define   PI    3.1415926
```

有了上面的两行文本，NUM 的值就是 20，PI 的值就是 3.1415926。定义一个符号常量，实际上就是为一个值常量起个名字。关于预处理命令♯define 的详细用法见第 10 章。

【例 3-1】 符号常量举例。

```
1    #include <stdio.h>
2    #define  PRICE  30
3
4    int main()
5    {
6        int num, total;
7
8        num=10;
9        total=num * PRICE;     //PRICE 是符号常量,它代表常量 30
10       printf("total=%d", total);
11       return 0;
12   }
```

运行结果：

```
total=300
```

⚠注意：
- 在用♯define 定义符号常量时，行尾一般不能有分号，除非特意这样做。
- define 前面的♯标志着 define 是一个预处理命令而不是 C 语句。
- 符号常量名最好使用大写字符来命名。
- 符号常量名最好有意义，这样可提高程序的可读性。

使用符号常量的好处如下：
- 含义清楚。在例 3-1 的程序中，从字面上就可知道 PRICE 代表价格。因此定义符号常量名时应考虑"见名知意"。
- 在需要改变一个常量值时能做到"一改全改"。例如，在一个程序中多处用到物品的价格，若价格用常数表示，则在价格调整时，就需要在程序中进行多处修改，很不方便，且易出错。若用符号常量 PRICE 代表价格，只需改动一处即可。如例 3-1 中的第 2 行，如果将 30 改为 50，则在程序中所有以 PRICE 代表的价格就会一律自动改为 50。

3. 变量

1) 变量的定义

在程序运行过程中,其值可以被改变的量称为变量。

2) 变量的两个要素

(1) 变量名:变量的名字。变量命名遵循标识符命名规则。

(2) 变量值:变量存储在内存中的值。在程序中,通过变量名来引用变量的值。

3) 变量的定义与初始化

在 C 语言中,要求对所有用到的变量,必须先定义、后使用;在定义变量的同时进行赋初值的操作称为变量初始化。

(1) 变量定义的一般格式:

```
[存储类型]   数据类型   变量名 1[,变量名 2,变量名 3,…,变量名 n];
```

格式说明如下:

- 存储类型是指所定义的变量占用内存空间的方式,也称为存储方式。详细情况将在第 8 章进行介绍。[ ]表示该项可以省略。
- 数据类型是指所定义变量的数据类型,它决定变量所占内存空间的大小。数据类型可以是基本数据类型(如 int、float、char 等),也可是复杂数据类型(或构造数据类型)或指针等,后面的章节将会一一介绍。
- 变量名必须是合法的标识符,定义多个变量时变量名之间用逗号(,)分隔。
- 存储类型、数据类型及变量名之间至少有一个空格。
- 最后必须以分号(;)结尾。

例如:

```
int x, y, z;                    //定义 3 个整型变量 x、y、z
float radius, length, area;     //定义 3 个单精度浮点型变量 radius、length、area
```

(2) 变量初始化的一般格式:

```
[存储类型]   数据类型   变量名 1[=初值 1][,变量名 2[=初值 2]…];
```

例如:

```
int x=2, y=3, z=4;              //定义 3 个整型变量 x、y、z,并分别赋初值 2、3、4
float radius=2.5, length=4;     //定义 2 个单精度浮点型变量 radius、length,并分别赋初值 2.5、4
```

⚠ **注意:**

- 变量和符号常量必须先定义后引用,否则就会出错。
- 变量定义以后,计算机会在程序运行时给该变量分配一定大小的内存单元,具体大小随变量定义的数据类型而定,后面的内容中会详细介绍。
- 变量定义的位置一般放在函数开头。
- 对变量进行赋值实际上就是将数据写到变量所对应的内存单元中。

3.3 简单数据类型与表示范围

通过 3.2 节的学习,已经知道对于基本数据类型量来说,根据其取值是否可改变分为常量和变量两种。但如果与数据类型结合起来分类,则又可分为整型常量、整型变量、浮点常量、浮点变量、字符常量、字符变量等。在本节中,将重点讨论 C 语言中的简单数据类型所表示的常量、变量以及变量在内存中的表示和数据表示范围。

3.3.1 整型数据

微课视频

1. 整型常量

整型常量即整常数,在 C 语言中整型常量可用三种形式表示。

1) 十进制整型常量

由数字 0~9 和正负号表示。以下各数是合法的十进制整型常量:237,-568,65535,1627;以下各数不是合法的十进制整型常量:023(不能有前导 0),23D(含有非十进制数码)。

2) 八进制整型常量

由数字 0 开头,后跟数字 0~7 来表示。以下各数是合法的八进制整型常量:015(十进制为 13),0101(十进制为 65),-012(十进制为-10);以下各数不是合法的八进制整型常量:256(无前缀 0),03A2(包含非八进制数码),O127(前缀不能是字母 O)。

3) 十六进制整型常量

由 0x 或 0X 开头,后跟 0~9,a~f 或 A~F 来表示。以下各数是合法的十六进制整型常量:0X2A(十进制为 42),-0xA0(十进制为-160),0XFFFF(十进制为 65535);以下各数不是合法的十六进制整型常量:5A(无前缀 0X 或 0x),0X3H(含有非十六进制数码)。

有了上面三种整型常量表示方法,我们可以这样定义整数的符号常量:

```
#define    NUM1       20       //十进制数
#define    NUM2       020      //八进制数
#define    NUM3       0x2a     //十六进制数
```

其中,符号常量 NUM1 的值是十进制 20,符号常量 NUM2 的值是十进制 16,符号常量 NUM3 的值是十进制 42。

【思考题 3-3】 下列哪些整型常量是合法的?

012   oX7A   00   078   0x5Ac   -0xFFFF   0034   7B

⚠ 注意:
- 八进制整数和十六进制整数都是以数字 0 开头的,不要写成字母 O 或 o。
- 定义十六进制整数时,0x 或 0X 后面的 a~f 或 A~F 大小写可以交错。例如,0x6Ac 和 0XFFbC 都是合法的。

2. 整数在内存中的表示

通过第 1 章的学习，读者已经了解到一个实际的数（即真值）在计算机中以二进制形式存放，其机内表示形式（即机器数）通常有三种：原码、补码和反码。根据它们的运算规则，补码运算最为简单，可连同符号位一起参与运算，也就是说，对于补码运算，符号位和数据位一起只看成一个二进制数值。所以计算机系统有这样的规定：**整数的数值在内存中以补码的形式存放**。

如何求得某个整数所对应的补码的方法在第 1 章中已经介绍过，下面用一种比较简单的办法来求得一个整数的补码表示（假设用 n 个二进制位的内存单元来表示它）：

- 如果是正整数，采用符号-绝对值表示，即最高有效位（符号位）为 0 表示正，数的其余部分则表示数的绝对值。
- 如果是负整数，则先写出与该负数相对应的正数的补码表示，然后将其按位求反，最后在末位（最低位）加 1。
- 然后将上述求得的补码的低 n 位存放于内存单元之中，就得到了该整数在内存中的表示，内存单元的最高位是符号位（0 表示正，1 表示负）。

在 TC 2.0 或 BC 3.1 下，一个整数默认情况下需要 2 字节（16 位）的内存单元存放；而在 VC 6.0、VC 2010 或 CB 下，则需要 4 字节（32 位）。下面来具体看一看几种不同整数在内存中的存放形式。

1）＋14

对于 16 位的内存单元来说，$(14)_\text{补} = 0000\ 0000\ 0000\ 1110$，最前面的 0 为符号位，表示是正数，其表示形式如图 3-2 所示。

图 3-2　十进制数＋14 的 2 字节补码表示形式

其在内存中的实际存放形式如图 3-3 所示。

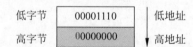

图 3-3　十进制数＋14 的 2 字节内存实际存放形式

对于 32 位的内存单元来说，$(14)_\text{补} = 0000\ 0000\ 0000\ 0000\ 0000\ 0000\ 0000\ 1110$，其表示形式如图 3-4 所示。

其在内存中的实际存放形式如图 3-5 所示。

> ⚠️ **记住**：数据在内存中的存放位置是高字节放在高地址的存储单元中，低字节放在低地址的存储单元中。

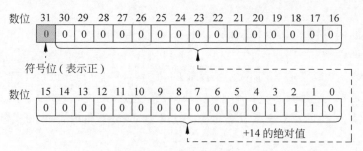

图 3-4　十进制数 +14 的 4 字节补码表示形式

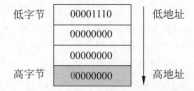

图 3-5　十进制数 +14 的 4 字节内存实际存放形式

2) −14

对于 16 位的内存单元来说，先计算 $(+14)_补 = 0000\ 0000\ 0000\ 1110$，然后按位求反，末位加 1 得 $(-14)_补 = 1111\ 1111\ 1111\ 0010$，最前面的 1 为符号位，表示是负数，其表示形式如图 3-6 所示。

图 3-6　十进制数 −14 的 2 字节补码表示形式

其在内存中的实际存放形式可参考图 3-3。

对于 32 位的内存单元来说，同样先计算 $(+14)_补 = 0000\ 0000\ 0000\ 0000\ 0000\ 0000\ 0000\ 1110$，然后按位求反，末位加 1 得 $(-14)_补 = 1111\ 1111\ 1111\ 1111\ 1111\ 1111\ 1111\ 0010$，其表示形式如图 3-7 所示，其在内存中的实际存放形式同样可参考图 3-5。

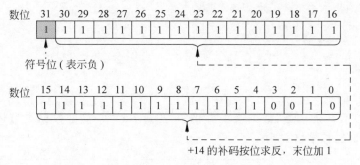

图 3-7　十进制数 −14 的 4 字节补码表示形式

3) －65537

对于 16 位的内存单元来说,先计算 $(+65537)_补 = 01\ 0000\ 0000\ 0000\ 0001$,然后按位求反,末位加 1 得 $(-65537)_补 = 10\ 1111\ 1111\ 1111\ 1111$。再将 $(-65537)_补$ 的低 16 位存放于内存之中,所以－65537 在内存中实际存放的值为:1111 1111 1111 1111,最前面的 1 为符号位,表示是负数,其真值为－1,而不是－65537。也就是说,－65537 在内存中的值与－1 在内存中的值是一样的,这一点读者务必注意!－65537 在内存中的实际存放形式如图 3-8 所示。

图 3-8　十进制数－65537 的 2 字节内存实际存放形式

对于 32 位的内存单元来说,同样先计算 $(+65537)_补 = 0000\ 0000\ 0000\ 0001\ 0000\ 0000\ 0000\ 0001$,然后按位求反,末位加 1 得 $(-65537)_补 = 1111\ 1111\ 1111\ 1110\ 1111\ 1111\ 1111\ 1111$。最前面的 1 为符号位,表示是负数,其真值为－65537,其在内存中的实际存放形式如图 3-9 所示。

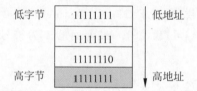

图 3-9　十进制数－65537 的 4 字节内存实际存放形式

为什么－65537 这个数在 16 位内存单元中的表示与在 32 位内存单元中的表示不相同呢?这主要是因为－65537 这个数超出了 16 位内存单元表示数的范围,也就是发生了数据溢出,所以实际存储的值(－1)与要表示的值(－65537)不同,但－65537 并没有超出 32 位内存单元表示数的范围,所以实际存储的值就是其本身。因此,在 C 语言中对数据处理时必须要注意不同大小内存单元的数据表示范围,以免引起不必要的错误。

【思考题 3-4】请问－0 和 0 在内存中如何表示?如果一个整数用 2 字节的存储单元存放,问－1 和 65535 在内存中表示的是同一个数吗?－65535 在内存中又如何表示呢?

3. 整型变量

1) 整型变量的定义

定义变量的基本格式是"数据类型标识符 变量名;"。整型数据类型标识符是 int,因此,定义整型变量的基本格式为:

int 变量名 1[＝初值 1][,变量名 2[＝初值 2],…,变量名 n[＝初值 n]];

格式说明如下:

- 整型类型名 int 必须小写。
- int 与变量名之间至少要用一个空格分开。
- int 后面可以一次定义多个变量,但变量名之间必须以逗号(,)隔开。
- 可以在变量定义时就对变量赋初值,具体方法是在变量名后面增加"＝数值"。
- []表示该项可以省略。
- 最后必须以分号(;)结尾。

例如:

```
int  a;              //定义整型变量 a
int  x, y, z;        //定义 3 个整型变量 x,y,z
int  m＝2, n＝－3;    //定义 2 个整型变量 m、n,并对 m、n 分别赋初始值 2 和－3
```

当程序中定义了一个变量后,计算机会为这个变量分配一个相应大小的内存单元。因此,这个变量是有值的,它的值就是对应内存单元的值。但这个值程序员是无法预知的。

2) 整型变量的分类

整型变量的基本类型符是 int。C 语言允许程序员在定义整型变量时,在 int 的前面增加两类修饰符:一类控制变量是否有符号,这类修饰符包括 signed(有符号)和 unsigned(无符号);另一类控制整型变量的值域范围,这类修饰符包括 short 和 long。例如,可以这样定义一个无符号的长整型变量 a:

unsigned long int a;

unsigned 和 long 都是数据类型修饰符。如果定义变量时,既不指定 signed,也不指定 unsigned,则默认为 signed(有符号)。实际上,signed 修饰符完全可以不写。这样一来就形成了六种整型变量。

(1) 有符号整型(int 或 signed int)。

数据类型符为 signed int,一般直接写成 int,占用字节数由具体的 C 编译系统自行决定,一般占一个机器字。在 TC 2.0 或 BC 3.1 下,这种变量占用 2 字节(16 位)的内存单元,在 VC 6.0、VC 2010 或 CB 17.12 下,这种变量则占用 4 字节(32 位)的内存单元。当该变量所对应的内存表示形式的最高位(即符号位)为 1 时,变量的值是负数,否则就是正数。

例如,**int a＝－2**;(定义一个有符号整型变量 a,并赋初值－2),其内存存放形式如图 3-10 所示(假设是在 VC 6.0、VC 2010 或 CB 17.12 下定义的)。

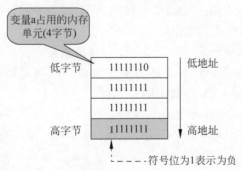

图 3-10 有符号整型变量 a 在内存中的表示形式

(2) 无符号整型(unsigned int 或 unsigned)。

数据类型符为 unsigned int,也可写成 unsigned,占用字节数同 int 类型。但该变量所对应的内存表示形式的最高位不是符号位,而是数据位,参与数值计算。因此,unsigned int 型变量的值是非负数。

例如,**unsigned int b=2**;(定义一个无符号整型变量b,并赋初值2),它与 **int b=2**;在内存中的表示形式是完全相同的,其值均为2。但对于 **unsigned int b=−2**;来说,其在内存中的表示形式与图 3-10 是相同的,可 b 的值不是负数−2(因为最高位1不是符号位,而是数据位),而是 4294967294(即 $2^{32}-2$),是很大的一个数。

> ⚠ 注意:对于有符号数和无符号数,其实在计算机内存中的表示是不加区分的(但运算时有区别,见3.6节),都是以其补码形式表示,只是我们怎样看待最高二进制位的问题,如果把最高位当成符号位看待,则为有符号数,如果把最高位当成数据位看待,则变为无符号数。例如:
>
> ```
> unsigned int a=−2;
> printf("%d",a);      //有符号输出,则为−2
> printf("%u",a);      //无符号输出,4294967294
> ```

(3) 有符号短整型(short int 或 short)。

数据类型符为 short int,也可写成 short,占用2字节(16位)的内存单元,最高位为符号位。

例如,**short int a=−2**;(定义一个有符号短整型变量a,并赋初值−2),其内存存放形式如图3-11所示。

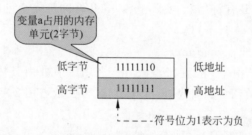

图 3-11 有符号短整型变量 a 在内存中的表示形式

(4) 无符号短整型(unsigned short int 或 unsigned short)。

数据类型符为 unsigned short int,也可写成 unsigned short,占用2字节(16位)的内存单元(同 short 类型),最高位为数据位。

例如,**unsigned short b=−2**;(定义一个无符号短整型变量b,并赋初值−2),其在内存中的表示形式与图3-11是相同的,可 b 的值不是负数−2(因为最高位1不是符号位,而是数据位),而是 65534(即 $2^{16}-2$),是很大的一个数。

(5) 有符号长整型(long int 或 long)。

数据类型符为 long int,也可写成 long,占用4字节(32位)的内存单元,最高位为符号位。在 VC 6.0、VC 2010 及 CB 17.12 中 long 与 int 类型基本相同,数据处理方法基本一样。

下面给出 long int 类型变量定义的范例:

```
long int x=0xFF00FFCD;
long y=215678;
```

(6) 无符号长整型(unsigned long int 或 unsigned long)。

数据类型符为 unsigned long int，也可写成 unsigned long，占用 4 字节(32 位)的内存单元。但最高位不是符号位，而是数据位。unsigned long 类型与 long 类型的区别可参考 unsigned int 与 int 类型的区别。

下面给出 unsigned long int 类型变量定义的范例：

```
unsigned long int x=4389828;
unsigned long y=0XA5CD99AB;
```

在标准 C 语言程序中，变量的定义必须放在函数的声明部分。下面的例子说明了实际程序中如何定义整型变量(行号不属于程序)。读者只需看懂有阴影的部分即可。

【例 3-2】 各种整型变量的定义。

```
1    #include  <stdio.h>            //文件包含,头文件说明
2
3    #define SUM   65535            //定义符号常量 SUM,值为 65535
4
5    int main( )
6    {
7        int a, b=20;               //定义两个整型变量 a 和 b,b 赋初值 20
8        unsigned int c=0xff;       //定义无符号整型变量 c,并赋初值 0xff
9        short int d;               //定义有符号短整型变量 d
10       long e;                    //定义有符号长整型变量 e
11
12       a=SUM;                     //对 a 赋值为 SUM,这时 a 的值是 65535
13       d=SUM;                     //对 d 赋值为 SUM,这时 d 的值是 65535
14       e=301;                     //对 e 赋值为 301
15
16       printf("a=%d\n", a);       //以有符号十进制形式("%d")显示 a 的值
17       printf("b=%d\n", b);       //以有符号十进制形式("%d")显示 b 的值
18       printf("c=%d\n", c);       //以有符号十进制形式("%d")显示 c 的值
19       printf("d=%d\n", d);       //以有符号十进制形式("%d")显示 d 的值
20       printf("e=%d\n", e);       //以有符号十进制形式("%d")显示 e 的值
21       return 0;
22   }
```

运行结果：

```
a=65535
b=20
c=255
d=-1
e=301
```

对于16位的有符号短整型变量d来说，因65535在内存中的形式为1111111111111111，最高位为1表示负，则其所对应的十进制数就为-1

4. 整型常量的分类

整型变量有六种类型,那么整型常量是否也有不同的类型呢？C 语言根据整型常量的值来决定整型常量的类型,具体规定如下：

(1) 在 VC 6.0、VC 2010 或 CB 17.12 下,C 语言认为整型常量是 int 型常量。

(2) 整型常量后加字母 l 或 L,认为它是 long int 型常量,如 123L、45l、0XAFL。

(3) 无符号数也可用后缀表示,整型常数的无符号数的后缀为 U、u。例如,358u、0x38Au、235Lu 均为无符号数。前缀、后缀可同时使用以表示各种类型的数,如 0XA5Lu 表示十六进制无符号长整数 A5,其十进制为 165。

3.3.2 实型数据

1. 实型常量

实型也称为浮点型。实型常量也称为实数或者浮点数。在 C 语言中,实数只采用十进制。它有两种形式：十进制小数形式和十进制指数形式。

(1) 十进制小数形式：由数码 0~9 和小数点组成。例如,0.0、.25、5.789、0.13、5.0、300.、-267.8230 等均为合法的实数。

(2) 十进制指数形式：由十进制数,加阶码标志 e 或 E 以及阶码(只能为整数,可以带符号)组成。其一般形式为 a E n,a 为十进制数,n 为十进制整数,都不可缺少。其可表示为 $a \times 10^n$,例如,2.1E5 表示 2.1×10^5,3.7E-2 表示 3.7×10^{-2}。以下不是合法的实数：345 (无小数点)、E7 (阶码标志 E 之前无数字)、-5 (无阶码标志)、53.-E3 (负号位置不对)、2.7E (无阶码)。

2. 实数在内存中的存放形式

计算机中的实数是按指数形式存放的。通常一个实数需要 4 字节(32 位)的内存,计算机将这 32 位分成三部分：最高位是尾数的符号位,也就是整个实数的符号位,剩下的 31 位一部分存放实数的尾数部分,另一部分用于存放实数的阶码部分。但到底用多少位来存放尾数,多少位来存放阶码,C 语言没有严格规定,由各自的 C 语言编译器来决定。但按照 IEEE 标准,常用的浮点数的格式见表 3-1。

表 3-1 常用浮点数的格式

	符 号 位	阶 码	尾 数	总 位 数
短浮点数	1	8	23	32
长浮点数	1	11	52	64
临时浮点数	1	15	64	80

下面以短浮点数为例来看看浮点数$(68.75)_{10}$在内存中的存放形式。

$(68.75)_{10} = (1000100.11)_2 = (1.00010011)_2 \times 2^6$(规格化浮点数),则尾数 a = (0001 0011 0000 0000 0000 000)$_2$,阶码 n = $(6+127)_{10}$ = $(133)_{10}$ = $(1000\ 0101)_2$(移码表示),其存放形式如图 3-12 所示。

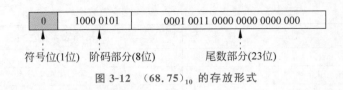

图 3-12 $(68.75)_{10}$ 的存放形式

> ⚠ **注意**：对于浮点数，小数部分占的位数越多，它所能表示的精度越高，阶码部分占的位数越多，它所能表示的值越大。

3. 实型变量的分类和定义

实型变量的定义格式同整型变量一样，只是数据类型符不同。实型变量有三类：单精度实型、双精度实型和长双精度实型。

1) 单精度实型

数据类型符为 float，在 VC 6.0、VC 2010 或 CB 17.12 下，这种变量在内存中均占 4 字节(32 位)的存储单元。例如：

```
float f=3.14, g;        //定义了2个单精度浮点型变量f和g，并给f赋初始值3.14
```

2) 双精度实型

数据类型符为 double，在 VC 6.0、VC 2010 或 CB 17.12 下，这种变量在内存中均占 8 字节(64 位)的存储单元。例如：

```
double x, y;            //定义了2个双精度浮点型变量x和y
```

3) 长双精度实型

数据类型符为 long double，在 VC 6.0、VC 2010 下，这种变量在内存中占 8 字节(64 位)，与 double 形同；在 CB 17.12 下，这种变量在内存中占 12 字节(96 位)。例如：

```
long double x, y;       //定义了2个长双精度浮点型变量x和y
```

> ⚠ **注意**：
> - 三种实数类型中，其精度是 float≤double≤long double。
> - long float 实际上就是 double，因此，没有 long float 类型。
> - 所有的实型常量按照 double 类型处理。

4. 实型数据的精度

对于一个十进制实数，不一定能用二进制数精确地表示它，这显然就存在某些数位的舍去问题，当然舍去的数位越低越好，这样实数的精度也就越高，但上述三种浮点类型所表示实数的精度是不相同的，表 3-2 列出了它们各自所能精确表示的数字个数(只限于 VC 和 CB)。

表 3-2　几种实型数据所能精确表示的数字个数

类　　型	精确表示的数字个数
float	7～8
double	16～17
long double	17～18

【例 3-3】 实型变量的精度。

```
1    #include <stdio.h>
2
3    int main( )
4    {
5        float a;              //定义 float 型变量 a
6        double b, c;          //定义 double 型变量 b 和 c
7
8        a=123.456789;        //对变量 a 赋值为 123.456789
9        b=a;                 //将变量 a 赋给变量 b
10       c=123.456789;        //对变量 c 赋值为 123.456789
11       printf("a=%f    b=%lf    c=%lf\n", a, b, c);
12       return 0;
13   }
```

运行结果:

```
a=123.456787      b=123.456787      c=123.456789
```

程序解释：

- 第 11 行调用 printf 函数以 float 形式（%f）显示变量 a 的值，以 double 形式（%lf）显示变量 b 和 c 的值。
- 由于 float 型变量最多只能精确表示 8 个数字，因此显示 a 的值时，只能有效显示前面 8 个数字即 123.45678，最后追加一位数字 7 是随机的。对于 double 型变量 c 来说，最多能精确表示 17 个数字，所以它能精确地输出 123.456789。那对于变量 b，同样是 double 型变量，为什么输出与 float 型变量 a 相同呢？下面通过图 3-13 看看它们如何赋值以及在内存中的存储情况。

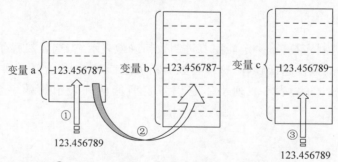

注释：① a=123.456789；② b=a；③ c=123.456789

图 3-13　浮点型变量的赋值及在内存中的存放数据

3.3.3 字符型数据和字符串常量

对于一般的数学计算而言,有了整型和实型数据就可以了。但计算机除了数值计算的功能以外,还应当具备对信息(包括文本信息)的处理功能。那么文本信息在计算机中是如何表示和存储的呢?要了解这个问题就必须了解字符型数据,字符型数据就是那些用来表征英文字母、符号、汉字的数据。

字符型数据实际上就是整型数据。但它只占用 1 字节(8 位)的内存单元,用于存放该字符所对应的 ASCII 码的值(参见附录 E)。当然也可把这 1 字节的内存单元用于存放一般的数据,这就和前面介绍的整型数据没多大差别,只是数据表示的范围小一些而已。

1. 字符型常量

字符型常量有以下两种表示方法。

(1) 用单引号括起来的一个直接输入的字符。

直接输入的字符是指那些通过键盘输入的字符,如 a、b、C、D、+、]、8、9 等,可以用单引号括起来表示其常量。例如,'A'、'a'、'3'、'+'等都是合法的字符常量。

> ⚠ 注意:字符常量只能用单引号括起来,不能用双引号或其他括号;字符'4'和数值 4 是不相同的,字符'4'的值是其 ASCII 值 0X34。

(2) 使用转义字符。

对于那些无法直接输入的字符以及某些特殊字符,需要用单引号括起来的转义字符来表示。转义字符是一种特殊的字符常量。转义字符以反斜线"\"开头,后跟一个或几个字符。转义字符具有特定的含义,不同于字符原有的意义,故称"转义"字符。例如,在前面各例题 printf 函数的格式串中用到的'\n'就是一个转义字符,其意义是"回车换行"。转义字符主要用来表示那些用一般字符不便于表示的控制代码。

> ⚠ 注意:尽管反斜杠、单引号和双引号都可以直接输入,但如果反斜杠、单引号和双引号本身作为字符常量,则必须使用转义字符:'\\'、'\''、'\"',因为转义字符用到了反斜杠,字符常量用到了单引号,字符串用到了双引号。

常用的转义字符及其含义见表 3-3。

表 3-3 常用的转义字符

转义字符	含 义	ASCII 码值
\n	回车换行符。显示该字符时,光标移到下一行的行首	10
\r	回车符。显示该字符时,光标移到当前行的行首	13
\t	制表符。显示该字符时,光标向右移动一个制表位	9
\v	竖向跳格	11
\b	退格	8
\f	走纸换页	12

续表

转义字符	含　　义	ASCII 码值
\a	鸣铃	7
\\	反斜杠符'\'	92
\'	单引号符	39
\"	双引号符	34
\ddd	1～3 位八进制数所代表的字符,d 的值可以是 0～7 的任何数字	
\xhh	1～2 位十六进制数所代表的字符,h 的值可以是 0～f 的任何字符	

广义地讲,C 语言字符集中的任何一个字符均可用转义字符来表示。表 3-3 中的\ddd 和\xhh 正是为此而提出的。ddd 和 hh 分别为八进制和十六进制的 ASCII 代码。如'\101' 的值是 65,即 $(101)_8$,不是十进制 101,表示'A'。'\134'表示反斜线,'\X0A'表示换行等。另外,反斜杠后面跟单个字符(除 0～7 及特殊控制符外,如 a、x)表示的就是反斜杠后面的字符,如'\G'表示的就是'G','\9'表示的就是'9'。

【例 3-4】 转义字符的应用。

```
1    #include <stdio.h>
2
3    int main()
4    {
5        printf("\101 \x42 C\n");
6        printf("I say:\"How are you?\"\n");
7        printf("\\C Program\\\n");
8        printf("Visual \'C\' \n");
9        printf("Y\b=\n");
11       return 0;
12   }
```

运行结果:

```
A B C
I say:"How are you?"
\C Program\
Visual 'C'
=
```

2. 字符型变量

字符型数据类型符是 char(英文 character 的缩写)。在内存中占 1 字节(8 位),由于字符型数据也可以参与运算,因此,C 语言将字符型数据分为有符号字符和无符号字符。默认情况下为有符号字符。符号位为该字节的最高位。

无符号字符的数据类型符是 unsigned char。下面给出定义字符型变量范例。

```
char    ch;         //定义有符号字符型变量 ch
unsigned char C='B';//定义无符号字符变量 C,并赋初始值'B'(实际为其 ASCII 码值 0X42)
```

> ⚠ **记住**:short、int、long 及 char 型变量其实都是整型变量,它们均存在有符号和无符号之分。只是所占内存大小不同而已:short 是 2 字节整型,int 和 long 是 4 字节整型,char 是 1 字节整型。

3. 字符串常量

字符串常量是由一对双引号括起来的字符序列。例如,"CHINA"、"C program"、"$12.5"等都是合法的字符串常量。

字符串常量和字符常量是不同的量。它们之间主要有以下区别。

(1) 字符常量由单引号括起来,字符串常量由双引号括起来。

(2) 字符常量只能是单个字符,字符串常量则可以含一个或多个字符。

(3) 可以把一个字符常量赋予一个字符变量,但不能把一个字符串常量赋予一个字符变量。**在 C 语言中没有相应的字符串变量**,但是可以用一个字符数组来存放一个字符串常量,这在数组一章会进行介绍。

(4) 字符常量占 1 字节的内存空间。字符串常量占的内存字节数等于字符串中字节数加 1。增加的一个字节中存放字符'\0'(ASCII 码为 0),这是字符串结束的标志。例如,字符串"HELLO"在内存中占 6 字节,其存放形式如图 3-14 所示。

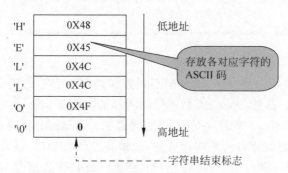

图 3-14 字符串"HELLO"在内存中的存放形式

> ❓ 【思考题 3-5】 请问字符常量'A'与字符串常量"A"在内存中的表示有何不同?只包含一个空格字符的字符串常量" "与不包含任何字符的字符串常量""两者之间又有何不同?

■ 3.3.4 简单数据类型的表示范围

前面已经介绍了 C 语言中的基本数据类型,这是 C 语言对数据处理的基础,也是广大读者必须熟练掌握的基本内容。C 语言中,不同数据类型的变量在内存中所占存储单元的大小也不完全相同,但不管怎样,它们所占的存储单元是有限的,因此在一定的存储单元内表示数据绝对不是无限的,这就涉及在一定存储空间内数据的表示范围的问题,也就是 C 语言中的每种数据类型都有一定的数据表示范围,这一点是许多 C 语言学习者极易忽视但又非常重要的内容。千万不要以为用 C 语言的基本数据类型来处理数据要多大就有多大,不了解这一点,编写的程序有时候会出现意想不到的结果。下面先来看一个简单的 C 语言程序例子,运行的结果是否有点意外呢?

【例 3-5】 变量的存储范围。

```
1    #include <stdio.h>
2
3    int main()
4    {
5        char ch;
6        int x;
7
8        ch=80+50;
9        x=80+50;
10       printf("ch=%d\n", ch);
11       printf("x=%d\n", x);
12       return 0;
13   }
```

运行结果:

```
ch=-126
x=130
```

为什么会出现两个正数相加,得出的却是一个负数呢?这就是不同数据类型所表示的数值范围不同引起的。为了理解 C 语言中不同数据类型所表示的范围,以一个 16 位 short 类型为例来加以讨论。其他的数据类型可采用同样的方法得到。

对于一个 16 位的 short 型的数据,不管它是有符号(signed)还是无符号(unsigned),在内存中都是以其二进制数补码的形式存放的,当最高位(第 15 位)被看作符号位时它就表示有符号数,0 表示+,1 表示-;当最高位(第 15 位)被看作数据位时它就表示无符号数。图 3-15 以图示的形式来说明其表示范围。

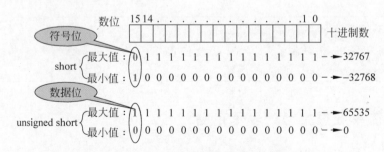

图 3-15　16 位整型数所表示的数据范围

因此,16 位 short(有符号)型变量所表示的数据范围为-32768~32767,而 unsigned short(无符号)型变量所表示的数据范围为 0~65535。其他类型的数据可根据其所占内存单元的大小以同样的方法求得。表 3-4 给出了 C 语言基本数据类型的表示范围。

表 3-4 基本数据类型的表示范围

类型	符号	关 键 字	占字节数	数的表示范围
整型	有	(signed) int 在 16 位系统下	2	$-32768 \sim 32767$
		(signed) int 在 32 位系统下	4	$-2147483648 \sim 2147483647$
		(signed) short	2	$-32768 \sim 32767$
		(signed) long	4	$-2147483648 \sim 2147483647$
	无	unsigned int 在 16 位系统下	2	$0 \sim 65535$
		unsigned int 在 32 位系统下	4	$0 \sim 4294967295$
		unsigned short	2	$0 \sim 65535$
		unsigned long	4	$0 \sim 4294967295$
实型	有	float	4	0 以及绝对值 $1.2 \times 10^{-38} \sim 3.4 \times 10^{38}$
	有	double	8	0 以及绝对值 $2.3 \times 10^{-308} \sim 1.7 \times 10^{308}$
	有	long double	8	0 以及绝对值 $2.3 \times 10^{-308} \sim 1.7 \times 10^{308}$
			12	0 以及绝对值 $3.4 \times 10^{-4932} \sim 1.2 \times 10^{4932}$
字符型	有	char	1	$-128 \sim 127$
	无	unsigned char	1	$0 \sim 255$

下面再回过头来看看例 3-5 中变量 ch 的输出值为什么是 -126 呢?其实只要了解 ch 的数据表示范围及数据的计算过程就会明白,如图 3-16 所示。

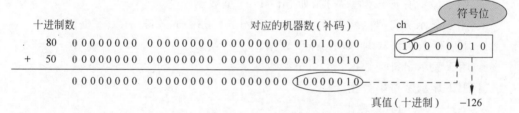

图 3-16 变量 ch 的内存数据处理过程

3.3.5 数据的简单输出

C 语言中没有用于输出的语句,只能通过标准库函数的调用来完成数据的输出任务。库函数的一般调用格式为:

```
函数名(参数 1,参数 2,…,参数 n);
```

C 语言的标准库函数很多,这里只介绍格式化输出函数 printf 的基本用法,其他的库函数会在后面的章节中陆续介绍。printf 函数的功能是在计算机屏幕上以文本的方式格式化输出程序运行的结果,它可以带多个参数,这里只介绍一个参数和两个参数的用法。printf 函数的第一个参数必须是字符串常量,第二个参数可以是某个变量。例如:

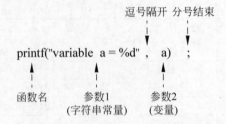

如果调用 printf 函数时只提供第一个参数，printf 函数就将第一个参数的字符串显示输出。例如，下面一行的执行结果显示：How are you!。

  printf("How are you!");

也就是说，printf 函数将第一个参数的字符串原样显示了。如果要显示：variable a＝100，那么可这样调用 printf 函数：

  int a＝100;
  printf("variable a＝%d",a);

其中，"variable a＝"会原样输出，%d 的位置上会显示 a 的值。实际上，%d 是一种格式控制字符，它不能原样显示，在它的位置上会显示第二个参数的值。数据输出的常用格式控制字符主要有以下几个：

%d：用于显示有符号整型数据，如 int、short 型数据。
%u：用于显示无符号整型数据，如 unsigned int、unsigned short 型数据。
%f：用于显示实型数据，如 float 型数据。
%c：用于显示字符型数据，如 char 型数据。
%s：用于显示字符串数据。

【例 3-6】 数据的简单输出。

```
1     #include <stdio.h>
2
3     int main()
4     {
5         int a, b;
6         unsigned short c;
7         unsigned int u;
8         long d, e;
9         char ch;
10        float f;
11
12        a=200;
13        b=-1;            //b 的值为-1,实际存储为-1 的补码,即 0xffffffff
14        c=b;             //c 的值为 b 的低 16 位,即 0xffff
15        u=b;             //u 的值为 0xffffffff
16        d=c;             //d 的值为 0x0000ffff
17        e=u;             //e 的值为 0xffffffff
18        ch='A';          //ch 的值为 'A' 的 ASCII 码,即十进制 65
19        f=32.17;
20
21        printf("a=%d\t", a);
```

```
22      printf("b=%d\t", b);
23      printf("c=%d\n", c);
24      printf("u=%u\t", u);
25      printf("d=%ld\t", d);
26      printf("e=%ld\n", e);
27      printf("f=%f\n", f);
28      printf("ch is %c and value is %d\n", ch, ch);
29      printf("I   love C language!\rYou\n");        //I后有三个空格
30      return 0;
31   }
```

运行结果:

```
a=200   b=-1   c=65535
u=4294967295   d=65535   e=-1
f=32.169998
ch is A and value is 65
You love C language!
```

程序解释:

- 第 21、22、24、25 行的 printf 函数调用没有输出\n,因此,光标没有换行,所以第 23 行的 printf 的输出与第 21、22 行的 printf 的输出位于同一行上。同样,第 26 行的 printf 的输出与第 24、25 行的 printf 的输出位于同一行上。

- \n 表示回车换行,它的作用是使得光标回到当前行的下一行的行首。\t 表示制表符。

- b 占 4 字节(32 位)内存单元,赋值为-1,其 32 位补码为 0xffffffff;当它赋值给 c 时(第 14 行),由于 c 是无符号短整型,占 2 字节(16 位),因此,只能将 b 的低 16 位赋值给 c,因此 c 实际存放的值为 0xffff。第 23 行将 c 的值以 4 字节有符号十进制整型形式输出(%d),因此 c 以 4 字节整型表示为 0x0000ffff(因 c 为无符号,高位补0),其对应的十进制整数为 65535。

- 当 b 赋值给 u 时(第 15 行),由于 u 是无符号整型,占 4 字节(32 位),因此 u 实际存放的值为 0xffffffff,第 24 行将 u 的值以无符号十进制整型形式输出(%u),故输出 4294967295。但要注意,一定要用%u。

- d、e 是有符号长整型,均占 4 字节内存单元,当把 c 赋值给 d 时(第 16 行),d 的高 2 字节为全 0(因 c 无符号),故 d 的值为 0x0000ffff,第 25 行再将 d 的值以有符号十进制长整型形式输出(%ld),即为 65535。

- 当把 u 赋值给 e 时(第 17 行),e 实际存放的值为 0xffffffff(-1 的补码),第 26 行再将 e 的值以有符号十进制长整型形式输出(%ld),即为-1。

- ch 是字符型变量,可当成一个字节的整型变量看待,第 28 行当用%d 输出字符时,输出的是该字符'A'的 ASCII 码值 65。

- 为什么没有输出"I love C language!"呢?因为第 29 行的 printf 函数的第一个参数中有个回车符\r。当显示到\r 时,光标又回到了行首,后面的"You"继续显示,覆盖了"I"以及后面的两个空格。

> **【思考题 3-6】** 如果将例 3-6 的第 23 行中的%d 变为%hd 或%u,问 c 的输出分别是多少呢?

3.4 C语言的运算符与表达式

变量用来存放数据,运算符则用来处理数据。用运算符将变量和常量连接起来的符合C语言语法规则的式子称为表达式。每个表达式都有值。

根据运算符所带的操作数的数量进行划分,C语言中的运算符有以下三种类别:

(1) 单目运算符:只带一个操作数的运算符,如++、--运算符。

(2) 双目运算符:带两个操作数的运算符,如+、-运算符。

(3) 三目运算符:带三个操作数的运算符,如？运算符。

C语言中运算符和表达式数量之多,在高级语言中是少见的。正是丰富的运算符和表达式使C语言功能十分完善,这也是C语言的主要特点之一。所以要学好和用好C语言,务必熟练掌握其运算符的功能、特点及应用。具体学习过程中应把握如下几方面:

(1) 运算符的功能:该运算符主要用于做什么运算。

(2) 与运算量的关系:要求运算量的个数及运算量的类型。

(3) 运算符的优先级:表达式中包含多个不同运算符时运算符运算的先后次序。

(4) 运算符的结合性:同级别运算符的运算顺序(指左结合性还是右结合性)。

(5) 运算结果的类型:表达式运算后最终所得到的值的类型。

下面学习C语言中常用运算符的用法。

3.4.1 赋值运算符、赋值表达式

1. 赋值运算符

赋值符号"="就是赋值运算符,它的作用是将一个表达式的值赋给一个变量,实际上是将特定的值写到变量所对应的内存单元中。赋值运算符是双目运算符,因为"="两边都要有操作数。"="左边是待赋值的变量,"="右边是要赋的值。

赋值运算符的一般格式为:

变量＝常量或变量或表达式

例如:

```
int x, y, z;
x=20;           //将 20 赋值给变量 x
y=x;            //将 x 的值赋值给变量 y
z=x+y;          //将 x 的值加上 y 的值,其和数赋值给变量 z
```

2. 赋值表达式

由赋值运算符或复合赋值运算符(后面即将介绍),将一个变量和一个表达式连接起来的表达式称为赋值表达式。

(1) 赋值表达式的一般格式为:

变量 (复合)赋值运算符 表达式

(2) 赋值表达式的值。

任何一个表达式都有一个值,赋值表达式也不例外。被赋值变量的值,就是赋值表达式的值。例如,a=5 这个赋值表达式,变量 a 的值 5 就是它的值。

3. 赋值语句

按照 C 语言规定,任何表达式在其末尾加上分号就构成为语句。同样,对于赋值表达式来说,在其后面加分号就构成了赋值语句。因此如 x=8;a=b=c=5;都是赋值语句,在前面各例中已大量使用过了。

4. 赋值运算符及赋值表达式的使用

1) 多个变量连续赋值

例如,a=b=c=10。连续赋值的表达式的运算顺序是从右向左(又称为右结合性)。其相当于表达式 a=(b=(c=10)),即先对 c 赋值,得到赋值表达式 c=10 的值为 10,然后将该表达式的值 10 赋值给 b,得到表达式 b=c=10 的值 10,最后才对 a 赋值,得到赋值表达式 a=b=c=10 的值为 10。

2) 赋值表达式的嵌套

例如,a=(b=2)+(c=3)。其相当于表达式 a=((b=2)+(c=3)),因为"+"的优先级高于"="的优先级,故不能等同于(a=(b=2))+(c=3)。它将首先对 b 赋值为 2,得赋值表达式 b=2 的值为 2,再对 c 赋值为 3,得赋值表达式 c=3 的值为 3,再将两个赋值表达式的值相加得 5,然后将 5 赋值给 a,最终表达式的值为 5。

> ⚠ 注意:
> - 赋值语句中"="左边必须是变量名或对应某特定内存单元的表达式(后面的章节会遇到这样的表达式),不能是常量或其他表达式。
>   例如,30=a;b+2=5;都是错误的。
> - 赋值语句中的"="表示赋值,不是代数中相等的意思。要表示相等的意思则应用关系运算符"=="表示,二者切勿混淆!

3.4.2 强制类型转换符

C 语言的数据类型是可以相互转换的。转换的方法有两种,一种是自动转换,一种是强

微课视频

制转换。

1. 自动转换

前面讨论的赋值语句其特点是"="左右两边的数据类型均是相同的,但是如果"="左右两边的数据类型不相同,那 C 语言又如何处理呢？例如,int a＝2.5;则 a 的值将是 2,而不是 2.5。因为 C 语言首先将"="右边表达式值的数据类型转换成"="左边的变量的数据类型,然后再赋值给"="左边的变量。这种自动改变"="右边表达式值的数据类型的操作称为数据类型的自动转换。

当然,当"="左右两边的数据类型是整型或字符型,但两边的数据类型的长度不同时(例如,将 int 型变量赋值给 char 变量),C 语言也要进行数据类型的自动转换,其自动转换的规则如下。

1) 短长度的数据类型→长长度的数据类型

(1) 无符号短长度的数据类型→长长度的数据类型。

直接将无符号短长度的数据类型的数据作为长长度的数据类型数据的低位部分,长长度的数据类型数据的高位部分补零,其示意图如图 3-17 所示。

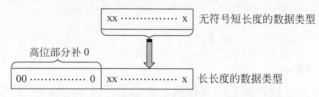

图 3-17　无符号短长度的数据类型→长长度的数据类型

例如：

```
unsigned char ch=0xfc;
unsigned short a=0xff00;
short b;
unsigned long u;
b=ch;              //b 的值将是 0x00fc
u=a;               //u 的值将是 0x0000ff00
```

【思考题 3-7】 如果将 ch 的值赋值为 −4,问 b 的值又是多少呢？

(2) 有符号短长度的数据类型→长长度的数据类型。

直接将有符号短长度的数据类型的数据作为长长度的数据类型数据的低位部分,然后将低位部分的最高位(即有符号短长度数据的符号位)向长长度的数据类型数据的高位部分扩展,其示意图如图 3-18 所示。

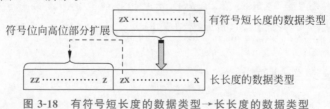

图 3-18　有符号短长度的数据类型→长长度的数据类型

例如：

```
char ch=2;
short a=-2;          //a 的值将是-2 的补码，即 0xfffe
short b;
unsigned long u;
b=ch;                //b 的值将是 2
u=a;                 //u 的值将是 0xfffffffe
```

2）长长度的数据类型→短长度的数据类型

直接截取长长度的数据类型数据的低位部分（长度为短长度的数据类型的长度）作为短长度数据类型的数据，其示意图如图 3-19 所示。

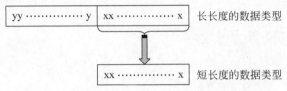

图 3-19　长长度的数据类型→短长度的数据类型

例如：

```
short a=-32768;      //a 的值将是-32768 的补码，即 0x8000
unsigned long b=0xffffaa00;
char ch;
short c;
ch=a;                //ch 的值将是 0
c=b;                 //c 的值将是 0xaa00
```

3）长度相同的数据类型转换

数据按照原样复制即可。

例如：

```
int a=0xffff0000;
unsigned int b=a;    //b 的值将是 0xffff0000
```

2. 强制转换

自动转换的规则其实也适用于强制类型转换。有时候想有意识地改变某个表达式的数据类型，就需要强制类型转换。强制类型转换是通过类型转换运算来实现的。其一般形式为：

（类型说明符）（表达式）

其功能是把表达式的运算结果强制转换成类型说明符所表示的数据类型。其中，类型说明符是强制类型转换符，它的优先级比较高。例如：

```
float x=3.5, y=2.1;
long a=0xfffa032;
```

这时,表达式(int)x 是把 x 转换为 int 类型,它的值是 3,(int)(x+y)把 x+y 的结果转换为 int 类型,它的值是 5,而(char)a 是把 a 转换为 char 类型,它的值是 0x32。

> ⚠ **注意**:在使用强制转换时应注意以下问题。
> - 类型说明符和表达式都必须加括号(单个变量可以不加括号)。
>   例如,把(int)(x+y)写成(int)x+y 则是将 x 转换成 int 型之后再与 y 相加。
> - 无论是强制转换还是自动转换,都只是为了本次运算的需要而对变量的数据类型进行的临时性转换,而不改变数据说明时对该变量定义的类型。
>   例如,(double)a 只是将变量 a 的值转换成一个 double 型的中间量,其数据类型并未转换成 double 型。

3.4.3 算术运算符、算术表达式

微课视频

1. 算术运算符

C 语言提供的算术运算符包括五种:加(+)、减(-)、乘(*)、除(/)和取余(%)。它们均是双目运算符。+、-、*、/运算符既可用于整型数据的算术运算,又可用于实型数据的算术运算。而%只能用于整数的运算。

> ⚠ **注意**:
> - C 语言规定:两个整数相除,其商为整数,小数部分被舍弃。
>   例如,5/2 的值是 2,不是 2.5。要得到 2.5,则应写成 5.0/2 或 5/2.0。
> - %不能用于浮点型数据,否则会出错。
>   例如,5.4%2 是非法的,因为%只能用于整型数据的运算。

2. 表达式和算术表达式

1) 表达式的概念

用运算符和括号将运算对象(常量、变量和函数等)连接起来的、符合 C 语言语法规则的式子,称为表达式。

单个常量、变量或函数,可以看作表达式的一种特例。将单个常量、变量或函数构成的表达式称为简单表达式,其他表达式称为复杂表达式。

2) 算术表达式的概念

如果表达式中的运算符都是算术运算符,则此表达式称为算术表达式。例如,3+6*9、(x+y)/2-1 等都是算术表达式。

当一个表达式中存在多个算术运算符时,各个运算符的优先级与常规算术运算相同,即先乘、除和取余,再计算加、减,同级运算符的计算顺序是从左向右,即先计算左边的算术表达式,再进行右边的表达式的计算。当然也可以用圆括号改变表达式计算的先后顺序。

例如,图 3-20 详细地表示了表达式 10+5*4-7/3 的求解过程,图中的①~④表示求解过程的先后顺序。

算术运算符、赋值运算符和类型强制转换运算符的优先级的关系如下:**类型强制转换运算符的优先级＞算术运算符的优先级＞赋值运算符的优先级**。因此,执行下面的语句后,a 的值是 13。

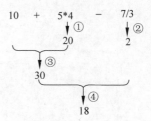

图 3-20　表达式 10+5*4-7/3 的求解过程

```
int a;
a=(int) 2.5 * 4+5;
```

【思考题 3-8】　执行语句 a=(int)(2.5 * 4)+5 后,问 a 的值又是多少呢?

C 语言中,任何数据类型的数据都有其固定的取值范围。当表达式的值超出了取值范围时,就会丢失数据,这种现象称为数据溢出。例如,两个正数相加,得到的结果比实际的值小,甚至得到一个负数。例 3-5 中的 ch 变量的值即为此例。

算术运算符中,比较容易引起溢出的是乘法运算符。但 C 语言并不对溢出进行检查,这个任务由程序员承担。因此,编写程序时,要特别注意算术表达式的值,使其不要产生数据溢出。一种解决的办法可使用较长数据类型的变量来存放数据。例如,在例 3-5 中的 ch 变量如果用 **int ch;** 来定义,则结果就是 130,不会发生数据溢出现象。

3.4.4　自增自减运算符、负号运算符

C 语言中,减号(-)既是一个算术运算符,又是一个负号运算符。负号运算符是单目运算符。例如,a=2,那么-a 的值就是-2。负号运算符的优先级比较高,与强制类型转换符是同一个级别。

C 语言还提供了另外两个用于算术运算的单目运算符:自增(++)和自减(--)。

1. 用法

自增运算(++)使单个变量的值增 1,自减运算(--)使单个变量的值减 1。

2. 用法与运算规则

自增、自减运算符都有以下两种用法。

(1) 前置运算——运算符放在变量之前:++变量、--变量。先使变量的值增(或减)1,然后再以变化后的值参与其他运算,即先增减、后运算。

(2) 后置运算——运算符放在变量之后:变量++、变量--。变量先参与其他运算,然后再使变量的值增(或减)1,即先运算、后增减。

【例 3-7】　自增、自减运算符的用法与运算规则。

```
1    #include <stdio.h>
2
3    int main( )
4    {
```

微课视频

```
5       int a=2, b=4;
6       int c, d;
7
8       c=a++;        //等价于 c=a; 和 a=a+1; 两条语句
9       d=--b;        //等价于 b=b-1; 和 d=b; 两条语句
10      printf("a=%d, b=%d\n", a, b);
11      printf("c=%d, d=%d\n", c, d);
12      return 0;
13   }
```

运行结果：

```
a=3,   b=3
c=2,   d=3
```

⚠ 注意：

- ++和--运算符只能用于变量，不能用于常量和表达式。因为++和--蕴含着赋值操作。如5++、--(a+b)都是非法的表达式。
- 负号运算符、++、--和强制类型转换运算符的优先级相同，当这些运算符连用时，按照从右向左的顺序计算，即具有右结合性。
- 两个+和两个-之间不能有空格。
- 在表达式中，连续使同一变量进行自增或自减运算时，很容易出错，所以最好避免这种用法。如++i++是非法的。
- 自增、自减运算常用于循环语句中，使循环控制变量加(或减)1，以及指针变量中，使指针指向下(或上)一个地址。

假设在 VC 6.0 或 VC 2010 下有定义 int p, i=2, j=3; 现分几种情况来讨论一下++和--的使用方法。

- 情况一：p=-i++; 相当于 p=-(i++)；即先把-i的值赋给p，然后i增1。执行后p的值为-2，i的值为3。
- 情况二：p=i+++j; 相当于 p=(i++)+j；即先将i+j的值赋给p，然后i增1。执行后p的值为5，i的值为3，j的值不变。
- 情况三：p=i+--j; 相当于 p=i+(--j)；即先将j减1，然后把i+j的值赋给p。执行后p的值为4，i的值不变，j的值为2。
- 情况四：p=i+++--j; 相当于 p=(i++)+(--j)；即先将j减1，然后把i+j的值赋给p，再把i的值增1。执行后p的值为4，i的值为3，j的值为2。
- 情况五：p=i+++i++; 相当于 p=(i++)+(i++)；即先将i+i的值赋给p，再把i的值增1两次。执行后p的值为4，i的值为4。
- 情况六：p=++i+(++i); 相当于 p=(++i)+(++i)；即先将i的值增1两次。然后把i+i的值赋给p，执行后p的值为8，i的值为4。注意：该式不能写成p=++i+++i。

第3章 基本数据类型、运算符与表达式

> ⚠️ **注意：**
> 不同 C 语言编译系统对++、--运算的解释是有差别的，所以含有++、--运算的算术表达式在不同的编译环境下其运行结果可能有差异。像情况五：p=i++ + i++；在 VC 6.0 及 VC 2010 下运行 p 的值为 4，i 的值为 4。但在 CB 17.12 下运行 p 的值为 5，i 的值为 4，其解释为表达式第一个 i++，则先取 i 的值 2，然后执行 i 增 1 操作，i 的值变为 3，第二个 i++，此时 i 的值为 3，故 p 的值为 2+3=5，然后执行 i 增 1 操作，i 的值最后也是 4。

❓ **【思考题 3-9】** p=++i+(++i)能否写成 p=++i+++i？能否写成 p=++i+ ++i？p=++i-++i 和 p=++i+--i 合法吗？

■ 3.4.5 算术运算中数据类型转换规则

微课视频

在 C 语言中，整型、实型和字符型数据间可以混合运算（因为字符数据与整型数据可以通用）。如果一个运算符两侧的操作数的数据类型不同，则系统按"**先转换、后运算**"的原则，首先将数据自动转换成同一类型，然后在同一类型数据间进行运算。转换规则如图 3-21 所示。

图中横向向左的箭头，表示必需的转换。char 和 short 型必须转换成 int 型，float 型必须转换成 double 型。

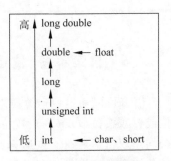

图 3-21 数据类型转换规则

纵向向上的箭头，表示不同类型的转换方向。例如，int 型与 double 型数据进行混合运算，则先将 int 型数据转换成 double 型，然后在两个同类型的数据间进行运算，结果为 double 型。

> ⚠️ **注意**：图 3-21 中箭头方向只表示数据类型由低向高转换，不要理解为 int 型先转换成 unsigned 型，再转换成 long 型，最后转换成 double 型。

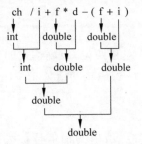

图 3-22 计算表达式 ch/i+f*d-(f+i) 的数据类型转换示意图

下面以一个实例来看看算术表达式中不同数据类型间的转换。

假设变量的定义为：

char ch;
int i;
float f;
double d;

现计算 ch/i+f*d-(f+i)的值，则其类型转换如图 3-22 所示。

【例 3-8】 不同类型数据间的算术运算。

```
1   #include <stdio.h>
2
3   int main( )
4   {
5       float a, b, c;
6
7       a=7/2;          //计算7/2得int型值3,因此a的值为3.0
8       b=7/2*1.0;      //计算7/2得int型值3,再与1.0相乘,因此b的值为3.0
9       c=1.0*7/2;      //先计算1.0*7得double型的结果7.0,然后再计算7.0/2,因此c的值是3.5
10      printf("a=%f, b=%f, c=%f", a, b, c);
11      return 0;
12  }
```

运行结果:

a=3.000000, b=3.000000, c=3.500000

微课视频

3.4.6 位运算符、位运算表达式

C语言可以通过位运算符对二进制数进行按位运算,这些位运算符包括:按位与(&)、按位或(|)、按位取反(~)、按位异或(^)、左移(<<)、右移(>>)六种。除~是单目运算符外,其余均是双目运算符。位运算符只能作用于整型数据(包括int、short、long和char型),它们的具体含义和操作细节在第1章中已经介绍过了,读者需记住的是这些位运算符的符号。下面主要介绍一下移位运算符。

1. 左移运算

左移运算(<<)实现将某变量所对应的二进制数往左移位,溢出的最高位被丢掉,空出的低位用零填补。其一般格式为:

返回整型值的表达式 << 返回整型值的表达式

例如,int a=3;则表达式a<<2将a所对应的二进制数左移两位,该表达式的值为12。而表达式2<<a将2所对应的二进制数左移三位(a的值),该表达式的值为16。

2. 右移运算

右移运算(>>)实现将某变量所对应的二进制数往右移位,溢出的最低位被丢掉,如果变量是无符号数,空出的高位用零填补,如果变量是有符号数,空出的高位用原来的符号位填补(即负数填1,正数填0)。其一般格式为:

返回整型值的表达式 >> 返回整型值的表达式

例如,int a=8;则表达式 a>>2 将 a 所对应的二进制数右移两位,该表达式的值为 2。

【例 3-9】 将 short 类型数据的高、低位字节互换。

```
1    #include <stdio.h>
2
3    int main()
4    {
5        short a=0xf245, b, c;
6
7        b=a<<8;           //将 a 的低 8 位移到高 8 位赋值给 b,b 的值为 0x4500
8        c=a>>8;           //将 a 的高 8 位移到低 8 位赋值给 c,c 的值为 0xfff2
9        c=c & 0x00ff;     //将 c 的高 8 位清 0 后赋值给 c,c 的值为 0x00f2
10       a=b+c;            //将 b 和 c 的值相加赋值给 a,a 的值为 0x45f2
11       printf("a=%x", a);
12       return 0;
13   }
```

运行结果:

a=45f2

程序说明:

该程序的第 8 行和第 9 行也可改为一行,即改为 c=(unsigned short)a>>8;同样也行,因为 a 为有符号数,加了强制类型转换符(unsigned short)后就把 a 当成无符号数实现右移,则高 8 位补 0,c 的值就为 0x00f2。

位运算符之间不是等优先级的。它们的优先级关系为:

按位取反(~)>移位(<<、>>)>按位与(&)>按位异或(^)>按位或(|)

⚠ 注意:
- 每左移一位相当于"<<"左边的值乘以 2,每右移一位相当于">>"左边的值除以 2。
- 如同表达式 a+2 不能改变 a 的值一样,a<<2 或 a&0x00ff 也不能改变 a 的值。
- 移位运算符的两个<和>中间不能有空格。
- 移位运算符<<和>>两边必须都是整型数,否则非法。如 a<<2.0 是错误的。

3.4.7 逗号运算符、逗号表达式

微课视频

C 语言提供了一种特殊的运算符:逗号运算符(,)。逗号运算符可以将多个表达式连接起来,用逗号连接起来的表达式称为逗号表达式。逗号表达式的一般形式为:

表达式 1,表达式 2,…,表达式 n

例如:a+3,b=4,b++。

逗号运算符的优先级是最低的,并且具有左结合性。逗号表达式的求值顺序是从左向右依次计算用逗号分隔的各表达式的值,最后一个表达式的值就是整个逗号表达式的值。

下面通过几个例子来说明逗号运算符的应用:

(1) a=4,b=a+5,b++的值为9。

(2) a=4,b=a+5,++b的值为10。

(3) x=a=3,6*a表达式的值为18,x的值为3。

对于逗号表达式还要说明以下几点:

(1) 程序中使用逗号表达式,通常是要分别求逗号表达式内各表达式的值,并不一定要求整个逗号表达式的值。

(2) 并不是在所有出现逗号的地方都组成逗号表达式。如在变量说明中,函数参数表中的逗号只是用作各变量之间的间隔符。

(3) 逗号表达式在C语言程序中用途较少,通常只用在for循环语句中。

微课视频

3.4.8 sizeof 运算符、复合赋值运算符

1. sizeof 运算符

C语言中提供了一个能获取变量和数据类型所占内存大小(字节数)的运算符:sizeof。其使用格式为:

```
sizeof 表达式
sizeof(数据类型名或表达式)
```

例如,sizeof(short)的值是2,sizeof(int)、sizeof(long)的值是4,sizeof(10L)的值也是4。又如,如果有unsigned long a=2,那么sizeof(a)的值是4。

sizeof运算符的优先级比较高,与++、--是同一个优先级。

⚠ **注意:** sizeof仅提供后面表达式或数据类型所占内存字节数,并不完成对表达式的计算。例如:

```
int a=2, b=3, c;
c=sizeof(b=a++);
printf("a=%d, b=%d, c=%d\n", a, b, c); //输出:a=2,b=3,c=4,a、b的值没变化
```

2. 复合赋值运算符

C语言除了提供赋值运算符"="以外,还提供了各种复合赋值运算符。将算术运算符、位运算符与赋值运算符组合在一起就构成了复合赋值运算符。复合赋值运算符既包含算术运算或位运算,又包含赋值操作。

复合赋值运算符具体有如下几种:+=、-=、*=、/=、%=、&=、|=、^=、<<=、>>=。

其含义为：

exp1 op＝exp2

等价于：

exp1＝exp1 op exp2

例如：

a＋＝3 等价于 a＝a＋3。

x ＊＝y＋8 等价于 x＝x＊(y＋8)。

x &＝y＝3 等价于 y＝3 和 x＝x & y。

复合赋值运算符与赋值运算符是同一个优先级，具有右结合性。

3.5 运算符的优先级和结合性

微课视频

C 语言中不同的运算符具有不同的优先级。在计算表达式的值时，先操作优先级比较高的运算符，如果表达式中运算符的优先级相同，还要按照运算符的结合性确定计算的先后次序。完整的运算符的优先级及结合性请参见附录 D。表 3-5 只是列出本章所介绍的运算符的优先级和结合性（通常单目运算符比双目运算符的优先级高）。

表 3-5 运算符的优先级及其结合性

优先级	运 算 符	需要操作数的个数	结合性
高	( )		从左向右
↑	~ ++ -- －(负号运算符) sizeof (类型)	1(单目运算符)	从右向左
	＊ / %	2(双目运算符)	从左向右
	＋ －(减法)	2(双目运算符)	从左向右
	<< >>	2(双目运算符)	从左向右
	&	2(双目运算符)	从左向右
	^	2(双目运算符)	从左向右
	|	2(双目运算符)	从左向右
	＝ ＋＝ －＝ ＊＝ /＝ %＝ >>＝ <<＝ &＝ ^＝ |＝	2(双目运算符)	从右向左
低	,		从左向右

有了优先级的知识，就可以准确地判断表达式 0XF0F0 & 0X1010＋0X0A0A << 5/2 的值。该表达式等价于 (0XF0F0 & ((0X1010＋0X0A0A)<<(5/2)))，因为/的优先级最高，所以先计算 5/2 的值是 2，表达式变为 0XF0F0 & 0X1010＋0X0A0A << 2，+的优先级比 & 和<<高，因此先计算 0X1010＋0X0A0A 的值是 0X1A1A，此时表达式变为 0XF0F0 & 0X1A1A << 2，<<的优先级比 & 高，因此先计算 0X1A1A << 2 的值是 0X6868，最后计算 0XF0F0 & 0X6868 的值是 0X6060。

3.6 有符号数与无符号数之间的运算问题

尽管在 C 语言中整数分为有符号数与无符号数,但其实它们都是以其补码的形式存储在内存中的,从内存表示形式上二者并无差异。例如:

```
short    a=-2;
unsigned short    b=-2;
```

变量 a 和变量 b 在内存中的二进制补码表示均为:$\boxed{1}$1111111 11111110,如果要输出变量 a 或 b 的值,此时与变量 a、b 的有符号还是无符号定义无关,关键在于如何重新看待最高二进制位的问题,当把最高位看作符号位时,输出的就是有符号数,当把最高位看作数据位时,输出的就是无符号数。例如:

```
printf("%hu\n", a);    //将变量 a 的值以无符号短整型形式输出(最高为 1 看作数据位)
```

输出的值为 65534,与 printf("%hu\n", b);的输出值相同。

```
printf("%hd\n", b);    //将变量 b 的值以有符号短整型形式输出(最高为 1 看作符号位)
```

输出的值为-2,与 printf("%hd\n", a);的输出值相同。

由此是否可以得出有符号短整型变量 a 与无符号短整型变量 b 是完全等价的呢?答案是否定的。上面的例子只是说明有符号数和无符号数在没有参与其他运算(只是简单的输出)的情况下并无什么差异,但一旦它们参与到其他运算的表达式之中,二者就会完全不同了,输出的结果也是大相径庭。

当表达式中存在有符号整型和无符号整型时,按照 3.4.5 节中算术运算数据类型转换规则(见图 3-21),所有的操作数都自动转换为无符号整型。因此,从这个意义上讲,无符号数的运算优先级要高于有符号数,这一点对于频繁用到无符号数据类型的嵌入式系统来说是非常重要的。

首先看一个实例,分别定义一个 signed int 型数据和 unsigned int 型数据,然后进行大小比较:

```
unsigned int a=30;
int b=-130;
```

a>b? 还是 b>a? 实验证明 b>a,也就是说-130>30,为什么会出现这样的结果呢?这是因为在 C 语言操作中,如果遇到无符号数与有符号数之间的操作,编译器会自动转换为无符号数来进行处理,因此 a=30,b=4294967166,这样比较下去当然 b>a 了。

比较下面程序一、程序二的运行结果。

程　序　一	程　序　二
#include <stdio.h> int main( )	#include <stdio.h> int main( )

| ```
{
  unsigned int a=30;
  int b=-130, c;

  c=(a+b)/2;
  printf("c=%d\n", c);
  return 0;
}
``` | ```
{
  int b=-130, c;

  c=(30+b)/2;
  printf("c=%d\n", c);
  return 0;
}
``` |
| 运行结果：
c=2147483598 | 运行结果：
c=-50 |

为什么程序一的输出结果与程序二的输出结果有如此大的差异呢？

因为在程序一中对于表达式(a+b)/2,在运算之前,考虑到变量 a 为无符号整型,因此 b 必须被转换为无符号整型,即 b 被转换为 4294967166(-130 的 4 字节的补码,最高位为数据位),所以(a+b)/2 其实就是(30+4294967166)/2=2147483598。

在程序二中对于表达式(30+b)/2 的计算,因整常数 30 为有符号数,b 与整常数之间操作时不影响 b 的类型,运算结果仍然为 int 型,所以(30+b)/2 其实就是(30-130)/2=-50。

减法和乘法的运算结果类似。

而对于浮点数来说,浮点数(float,double)实际上都是有符号数,unsigned 和 signed 前缀不能加在 float 和 double 之前,当然就不存在有符号数与无符号数之间转换的问题了。

【例 3-10】 有符号数与无符号数之间的运算。

```
1    #include <stdio.h>
2
3    int main( )
4    {
5      unsigned int a=6;
6      int b=-20;
7
8      printf(" a+b=%d\n", a+b);
9      printf("(a+b) > 6? %s\n",(a+b) > 6 ? "Yes" : "No");
10     printf("(6+b) > 6? %s\n",(6+b) > 6 ? "Yes" : "No");
11     return 0;
12   }
```

运行结果：

```
a+b=-14
(a+b) > 6? Yes
(6+b) > 6? No
```

程序说明：
- 第 8 行计算 a＋b 之前先将 b 转换为无符号整数 4294967276（－20 的 4 字节的补码，最高位为数据位），然后计算 a＋b 得 4294967282（十六进制内存中表示为 0XFFFFFFF2），由于输出时是按有符号十进制整型数输出（%d），因此将其计算的结果的最高位（为 1，表示负）看成符号位，所以输出的结果均为－14。
- 第 9 行(a＋b)＞6？"Yes"："No"是条件表达式（具体细节将在 5.2.3 节中介绍），其含义是如果(a＋b)＞6 为真，则该表达式的值为"Yes"，否则为"No"。因为计算(a＋b)的结果为 4294967282，大于 6，所以输出为 Yes。
- 第 10 行因为计算(6＋b)时，b 与整常数之间操作时不影响 b 的类型，运算结果仍然为 int 型，其结果为－14，小于 6，所以输出为 No。

3.7 本章小结及常见错误列举

微课视频

本章所介绍的主要内容是整型数据、实型数据和字符型数据的常量表示法和变量定义格式，以及可以作用于这些数据类型的运算符。虽然本章的内容比较繁杂，学起来也许比较枯燥，但本章的内容是学好 C 语言的基础，每个 C 语言程序员必须熟练掌握本章内容。现在回忆一下本章有哪些内容值得特别留意和必须深刻领会的呢？

- 变量的含义；
- 数据在内存中的表示形式；
- 不同类型的数据在内存中的表示范围；
- 转义字符；
- 有符号数与无符号数的区别；
- 数据类型的自动转换与强制类型转换；
- 各种运算符、运算符的优先级和结合性。

从这一章开始读者可以试着编写程序了。但目前只能编写只有一个 main 函数的简单程序，因此，主要任务就是编写 main 函数。但编程并非总是非常顺利的，总会出现一些这样或那样的错误，特别是对初学者来说更是如此。下面就列举一些在编程过程中初学者极易犯的错误，希望能给读者编程带来一定的帮助。

（1）书写标识符时，忽略了大小写字母的区别。

```
int main( )
{
    int a＝5;
    printf("%d", A);
    return 0;
}
```

编译程序把 a 和 A 认为是两个不同的变量名，而显示出错信息。C 语言认为大写字母和小写字母是两个不同的字符。习惯上，符号常量名用大写，变量名用小写，以增加可读性。

（2）忽略了变量的类型，进行了不合法的运算。

```
int main( )
{
    float a,b;
    printf("%d", a%b);
    return 0;
}
```

％是求余运算，得到 a/b 的整余数。整型变量 a 和 b 可以进行求余运算，而实型变量则不允许进行"求余"运算。

(3) 将字符常量与字符串常量混淆。

```
char c;
c="a";
```

在这里就混淆了字符常量与字符串常量，字符常量是由一对单引号括起来的单个字符，而字符串常量是由一对双引号括起来的字符序列。C 语言规定以'\0'作为字符串结束标志，它是由系统自动加上的，所以字符串"a"实际上包含两个字符：'a'和'\0'，而把它赋给一个字符变量是不行的。

(4) 忘记加分号。

分号是 C 语句中不可缺少的一部分，语句末尾必须有分号。

```
a=1
b=2
```

编译时，编译程序在"a=1"后面没发现分号，就把下一行"b=2"也作为上一行语句的一部分，这就会出现语法错误。改错时，有时在被指出有错的一行中未发现错误，就需要看一看上一行是否漏掉了分号。

(5) 多加分号。

对于一个复合语句，如：

```
{
    z=x+y;
    t=z/100;
    printf("%f", t);
};
```

复合语句的花括号后不应再加分号，否则将是画蛇添足。

(6) 将 C 语言语句写在{ }的外面了。

C 语言规定，任何 C 语句都必须位于函数中。下面程序的错误就是把语句写在 main 函数的外面了。

```
int main( )
{
    int a;
    a=20;
    return 0;
}
printf("a=%d", a);          //位于函数外面了
```

(7) 变量未定义就使用。

C语言规定，变量必须先定义后使用。下面的程序包含语法错误。

```
int mian()
{
    //应在这里定义变量a: int  a;
    a=20;
    a++;
    printf("a=%d", a);
    return 0;
}
```

(8) 在执行部分定义变量。

在标准C语言程序中，函数由声明部分和执行部分组成，并且这两部分不能有交叉，也就是说，不能在C语句中间定义变量。下面的程序中，变量b的定义放到了执行部分。

```
void main()
{
    int a;
    a=10;
    int b;          //应将该行放在a=10;的前面
    b=a+20;
}
```

但是要记住，在C++程序中没有这样的规定，只要变量定义在前，使用在后就行。所以上述程序在C++程序中是正确的。读者在编程时一定要注意自己所使用的开发环境。

(9) 给变量赋值时忽视了变量的表示范围。

C语言中定义的任何变量都有其数据的表示范围，在给变量赋值时一定要注意数的大小不要超出变量所表示的范围。尽管C编译时不会带来任何语法错误，但会带来意想不到的结果。这种错误往往比一般语法错误更难发现，甚至感到不可思议。例如下面的程序：

```
int main()
{
    char ch=130;         //ch的表示范围是-128~+127,130超出了ch的表示范围
    printf("ch=%d", ch); //输出ch的值将是-126
    return 0;
}
```

(10) 定义多个变量时，变量名之间用空格或分号分隔。

```
int a  b;                //应改为: int a, b;
int x; y;                //应改为: int x, y;
```

(11) 输入字符常量时漏掉单引号，认为A、B就是'A'、'B'。

```
char ch=A;               //应该是 char ch='A';
char c;
c=B;                     //应该是 c='B';
```

(12) C语句末尾的分号用了中文的分号(；)而不是西文的分号(;)。

```
A=x+y;                    //应改为 A=x+y;
```

(13) 误将字母 o 当成数字零(0)。

```
int a=o;                  //应改为 int a=0;
```

(14) 编程过程中经常漏掉}、)、'、"。

在 C 语言程序中,所有的{与}、(与)、'与'、"与"都是配对出现的,千万不可多了一个或少了一个。

```
x=((a+b)*c+d;             //应改为 x=((a+b)*c+d);
```

其实避免这种情况的发生很简单,就是在输入时同时成对输入,然后在中间填入其他内容即可。

(15) 定义变量时数据类型关键字与变量名之间无空格。

如果像这样定义变量:

```
inta;                     //应改为 int a;
```

C 编译程序将认为 inta 是一个标识符,但前面没有数据类型符,因此认为有语法错误。

(16) 对于 float 型变量使用％运算符。

C 语言规定,％只能用于整型变量(包括 int、short、long、char)。例如,下面的语句是错误的写法。

```
int a;
a=15.3 % 4;               //应改为 a=15 % 4;
```

(17) 对表达式进行强制类型转换时漏掉了( )。

像这样对一个表达式进行强制类型转换是错误的:

```
int(3.2+a)
```

应改为:

```
(int)(3.2+a)
```

(18) 赋值运算符"="的左边使用表达式。

C 语言规定,不能对表达式或常量赋值,因为表达式或常量不对应内存单元。下面的做法是错误的。

```
int a, b;
a+b=30;                   //错误
30=a+b;                   //错误
```

C 语言编程习惯如下所述:

- 一行只放一条语句。尽管 C 语言允许在一行文本中放置多条语句,但一行只放一条语句有利于程序的调试。
- 养成随时给程序加注释的习惯。注释主要是帮助程序员自己或别人日后对程序的快速理解,因为对于一个稍微复杂一点的程序,如果没有加注释,时间长了即使是编写者自己也可能很难看懂,更何况他人呢。

- 程序的书写要有层次感,该缩进的一定要缩进。下面的程序中,左边的没有层次感,阅读起来比较别扭,右边的就好多了(在变量定义和执行部分的行首增加一些空格)。

```
int main()
{
int i,sum;
sum=0;
for(i=1;i<=100;i++)
if(i%2==0) sum+=i;
printf("sum=%d",sum);
return 0;
}
```

```
int main( )
{
   int i, sum;

   sum=0;
   for(i=1; i<=100; i++)
      if(i % 2==0)
         sum+=i;
   printf("sum=%d", sum);
   return 0;
}
```

- 编写函数时,变量定义部分和函数的执行部分之间增加一空行,或者在程序的执行部分按照完成的功能块增加相应的空行,会增加程序的易读性。
- 为变量起有意义的名字,既可以帮助程序员读懂程序,也可以避免变量的重复乱用,导致程序的逻辑错误。
- 在运算符和赋值符的两边加上一个空格会增加程序的易读性。

自测题

习题 3

1. 填空题

(1) 在 C 语言中,基本数据类型主要有_____、_____、_____三种。

(2) 根据 C 语言标识符的命名规则,标识符只能由_____、_____、_____组成,而且第一个字符必须是_____或_____。

(3) C 语言中的常量分为_____常量和_____常量两种。定义_____常量需要使用预处理命令♯define。

(4) 在 C 语言中,八进制整型常量以_____作前缀,十六进制整型常量以_____作前缀。

(5) 在 C 语言中,一个 char 型数据在内存中所占的字节数为_____;一个 short 型数据在内存中所占的字节数为_____。

(6) 在 C 语言中,一个 float 型数据在内存中所占的字节数为_____;一个 double 型数据在内存中所占的字节数为_____。

(7) C 语言中,short 型数据的取值范围为_____。

(8) 已知 int m=5,y=2;则计算表达式 y+=y-=m*=y 后的 y 值是_____。

(9) 语句：x++；++x；x=x+1；x=l+x；执行后都使变量 x 中的值增 1,请写出一条同一功能的赋值语句(不得与列举的相同)_____。

(10) 若 a 为整型变量,则表达式"(a=4*5,a*2),a+6"的值为_____。

(11) 假设 m 是一个三位数,从左到右用 a,b,c 表示各位的数字,则从左到右各个数字是 bac 的三位数的表达式是_____。

(12) 若有以下定义语句：int u=010,v=0x10,w=10;printf("%d,%d,%d\n",u,v,w);则输出结果是_____。

(13) 求解赋值表达式 a=(b=10)%(c=6),a、b、c 的值依次为 _____。

(14) 设 float x=2.5,y=4.7;int a=7;则表达式 x+a%3*(int)(x+y) % 2/4 的值为_____。

(15) 若有定义：int a=2,b=3；float x=3.5,y=2.5;则表达式(float)(a+b)/2+(int)x%(int)y 的值为_____。

(16) 表达式 8/4*(int)2.5/(int)(1.25*(3.7+2.3))值的数据类型为_____。

(17) 已知：int a=5;则执行 a+=a-=a*a;语句后,a 的值为_____。

(18) 设有 int a,b；a=100；b=20；a+=200；b*=a-100；则 a=_____,b=_____。

(19) 在 C 语言源程序中,一个变量代表_____。

(20) 若 t 为 double 型变量,表达式 t=1,t+5,t++的值是_____。

2. 选择题

(1) 在 C 语言系统中,double、long、int、char 类型数据所占字节数分别为(   )。
　　A. 8,2,4,1　　　　B. 2,8,4,1　　　　C. 4,2,8,1　　　　D. 8,4,4,1

(2) 下面四个选项中,均是不合法的用户标识符的选项是(   )。
　　A. A　P_0　do
　　B. float　la0　_A
　　C. b-a　sizeof　int
　　D. _123　temp　int

(3) 下面四个选项中,均是合法整型常量的选项是(   )。
　　A. 160　-0xffff　011
　　B. -0xcdf　01a　0xe
　　C. -01　986,012　0668
　　D. -0x48a　2e5　0x

(4) 下面四个选项中,均是不合法的浮点数的选项是(   )。
　　A. 160.　0.12　e3
　　B. 123　2e4.2　.e5
　　C. -.18　123e4　0.0
　　D. -e3　.234　1e3

(5) 下面四个选项中,均是不合法的转义字符的选项是(   )。
　　A. '\"'　'\\'　'\xf'
　　B. '\1011'　'\''　'\ab'
　　C. '\011'　'\f'　'\}'
　　D. '\abc'　'\101'　'xlf'

(6) 下面四个选项中,均是正确的数值常量或字符常量的选项是(   )。
　　A. 0.0　0f　8.9e　'&'
　　B. "a"　3.9e-2.5　1e1　'\"'
　　C. '3'　011　0xff00　0a
　　D. +001　0xabcd　2e2　50.

(7) 下面程序段的输出结果是(   )。

```
int i=5, k;
k=(++i)+(++i)+(i++);
printf("%d,%d", k, i);
```

  A. 24,8   B. 21,8   C. 21,7   D. 24,7

(8) 下面程序段的输出结果是(　　)。

```
short int i=32769;
printf("%d\n", i);
```

  A. 32769   B. 32767
  C. －32767   D. 输出不是确定的数

(9) 若有说明语句：char c='\72'；则变量 c(　　)。
  A. 包含 1 个字符   B. 包含 2 个字符
  C. 包含 3 个字符   D. 说明不合法,c 的值不确定

(10) 若有定义：int a=7; float x=2.5, y=4.7；则表达式 x+a%3*(int)(x+y)%2/4 的值是(　　)。
  A. 2.500000   B. 2.750000   C. 3.500000   D. 0.000000

(11) 设变量 a 是整型,f 是实型,i 是双精度型,则表达式 10+'a'+i*f 值的数据类型为(　　)。
  A. int   B. float   C. double   D. 不确定

(12) sizeof(float)是(　　)。
  A. 一个双精度型表达式   B. 一个整型表达式
  C. 一种函数调用   D. 一个不合法的表达式

(13) 设变量 n 为 float 类型,m 为 int 类型,则以下能实现将 n 中的数值保留小数点后两位,第三位进行四舍五入运算的表达式是(　　)。
  A. n=(n*100+0.5)/100.0   B. m=n*100+0.5, n=m/100.0
  C. n=n*100+0.5/100.0   D. n=(n/100+0.5)*100.0

(14) 在 C 语言中,要求运算数必须是整型的运算符是(　　)。
  A. /   B. ++   C. !=   D. %

(15) 若变量已正确定义并赋值,下面符合 C 语言语法的表达式是(　　)。
  A. a:=b+1   B. a=b=c+2   C. int 18.5%3   D. a=a+7=c+b

(16) 若有定义：int k=7, x=12；则能使值为 3 的表达式是(　　)。
  A. x%=(k%=5)   B. x%=(k-k%5)
  C. x%=k-k%5   D. (x%=k)-(k%=5)

(17) 若变量 a、i 已正确定义,且 i 已正确赋值,合法的语句是(　　)。
  A. a==1   B. ++i;   C. a=a++=5;   D. a=int(i);

(18) 若有如下程序：

```
int main( )
{
    int y=3, x=3, z=1;
    printf("%d %d\n",(++x, y++), z+2);
```

第3章 基本数据类型、运算符与表达式

```
    return 0;
}
```

运行该程序的输出结果是(　　)。

  A. 3 4   B. 4 2   C. 4 3   D. 3 3

(19) 下面正确的字符常量是(　　)。

  A. "c"   B. '\\'   C. 'W'   D. "

(20) 在 C 语言中，5 种基本数据类型的存储空间长度的排列顺序为(　　)。

  A. char＜int＜＝long int＜＝float＜double

  B. char＝int＜＝long int＜＝float＜double

  C. char＜int＜＝long int＝float＝double

  D. char＝int＝long int＜＝float＜double

(21) 假设所有变量均为整型，则表达式(a＝2, b＝5, b＋＋, a＋b)的值是(　　)。

  A. 7   B. 8   C. 6   D. 2

(22) 以下正确的叙述是(　　)。

  A. 在 C 程序中，每行中只能写一条语句

  B. 若 a 是实型变量，C 程序中允许赋值 a＝10，因此实型变量中允许存放整型数

  C. 在 C 程序中，无论是整数还是实数，都能被准确无误地表示

  D. 在 C 程序中，％是只能用于整数运算的运算符

(23) 假定 x 和 y 为 double 型，则表达式 x＝2, y＝x＋3/2 的值是(　　)。

  A. 3.500000   B. 3   C. 2.000000   D. 3.000000

(24) 下面程序的输出结果是(　　)。

```
int main( )
{
  int a=3;
  printf("%d\n",(a+=a-=a*a));
  return 0;
}
```

  A. －6   B. 12   C. 0   D. －12

(25) 已知各变量的类型说明如下：int k, a, b; unsigned long w＝5; double x＝1.42; 则以下不符合 C 语言语法的表达式是(　　)。

  A. x％(－3)   B. w＋＝－2

  C. k＝(a＝2,b＝3,a＋b)   D. a＋＝a－＝(b＝4)＊(a＝3)

(26) 若变量 a 是 int 类型，并执行了语句：a＝'A'＋1.6；则正确的叙述是(　　)。

  A. a 的值是字符 C

  B. a 的值是浮点型

  C. 不允许字符型和浮点型相加

  D. a 的值是字符'A'的 ASCII 值加上 1

(27) 语句 printf("a\bre\'hi\'y\\\bou\n");的输出结果是(　　)。

  A. a\bre\'hi\'y\\\bou   B. a\bre\'hi\'y\bou

    C. re'hi'you   D. abre'hi'y\bou

(28) 下面程序的输出结果是(　　)。

```
int main( )
{ int x='f';   printf("%c \n", 'A'+(x-'a'+1));   return 0; }
```

    A. G   B. H   C. I   D. J

(29) 下面程序的输出结果是(　　)。

```
int main( )
{ char x=0xFFFF;   printf("%d \n", x--);   return 0; }
```

    A. -32767   B. FFFE   C. -1   D. -32768

(30) 已知：int x=1, y=-1；则语句 printf("%d\n",(x-- & ++y));的输出结果是(　　)。

    A. 1   B. 0   C. -1   D. 2

3. 阅读题

(1) 下面程序的输出结果是_____。

```
int main( )
{
  int x=5, y;
  y=++x * ++x;
  printf("y=%d\n", y);
  return 0;
}
```

(2) 下面程序的输出结果是_____。

```
int main( )
{
  float a=1, b;
  b=++a * ++a;
  printf("%f\n", b);
  return 0;
}
```

(3) 下面程序的输出结果是_____。

```
int main( )
{
  short int x=-32769;
  printf("%d\n", x);
  return 0;
}
```

(4) 下面程序的输出结果是_____。

```
int main( )
{
```

```
unsigned short a=65536;
int b;
printf("%d\n", b=a);
return 0;
}
```

(5) 下面程序的输出结果是_____。

```
int main( )
{
    unsigned char x, y, z;
    x=0x3; y=x | 0x8; z=x<<1;
    printf("%d, %d\n", y, z);
    return 0;
}
```

(6) 下面程序的输出结果是_____。

```
int main( )
{
    char a=0x95, b, c;
    b=(a&0xf)<<4;
    c=(a&0xf0)>>4;
    a=b|c;
    printf("%x\n", a);
    return 0;
}
```

(7) 下面程序的输出结果是_____。

```
int main( )
{
    unsigned short a, b;
    a=0x9a;
    b=~a;
    printf("a=%x  b=%x\n", a, b);
    return 0;
}
```

(8) 下面程序的输出结果是_____。

```
int main( )
{
    int k=10;
    float a=3.5, b=6.7, c;
    c=a+k%3 * (int)(a+b)%2/4;
    printf("%f\n", c);
    return 0;
}
```

(9) 下面程序的输出结果是_____。

```
int main( )
```

```
{
    char ch;
    short int a=-32768, c;
    unsigned long b=0xffffaa00;
    ch=a;
    c=b;
    printf("ch=%d, c=%hx\n",ch,c);
    return 0;
}
```

(10) 下面程序的输出结果是_____。

```
int main( )
{
    char a='\x41';
    printf("%c, %c, %d, %d", a, a+1, a, a+1);
    return 0;
}
```

第4章 基本输入/输出和顺序程序设计

微课视频

◇ 学习意义

程序的主要功能就是对数据的处理。数据处理一定会涉及数据来源问题,这就是数据的输入,即 C 语言程序中如何获取用户输入的数据;另外,数据经处理以后,还要将处理的结果以某种可见的形式表示出来,这就是数据的输出。C 语言没有自己的输入/输出语句,要实现数据的输入/输出功能,必须调用标准库函数。C 语言标准库函数中 scanf 函数和 printf 函数就是负责数据输入/输出的库函数。本章首先介绍这两个函数的使用方法,它们是格式化的输入/输出函数,对于字符数据本章还介绍其非格式化的输入/输出方法,这些函数是在编写 C 语言程序时经常要使用到的。尽管不同的 C 语言程序其功能各不相同,实现起来有难有易,但就程序的控制结构来讲无非就是顺序、选择和循环三种结构,这三种结构在程序中往往是相互嵌套的,所以正确把握这三种控制结构是编写程序的重要基础。本章主要是对这三种控制结构以流程图的形式进行相应的比较,说明它们之间的差异,然后重点介绍顺序程序设计的基本方法。选择和循环程序的设计方法将分别在第 5 章和第 6 章中进行详细介绍。

◇ 学习目标

(1) 掌握各种类型数据的格式化输入/输出方法;
(2) 掌握字符数据的非格式化输入/输出方法;
(3) 理解三种程序控制结构的流程图;
(4) 学会简单顺序程序的设计;
(5) 养成良好的程序设计习惯。

◇ 难点提示

(1) printf 函数中的辅助格式控制符(修饰符)及其含义;
(2) scanf 函数中的辅助格式控制符及其含义;
(3) 用流程图来描述算法。

4.1 格式化输出 printf

在 C 语言程序中,用于输出数据的主要函数就是 printf 函数。在前面的章节中,已简单介绍了利用 printf 函数输出单个变量的值,在这一节里将重点学习 printf 函数的用法。实际上,printf 函数的功能绝非只是输出变量的值,它还可以输出表达式的值,并且可以同时输出多个表达式和变量的值。printf 函数称为格式化输出函数,其函数名最末一个字母 f 即为"格式"(format)之意。也就是说,它可以按照某种输出格式在屏幕上输出相应的数据信息。它的函数原型在头文件 stdio.h 中。

printf 函数调用的一般格式为:

> printf("格式控制字符串",表达式 1,表达式 2,…,表达式 n);

其功能就是按照"格式控制字符串"的要求,将表达式 1,表达式 2,…,表达式 n 的值显示在计算机屏幕上。

格式控制字符串用于指定输出格式。它包含如下两类字符:

(1) **常规字符**:包括可显示字符和用转义字符表示的字符。

(2) **格式控制符**:以%开头的一个或多个字符,以说明输出数据的类型、形式、长度、小数位数等,如前面介绍的%d、%f 等。其中,%后面的 d 和 f 被称为格式转换字符。

例如,格式控制字符串"the sum of two integer is %d\n"中,除了%d 是格式控制符(表示以十进制有符号形式输出整型数据)外,其他的字符均是常规字符。

> ⚠ **注意**:要想显示%,必须在格式控制字符串中使用%%来代替单个%。

使用 printf 函数时,要注意以下几点:

(1) 格式控制字符串可以不包含任何格式控制符,在这种情况下,调用 printf 函数时,其参数一般只带一个字符串即可,不需要有任何别的表达式。例如:

```
printf("how are you?\n");           //只有一个字符串参数,输出为: how are you?
printf("how old are you?\n", 20);   //带有两个参数,20 没有意义,输出为: how old are you?
```

(2) 当格式控制字符串中既含有常规字符,又含有格式控制符时,则表达式的个数应与格式控制符的个数一致。此时,常规字符原样输出,而格式控制符的位置上输出对应的表达式的值,其对应的顺序是:从左到右的格式控制符对应从左到右的表达式。这种对应关系如图 4-1 所示。

```
已       知: int a= 2;

函数调用: printf("a*a=%d,a+5=%d\n",a*a,a+5);

实际输出: a*a=4,  a+5=7
```

图 4-1 格式控制符与 printf 的后续参数的对应关系

第4章 基本输入/输出和顺序程序设计

(3) 如果格式控制字符串中格式控制符的个数多于表达式的个数,则余下的格式控制符的值将是不确定的,所以这一点编程时要注意。当然,如果格式控制字符串中格式控制符的个数少于表达式的个数,则不影响输出。例如:

printf("5+3=%d, 5-3=%d, 5 * 3=%d", 5+3, 5-3);

输出结果将是:

5+3=8,5-3=2,5 * 3=-28710

这里输出的 5 * 3=-28710 就是因为第三个格式控制符没有对应的表达式所造成的,所以其输出的值也是随机的。

(4) 不同类型的表达式要使用不同的格式转换符,如输出 int 型表达式要使用%d,输出字符要使用%c,而输出实型表达式则要使用%f。同一表达式如果按照不同的格式转换符来输出,其结果可能是不一样的。例如:

```
char ch= 'A';
printf("ch=%c", ch);      //输出结果:ch=A(以字符形式输出)
printf("ch=%d", ch);      //输出结果:ch=65(以'A'字符的 ASCII 码形式输出)
```

> ⚠ 注意:"格式控制字符串"中的格式转换符,必须与所对应表达式的数据类型一致,否则会引起输出错误。例如,int a=2;printf("a=%f\n", a);输出结果为 a=0.000000,而不是 a=2。

表 4-1 列出了与各种数据类型对应的格式转换符。

表 4-1 printf 函数中的格式转换字符及其含义

格式转换符	含 义	对应的表达式数据类型

%d 或 %i	以十进制形式输出一个整型数据。例如:
	int a=20;
	printf("%d", a); //输出 20
		有符号整型

%x,%X	以十六进制形式输出一个无符号整型数据。例如:
	int a=164;
	printf("%x", a); //输出 a4
	printf("%X", a); //输出 A4
		无符号整型

%o(字母 o)	以八进制形式输出一个无符号整型数据。例如:
	int a=164;
	printf("%o", a); //输出 244
		无符号整型

%u	以十进制形式输出一个无符号整型数据。例如:
	int a=-1;
	printf("%u", a); //输出 4294967295
		无符号整型

续表

格式转换符	含 义	对应的表达式数据类型
%c	输出一个字符型数据。例如： char ch='A'; printf("%c", ch); //输出 A	字符型

%s	输出一个字符串。例如：
	printf("my name is %s", "wangjinghua");
	//输出 my name is wangjinghua
		字符串

%f	以十进制小数形式输出一个浮点型数据。例如： float f=－12.3; printf("%f", f); //输出－12.300000	浮点型

%e,%E	以指数形式输出一个浮点型数据。例如：
	float f=1234.8998;
	printf("%e", f); //输出 1.234900e+003
	printf("%E", f); //输出 1.234900E+003
		浮点型

%g,%G	按照%f 或%e 中输出宽度比较短的一种格式输出	浮点型

%p	以主机的格式显示指针，即变量的地址。例如：
	int a=2;
	printf("%p", &a); //输出 0012FF7C
		指针类型

另外，可以在格式转换字符和%之间插入一些辅助的格式控制字符。因此，格式控制字符的一般格式为：

%[flag][width][.precision][size]Type

其中，[ ]表示[ ]中间的内容是可以省略的，没有被[ ]括起来的是不能省略的。width 和 precision 都必须是无符号的整数。注意，precision 前面的点(.)不能省略；Type 就是表 4-1 中列出的格式转换符，对于 flag 和 size 的解释将在后面的内容中讲解。

4.1.1 整数的输出

微课视频

1. 有符号整数的输出

输出有符号整数的格式控制符的一般格式为：

%[-][+][0][width][.precision][l][h]d

其中各控制符的说明如下：

- []：表示可选项，可省略。
- 一：表示输出的数据左对齐，默认是右对齐。
- ＋：输出正数时，在数的前面加上＋号。
- 数字 0：右对齐时，如果实际宽度小于 width，则在左边的空位补 0。
- width：无符号整数，表示输出整数的最小域宽（即占屏幕的多少格）。若实际宽度超过了 width，则按照实际宽度输出。
- .precision：无符号整数，表示至少要输出 precision 位。若整数的位数大于 precision，则按照实际位数输出，否则在左边的空位上补 0。
- 字母 l：如果在 d 的前面有字母 l(long)，表示要输出长整型数据。
- 字母 h：如果在 d 的前面有字母 h(short)，表示要输出短整型数据。

下面的例 4-1 说明了上述格式控制符的作用。

【例 4-1】 有符号整数的格式化输出。

```
1    #include <stdio.h>
2
3    int main( )
4    {
5        int   a=123;
6        long  L=65537;
7
8        printf("   12345678901234567890\n");
9        printf("a=%d--------(a=%%d)\n", a);
10       printf("a=%6d------(a=%%6d)\n", a);
11       printf("a=%+6d-----(a=%%+6d)\n", a);
12       printf("a=%-6d-----(a=%%-6d)\n", a);
13       printf("a=%-06d-----(a=%%-06d)\n", a);
14       printf("a=%+06d-----(a=%%+06d)\n", a);
15       printf("a=%+6.6d-----(a=%%+6.6d)\n", a);
16       printf("a=%6.6d-----(a=%%6.6d)\n", a);
17       printf("a=%-6.5d-----(a=%%-6.5d)\n", a);
18       printf("a=%6.4d-----(a=%%6.4d)\n", a);
19       printf("L=%ld-------(L=%%ld)\n", L);
20       printf("L=%hd-------------(L=%%hd)\n", L);
21       return 0;
22   }
```

运行结果：

```
   12345678901234567890
a=123--------(a=%d)
a=   123-----(a=%6d)
a=  +123-----(a=%+6d)
a=123   -----(a=%-6d)
a=123   -----(a=%-06d)
a=+00123-----(a=%+06d)
```

```
a=+000123-----(a=%+6.6d)
a=000123------(a=%6.6d)
a=00123  -----(a=%-6.5d)
a=  0123 -----(a=%6.4d)
L=65537-------(L=%1d)
L=1-----------(L=%hd)
```

程序解释：

- 第 10 行要求输出 123 时占有 6 格宽,右对齐。默认情况下,左边多出来的空位用空格填满,即在左边填 3 个空格。
- 第 11 行同第 10 行一样,因为格式控制符中有'＋'号,且 a 为正数,所以输出时要输出'＋'号,它占一个空位,所以在左边还多出 2 个空位,用空格填满。
- 第 12 行要求输出 123 时占有 6 格宽,左对齐,右边多出来的 3 个空位用 3 个空格填满。
- 第 13 行等同于第 12 行。格式控制符中的'0'的作用是在左边补 0,但因为是左对齐,所以不可能再在左边补 0。
- 第 14 行要求输出 123 时占有 6 格宽,右对齐。因为要输出'＋'号,所以左边还需补 2 个 0(格式控制符中'0'的作用)。
- 第 15 行要求输出 123 时占有 6 格宽,右对齐,并且至少输出 6 位数字,因此在左边要补上 3 个 0('＋'除外)。
- 第 16 行要求输出 123 时占有 6 格宽,右对齐,并且至少输出 6 位数字,因此在左边要补上 3 个 0。
- 第 17 行要求输出 123 时占有 6 格宽,左对齐,并且至少输出 5 位数字,因此在左边要补上 2 个 0,右边留有一个空格。
- 第 18 行要求输出 123 时占有 6 格宽,右对齐,并且至少输出 4 位数字,因此在左边要补上 2 个空格和 1 个 0。
- 第 20 行是输出一个有符号的短整型数,因为 L 是一长整型数 65537,其值为十六进制 0X00010001,所以要将其转换成短整型,即取低 16 位 0X0001,将其输出,故输出为 1。

【思考题 4-1】 假设有一整数 888,如何使用三种方法使其输出结果为 000888?

2. 无符号整数的输出

输出无符号整数的格式控制符的一般格式为：

```
%[-][#][0][width][.precision][l][h] u|o|x|X
```

其中各控制符的说明如下：

- []：表示可选项,可省略。|表示互斥关系。
- ＃：表示当以八进制形式输出数据(％o)时,在数字前输出 0；当以十六进制形式输出数据(％x 或％X)时,在数字前输出 0x 或 0X。

第4章 基本输入/输出和顺序程序设计

- .precision：含义与前面介绍的相同，但要注意，precision 所指定的位数不包含 0x 或 0X 所占的位数。
- 其他字段的含义与前面介绍的相同。

> ⚠ **注意**：%x 与 %X 在输出十六进制数时的差别就是 %x 输出的十六进制数码 a～f 为小写，而 %X 输出的十六进制数码 A～F 为大写。例如：
>
> ```
> int a=0x9AB6;
> printf("a=%x\n", a);    //输出:a=9ab6
> printf("a=%X\n", a);    //输出:a=9AB6
> ```

下面的例 4-2 说明了上述格式控制符的作用。

【例 4-2】 无符号整数的格式化输出。

```
1   #include<stdio.h>
2
3   int main( )
4   {
5       int      a=-1;
6       short b=a;
7       unsigned u=32767;
8       unsigned long L=-32768;
9
10      printf("a=%d, a=%u---(a=%%d, a=%%u)\n", a, a);
11      printf("a=%hx, a=%X----(a=%%hx, a=%%X)\n", a, a);
12      printf("b=%hd, b=%hu--------(b=%%hd, b=%%hu)\n", b, b);
13      printf("b=%hx, b=%X---(b=%%hx, b=%%X)\n", b, b);
14      printf("u=%o, u=%X------(u=%%o, u=%%X)\n", u, u);
15      printf("u=%#010X-----------(u=%%#010X)\n", u);
16      printf("u=%#10.10X-----(u=%%#10.10X)\n", u);
17      printf("L=%lX------------(L=%%lX)\n", L);
18      printf("L=%-#14.10X-----(L=%%-#14.10X)\n", L);
19      return 0;
20  }
```

运行结果：

```
a=-1,  a=4294967295---(a=%d, a=%u)
a=ffff, a=FFFFFFFF---(a=%hx, a=%X)
b=-1,  b=65535--------(b=%hd, b=%hu)
b=ffff, b=FFFFFFFF---(b=%hx, b=%X)
u=77777, u=7FFF------(u=%o, u=%X)
u=0X00007FFF--------(u=%#010X)
u=0X0000007FFF------(u=%#10.10X)
L=FFFF8000----------(L=%lX)
L=0X00FFFF8000   -----(L=%-#14.10X)
```

程序解释：
- 第5行定义了整型变量a，占4字节内存单元，实际存放是-1的32位补码，即0XFFFFFFFF。
- 第6行定义了短整型变量b，占2字节内存单元，实际存放是a的低16位，即0XFFFF，对应的有符号十进制数为-1。
- 第7行定义了无符号整型变量u，占4字节内存单元，实际存放是32767的32位补码，即0X00007FFF。
- 第8行定义了无符号长整型变量L，占4字节内存单元，实际存放是-32768的32位补码，即0XFFFF8000。
- 第10行是将a的值以十进制有符号整型(%d)和十进制无符号整型(%u)的形式输出，0XFFFFFFFF对应的无符号数为4294967295。
- 第11行是将a的值以十六进制无符号短整数(%hx)和整型(%X)的形式输出。短整型占2字节单元，所以输出时，取变量a的低16位(0Xffff)输出；整型占4字节单元，所以将a的值(0XFFFFFFFF)以无符号十六进制形式输出。
- 第12行是将b的值以十进制有符号短整型(%hd)和十进制无符号短整型(%hu)的形式输出，0XFFFF对应的无符号数为65535。
- 第13行是将b的值以十六进制无符号短整型(%hx)和整型(%X)的形式输出。无符号短整型(%hx)输出就是ffff，整型(%X)输出是4字节，因此需将b由2字节扩展为4字节，也就是将b的符号位1向高两个字节扩展，这样输出对应的十六进制为FFFFFFFF。
- 第14行是将u的值分别以无符号的八进制(%o)和十六进制(%X)形式输出。其八进制为77777，十六进制为7FFF。
- 第15行是将u的值分别以无符号的十六进制(%#010X)形式输出，右对齐，输出占10位(包括0X)，因为格式控制符中有'0'，所以在输出的7FFF前面补4个0。
- 第16行要求输出u的值(十六进制形式)必须是10个数码，但不包含0X两位，所以在7FFF前补6个0。
- 第17行要求以长整型十六进制无符号(%lX)的形式输出L的值。L在内存中的表示为0XFFFF8000。
- 第18行要求以整型十六进制无符号(%-#14.10X)的形式输出L的值，其中输出占14位，必须输出10位，左对齐，并显示0X。L中的值全部显示(FFFF8000)，不够10位，在其左边补2个0(0X不包含在10个必显示的字符之列)，但总的输出要占14位，所以还必须在输出值的右边补2个空格。

微课视频

4.1.2 实数的输出

输出实数的格式控制符的一般格式为：

%[-][+][#][0][width][.precision][l|L] f|e|E|g|G

其中各控制符的说明如下：
- []：表示可选项，可省略。|表示互斥关系。
- ♯：必须输出小数点。
- .precision：规定输出实数时，小数部分的位数。
- l：输出 double 型数据（省略时也是输出 double 型数据）。
- L：输出 long double 型数据。
- 其他字段的含义与前面介绍的相同。

下面的例 4-3 说明了上述格式控制符的作用。

【例 4-3】 实数的格式化输出。

```
1   #include <stdio.h>
2
3   int main( )
4   {
5       double   f=2.5e5;
6
7       printf("   12345678901234567890\n");
8       printf("f=%15f--------(f=%%15f)\n", f);
9       printf("f=%015f--------(f=%%015f)\n", f);
10      printf("f=%-15.0f--------(f=%%-15.0f)\n", f);
11      printf("f=%#15.0f--------(f=%%#15.0f)\n", f);
12      printf("f=%+15.4f--------(f=%%+15.4f)\n", f);
13      printf("f=%15.4E--------(f=%%15.4E)\n", f);
14      return 0;
15  }
```

运行结果：

```
   12345678901234567890
f=   250000.000000--------(f=%15f)
f=00250000.000000--------(f=%015f)
f=250000          --------(f=%-15.0f)
f=         250000.--------(f=%#15.0f)
f=   +250000.0000--------(f=%+15.4f)
f=     2.5000E+005--------(f=%15.4E)
```

程序解释：
- 第 8 行利用％15f 使 f 的输出占 15 位，由于没有规定输出小数的位数，默认输出为 6 位小数，并且是右对齐，因此输出数据的左边补上两个空格。
- 第 9 行同第 8 行一样，输出也是占 15 位，右对齐，但因有％0，所以输出数据的左边要补上两个 0，而不是两空格。
- 第 10 行利用％－15.0f 使 f 的输出占 15 位，但要左对齐，并且不输出小数部分。
- 第 11 行同样要求不输出小数部分，但♯要求输出小数点，右对齐。
- 第 12 行格式控制符中有'＋'，因此输出了加号。输出总共占 15 位，其中小数部分占 4 位,右对齐。
- 第 13 行要求以指数形式输出,并且规定整个输出占 15 位,其中小数部分占 4 位,因此输出为 2.5000E+005,并且前面有 4 个空格。

微课视频

4.1.3 字符和字符串的输出

输出字符和字符串的格式控制符的一般格式为:

| 输出字符:%[-][0][width]c   输出字符串:%[-][0][width][.precision]s |

其中各控制符的说明如下:
- []:表示可选项,可省略。
- .precision:表示只输出字符串的前 precision 个字符。
- 其他字段的含义与前面介绍的相同。

下面的例 4-4 说明了上述格式控制符的作用。

【例 4-4】 字符及字符串的格式化输出。

```
1   #include <stdio.h>
2
3   int main( )
4   {
5       char  ch='A';
6
7       printf("  12345678901234567890\n");
8       printf("ch=%c-------------(ch=%%c)\n", ch);
9       printf("ch=%4c----------(ch=%%4c)\n", ch);
10      printf("ch=%-4c----------(ch=%%-4c)\n", ch);
11      printf("ch=%04c----------(ch=%%04c)\n", ch);
12      printf("st=%s-----------(st=%%s)\n", "CCNU");
13      printf("st=%6s---------(st=%%6s)\n", "CCNU");
14      printf("st=%06.3s-------(st=%%06.3s)\n", "CCNU");
15      return 0;
16  }
```

运行结果:

```
  12345678901234567890
ch=A-------------(ch=%c)
ch=   A----------(ch=%4c)
ch=A   ----------(ch=%-4c)
ch=000A----------(ch=%04c)
st=CCNU-----------(st=%s)
st=  CCNU---------(st=%6s)
st=000CCN-------(st=%06.3s)
```

程序解释：
- 第 9 行利用%4c 输出字符 ch('A'字符)，占 4 位，右对齐，所以左边补 3 个空格。
- 第 10 行利用%-4c 输出字符 ch('A'字符)，占 4 位，左对齐，所以右边补 3 个空格。
- 第 11 行利用%04c 输出字符 ch('A'字符)，占 4 位，右对齐，因格式控制符中有 0，所以左边补 3 个 0。
- 第 13 行利用%6s 输出字符串"CCNU"，占 6 位，右对齐，所以左边补 2 个空格。
- 第 14 行利用%06.3s 输出字符串"CCNU"中的前 3 个字符 CCN，占 6 位，右对齐，因格式控制符中有 0，所以左边补 3 个 0。

4.1.4 格式化输出小结

微课视频

在前面通过对整型数（有符号、无符号）、实型数、字符和字符串的格式化输出的详细讨论，读者可能感到 printf 函数调用起来还是相当复杂的，要真正熟练掌握和正确应用似乎难度很大，其实，printf 函数调用时的复杂之处就在"格式控制符"上，其中，"格式转换字符"（如 d、u、o、x、c、s、f、e 等）相对来讲比较容易把握，最为烦琐的就是在%和"格式转换字符"之间插入的一些"辅助格式控制符"了，为了让读者深刻理解和记忆 printf 函数的格式化输出的功能，将前面介绍过的"辅助格式控制符"以表 4-2 的形式汇集在一起，希望读者能够对照前面所介绍的有关内容，正确领会和把握它们的应用。

表 4-2 printf 函数中的辅助格式控制字符（修饰符）及其含义

修饰符	功 能	例 子
width	输出数据域宽，当数据长度＜width 时，补空格；否则按实际数位输出	%4d 表示输出至少占 4 格
.precision	对于整数：表示至少要输出 precision 位，当数据长度小于 precision 时，左边补 0	%6.4d 表示至少要输出 4 位数
	对于实数：指定小数点后的位数（四舍五入）	%6.2f 表示输出 2 位小数
	对于字符串：表示只输出字符串的前 precision 个字符	%.3s 表示输出字符串前 3 个字符
-	输出数据在域内左对齐（默认为右对齐）	%-16d 表示输出数据左对齐
+	输出有符号正数时，在其前面显示正号（+）	%+d 表示输出整数的正负号
0	输出数值时指定左边不使用的空格自动填 0	%08X 表示输出十六进制无符号整数，不足 8 位时左补 0
#	对于无符号数：在八进制和十六进制数前显示前导 0、0x 或 0X	%#X 表示输出的十六进制前显示前导 0X
	对于实数：必须输出小数点	%#10.0f 表示输出的浮点数必须输出小数点
h	在 d、o、x、u 前，指定输出为短整型数	%hd 表示输出短整型数
l	在 d、o、x、u 前，指定输出为 long int 型	%ld 表示输出长整型数
l	在 e、f、g 前，指定输出精度为 double 型（默认时也为 double）	%lf 表示输出为 double 型数
L	在 e、f、g 前，指定输出精度为 long double 型	%Lf 表示输出为 long double 型数

此外，在使用 printf 函数时还要注意以下几点：

（1）格式控制字符串后面表达式的个数一般要与格式控制字符串中的格式控制符的个数相等。

（2）输出时表达式值的计算顺序是从右到左。例如：

int i=1;
printf("%d, %d, %d\n", i, i+1, i=3);

输出的结果是 3,4,3，而不是 1,2,3。

（3）格式转换符中，除了 X、E、G 以外，其他均为小写。

（4）表达式的实际数据类型要与格式转换符所表示的类型相符，printf 函数不会进行不同数据类型之间的自动转换。例如，整型数据不可能自动转换成浮点型数据，浮点型数据也不可能自动转换成整型数据。下面例 4-5 程序的输出将不是所期望的。

【例 4-5】 错误的格式化输出。

```
1    #include <stdio.h>
2
3    int main( )
4    {
5        int a=10, b=100;
6        float f=2;
7
8        printf("a=%d, b=%d\n", f, b);
9        printf("a=%f, b=%d\n", a, b);
10       printf("a=%ld, b=%d\n", 120, b);
11       return 0;
12   }
```

期望的运行结果：

```
a=2.000000, b=100
a=10.000000, b=100
a=120, b=100
```

实际的运行结果：

```
a=0, b=1073741824
a=0.000000, b=2012780960
a=120, b=100
```

程序解释：

- 第 8 行输出 float 型数据 f，却使用了 %d，因此，不会正常输出 2.000000，也不会将浮点型自动转换成整型输出 2，并且 a 的不正常输出会影响到下一个表达式的正常输出。

- 第 9 行输出 int 型数据 a，却使用了 %f，因为整型不会自动转换成浮点型，所以不会正常输出 10.000000，同时也会影响到下一个表达式的输出。
- 第 10 行输出 int 型数据 120，却使用了 %ld。但因为整型和长整型所占内存单元的大小相同（均占 4 字节），且都是整型数据，数据类型基本是相同的，所以输出的结果正确。
- 修改办法：将第 8 行的 a=%d 改成 a=%f；将第 9 行的表达式 a 的前面加强制类型转换 float，即变成（float）a；将第 10 行的 120 改为 120L 或将 a=%ld 改成 a=%d。

4.2 格式化输入 scanf

微课视频

　　C 语言中具有基本数据输入功能的库函数是 scanf 函数。scanf 函数称为格式化输入函数，其函数名最末一个字母 f 即为"格式"（format）之意。也就是说，它可以按照某种输入格式通过键盘将数据信息输入到计算机。它的函数原型在头文件 stdio.h 中。

　　scanf 函数调用的一般格式为：

```
scanf("格式控制字符串",变量 1 的地址,变量 2 的地址,…,变量 n 的地址);
```

其功能就是在第一个参数格式控制字符串的控制下，接受用户的键盘输入，并将输入的数据依次存放在变量 1，变量 2，…，变量 n 中。例如：

```
int a;
scanf("%d", &a);
```

就是接受用户通过键盘输入的整数，并将数据存放在 int 型变量 a 中。其中，**& 符号的功能是取变量的地址**。在 C 语言中，变量一经定义，程序运行时系统就会给变量分配相应大小的内存单元，每个内存单元都有与之相对应的内存地址，即变量的地址，变量名通常被用来表示该变量在其内存单元的值，要获得变量的地址（变量所在内存单元的地址），需要在变量名前面加上 & 符号。因此，& 又被称为取地址运算符（跟按位与运算符是同一个符号），是单目运算符，它与++、--、sizeof 等运算符具有相同的优先级。

> ⚠ 注意：& 只能作用于变量，不能作用于表达式，因为表达式不对应具体的内存单元，没有地址，只有值。例如，&(a+1) 是错误的。

　　scanf 函数的第一个参数格式控制字符串的含义与 printf 函数的第一个参数完全相同，都包含两类字符：常规字符和格式控制符。但这两类字符对于 printf 函数和 scanf 函数处理的意义不完全相同，表 4-3 给出了它们之间的差异。

表 4-3　printf 函数和 scanf 函数对常规字符、格式控制符的处理差异

字符类型	printf 函数	scanf 函数

常规字符	原样输出。例如：
	printf("a=%d", 20);　//输出 a=20
		要求用户原样输入。例如：
		int a;
		scanf("a=%d", &a);
		//输入 a=20↙,a 的值将为 20

格式控制符	用来控制相对应的表达式数据的输出。例如：
	printf("a=%d, f=%f", 10, 2.5);
	//输出 a=10, f=2.500000
	//a 输出一整型数,f 输出一浮点型数
		用来控制用户输入的数据,不同的格式控制符要求输入不同形式的数据。例如：
		int a;　float f;
		scanf("%d%f", &a, &f);
		//输入 10□2.5↙　（□：空格,↙：回车）
		//输入整数 10 给 a,浮点数 2.5 给 f

scanf 函数的格式控制符与后续参数中的变量地址的对应关系和 printf 函数的完全相同。这种对应关系如图 4-2 所示。

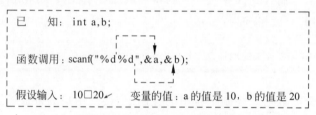

图 4-2　格式控制符与 scanf 的后续参数的对应关系

表 4-4 列出了 scanf 函数中使用不同的格式控制符对输入的要求。

表 4-4　scanf 函数中的格式控制字符

格式控制符	对输入的要求
%d 或 %i	要求用户输入一个十进制有符号整数
%x,%X	要求用户输入一个十六进制无符号整数
%o(字母 o)	要求用户输入一个八进制无符号整数
%u	要求用户输入一个十进制无符号整数
%c	要求用户输入一个字符
%s	要求用户输入一个字符串
%f	要求用户输入一个实数
%e,%E	要求用户用指数形式输入一个实数
%g,%G	等价于 %f 或 %e 或 %E

⚠ 注意：当用户不按照程序的约定输入数据时,就会造成数据输入错误,影响程序的正常运行。因此,利用 printf 函数提示用户以何种形式输入数据是一种避免输入错误数据的好习惯。

和 printf 函数一样,可以在格式转换字符和 % 之间插入一些辅助的格式控制字符。但

scanf 函数的辅助格式控制符不如 printf 函数那样丰富。scanf 函数的格式控制符的一般格式为：

%[*][width][l|h]Type

其中各控制符的说明如下：
- []：表示可选项，可省略。|表示互斥关系。
- width：指定输入数据的域宽，遇空格或不可转换字符则结束。
- Type：表 4-4 列出的各种格式转换符。
- *：抑制符，输入的数据不会赋值给相应的变量。
- l：用于 d、u、o、x|X 前，指定输入为 long 型整数；用于 e|E、f 前，指定输入为 double 型实数。
- h：用于 d、u、o、x|X 前，指定输入为 short 型整数。

调用 scanf 函数来进行数据输入应注意以下几点：

(1) 如果相邻两个格式控制符之间，不指定数据分隔符（如逗号、冒号等），则相应的两个输入数据之间，至少用一个空格分隔，或者用 Tab 键分隔，或者输入一个数据后，按回车键，然后再输入下一个数据。例如：

scanf("%d%d", &num1, &num2);

假设给 num1 输入 12，给 num2 输入 36，则正确的输入操作为：

12□36↵

或者

12↵
36↵

使用"↵"符号表示按回车键操作，在输入数据操作中的作用是，通知系统输入操作结束。

(2) 格式控制字符串中出现的常规字符（包括转义字符），务必原样输入。例如：

scanf("%d:%d:%d", &h, &m, &s);

假设给 h 输入 12，给 m 输入 30，给 s 输入 10，正确的输入操作为：

12:30:10↵

另外，在 scanf 函数中，格式控制字符串中的转义字符（如'\n'），系统并不把它当转义字符来解释，而是将其视为普通字符，所以也要原样输入。例如：

scanf("num1=%d, num2=%d\n", &num1, &num2);

假设给 num1 输入 12，给 num2 输入 36，正确的输入操作为：

num1=12, num2=36\n↵

(3) 为改善人机交互性，同时简化输入操作，在设计输入操作时，一般先用 printf 函数输出一个提示信息,再用 scanf 函数进行数据输入。

例如,将

scanf("num1=%d, num2=%d\n", &num1, &num2);

改为:

printf("num1="); scanf("%d", &num1);
printf("num2="); scanf("%d", &num2);

(4) 当格式控制字符串中指定了输入数据的域宽 width 时,将读取输入数据中相应的 width 位,但按需要的位数赋给相应的变量,多余部分被舍弃。例如:

scanf("%3c%3c", &ch1, &ch2);

假设输入 abcdefg↙,则系统将读取的"abc"中的'a'赋给变量 ch1;将读取的"def"中的'd'赋给变量 ch2。

(5) 当格式控制字符串中含有抑制符"*"时,表示本输入项对应的数据读入后,不赋给相应的变量(该变量由下一个格式指示符输入)。例如:

scanf("%2d%*2d%3d", &num1, &num2);
printf("num1=%d, num2=%d\n", num1, num2);

假设输入 123456789↙,则系统将读取 12 并赋值给 num1;读取 34 但舍弃掉(*的作用);读取 567 并赋值给 num2。所以,printf 函数的输出结果为:num1=12,num2=567。

(6) 使用格式控制符%c 输入单个字符时,空格和转义字符均作为有效字符被输入。例如:

scanf("%c%c%c", &ch1, &ch2, &ch3);

假设输入 A□B□C↙,则系统将字母'A'赋值给 ch1,空格'□'赋值给 ch2,字母'B'赋值给 ch3。

(7) 输入数据时,如果遇到以下情况,系统认为该数据输入结束。

- 遇到空格,或者回车键,或者 Tab 键。
- 遇到输入域宽度结束。例如"%3d",只取 3 列。
- 遇到非法输入。例如,在输入数值数据时,遇到字母等非数值符号。例如,scanf("%d", &a);要求输入一个整数。如果输入为 12a3↙,a 的值将是 12。字符 a 是输入整数时的非法字符。

(8) 当一次 scanf 调用需要输入多个数据项时,如果前面数据的输入遇到非法字符,并且输入的非法字符不是格式控制字符串中的常规字符,那么,这种非法输入将影响后面数据的输入,导致数据输入失败。例如:

scanf("%d,%d", &a, &b);

如果输入 12a34↙,那么 a 的值将是 12,b 的值将无法预测。正确的输入为:

12,34↙

第4章 基本输入/输出和顺序程序设计

【思考题4-2】 假设有整型变量a和浮点型变量f,用户的输入为12345678765.43,现要将输入中的123赋给变量a,8765.43赋给f,问scanf函数调用中的格式控制字符串如何组织?

下面例4-6中的程序说明了如何输入各种类型的数据。

【例4-6】 数据的格式化输入。

输入一学生的学号(8位数字)、生日(年-月-日)、性别(M:男;F:女)及三门功课(语文、数学、英语)的成绩,现要求计算该学生的总分和平均分,并将该学生的全部信息输出(包括总分、平均分)。

```
1   #include <stdio.h>
2
3   int main()
4   {
5       unsigned long no;                    //学号
6       unsigned int year, month, day;       //生日(年、月、日)
7       unsigned char sex;                   //性别
8       float chinese, math, english;        //语文、数学、英语成绩
9       float total, average;                //总分、平均分
10
11      printf("input the student's NO: ");
12      scanf("%8ld", &no);
13      printf("input the student's Birthday(yyyy-mm-dd): ");
14      scanf("%4d-%2d-%2d", &year, &month, &day);
15      fflush(stdin);                       //清除键盘缓冲区
16      printf("input the student's Sex(M/F): ");
17      scanf("%c", &sex);
18      printf("input the student's Scores(chinese, math, english): ");
19      scanf("%f,%f,%f", &chinese, &math, &english);
20      total=chinese+math+english;          //计算总分
21      average=total/3;                     //计算平均分
22      printf("\n===NO=======birthday==sex==chinese==math==
                english==total==average\n");
23      printf("%08ld   %4d-%02d-%02d   %c   %-5.1f   %-5.1f   
                %-5.1f   %-5.1f   %-5.1f\n", no, year, month, day, sex,
                chinese, math, english, total, average);
24      return 0;
25  }
```

假设输入:

input the student's NO: 20200101↙
input the student's Birthday(yyyy-mm-dd): 2002-9-8↙
input the student's Sex(M/F): M↙
input the student's Scores(chinese, math, english): 90,80,90↙

运行结果:

```
===NO=======birthday==sex==chinese==math==english==total==average
20200101    2002-09-08   M     90.0    80.0    90.0    260.0   86.7
```

程序解释：
- 第5～9行是对有关变量的定义。因为学号是不超过8位的数据，因此定义为无符号长整型；生日包含年、月、日均不超过4位数据，因此定义为无符号整型；性别用一位字符表示(M：男；F：女)；三门课的成绩用浮点型数据表示；总分和平均分当然也用浮点型数据表示。
- 第11行给出输入学生学号信息的提示，并等待用户输入变量no的值（第12行），此时scanf函数的格式控制符是"%8ld"，表示输入长整型数据且不超过8个数字位。
- 第13行给出输入学生生日的提示，并等待输入变量year、month、day的值（第14行），此时scanf函数的格式控制符是"%4d-%2d-%2d"，表示输入的年份、月份、日期分别不超过4位、2位、2位整数，输入时中间必须以'-'分隔。
- 第15行是通过调用**库函数fflush清除键盘缓冲区中的输入字符**（参数stdin表示标准输入设备文件，即键盘）。因为scanf函数首先将用户输入的文本存放在内部的一个缓冲区（即键盘缓冲区）中，然后再将缓冲区中的文本按照第一个参数的格式控制符转换成各种类型的数据。当依次调用scanf函数时，如果用户输入的文本过长，那么这些文本将存放在缓冲区中，由后续调用的scanf函数继续使用。所以当第14行输入完学生生日并按回车键后，学生生日中的年、月、日将分别送给变量year、month、day，但回车符仍在键盘缓冲区中，如果没有第15行的fflush函数的调用，第17行的scanf函数因是读取一个字符，将会把键盘缓冲区中的回车符直接送给sex变量，从而导致学生性别的不可输入。所以在输入整数类型（或实数类型）和字符类型的两个scanf函数调用之间通常要使用fflush库函数以清除键盘缓冲区中的字符。
- 第18行给出输入三门课程成绩的提示，并等待输入变量chinese、math、english的值（第19行），此时scanf函数的格式控制符是"%f,%f,%f"，表示输入三个浮点型数据，输入时中间必须以","分隔。
- 第20、21行分别计算三门课程的总分和平均成绩。
- 第22、23行输出结果。

微课视频

4.3 字符数据的非格式化输入/输出

通过前面的学习，读者已经知道了通过调用scanf函数和printf函数可以实现各种类型数据的输入/输出。但是对于字符类型的数据输入/输出，还可以通过调用C语言其他的库函数来实现，但这些库函数在实现字符型数据的输入/输出时，它们不像scanf和printf函数那样能够对输入/输出进行格式控制，也就是说，它们的输入/输出格式是系统规定了的，没法改变，所以称为字符数据的非格式化输入/输出。本节将介绍字符数据的非格式化输入/输出的有关库函数。

1. 字符数据的非格式化输入

与输入字符数据有关的常用库函数主要有getchar、getc、getche、getch等，调用这些函

第4章 基本输入/输出和顺序程序设计

数时,必须使用文件包含预处理命令 #include 将其头文件 stdio.h 或 conio.h 包含进来。下面分别进行介绍。

(1) getchar 函数的调用格式为:

```
int getchar(void);        //应包含的.h 文件为 stdio.h
```

功能:读取用户的按键信息,它的返回值是用户所按键的 ASCII 码。

该函数没有参数(void),有一个 int 型返回值。当调用 getchar 时,程序就等待用户按键。用户输入的字符被存放到键盘缓冲区中,直到用户按回车键为止(回车字符也将存放到缓冲区中)。getchar 函数的返回值是用户输入的第一个字符。如果用户在按回车键前输入了不止一个字符,则其他字符将保留在键盘缓冲取中,等待后续 getchar 调用来读取。也就是说,后续的 getchar 调用不会再等待用户按键,而直接读取缓冲区中的字符,直到缓冲区中的字符读完后,才等待用户按键。用 getchar 函数来接受字符输入时,字符会显示在屏幕上。

【例 4-7】 利用 getchar 输入字符。

```
1   #include <stdio.h>
2
3   int main( )
4   {
5       char ch1, ch2;
6       int a;
7
8       ch1=getchar( );
9       ch2=getchar( );
10      scanf("%d", &a);
11      printf("ch1=%c, ch2=%c\n", ch1, ch2);
12      printf("a=%d\n", a);
13      return 0;
14  }
```

运行结果(假设用户输入为:1234↙):

```
ch1=1, ch2=2
a=34
```

程序解释:

第 8 行调用 getchar 开始接受用户输入,用户输入:1234↙,ch1 的值是'1',并且第 9 行的 getchar 调用不会再等待用户按键,而直接将字符'2'返回赋值给 ch2,此时键盘缓冲区中还有字符'3'、'4'及回车符,第 10 行的 scanf 调用也不会等待用户输入,而将剩余的 34 赋值给变量 a。

(2) getc 函数的调用格式为:

```
int getc(FILE * stream);    //应包含的.h 文件为 stdio.h
```

功能：从流文件 stream 中读取一个字符信息，它的返回值是所读取字符的 ASCII 码。

该函数带有一个参数 stream，它是一个文件指针（第 12 章介绍），表示流文件，当流文件是 stdin 时，getc 函数的功能与 getchar 函数的功能完全相同。也就是说，getc(stdin) 与 getchar( ) 是等价的。

（3）getche 函数的调用格式为：

```
int getche(void);      //应包含的.h 文件为 conio.h
```

功能：与 getchar 的功能基本相同。唯一的差别是：getche 直接从键盘获取键值，不等待用户按回车键。只要用户按下一个键，getche 就立即返回，getche 的返回值就是用户所按键的 ASCII 码。此外，getche 也将用户输入的字符回显在屏幕上。

（4）getch 函数的调用格式为：

```
int getch(void);       //应包含的.h 文件为 conio.h
```

功能：与 getche 的功能基本相同。唯一的差别是：getche 回显所输入的字符，而 getch 不回显所输入的字符。getch 函数常用于程序调试中，在程序调试时，在关键位置显示有关的结果以查看对错，然后用 getch 函数暂停程序运行，当按任一键后程序继续运行。

下面例 4-8 中的程序说明了 getch 与 getche 的差别。

【例 4-8】 getche 和 getch 的差异。

```
1    #include <stdio.h>
2    #include <conio.h>
3
4    int main( )
5    {
6        char ch1, ch2;
7
8        printf("please press two key\n");
9        ch1=getche( );
10       ch2=getch( );
11       printf("\nyou've pressed %c and %c\n", ch1, ch2);
12       return 0;
13   }
```

运行结果（假设用户依次按下 a 键和 b 键）：

```
please press two key
a
you've pressed a and b
```

程序解释：

程序首先给出提示信息"please press two key"，然后调用 getche 函数（第 9 行）等待用

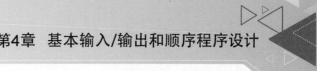

第4章 基本输入/输出和顺序程序设计

户输入字符,用户输入字符 a,字符 a 回显在屏幕上。这时 ch1 的值是'a'。接着程序调用 getch 函数(第 10 行)等待用户输入,用户输入 b,这时 ch2 的值是'b',但 b 没有回显在屏幕上。最后,程序调用 printf 函数输出:you've pressed a and b。

下面通过表 4-5 对字符数据非格式化输入的几个库函数进行对比,以便读者熟练掌握。

表 4-5 与输入字符数据有关的库函数

库函数名	功　　能	函数原型所在头文件
getchar	接收一个字符输入,以回车键结束,回显	stdio.h
getc	从输入流中接收一个字符,以回车键结束,回显	stdio.h
getche	接收一个字符输入,输入字符后就结束,回显	conio.h
getch	接收一个字符输入,输入字符后就结束,不回显	conio.h

2. 字符数据的非格式化输出

与输出字符数据有关的常用库函数主要有 putchar、putc、puts 等,调用这些函数时,必须使用文件包含预处理命令♯include 将其头文件 stdio.h 包含进来。下面分别进行介绍。

(1) putchar 函数的调用格式为:

```
int putchar(int c);        //应包含的.h 文件为 stdio.h
```

功能:在显示器上输出形参 c 所表示的字符。

返回值:若正常,返回显示字符的代码值;若出错,返回 EOF(-1)。

该函数带有一个参数 c,它表示要显示字符的 ASCII 码值,有一个 int 型返回值。

(2) putc 函数的调用格式为:

```
int putc(int c, FILE * stream);  //应包含的.h 文件为 stdio.h
```

功能:将形参 c 所表示的字符输出到流文件 stream。如果流文件为 stdout,则功能与 putchar 完全相同,所以 putc(c, stdout)等价于 putchar(c)。

返回值:若正常,返回显示字符的代码值;若出错,返回 EOF(-1)。

(3) puts 函数的调用格式为:

```
int puts(char * string);   //应包含的.h 文件为 stdio.h
```

功能:将形参 string 所指向的字符串输出到屏幕上(形参 string 为字符指针,将在第 9 章中介绍),输出后将自动回车换行。

【例 4-9】 利用字符输出函数输出字符。

```
1    # include <stdio.h>
2
3    int main( )
4    {
```

```
5        int a=65;
6        char b='B';
7
8        putchar(a);
9        putchar('\n');
10       puts("is as good as ");
11       putc(b, stdout);
12       return 0;
13   }
```

运行结果：

```
A
is as good as
B
```

程序解释：

第 8 行显示 a 所对应的字符'A'(ASCII 值为 65)。第 9 行输出回车符，即起回车换行的作用，等价于 printf("\n")。第 10 行调用 puts 函数显示字符串"is as good as "，因为 puts 显示字符串后自动回车换行，所以不需要 putchar('\n');语句。第 11 行则是在标准输出流（即显示器）上输出 b 所对应的字符'B'(ASCII 值为 66)。

微课视频

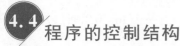

4.4 程序的控制结构

4.4.1 算法的基本概念

什么是程序？程序＝数据结构＋算法。

对于面向对象程序设计，强调的是数据结构，而对于面向过程的程序设计语言如 C、Pascal、FORTRAN 等语言，主要关注的是算法。掌握算法，也是为面向对象程序设计打下一个扎实的基础。那么，什么是算法呢？

人们使用计算机，就是要利用计算机处理各种不同的问题，而要做到这一点，人们就必须事先对各类问题进行分析，确定解决问题的具体方法和步骤，再编制好一组让计算机执行的指令即程序，交给计算机，让计算机按人们指定的步骤有效地工作。这些具体的方法和步骤，其实就是解决一个问题的算法。根据算法，依据某种规则编写计算机执行的命令序列，就是编制程序，而书写时所应遵守的规则，即为某种语言的语法。

由此可见，程序设计的关键之一，是解题的方法与步骤，是算法。学习高级语言的重点就是要掌握分析问题、解决问题的方法，就是要锻炼分析、分解，最终归纳整理出算法的能力。与之相对应，各种编程语言（如 C 语言）仅仅是算法具体实现的工具。所以在高级语言的学习中，一方面应熟练掌握该语言的语法，因为它是算法实现的基础，另一方面必须认识

第4章 基本输入/输出和顺序程序设计

到算法的重要性,加强思维训练,以写出高质量的程序。

下面通过例 4-10 和例 4-11 介绍如何设计程序中的算法。

【例 4-10】 输入三个数,然后输出其中最大的数。

首先,得有个地方存放这三个数,定义三个变量 A、B、C,将三个数依次输入到 A、B、C 中。另外,再准备一个变量 MAX 存放最大数。

由于计算机一次只能比较两个数,首先把 A 与 B 比,大的数放入 MAX 中,再把 MAX 与 C 比,又把大的数放入 MAX 中。

最后,把 MAX 输出,此时 MAX 中存放的就是 A、B、C 三数中最大的一个数。算法可以表示如下:

(1) 输入 A、B、C。
(2) A 与 B 中大的一个数放入 MAX 中。
(3) 把 C 与 MAX 中大的一个数放入 MAX 中。
(4) 输出 MAX,MAX 即为最大数。

其中的(2)、(3)两步仍不明确,无法直接转换为程序语句,可以继续细化。

(2) 把 A 与 B 中大的一个数放入 MAX 中,若 A>B,则 MAX←A;否则 MAX←B。
(3) 把 C 与 MAX 中大的一个数放入 MAX 中,若 C>MAX,则 MAX←C。

于是算法最后可以写成:

(1) 输入 A、B、C。
(2) 若 A>B,则 MAX←A;否则 MAX←B。
(3) 若 C>MAX,则 MAX←C。
(4) 输出 MAX,MAX 即为最大数。

这样的算法已经可以很方便地转换为相应的程序语句了。

【例 4-11】 猴子吃桃问题:有一堆桃子不知数目,猴子第一天吃掉一半,觉得不过瘾,又多吃了一个,第二天照此办理,吃掉剩下桃子的一半另加一个,天天如此,到第十天早上,猴子发现只剩一个桃子了,问这堆桃子原来有多少个?

此题粗看起来有些无从着手的感觉,那么怎样开始呢?假设第一天开始时有 a_1 个桃子,第二天有 a_2 个,…,第 9 天有 a_9 个,第 10 天有 a_{10} 个,在 $a_1, a_2, \cdots, a_{10}$ 中,只有 $a_{10}=1$ 是知道的,现要求 a_1,可以看出,$a_1, a_2, \cdots, a_{10}$ 之间存在一个简单的关系:

$$a_9 = 2 * (a_{10} + 1)$$
$$a_8 = 2 * (a_9 + 1)$$
$$\vdots$$
$$a_1 = 2 * (a_2 + 1)$$

也就是:

$$a_i = 2 * (a_{i+1} + 1) \quad i = 9, 8, 7, 6, \cdots, 1$$

这就是此题的数学模型。

再考察上面从 a_9, a_8 直至 a_1 的计算过程,这其实是一个递推过程,这种递推的方法在计算机解题中经常用到。另一方面,这九步运算从形式上完全一样,不同的只是 a_i 的下标而已。由此引入循环的处理方法,并统一用 a_0 表示前一天的桃子数,a_1 表示后一天的桃子数,将算法改写如下:

(1) $a_1=1$；{第 10 天的桃子数，a_1 的初值}
    $i=9$。{计数器初值为 9}
(2) $a_0=2*(a_1+1)$。{计算当天的桃子数}
(3) $a_1=a_0$。{将当天的桃子数作为下一次计算的初值}
(4) $i=i-1$。
(5) 若 $i\geqslant 1$，转(2)。
(6) 输出 a_0 的值。

其中，步骤(2)~(5)为循环。

这就是一个从具体到抽象的过程，具体方法如下：

- 弄清如果由人来做，应该采取哪些步骤。
- 对这些步骤进行归纳整理，抽象出数学模型。
- 对其中的重复步骤，通过使用相同变量等方式求得形式的统一，然后简练地用循环解决。

4.4.2 算法的特性

微课视频

在 4.4.1 节了解了几种简单的算法，这些算法是可以在计算机上实现的。为了能编写程序，必须学会设计算法，不要以为任意写出的一些执行步骤就构成一个有效且好的算法，一个有效算法应该具有以下特点。

(1) 有穷性。一个算法应包含有限的操作步骤，而不能是无限的。例如例 4-11 的算法，如果将步骤(5)改为"若 $i<9$，转(2)"，则循环永远不会停止，这不是有穷的步骤。事实上，"有穷性"往往指"在合理的范围之内"。如果让计算机执行一个历时 1000 年才结束的算法，这虽然是有穷的，但超过了合理的限度，人们也不把它视为有效算法。究竟什么算"合理限度"，由人们的常识和需要判定。

(2) 确定性。算法中的每一个步骤都应当是确定的，而不应当是含糊的、模棱两可的。例如，有一个健身操的动作要领，其中有一个动作"手举过头顶"，这个步骤就是不确定的、含糊的，是双手都举过头？还是左手或右手？举过头顶多少厘米？不同的人可以有不同的理解。算法中的每一个步骤不应当被解释成不同的含义，而应是明确无误的。也就是说，算法的含义应当是唯一的，而不应当产生"歧义性"。所谓"歧义性"，是指可以被理解为两种(或多种)的可能含义。

(3) 可行性。算法中的每一个步骤都应当能有效地运行，也就是说算法是可执行的，并最终能得到确定的结果。例如，若 $b=0$，则 a/b 是不能被有效执行的。

(4) 输入。一个算法应有零个或多个输入，输入是在执行算法时需要从外界取得的一些必要的(如算法所需的初始量等)信息。例如，在执行例 4-10 算法时，需要输入 A、B、C 的值，然后再进行比较判断。一个算法也可以没有输入，例如，例 4-11 在执行算法时不需要输入任何信息，就能求出这堆桃子原来的个数。

(5) 输出。一个算法有一个或多个输出。算法的目的是为了求解，"解"就是输出。如例 4-11 中的猴子吃桃问题，最后输出这堆桃子原来的个数就是输出的信息。但算法的输出并不一定就是计算机的打印输出或屏幕输出，一个算法得到的结果就是算法的输出，没有输出的算法是没有意义的。

对于一般最终用户来说,他们并不需要在处理每一个问题时都要自己设计算法和编写程序,可以使用别人已设计好的现成算法和程序,只要根据已知算法的要求给予必要的输入,就能得到输出的结果。对使用者来说,已有的算法如同一个"黑箱子"一样,他们可以不了解"黑箱子"中的结构,只是从外部特征上了解算法的作用,即可方便地使用算法。例如,对一个"输入 3 个数,求其中最大值"的算法,可以用图 4-3 表示,只要输入 A、B、C 这 3 个数,执行算法后就能得到其中最大的数。

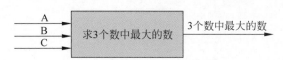

图 4-3 利用现成算法求解问题

对于程序设计人员来说,必须学会设计常用的算法,并且根据算法编写程序。

■ 4.4.3 算法的描述方法

在了解了算法的概念以后,读者关心的下一个问题自然就是如何表示算法了。进行算法设计时,可以使用不同的算法描述工具,常用的有自然语言、传统流程图、N-S 流程图、伪代码等。读者可根据自己的习惯,选择使用其中的一种。

1. 自然语言描述

如 4.4.1 节表示的那样。自然语言就是人们日常使用的语言,可以是汉语、英语或其他语言。用自然语言表示通俗易懂,但文字冗长,容易出现歧义性。自然语言表示的含义往往不太严格,要根据上下文才能判断其正确含义。假如有这样一句话:"张先生对李先生说他的孩子考上了大学"。请问是张先生的孩子考上了大学还是李先生的孩子考上了大学呢?仅从这句话本身难以判断。此外,用自然语言来描述包含分支和循环的算法,不很方便。因此,除了那些很简单的问题以外,一般不用自然语言描述算法。

2. 流程图描述

流程图是一种传统的算法表示法,利用几何图形的框来代表各种不同性质的操作,用流程线来指示算法的执行方向。由于其简单直观,所以应用广泛,特别是在早期语言设计阶段,只有通过流程图才能简明地表述算法,流程图成为程序员们交流的重要手段,直到结构化的程序设计语言出现,对流程图的依赖才有所降低。

常见的流程图符号如图 4-4 所示。

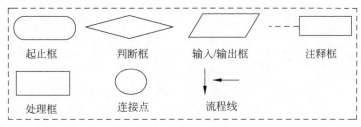

图 4-4 常见的流程图符号

用流程图描述例 4-10 和例 4-11 的算法分别如图 4-5 和图 4-6 所示。

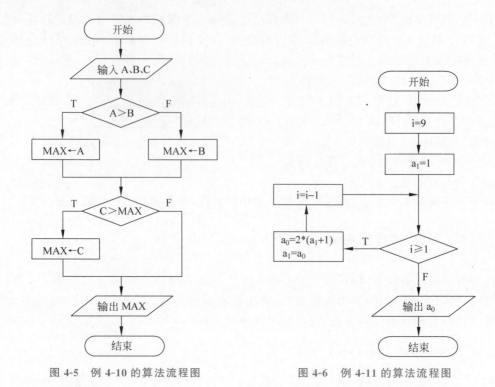

图 4-5 例 4-10 的算法流程图　　图 4-6 例 4-11 的算法流程图

在流程图中,判断框左边的流程线表示判断条件为真时的流程,右边的流程线表示条件为假时的流程,有时就在其左、右流程线的上方分别标注"真""假"或"T""F"或"Y""N"。

3. N-S 结构化流程图描述

N-S 结构化流程图是美国学者 I. Nassi 和 B. Shneiderman 于 1973 年提出的,N-S 图就是以这两位学者名字的首字母命名的。它的最重要的特点就是完全取消了流程线,这样算法被迫只能从上到下顺序执行,从而避免了算法流程的任意转向,保证了程序的质量。与传统流程图相比,N-S 图的另一个优点就是既形象直观,又比较节省篇幅,尤其适合于结构化程序的设计。用 N-S 图描述例 4-10 和例 4-11 的算法分别如图 4-7 和图 4-8 所示。

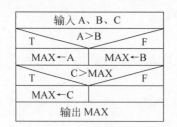　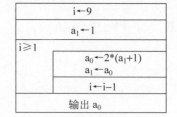

图 4-7 例 4-10 的算法 N-S 流程图　　图 4-8 例 4-11 的算法 N-S 流程图

4. 伪码描述

伪码是指介于自然语言和计算机语言之间的一种代码,是帮助程序员制定算法的智能化语言,它不能在计算机上运行,但是使用起来比较灵活,无固定格式规范,只要写出来自己或别人能看懂即可,由于它与计算机语言比较接近,因此易于转换为计算机程序。

用伪码描述例 4-10 的算法	用伪码描述例 4-11 的算法

input A, B, C
if A > B then
　　MAX=A
else
　　MAX=B
if C > MAX then
　　MAX=C
print MAX
	i=9
	$a_1=1$
	LOOP: while i >= 1
	　　$a_0=2 * (a_1+1)$
	　　$a_1=a_0$
	　　i=i-1
	　　goto LOOP
	print a_0

在以上几种描述算法的方法中,具有熟练编程经验的专业人士喜欢用伪代码,初学者喜欢用流程图或 N-S 图,比较形象,易于理解。

4.4.4 算法的基本结构

早期的非结构化语言中都有 goto 语句,它允许程序从一个地方直接跳转到另一个地方。这样做的好处是程序设计十分方便灵活,减少了人工复杂度,但其缺点也是十分突出的,一大堆跳转语句使得程序的流程十分复杂紊乱,难以看懂也难以验证程序的正确性,如果有错,排错更是十分困难。这种转来转去的流程图所表达的混乱与复杂,正是软件危机中程序人员处境的一个生动写照,而结构化程序设计就是要把这团乱麻理清。

经过研究,人们发现任何复杂的算法都可以由顺序结构、选择(分支)结构和循环结构这三种基本结构组成,因此,构造一个算法的时候,也仅以这三种基本结构作为"建筑单元",遵守三种基本结构的规范,基本结构之间可以并列,可以相互包含,但不允许交叉,不允许从一个结构直接转到另一个结构的内部去。正因为整个算法都是由三种基本结构组成的,就像用模块构建的一样,所以结构清晰,易于正确性验证,易于纠错,这种方法就是结构化方法。遵循这种方法的程序设计,就是结构化程序设计。

相应地,只要规定好三种基本结构的流程图的画法,就可以画出任何算法的流程图。

1. 顺序结构

顺序结构是简单的线性结构,各框按顺序执行。其流程图的基本形态如图 4-9 所示,图 4-9(a)为传统流程图,图 4-9(b)为其对应的 N-S 流程图。语句的执行顺序为:A→B→C。

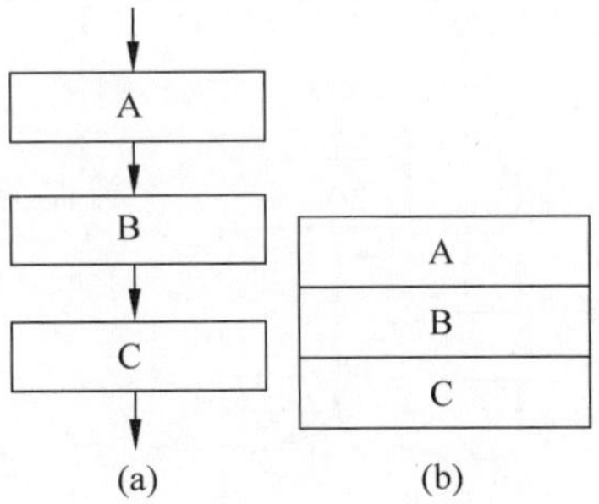

图 4-9 顺序结构流程图

2. 选择(分支)结构

这种结构是对某个给定条件进行判断,条件为真或假时分别执行不同的框的内容。其基本形状有两种,如图 4-10 所示。图 4-10(a)的执行序列为:当条件为真时执行 A,否则执行 B;图 4-10(b)的执行序列为:当条件为真时执行 A,否则什么也不做。图 4-10(a-1)和图 4-10(b-1)为传统流程图,图 4-10(a-2)和图 4-10(b-2)为其对应的 N-S 流程图。

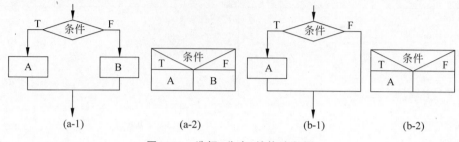

图 4-10　选择(分支)结构流程图

3. 循环结构

循环结构有两种基本形态:while 型循环和 do-while 型循环。

while 型循环(当型循环)如图 4-11 所示,图 4-11(a)为传统流程图,图 4-11(b)为其对应的 N-S 流程图。其执行序列为:当条件为真时,反复执行 A,一旦条件为假,跳出循环,执行循环后的语句。

do-while 型循环(直到型循环)如图 4-12 所示,图 4-12(a)为传统流程图,图 4-12(b)为其对应的 N-S 流程图。执行序列为:首先执行 A,再判断条件,条件为真时,一直循环执行 A,一旦条件为假,结束循环,执行循环后的下一条语句。

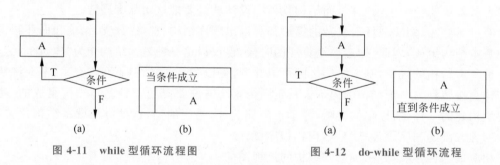

图 4-11　while 型循环流程图　　　　图 4-12　do-while 型循环流程

在图 4-11 和图 4-12 中,A 被称为循环体,条件被称为循环控制条件。要注意如下三点:

- 在循环体中,必须对条件要判断的值进行修改,使得经过有限次循环后,循环一定能结束,如图 4-6 中的 i=i−1。
- 当型循环中循环体可能一次都不执行,而直到型循环则至少执行一次循环体。
- 直到型循环可以很方便地转换为当型循环,而当型循环不一定能转换为直到型循环。例如,图 4-12 可以转化为图 4-13。

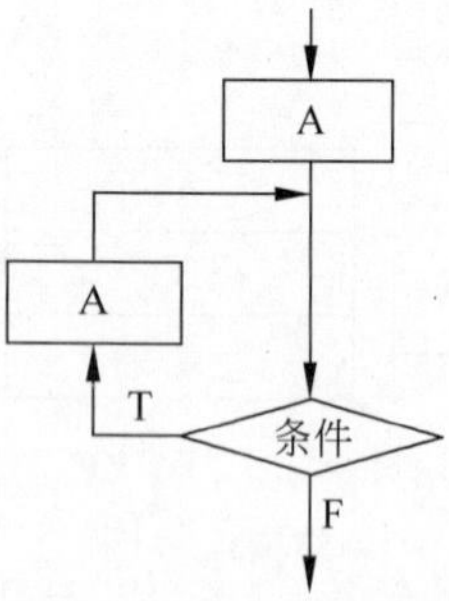

图 4-13　do-while 型循环转换为 while 型循环

4.5 顺序程序设计举例

到目前为止,介绍的例子程序都是逐条语句书写的,程序的执行也是按顺序逐条执行的,这种程序被称为顺序程序。顺序程序的设计是最简单的程序设计。

下面例 4-12 和例 4-13 是两个能够实现实际功能的顺序程序设计的例子。

【例 4-12】 任意从键盘输入一个三位整数,要求正确地分离出它的个位、十位和百位数,并分别在屏幕上输出。

微课视频

问题分析:

本例要求设计一个从三位整数中分离出它的个位、十位和百位数的算法。例如,输入的是 456,则输出的分别是 4、5、6,最低位数字可用对 10 求余的方法得到,如 456%10=6,最高位的百位数字可用对 100 整除的方法得到,如 456/100=4,中间位的数字既可通过将其变换为最高位后再整除的方法得到,如(456-4*100)/10=5,也可通过将其变换为最低位再求余的方法得到,如(456/10)%10=5。

根据以上的分析,这个程序应这样设计:

- 定义一个整型变量 x,用于存放用户输入的一个三位整数;再定义三个整型变量 b0、b1、b2,用于存放计算后个位、十位和百位数。
- 调用 scanf 函数输入该三位整数。
- 利用上述计算方法计算该数的个位、十位和百位数。
- 输出计算后的结果。

具体程序如下:

```
1   #include <stdio.h>
2
3   int main( )
4   {
5       int x, b0, b1, b2;                              //变量定义
6
7       printf("please input an integer x: ");          //提示用户输入一个整数
8       scanf("%d", &x);                                //输入一个整数,存放在变量 x 中
9
10      b2 = x/100;                                     //用整除方法计算最高位
11      b1 = (x - b2 * 100)/10;                         //计算中间位
12      b0 = x % 10;                                    //用求余数法计算最低位
13
14      printf("bit2=%d, bit1=%d, bit0=%d\n", b2, b1, b0);   //输出结果
15      return 0;
16  }
```

运行结果:

```
please input an integer x: 456↙
bit2=4, bit1=5, bit0=6
```

【例 4-13】 小写字母转盘(如图 4-14 所示)。

这个程序要求用户输入一个小写字母字符,求出该字母字符的前驱和后继字母。例如,c 字符的前驱和后继分别是 b 和 d,a 字符的前驱和后继分别是 z 和 b,z 字符的前驱和后继分别是 y 和 a。

图 4-14 小写字母转盘

问题分析:

程序首先应定义一个 char 型变量,用于存放用户输入的字符。接收用户输入的一个字符很容易,可以利用 scanf、getch、getche、getchar 等函数。有点难度的是如何将这个字符转换为它的前驱和后继字母。

求一个字母的前驱字母并不是简单地减 1 就可以了。例如,a 的前驱是 z 就不能通过减 1 来实现。在没有学会条件控制之前,可以利用取余操作的特性,即任何一个整数除以 26(26 个字母)的余数只能为 0～25。可以以 z 为参考点,首先求出输入的字符 ch(假设是 w)与 z 之间的字符偏移数 n='z'-ch='z'-'w'=3,而(n+1)%26=4 则是 ch(字母 w)的前驱字母相对于 z 的偏移数,'z'-(n+1)%26=122-4=118(即字母 v)就是 ch(字母 w)的前驱字母,如图 4-15 所示。

图 4-15 求一个字母的前驱/后继字母

同理,求一个字母的后继也不是简单地加 1 就行。例如,z 的后继是 a 就不能通过加 1 来实现。此时,以 a 为参考点,首先求出输入的字符 ch(假设是 w)与 a 之间的字符偏移数 n=ch-'a'='w'-'a'=22,而(n+1)%26=23 则是 ch(字母 w)的后继字母相对于 a 的偏移数,'a'+(n+1)%26=97+23=120(即字母 x)就是 ch(字母 w)的后继字母。

根据以上分析,这个程序应这样设计:

- 定义三个字符型变量,分别用于接收用户输入的字母及用于存放其前驱和后继字母。
- 调用 getche 函数获取用户输入的字母,回显。
- 按上述方法求得该字母的前驱字母和后继字母,并输出其结果。

具体的程序如下:

```
1    #include <stdio.h>
2    #include <conio.h>
3
4    int main( )
5    {
6        char ch, ch1, ch2;                  //变量定义
7
8        ch=getche();                        //读取一字符
9        putchar('\n');                      //换行
10       ch1= 'z'-('z'-ch+1) % 26;           //求前驱字母
```

```
11      ch2='a'+(ch - 'a'+1) % 26;          //求后继字母
12      printf("ch1=%c, ch2=%c\n",ch1,ch2);  //显示结果
13      return 0;
14   }
```

运行结果(假设输入字母为 w):

```
ch1=v, ch2=x
```

4.6 本章小结及常见错误列举

微课视频

本章的主要内容包含以下几个方面:

(1) 格式化输入/输出库函数的使用。重点介绍了格式化输出函数 printf 和格式化输入函数 scanf 的功能及使用方法,其中,格式控制字符串是要重点关注的地方,格式化输入/输出可以按照某种输入/输出格式来进行。

(2) 字符的非格式化输入/输出库函数的使用。

表 4-6 列出了本章所介绍的函数。

表 4-6 本章涉及的库函数及功能列表

库函数名	功　　能	函数原型所在头文件
scanf	格式化输入	stdio.h
printf	格式化输出	stdio.h
getchar	接收一字符输入,以回车键结束,回显	stdio.h
getc	从输入流中接收一字符,以回车键结束,回显	stdio.h
getche	接收一字符输入,输入字符后就结束,回显	conio.h
getch	接收一字符输入,输入字符后就结束,不回显	conio.h
putchar	输出一字符	stdio.h
putc	输出一字符到流文件(流文件为 stdout 时等价于 putchar)	stdio.h
puts	输出一字符串(输出后自动换行)	stdio.h
fflush	清除键盘缓冲区	stdio.h

(3) 算法的基本概念。简单地说,算法是求解某个问题的方法,程序是算法通过编程语言书写出来的表现形式。算法是程序的灵魂,语言只是算法的实现工具。所以学习 C 语言不仅要学会 C 语言的语法特点、各种函数的使用方法等,更重要的是掌握分析问题、解决问题的方法,就是锻炼分析、分解,最终归纳整理出算法的能力。

(4) 程序的控制结构。任何复杂的算法都可以由顺序结构、选择(分支)结构和循环结构这三种基本结构组成,由此构成了程序的三种控制结构,这三种控制结构在程序中相互嵌套,从而构造出各种各样的程序。

下面列出了与本章有关的常见编程错误。

(1) 语序颠倒。

例如,下列程序,初学者会误以为程序的输出为 a=21。

```
int main( )
{
  int a, b;
  a=b+1;
  b=20;
  printf("a=%d\n", a);
  return 0;
}
```

由于在对 a 赋值时,b 的值是未知的,因而,a 的值也是不可预测的。后面的赋值语句对 b 赋值为 20,但这并不影响 a 的值。也就是说,a 的值不会自动变成 21。要想输出 a=21,应将 a=b+1;放到 b=20;的后面。所以,在编写程序时一定要注意语句的执行顺序。

(2) #include 或 #define 命令用分号结束。

#开头的是预处理命令,不是 C 语句,因此,不能用分号结尾。下面的程序是错误的:

```
#include <stdio.h>;           //多了一个分号
```

(3) 利用 scanf 函数输入变量值时漏掉取地址符 &。

下面的程序不会有语法错误,但运行的结果是不可预测的:

```
int a, b;
scanf("%d%d", a, b);          //a,b 前面漏掉了 &
```

(4) printf 函数或 scanf 函数调用时,格式控制符与表达式类型不一致或数量不相等。

下面的函数调用存在着错误:

```
int a, b;
scanf("%d", &a, &b);          //格式控制符少了一个%d
printf("a=%d, b=%f\n", a, b); //%f 应改为%d
```

(5) 调用 scanf 函数输入浮点数时规定了精度。

下面的 scanf 函数调用是错误的:

```
float f;
scanf("%5.2f", &f);           //应改为 scanf("%5f", &f);
```

(6) 对算术表达式取地址。

取地址运算符 & 只能用于变量。下面的程序是错误的:

```
int a, b;
scanf("%d", &(a+b));          //& 不能用来取表达式的地址,表达式没有地址
```

(7) 在利用 printf 打印单引号、双引号、反斜杠时,没有在这些字符前利用反斜杠构成转义字符。

下面的 printf 函数调用存在错误:

```
printf("you should say "bye"! ");
```

应改为：

printf("you should say \"bye\"！")；

(8) 程序里面使用了中文的逗号、分号、双引号或单引号。

C程序中使用的逗号、分号、双引号或单引号必须是西文的，不能用中文的符号来代替，但有时因为要输入汉字，一不小心将其中的某个符号输入成了中文的标点符号，此时程序编译时将产生语法错误，但往往难以检查，所以这一点在输入时一定要小心。例如：

int a,b；   //逗号输成了中文的逗号,应将,改为,
printf("how are you? ")；   //分号输成了中文的分号,应将;改为;

习题 4

自测题

1. 填空题

(1) 在C语言中,格式化输入库函数为_____,格式化输出库函数为_____。

(2) printf函数中的格式控制字符串的作用是_____,它包含两类字符,即_____和_____。

(3) 格式转换符中,除了_____以外,其他均为小写字母。

(4) getche函数和getch函数在功能上的主要区别是_____。

(5) 在输入数据类型和字符类型的两个scanf函数调用之间通常要使用_____库函数以清除键盘缓冲区中的字符。

(6) 算法是_____。

(7) 算法的描述方法有_____、_____、_____、_____、PAD图等。

(8) 任何复杂的程序都可以由_____、_____和_____这三种基本结构组成。

(9) 有一输入函数scanf("%d", k)；则不能使用float变量k得到正确数值的原因是_____和_____。scanf语句的正确形式应该是：scanf("%f", &k)；。

(10) 已有定义int a；float b,x；char c1,c2；为使a=3, b=6.5, x=12.6, c1='a', c2='A'正确的函数调用语句是_____。

2. 选择题

(1) 下列程序执行后的输出结果是(   )。

int main( )
{ int a=-32769；printf("%8U\n", a)；return 0；}

　　A. 32769   B. U   C. 32767   D. -32767

(2) 下面程序段执行后的输出结果是(   )。("□"表示一个空格。)

int a=3366；
printf("|%-08d|", a)；

A. |-0003366|　　B. |00003366|　　C. |3366□□□|　　D. 输出格式非法

(3) 以下程序的输出结果是（　　）。

```
int main( )
{
    printf("s1=|%15s|  s2=|%-5s|", "chinabeijing", "chi");
    return 0;
}
```

  A. s1=|chinabeijing□□□|　　s2=|chi|
  B. s1=|chinabeijing□□□|　　s2=|chi□□|
  C. s1=|□□□chinabeijing|　　s2=|□□chi|
  D. s1=|□□□chinabeijing|　　s2=|chi□□|

(4) 以下程序的输出结果是（　　）。

```
int main( )
{
    long y=-43456;
    printf("y=|%-8ld|  y=|%-08ld|  y=|%08ld|  y=|%+8ld|", y, y, y, y);
    return 0;
}
```

  A. y=|□□-43456|　y=|-□□43456|　y=|-0043456|　y=|-43456□□|
  B. y=|□□-43456|　y=|-43456□□|　y=|-0043456|　y=|-□□43456|
  C. y=|-43456□□|　y=|-43456□□|　y=|-0043456|　y=|□□-43456|
  D. y=|-43456□□|　y=|-4345600|　y=|-0043456|　y=|□□-43456|

(5) 以下程序的输出结果是（　　）。

```
int main( )
{
    int y=2456;
    printf("y=|%3o|  y=|%8o|  y=|%#8o|  y=|%08o|", y, y, y, y);
    return 0;
}
```

  A. y=|2456|　y=|□□□□2456|　y=|□□□02456|　y=|00002456|
  B. y=|4630|　y=|□□□□4630|　y=|□□□04630|　y=|00004630|
  C. y=|2456|　y=|□□□□2456|　y=|###02456|　y=|00002456|
  D. y=|4630|　y=|4630□□□□|　y=|###04630|　y=|00004630|

(6) 若有说明语句：int a; float b;，以下输入语句正确的是（　　）。
  A. scanf("%f%f", &a, &b);　　　　B. scanf("%f%d", &a, &b);
  C. scanf("%d,%f", &a, &b);　　　D. scanf("%6.2f%6.2f", &a, &b);

(7) 执行下面程序段，给x、y赋值时，不能作为数据分隔符的是（　　）。

```
int x, y;
scanf("%d%d", &x, &y);
```

  A. 空格　　　　B. Tab键　　　　C. 回车　　　　D. 逗号

(8) 执行下面程序时,欲将 25 和 2.5 分别赋给 a 和 b,正确的输入方法是(　　)。

int a;
float b;
scanf("a=%d,b=%f", &a, &b);

　　A. 25□2.5　　　　　　　　　　　　B. 25,2.5
　　C. a=25,b=2.5　　　　　　　　　　D. a=25□b=2.5

(9) 若有说明语句:int a, b;,用户的输入为 111222333,结果 a 的值为 111,b 的值为 333,那么以下输入正确的语句是(　　)。

　　A. scanf("%*3d%3c%3d", &a, &b);
　　B. scanf("%3d%*3c%3d", &a, &b);
　　C. scanf("%3d%3d%*3d", &a, &b);
　　D. scanf("%3d%*2d%3d", &a, &b);

(10) 执行下面的程序时,假设用户输入为 1□22□333,则 ch1、ch2 和 ch3 的值为(　　)。

char ch1, ch2, ch3;
scanf("%1c%2c%3c", &ch1, &ch2, &ch3);

　　A. '1'、'2'、'3'　　B. '1'、' '、'2'　　C. '1'、'2'、' '　　D. '1'、' '、'3'

(11) 已知:int x, y; double z;,以下语句中错误的函数调用是(　　)。

　　A. scanf("%d,%1x,%1e", &x, &y, &z);
　　B. scanf("%2d*%d%1f", &x, &y, &z);
　　C. scanf("%x%*d%o", &x, &y);
　　D. scanf("%x%o%6.2f", &x, &y, &z);

(12) 已有如下定义和输入语句,若要求 a1、a2、c1、c2 的值分别为 10、20、A 和 B,当从第一列开始输入数据时,正确的数据输入方式是(　　)。

int a1, a2;　char c1, c2;
scanf("%d%c%d%c", &a1, &c1, &a2, &c2);

　　A. 10A□20□B✓　　　　　　　　　B. 10□A□20□B✓
　　C. 10A20B✓　　　　　　　　　　　D. 10A20□B✓

(13) 阅读以下程序,当输入数据的形式为:25,13,10✓,正确的输出结果为(　　)。

int main( )
{
　int x, y, z;
　scanf("%d%d%d", &x, &y, &z);
　printf("x+y+z=%d\n", x+y+z);
　return 0;
}

　　A. x+y+z=48　　B. x+y+z=38　　C. x+y+z=35　　D. 无法确定

(14) 已有定义 int x; float y;且执行 scanf("%3d%f", &x, &y);语句时,假设输入数据为 12345□678✓,则 x、y 的值分别为(　　)。

A. 12345   678.000000   B. 123   678.000000
C. 123   45.678000   D. 123   45.000000

(15) 阅读以下程序,当输入数据的形式为:12a345b789✓,正确的输出结果为(   )。

```
int main( )
{
  char c1, c2;
  int a1, a2;
  c1=getchar( );
  scanf("%2d", &a1);
  c2=getchar( );
  scanf("%3d", &a2);
  printf("%d, %d, %c, %c\n", a1, a2, c1, c2);
  return 0;
}
```

A. 2, 345, 1, a   B. 12, 345, a, b   C. 2a, 45b, 1, 3   D. 2, 789, 1, a

(16) 以下程序运行时若从键盘上输入9876543210✓(✓表示回车),则程序的输出结果是(   )。

```
#include <stdio.h>
int main( )
{
  int a;
  float b, c;
  scanf("%2d%3f%4f", &a, &b, &c);
  printf("a=%d, b=%f, c=%f\n", a, b, c);
  return 0;
}
```

A. a=98, b=765, c=4321
B. a=10, b=432, c=8765
C. a=98, b=765.000000, c=4321.000000
D. a=98, b=765.0, c=4321.0

(17) 设 a=12、b=12345,执行语句 printf("%4d,%4d",a,b);的输出结果为(   )。

A. □□12,□123   B. □□12,□12345
C. □□12,1234   D. □□12,12345

(18) 已有程序段和输入数据的形式如下,程序中输入语句的正确形式应当为(   )。

```
int main( )
{
  int a; float f;
  printf("\nInput number: ");
  输入语句
  printf("\nf=%f,a=%d\n",f,a);
  return 0;
}
Input number: 4.5 2✓
```

A. scanf("%d,%f",&a,&f); B. scanf("%f,%d",&f,&a);
C. scanf("%d%f",&a,&f); D. scanf("%f%d",&f,&a);

(19) printf 函数中用到格式符%5s,其中数字 5 表示输出的字符串占用 5 列,如果字符串长度大于 5,则输出按方式(　　)。

A. 从左起输出该字符串,右补空格　　B. 按原字符长从左向右全部输出
C. 右对齐输出该字串,左补空格　　D. 输出错误信息

(20) 以下程序的输出结果是(　　)。

```
int main( )
{
  int k=17;
  printf("%d, %o, %x\n", k, k, k);
  return 0;
}
```

A. 17,021,0x11　　B. 17,17,17　　C. 17,0x11,021　　D. 17,21,11

3. 编程题

(1) 编写一程序要求任意输入四位十六进制整数,以反序的方式输出该十六进制数。例如,输入 9AF0,则输出 0FA9。

(2) 编程从键盘输入两个整数分别给变量 a 和 b,要求在不借助于其他变量的条件下,将变量 a 和 b 的值实现交换。

(3) 编程从键盘输入圆的半径 r,计算并输出圆的周长和面积。

(4) 编程从键盘输入任意一个十六进制负整数,以输入的形式输出。例如,输入 −FA98,输出 −FA98。

(5) 已知一元二次方程 $ax^2+bx+c=0$,编一程序当从键盘输入 a、b、c 的值后,计算 x 的值。

(6) 假设从键盘输入从某日午夜零点到现在已经历的时间(单位:秒),编一程序计算到现在为止已过了多少天,现在的时间是多少?

(7) 编写程序,从键盘输入一个字符,求出与该字符前后相邻的两个字符,按从小到大的顺序输出这三个字符的 ASCII 码。

(8) 编写摄氏温度、华氏温度转换程序。要求:从键盘输入一个摄氏温度,屏幕就显示对应的华氏温度,输出取两位小数。转换公式:F=(C+32)×9/5。

(9) 输入任意一个三位数,将其各位数字反序输出(例如输入 123,输出 321)。

(10) 编写程序,读入三个整数给 a、b、c,然后交换它们中的数,把 a 中原来的值给 b,b 中原来的值给 c,c 中原来的值给 a,且输出改变后的 a、b、c 的值。

第5章 选择结构程序设计

微课视频

◇ 学习意义

选择控制结构是结构化程序设计所采用的三种基本控制结构之一,另外两种是顺序控制和循环控制。有人曾经证明:任何程序都可用顺序、选择、循环三种控制结构来实现,而结构化程序设计的研究成果表明:只用这三种控制结构编写的程序易于保证正确性。在编制程序时,有时并不能保证程序一定执行某些指令,而是要根据一定的外部条件来判断哪些指令要执行。如菜谱中要加工番茄,可能有这样的步骤:如果是用番茄,则去皮、切碎,开始放入,如果是用番茄酱,就在最后放入。这里并不知道具体操作时执行哪段指令,但菜谱给出了不同条件下的处理方式,计算机程序也是如此,可以根据不同的条件执行不同的代码,这就是选择结构。程序总是为解决某个实际问题而设计的,而问题往往包含多个方面,不同的情况需要有不同的处理方法,所以选择结构在实际应用程序中可以说是无处不在,离开了选择结构很多情况将无法处理,因此,正确掌握选择结构程序设计方法对于编写实际应用程序尤为重要。本章将首先介绍与选择结构有关的关系运算符、逻辑运算符和条件运算符的使用方法,然后重点介绍 C 语言中的两个选择控制语句 if 和 switch,最后通过几个实例程序帮助读者更好地掌握选择结构程序设计的方法。

◇ 学习目标

(1) 理解选择结构的含义;
(2) 掌握 C 语言语句的分类;
(3) 掌握关系运算符、逻辑运算符和条件运算符的用法;
(4) 掌握 if、switch 语句的使用方法。

◇ 难点提示

(1) 由关系运算符、逻辑运算符组成复杂的条件表达式;
(2) switch 语句实现选择结构程序设计。

5.1 C 语言程序中语句的分类

C 语言程序的执行部分是由语句组成的。程序的功能也是由执行语句实现的。C 语言中的语句可以分为以下五类。

1. 表达式语句

表达式语句由表达式加上分号";"组成。其一般形式为：

```
表达式;
```

例如，a＝10 是赋值表达式，而 a＝10；则是赋值语句；k＋＋是表达式，k＋＋；则是表达式语句。

2. 函数调用语句

由函数名、实际参数加上分号";"组成。其一般形式为：

```
函数名(实际参数表);
```

执行函数语句就是调用函数体并把实际参数赋予函数定义中的形式参数，然后执行被调函数体中的语句，求取函数值（在第 8 章中再详细介绍）。

例如，printf("C Program") 是函数调用；printf("C Program")；是函数调用语句，其功能是输出字符串"C Program"。

3. 复合语句

把多条语句用花括号{}括起来组成的一条语句称为复合语句。在程序中应把复合语句看成单条语句，而不是多条语句。例如：

```
{
  c=a+b;
  z=x+y;
  printf("c=%d, z=%d", c, z);
}
```

是一条复合语句。复合语句内的各条语句都必须以分号";"结尾，在括号"}"外不要加分号。

复合语句又称分程序，在复合语句内可以定义变量，但定义的变量只能在复合语句内使用。例如，下面程序中的阴影部分是复合语句。在该复合语句中，定义了一个变量 z。

```
#include <stdio.h>
int main()
{
  int x=10, y=20, z;
```

```
    z=x+y;
    {
      int z;
      z=x*y;
      printf("z=%d\n", z);        //输出复合语句中 z 的值
    }
    printf("z=%d\n", z);          //输出复合语句外 z 的值
    return 0;
}
```

输出的结果将为：

z=200
z=30

为什么会输出这样的结果？通过后面第 8 章的学习读者将会明白。复合语句主要使用在选择和循环控制结构中。

4. 空语句

只有分号";"组成的语句称为空语句。空语句是什么也不执行的语句。在程序中空语句可用来作空循环体。例如，while(getchar( )!='\n');的功能是，只要从键盘输入的字符不是回车则重新输入。这里的循环体为空语句。

5. 控制语句

用来实现一定的控制功能的语句称为控制语句。控制语句用于控制程序的流程，以实现程序的各种结构方式。它们由特定的语句定义符组成。C 语言用控制语句来实现选择结构和循环结构。C 语言有九种控制语句，可分成以下三类。

(1) 条件判断语句——if 语句、switch 语句。
(2) 循环执行语句——do while 语句、while 语句、for 语句。
(3) 转向语句——break 语句、goto 语句、continue 语句、return 语句。

5.2 关系运算符、逻辑运算符、条件运算符

在学习各种控制语句之前，必须学会关系运算符、逻辑运算符和条件运算符的用法。它们是选择结构和循环结构程序设计的基础。

5.2.1 关系运算符和关系表达式

微课视频

在程序中经常需要比较两个量的大小关系，以决定程序下一步的工作。比较两个量的运算符称为关系运算符。C 语言提供了 6 种关系运算符，它们的含义及优先级关系见表 5-1。

第5章 选择结构程序设计

表 5-1 关系运算符

关系运算符	含 义	优 先 级	结 合 性
>	大于	这些关系运算符等优先级,但比下面的优先级高	左结合性
>=(>和=之间没有空格)	大于或等于		
<	小于		
<=(<和=之间没有空格)	小于或等于		
==(两个=之间没有空格)	等于	这些关系运算符等优先级,但比上面的优先级低	
!=(!和=之间没有空格)	不等于		

用关系运算符连接起来的式子称为关系表达式。其一般形式为:

表达式　关系运算符　表达式

例如,a+b>c-d,x>3/2,'a'+1<c,-i-5*j==k+1 都是合法的关系表达式。由于表达式又可以是关系表达式,因此也允许出现嵌套的情况,例如,a>(b>c),a!=(c==d)等。关系表达式的值是"真"和"假",分别用 1 和 0 表示。例如,5>0 的值为"真",即为 1;(a=3)>(b=5)由于 3>5 不成立,故其值为假,即为 0。

> ⚠ 注意:
> - C 语言用 0 表示假,非 0 表示真。
> - 一个关系表达式的值不是 0 就是 1,0 表示假,1 表示真。

关系运算符都是双目运算符,其优先级高于与、或以及赋值运算符,但低于算术运算符和移位运算符(如图 5-1 所示)。

图 5-1 关系运算符的优先级

例如:

c > a+b 含义是 c>(a+b)
a > b != c 含义是(a > b) != c
a==b<c 含义是 a==(b<c)
a=b>c 含义是 a=(b>c)
a >> 2 < c+d 含义是(a >> 2)<(c+d)
a & 4 > b | c 含义是(a &(4 > b)) | c

关系运算符具有左结合性,相同优先级的关系运算符连用时,按照从左向右的顺序计算表达式的值。例如,如果有:

a=1; b=2; c=3;
d=a!=c==a<b<c;

则 d 的值是 1。因为=的优先级最低,所以 d=a!=c==a<b<c;等价于 d=(a!=c==a<b<c);,又因为<的优先级高于!=和==,所以它又等价于 d=(a!=c==(a<b<c));,又因为!=和==是同一优先级,具有左结合性,所以它又等价于 d=((a!=c)==((a<b)<c));,这时候最先计算 a<b 的值为 1,再计算 1<c 的值是 1。接下来计算 a!=c 的值

是1,再计算1==1的值是1,所以d的值是1。

> ⚠ **注意**:在使用关系运算符时,应避免对实数进行相等或不等的判断。例如,关系表达式 1.0/3.0*3.0==1.0 的值是0,可改写为:fabs(1.0/3.0*3.0-1.0)<1e-6。

微课视频

5.2.2 逻辑运算符和逻辑表达式

C语言提供的逻辑运算符有三种,其含义及优先级关系如表5-2所示。

表5-2 逻辑运算符

逻辑运算符	含 义	结合性	优先级关系
!	单目运算符,逻辑非,表示相反	右结合性	高↑ ↓低
&&(两个&之间没有空格)	双目运算符,逻辑与,表示并且	左结合性	
‖(两个｜之间没有空格)	双目运算符,逻辑或,表示或者		

用逻辑运算符连接起来的式子称为逻辑表达式。其一般格式为:

> 表达式　逻辑运算符　表达式

例如,a<b && b<c,x>10 ‖ x<-10,!x && !y 都是合法的逻辑表达式。由于表达式又可以是逻辑表达式,因此也允许出现嵌套的情况,例如,x>y && x>z && x<0等。逻辑表达式的值也是"真"或"假",分别用1和0表示。

"‖"运算符两边的式子只要有一个式子为真,整个逻辑表达式的值就是真(即为1),否则整个逻辑表达式的值就是假(即为0)。

"&&"运算符两边的式子只有都是真时,整个逻辑表达式的值才是真(即为1),否则整个逻辑表达式的值就是假(即为0)。

"!"运算符是单目运算符,当其右边的式子是真时,整个逻辑表达式的值是假(即为0),否则整个逻辑表达式的值就是真(即为1)。

表5-3列出了逻辑运算符的运算规则。

表5-3 逻辑运算符的运算规则

A	B	!A	!B	A && B	A ‖ B
假	假	1	1	0	0
假	真	1	0	0	1
真	假	0	1	0	1
真	真	0	0	1	1

逻辑运算符中的!是单目运算符,因此其优先级较高,它与++、--和sizeof同优先级,比算术运算符的优先级要高。另两个逻辑运算符是双目运算符,优先级较低,比关系运算符和位运算符都要低,但比赋值运算符的优先级高(如图5-2所示)。

例如:

a<=x && x<=b 等价于(a<=x)&&(x<=b)

a>b && x>y 等价于(a>b)&&(x>y)
a==b || x==y 等价于(a==b)||(x==y)
!a || a>b 等价于(!a) || (a>b)
!a>b 等价于(!a)>b
c=a || b 等价于c=(a || b)
a|7 && b&8 等价于(a|7)&&(b&8)
a>>2 && b<<1 等价于(a>>2)&&(b<<1)

!、~、++、--、sizeof	高
算术运算符	
移位运算符	
关系运算符	
&、|、^	
&&、||	
赋值运算符	低

图 5-2 逻辑运算符的优先级

三个逻辑运算符中，!的优先级最高，&& 的优先级高于||的优先级。!具有右结合性，而 && 和||具有左结合性。例如，如果有：

a=4; b=5;
c=b>3 && 2 || 8<b−!a;

则 c 的值是 1。因为>、<、−、&&、||、!的优先级高于=，所以 c=b>3&&2||8<b−!a;等价于 c=(b>3&&2||8<b−!a);，又因为 &&、||的优先级低于>、<、−、!，所以又等价于 c=((b>3)&&2||(8<b−!a));，又因为 && 的优先级高于||，所以又等价于 c=(((b>3)&&2)||(8<b−!a));，又因为−的优先级高于<，! 的优先级高于−，所以最后等价于 c=(((b>3)&&2)||(8<(b−(!a))));。所以先计算(b>3) && 2 的值，因为 b=5，所以 b>3 的值为 1，1 && 2 的值为 1，而对于 8<(b−(!a))来说，因为!a 为 0，b−0 的值为 5，8<5 的值为 0，所以其值为 0，最后 1||0 的值就为 1，再赋给 c，所以 c 的值为 1。

有一点需要说明，在逻辑表达式求值的过程中，并不是所有的逻辑运算符都被执行，只有在必要的情况下才会执行。例如：

- 在求解 a && b && c 的值时，只在 a 为真时，才判别 b 的值；只在 a、b 都为真时，才判别 c 的值。如果 a 为假，则不会判别 b 和 c，因为整个表达式的值已经确定了。
- 在求解 a || b || c 的值时，只在 a 为假时，才判别 b 的值；只在 a、b 都为假时，才判别 c 的值，如果 a 为真，就不会判别 b 和 c，因为整个表达式的值已经确定了。

例如：

a=1; b=2; c=3; d=4; m=1; n=1;

则(m=a>b)&&(n=c>d)的结果将使得 m 的值为 0，但 n 的值仍为 1。因为先计算 m=a>b，则 m 的值为 0(因 a<b)，则整个表达式的值就为 0，&& 后面的表达式根本就不计算，所以 n 的值不变，仍为 1。

5.2.3 条件运算符和条件表达式

条件运算符为?和:，它是 C 语言提供的唯一一个三目运算符，即有三个参与运算的量。由条件运算符连接的式子称为条件表达式。条件表达式的一般格式为：

表达式 1 ? 表达式 2 : 表达式 3

其求值规则为：如果表达式 1 的值为真，则以表达式 2 的值作为条件表达式的值，否则以表

微课视频

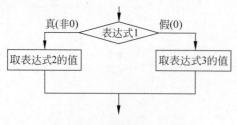

图 5-3 条件表达式流程图

达式 3 的值作为整个条件表达式的值,其执行过程如图 5-3 所示。例如,5>3？6：20 的值是 6,5<3？6：20 的值是 20。

条件表达式通常用于赋值语句之中。例如,将变量 a、b 中的最大值赋给变量 max 可以写成如下语句。

max=a>b？a：b；

使用条件表达式时,还应注意以下几点:

- 条件运算符的运算优先级特别低,仅高于赋值运算符和逗号运算符,而比其他运算符都低。因此 max=(a>b)？a：b；可以去掉括号而写为：

  max=a>b？a：b；

- 条件运算符可嵌套。例如,x>0？1：(x<0？−1：0)。其表达式的值是：如果 x 是正数,则为 1,如果是负数,则为 −1,如果为零,则为 0。
- 条件运算符的结合方向是自右至左。如 a>b？a：c>d？c：d 等价于 a>b？a：(c>d？c：d)。
- 条件运算符？和：是一对运算符,不能分开单独使用。
- 表达式 1、表达式 2、表达式 3 的类型可以不相同,表达式值取较高的类型。例如,x？'a'：'b'的含义是 x 为 0,表达式值为'b'；x 不为 0,表达式值为'a'。x>y？1：1.5 的含义是 x 大于 y,表达式值为 1.0；x 小于或等于 y,表达式值为 1.5。

下面例 5-1 中的程序是利用条件运算符对第 4 章中例 4-13 小写字母转盘程序的改写。

【例 5-1】 小写字母转盘。

```
1    #include <stdio.h>
2    #include <conio.h>
3
4    int main()
5    {
6        char ch, ch1, ch2;                              //变量定义
7
8        ch=getche();                                    //读取一字符
9        putchar('\n');                                  //换行
10       ch1=ch=='a'？'z'：ch−1;                          //求前驱字母
11       ch2=ch=='z'？'a'：ch+1;                          //求后继字母
12       printf("ch1=%c, ch2=%c\n", ch1, ch2);           //显示结果
13       return 0;
14   }
```

运行结果(假设输入字母为 w)：

ch1=v, ch2=x

到现在为止,已经学习了三十多个运算符了。掌握它们的优先级关系特别重要。机械

地记忆这三十多个运算符的优先级关系是痛苦的。下面给出的优先级的记忆规则将会使这件事变得轻松许多。

（1）总体上讲，单目运算符都是同等优先级的，具有右结合性，并且优先级比双目运算符和三目运算符都高。

（2）三目运算符的优先级比双目运算符要低，但高于赋值运算符和逗号运算符。

（3）逗号运算符的优先级最低，其次是赋值运算符。

（4）只有单目运算符、赋值运算符和条件运算符具有右结合性，其他运算符都是左结合性。

（5）双目运算符中，算术运算符的优先级最高，逻辑运算符的优先级最低。

图 5-4　各类运算符的优先级关系

图 5-4 给出了各类运算符之间的优先关系，详细内容见附录 D。

运算符优先级的口诀是："单算移关，位逻条赋，逗!"。

5.3　选择结构的程序设计

在程序的三种基本结构中，第二种为选择结构，其基本特点是：程序的流程由多路分支组成，在程序的一次执行过程中，根据不同的情况，只有一条分支被选中执行，而其他分支上的语句则被直接跳过。

C 语言中提供了 if 语句和 switch 语句来实现选择结构，if 语句用于两者选一的情况，而 switch 语句用于多分支选一的情形。

5.3.1　if 语句

微课视频

用 if 语句可以构成选择结构。它根据给定的条件进行判断，以决定执行某个分支程序段。C 语言的 if 语句有三种基本形式。

1. 简单 if 语句形式

语句格式为：

```
if(表达式)
   语句;
```

其语句功能是如果表达式的值为真，则执行其后的语句，否则不执行该语句，而执行 if 语句后面的语句。其对应的流程图如图 5-5 所示。

例如，下面的程序段是输入两个整数，输出其中的大数。

```
int a, b, max;
```

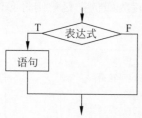

图 5-5 简单 if 语句流程图

```
printf("input two numbers: ");
scanf("%d%d", &a, &b);
max=a;
if(max < b)
    max=b;
printf("max=%d", max);
```

本例程序中,输入两个数 a 和 b。把 a 先赋给变量 max,再用 if 语句判别 max 和 b 的大小,如果 max 小于 b,则把 b 赋给 max。因此 max 中总是大数,最后输出 max 的值。

2. if-else 形式

语句格式为:

```
if(表达式)
    语句 1;
else
    语句 2;
```

其语句功能是如果表达式的值为真,则执行语句 1,否则执行语句 2,其对应的流程图如图 5-6 所示。

例如,下面的程序段同样是输出两个整数中的最大数。

```
int a, b;
printf("input two numbers: ");
scanf("%d%d", &a, &b);
if(a > b)
    printf("max=%d\n", a);
else
    printf("max=%d\n", b);
```

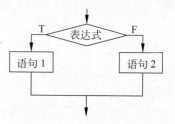

图 5-6 if-else 语句流程图

本程序中,改用 if-else 语句判别 a 和 b 的大小,若 a 大,则输出 a,否则输出 b。

3. if-else-if 形式

语句格式为:

```
if(表达式 1)        语句 1;
else if(表达式 2)   语句 2;
else if(表达式 3)   语句 3;
    ⋮
[else              语句 n;]
```

其语句功能是依次判断表达式的值,当出现某个值为真时,则执行其对应的语句。然后跳到整个 if 语句之外继续执行程序。如果所有的表达式均为假,则执行语句 n。然后继续执行后续程序,其对应的流程图如图 5-7 所示。

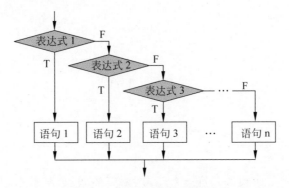

图 5-7 if-else-if 语句流程图

例如,下面的程序段是判断输入字符的种类。

```
char c;
printf("Enter a character: ");
c=getchar( );
if(c < 0x20)   printf("The character is a control character\n");
else if(c >= '0' && c <= '9')   printf("The character is a digit\n");
else if(c >= 'A' && c <= 'Z')   printf("The character is a capital letter\n");
else if(c >= 'a' && c <= 'z')   printf("The character is a lower letter\n");
else printf("The character is other character\n");
```

本程序中,根据输入字符的 ASCII 码来判别字符类型。由 ASCII 码表可知 ASCII 值小于 32(十六进制 0x20)的为控制字符。在'0'和'9'之间的为数字,在'A'和'Z'之间为大写字母,在'a'和'z'之间为小写字母,其余则为其他字符。这是一个多分支选择的问题,用 if-else-if 语句编程,判断输入字符 ASCII 码所在的范围,分别给出不同的输出。例如,输入为'g',输出显示它为小写字符。

在使用 if 语句时还应注意以下几点:

(1) 在 if 语句中,条件判断表达式必须用括号括起来。

(2) 在三种形式的 if 语句中,在 if 关键字之后均为表达式。该表达式通常是逻辑表达式或关系表达式,但也可以是其他任何表达式,如赋值表达式等,甚至也可以是一个变量。只要表达式非零时,表达式的值就为真,否则就是假。例如,下面的 if 语句都是合法的。

```
if(a=5) 语句;        //表达式的值永远为非 0,所以其后的语句总是要执行的
if(b)   语句;        //等价于 if(b!=0) 语句
```

(3) 在 if 语句的三种形式中,所有的语句应为单个语句,如果要想在满足条件时执行一组(多个)语句,则必须把这一组语句用{ }括起来组成一个复合语句。但要注意的是在}之后不能再加分号。例如,下面的程序段左边是正确的,而右边则是错误的,因为在 if 与 else 之间有两条语句,必须用{ }括起来组成一个复合语句。

正确的 if 语句	错误的 if 语句

if(a > b)
{
  a++;
  b++;
}
else
{
  a=0;
  b=1;
}
	if(a > b)
	  a++;
	  b++;
	else
	{
	  a=0;
	  b=1;
	}

⚠**注意**：在 if 和 else 之间如果只有一条语句，则可不用{ }括起来，但如果多于一条语句则必须用{ }括起来，否则会产生编译错误。

（4）在简单的 if 语句中（即只有 if，没有 else），如果在满足条件时执行的是多条语句，原则上应用{ }括起来，但如果没有用{ }括起来，尽管不会产生编译错，但程序的逻辑将出现异常。例如，下面程序的目的是当 x 小于 y 时，交换 x 和 y 的值。左边的程序是正确的，而右边的程序表现异常，原因就是 if 语句的后面漏掉了{ }。

正确的程序	逻辑异常的程序

#include <stdio.h>
 	
int main( )
{
  int x=4, y=2, t=0;
 	
  if(x < y)
  {
    t=x;
    x=y;
    y=t;
  }
  printf("x=%d, y=%d\n", x, y);
  return 0;
}
	#include <stdio.h>
	
	int main( )
	{
	  int x=4, y=2, t=0;
	
	  if(x < y)
	    t=x;
	    x=y;
	    y=t;
	  printf("x=%d, y=%d\n", x, y);
	  return 0;
	}

运行结果：x=4, y=2	运行结果：x=2, y=0

（5）在 if 语句中，如果表达式是一个判断两个数是否相等的关系表达式，要当心不要将==写成了赋值运算符=。下面程序的意图是当 x 等于 0 时，输出 x=0，否则输出 x!=0。左边的程序是正确的，右边的程序则是错误的，因为将 x==0 误写成了 x=0。程序中 x 的值是 0，因此 x==0 的值是 1，而 x=0 的值是 0。

结果正确的程序	结果错误的程序
| ```c
#include <stdio.h>

int main( )
{
  int x=0;

  if(x==0)
    printf("x=0\n");
  else
    printf("x !=0\n");
  return 0;
}
``` | ```c
#include <stdio.h>

int main( )
{
  int x=0;

  if(x=0)
    printf("x=0\n");
  else
    printf("x !=0\n");
  return 0;
}
``` |
| 运行结果：x=0 | 运行结果：x !=0 |

（6）if 语句允许嵌套，即 if 语句中的执行语句又是 if 语句。其一般形式可表示为：

```
if(表达式)
   if 语句；
```
或
```
if(表达式)
   if 语句；
else
   if 语句；
```

在嵌套内的 if 语句可能又是 if-else 型的，这将会出现多个 if 和多个 else 重叠的情况，这时要特别注意 if 和 else 的配对问题。例如：

```
if （表达式 1）
if （表达式 2）
    语句 1；
else
    语句 2；
```

其中的 else 究竟是与哪一个 if 配对呢？**C 语言规定，在省略 { } 时，else 总是和它上面离它最近的未配对的 if 配对**（如图 5-8 所示）。因此，else 与第二个 if 配对，上述例子理解的形式应为：

```
if （表达式 1）
   if （表达式 2）
      语句 1；
   else
      语句 2；
```

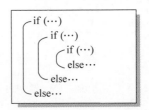

图 5-8　if-else 配对原则

如果希望 else 与第一个 if 配对，那么必须在 else 前加上{ }，即写成如下形式。

```
if （表达式 1）
{
   if （表达式 2）
      语句 1；
```

```
    }
    else
        语句 2；
```

试比较下面程序一和程序二之间的差异。

程　序　一	程　序　二

＃include＜stdio.h＞
 	
int main( )
{
　int a=1, b=-1;
 	
　if(a > 0)
　　if(b > 0)
　　　a++;
　　else
　　　a--;
　printf("a=%d\n", a);
　return 0;
}
	＃include＜stdio.h＞
	
	int main( )
	{
	　int a=1, b=-1;
	
	　if　(a > 0)
	　{
	　　if　(b > 0)
	　　　a++;
	　}
	　else
	　　a--;
	　printf("a=%d\n", a);
	　return 0;
	}

运行结果：a=0	运行结果：a=1

微课视频

5.3.2　switch 语句

C 语言还提供了另一种用于多分支选择的 switch 语句，实际上，switch 语句是 if-else 语句的变形。在某些情况下，使用 switch 语句要比 if 语句更为简洁、易读。其一般格式为：

```
switch(表达式)
{
  case 常量表达式 C1：语句组 1；
                break；
  case 常量表达式 C2：语句组 2；
                break；
         ⋮
  case 常量表达式 Cn：语句组 n；
                break；
  [default：      语句组；
                break；]
}
```

其执行过程为：

- 当 switch 后面"表达式"的值与某个 case 后面的"常量表达式"的值相同时，就执行

case 后面的语句(组);当执行到 break 语句时,跳出 switch 语句,转向执行 switch 语句的下一条语句。
- 如果没有任何一个 case 后面的"常量表达式"的值与"表达式"的值匹配,则执行 default 后面的语句(组),然后再执行 switch 语句的下一条语句。

switch 语句执行的流程图如图 5-9 所示。

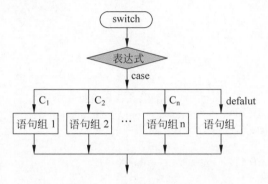

图 5-9　switch 语句流程图

在使用 switch 语句时还应注意以下几点:

(1) switch 后面的"表达式",必须是一个整型表达式,而且每个 case 后的"常量表达式"的类型应该与 switch 后面的"表达式"的类型一致。例如,下面的程序是错误的。

```
float  a, b=4.0;
scanf("%f", &a);
switch(a)            //错误,不可为浮点型表达式
{
  case 1:  b=b+1;  break;
  case 2:  b=b-1;  break;
}
printf("b=%f\n",b);
```

(2) case 后面语句(组)可加{ }也可以不加{ },但一般不加{ }。例如:

```
switch(i)
{
  case 1:  {b=b+1;  break;}    //{ }可加可不加
  case 2:  b=b-1;  break;
}
```

(3) 每个 case 后面"常量表达式"的值必须各不相同,否则会出现相互矛盾的现象(即对表达式的同一值,不允许有两种或两种以上的执行方案)。例如,下面的程序是错误的。

```
int  a, b=4;
scanf("%d", &a);
switch(a)
{
  case 1:  b=b+2;  break;
  case 2:  b=b*2;  break;
  case 1:  b=b+2;  break;         //错误,case 1 在前面已使用,可改为 case 3
```

}
printf("b=%d\n", b);

(4) 每个 case 后面必须是"常量表达式",表达式中不能包含变量。初学者使用 switch 语句时很容易犯此类错误,所以这一点务必要注意。例如,下面程序的功能是欲判断用户输入的字符类别,但程序是错误的,因为 case 后面的表达式不是常量表达式。

```
char c;
printf("Enter a character: ");
c=getchar( );
switch(c)
{
    case c < 0x20 :                //错误,case 后面跟着变量
            printf("The character is a control character\n");
            break;
    case c >= '0' && c <= '9' :
            printf("The character is a digit\n");
            break;
    case c >= 'A' && c <= 'Z' :
            printf("The character is a capital letter\n");
            break;
    case c >= 'a' && c <= 'z' :
            printf("The character is a lower letter\n");
            break;
    default :
            printf("The character is other character\n");
            break;
}
```

要实现该程序的功能,应使用 if-else-if 形式的分支结构,其程序参见 5.3.1 节。当然,如果非要使用 switch 语句来实现,则只能将每种字符列举出来,这种方法显然是非常烦琐的,所以 if 语句的功能并不是简单地用 switch 来代替就行,有时 switch 语句根本就无法实现 if 语句的功能。

(5) case 后面的"常量表达式"仅起语句标号作用,并不进行条件判断。系统一旦找到入口标号,就从此标号开始执行,不再进行标号判断,所以必须加上 break 语句,以便结束 switch 语句。比较下面程序一、程序二的运行结果。

程 序 一	程 序 二

#include <stdio.h>
 	
int main( )
{
　char ch;
 	
　ch=getch( );
　switch(ch)
　{
	#include <stdio.h>
	
	int main( )
	{
	　char ch;
	
	　ch=getch( );
	　switch(ch)
	　{

程 序 一	程 序 二

case 'Y'：printf("Yes\n"); break;
→case 'N'：printf("No\n"); break;→
    case 'A'：printf("All\n"); break;
    default：printf("Yes,No or All\n");
}
return 0;
}
	case 'Y'：printf("Yes\n"); break;
	→case 'N'：printf("No\n");
	    case 'A'：printf("All\n"); break;→
	    default：printf("Yes,No or All\n");
	}
	return 0;
	}

运行结果(假设输入 N)： No	运行结果(假设输入 N)： No All

对于程序二来说，因为 ch 的值是 'N'，因此从 case 'N' 处开始执行，首先执行 printf 函数调用，输出 No，因为后面没有 break，所以接着执行下一行语句，即 case 'A' 后面的 printf 函数调用，输出 All，当遇到 break 时，就跳出 switch 语句。

(6) 多个 case 子句，可共用同一语句(组)。例如，下面的程序中，当 a 的值是 1、2、3 时，将 b 的值加 2，当 a 的值是 4、5、6 时，将 b 的值减 2，否则将 b 的值乘以 2。

```
int    a, b=4;
scanf("%d", &a);
switch(a)
{
   case 1:
   case 2:
   case 3:   b+=2;     break;
   case 4:
   case 5:
   case 6:   b-=2;     break;
   default:  b*=2;     break;
}
printf("b=%d\n", b);
```

(7) case 子句和 default 子句如果都带有 break 子句，那么它们之间顺序的变化不会影响 switch 语句的功能。下面的两个程序是等价的。

程 序 一	程 序 二

#include <stdio.h>
 	
int main( )
{
  char ch;
 	
  ch=getch( );
  switch(ch)
  {
	#include <stdio.h>
	
	int main( )
	{
	  char ch;
	
	  ch=getch( );
	  switch(ch)
	  {

程　序　一	程　序　二

case 'Y': printf("Yes\n"); break;
　　case 'N': printf("No\n"); break;
　　case 'A': printf("All\n"); break;
　　default: 　printf("Yes,No or All\n");
　　　　　　　break;
　}
　return 0;
}
	case 'Y': printf("Yes\n"); break;
	　　default: 　printf("Yes,No or All\n");
	　　　　　　　break;
	　　case 'N': printf("No\n"); break;
	　　case 'A': printf("All\n"); break;
	　}
	　return 0;
	}

（8）case 子句和 default 子句如果有的带 break 子句，而有的没有带 break 子句，那么它们之间顺序的变化可能会影响输出的结果。比较下面程序一、程序二的运行结果。

程　序　一	程　序　二

#include <stdio.h>
 	
int main()
{
　char ch;
 	
　ch=getch();
　switch(ch)
　{
　　case 'Y': printf("Yes\n"); break;
　　case 'N': printf("No\n"); break;
　　case 'A': printf("All\n"); break;
　　default: 　printf("Yes,No or All\n");
　}
　return 0;
}
	#include <stdio.h>
	
	int main()
	{
	　char ch;
	
	　ch=getch();
	　switch(ch)
	　{
	　　case 'Y': printf("Yes\n"); break;
	　　default: 　printf("Yes,No or All\n");
	　　case 'N': printf("No\n"); break;
	　　case 'A': printf("All\n"); break;
	　}
	　return 0;
	}

运行结果（假设输入 B）： Yes,No or All	运行结果（假设输入 B）： Yes,No or All No

（9）switch 语句可以嵌套。例如，下面程序的 switch 语句中又嵌套了一个 switch 语句。

```
int main()
{
  int x=1, y=0, a=0, b=0;
  switch(x)
  {
    case 1: switch(y)
            {
              case 0: a++; break;
              case 1: b++; break;
```

```
            }
        case 2:  a++;   b++; break;
        case 3:  a++;   b++;
    }
    printf("\na=%d, b=%d", a, b);
    return 0;
}
```

程序运行的结果为：

a=2,b=1

5.4 选择结构程序设计举例

微课视频

【例 5-2】 已知某公司员工的保底薪水为 500，某月所接工程的利润 profit（整数）与利润提成的关系如表 5-4 所示（计量单位：元）。计算员工的当月薪水。

表 5-4 工程利润与利润提成的关系

工程利润 profit	提成比率
profit≤1000	没有提成
1000＜profit≤2000	提成 10%
2000＜profit≤5000	提成 15%
5000＜profit≤10000	提成 20%
10000＜profit	提成 25%

程序应该这样来设计：

（1）首先要定义一个变量 profit 用来存放员工所接工程的利润。

（2）其次提示用户输入员工所接工程的利润，并调用 scanf 函数接受用户输入员工所接工程的利润。

（3）然后根据表 5-4 的规则，计算该员工当月的提成比率 ratio。

（4）最后计算该员工当月的薪水 salary（保底薪水＋所接工程的利润×提成比率），并输出结果。

画出 N-S 流程图表示算法如图 5-10 所示。

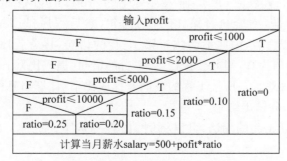

图 5-10 计算当月薪水 N-S 流程图

具体程序如下：

```
1   #include <stdio.h>
2   int main()
3   {
4       long    profit;                      //所接工程的利润
5       float   ratio;                       //提成比率
6       float   salary=500;                  //薪水,初始值为保底薪水500
7
8       printf("Input profit: ");            //提示输入所接工程的利润
9       scanf("%ld", &profit);               //输入所接工程的利润
10
11      //计算提成比率
12      if(profit<=1000)
13          ratio=0;
14      else if(profit<=2000)
15          ratio=(float)0.10;
16      else if(profit<=5000)
17          ratio=(float)0.15;
18      else if(profit<=10000)
19          ratio=(float)0.20;
20      else    ratio=(float)0.25;
21
22      salary+=profit * ratio;              //计算当月薪水
23      printf("salary=%.2f\n", salary);     //输出结果
24      return 0;
25  }
```

运行结果（假设输入 4000）：

```
Input profit: 4000✓
salary=1100.00
```

程序解释：

如果在调用 scanf 函数时，用户输入 4000，则 profit 的值是 4000，因此第 12 行的 profit<=1000 的值为假，不会执行第 13 行的语句，然后程序试图执行第 14 行语句，但 profit<=2000 的值也为假，因此不会执行第 15 行的语句，接着程序试图执行第 16 行语句，profit<=5000 的值为真，因此会执行第 17 行的语句，提成比率 ratio 为 0.15，并跳出 if 语句。最后，根据"保底薪水＋所接工程的利润×提成比率"计算当月的薪水 salary=500＋4000×0.15=1100 元，并输出结果。

为了更好地理解 if 语句的用法，可以将例 5-2 改写成下面这样。但读者要仔细比较一下它们的不同之处。

```c
1   #include <stdio.h>
2   int main()
3   {
4       long    profit;                        //所接工程的利润
5       float   ratio;                         //提成比率
6       float   salary=500;                    //薪水,初始值为保底薪水500
7
8       printf("Input profit: ");              //提示输入所接工程的利润
9       scanf("%ld", &profit);                 //输入所接工程的利润
10
11      //计算提成比率
12      if(profit <=1000)
13          ratio=0;
14      if(1000 < profit && profit <=2000)
15          ratio=(float)0.10;
16      if(2000 < profit && profit <=5000)
17          ratio=(float)0.15;
18      if(5000 < profit && profit <=10000)
19          ratio=(float)0.20;
20      if(10000 < profit)
21          ratio=(float)0.25;
22
23      salary+=profit * ratio;                //计算当月薪水
24      printf("salary=%.2f\n", salary);       //输出结果
25      return 0;
26  }
```

【例 5-3】 用 switch 语句来实现例 5-2。

算法设计要点：

为使用 switch 语句,必须将利润 profit 与提成的关系转换成某些整数与提成的关系。分析本题可知,提成的变化点都是 1000 的整数倍(1000,2000,5000,…),如果将利润 profit 整除 1000,则当：

微课视频

    profit≤1000   对应 0,1
 1000＜profit≤2000   对应 1,2
 2000＜profit≤5000   对应 2,3,4,5
 5000＜profit≤10000   对应 5,6,7,8,9,10
 10000＜profit   对应 10,11,12,…

为解决相邻两个区间的重叠问题,最简单的方法就是:利润 profit 先减 1(最小增量),然后再整除 1000 即可。

    profit≤1000   对应 0
 1000＜profit≤2000   对应 1
 2000＜profit≤5000   对应 2,3,4
 5000＜profit≤10000   对应 5,6,7,8,9
 10000＜profit   对应 10,11,12,…

具体程序如下:

```
1   #include <stdio.h>
2
3   int main( )
4   {
5       long    profit;                              //所接工程的利润
6       int     grade;
7       float   ratio;                               //提成比率
8       float   salary=500;                          //薪水,初始值为保底薪水 500
9
10      printf("Input profit: ");                    //提示输入所接工程的利润
11      scanf("%ld", &profit);                       //输入所接工程的利润
12
13      //将利润-1、再整除 1000,转换成 switch 语句中的 case 标号
14      grade=(profit-1)/1000;
15      switch(grade)                                //计算提成比率
16      {
17          case  0:  ratio=0;           break;      // profit≤1000
18          case  1:  ratio=(float)0.10; break;      // 1000<profit≤2000
19          case  2:
20          case  3:
21          case  4:  ratio=(float)0.15; break;      // 2000<profit≤5000
22          case  5:
23          case  6:
24          case  7:
25          case  8:
26          case  9:  ratio=(float)0.20; break;      // 5000<profit≤10000
27          default:  ratio=(float)0.25;             // 10000<profit
28      }
29      salary+=profit * ratio;                      //计算当月薪水
30      printf("salary=%.2f\n", salary);             //输出结果
31      return 0;
32  }
```

微课视频

【例 5-4】 写一段程序,从键盘上输入年份 year(4 位十进制数),判断其是否闰年。闰年的条件是:能被 4 整除,但不能被 100 整除,或者能被 400 整除。

算法设计要点:

(1) 如果 X 能被 Y 整除,则余数为 0,即如果 X%Y 的值等于 0,则表示 X 能被 Y 整除。

(2) 首先画出判别闰年算法的 N-S 流程图,如图 5-11 所示。将是否闰年的标志 leap 预置为 0(非闰年),这样仅当 year 为闰年时,将 leap 置为 1 即可。最后判断 leap 是否为 1,若是,则输出"闰年"信息。这种处理两种状态值的方法,对优化算法和提高程序可读性非常有效,请读者仔细体会。

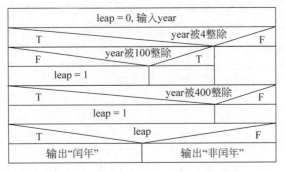

图 5-11　判别闰年算法 N-S 流程图

具体程序如下：

```
1    #include <stdio.h>
2
3    int main( )
4    {
5      int year, leap=0;              // leap=0：预置为非闰年
6
7      printf("Please input the year: ");   //提示输入年份
8      scanf("%d", &year);            //输入年份
9
10     if(year % 4 == 0)              //如果被 4 整除
11       if(year % 100 != 0)          //如果不被 100 整除
12         leap=1;                    //置为闰年
13     if(year % 400 == 0)            //如果被 400 整除
14       leap=1;                      //置为闰年
15
16     //输出结果
17     if(leap)                       //如果是闰年(leap==1)
18       printf("%d is a leap year.\n", year);
19     else
20       printf("%d is not a leap year.\n", year);
21     return 0;
22   }
```

运行结果（假设输入 2020）：

```
Please input the year: 2020↙
2020 is a leap year.
```

程序解释：

- 程序的第 7、8 行用于输入年份。如输入值为 2020，则 year 的值为 2020。
- 第 10~14 行用于判别输入的年份 year 是否为闰年。如果 year 为 2020，则能被 4 整除，即对于第 10 行的 if 语句来说，因为 year%4==0 为真，所以执行第 11 行，因为 2020 不被 100 整除，即 year%100!=0 为真，所以执行第 12 行的语句，则 leap 置为

1(闰年标志)。又因 2020 不被 400 整除,即 year%400!=0,所以第 14 行不执行。
- 第 17 行中因为 leap 为 1,所以执行第 18 行的语句,输出其为闰年。
- 利用逻辑运算能描述复杂条件的特点,可将上述程序中的第 10~14 行优化为:

```
if(( year % 4==0 && year % 100 !=0 ) || ( year % 400==0 ))
    leep=1;
```

或直接写为:

```
leep=( year % 4==0 && year % 100 !=0 ) || ( year % 400==0 );
```

微课视频

【例 5-5】 编写一程序,从键盘上输入任意两个数和一个运算符(+,-,*,/),计算其运算的结果并输出。

算法设计要点:

首先输入两个数和一个运算符号,然后根据运算符号来进行相应的运算,但是在做除法运算时,应先判别除数是否为 0,如果为 0,运算非法,给出提示信息。如果运算符号不是+、-、*、/,则同样是非法的,也应给出提示信息。其他情况,输出运算的结果。

具体程序如下:

```
1   #include <stdio.h>
2
3   int main()
4   {
5       float a, b;                              //存放两个数的变量
6       int tag=0;                               //运算合法的标志,0 合法,1 非法
7       char ch;                                 //运算符变量
8       float result;                            //运算结果变量
9
10      printf("input two number: ");            //提示输入两个数
11      scanf("%f%f", &a, &b);                   //输入两个数
12      fflush(stdin);                           //清键盘缓冲区
13      printf("input arithmetic label(+ - * /): ");  //提示输入运算符
14      scanf("%c", &ch);                        //输入运算符
15
16      switch(ch)                               //根据运算符来进行相关的运算
17      {
18          case '+': result=a+b; break;         //加法运算
19          case '-': result=a-b; break;         //减法运算
20          case '*': result=a*b; break;         //乘法运算
21          case '/': if(!b)                     //除法运算,判除数是否为 0
22                    {
23                        printf("divisor is zero!\n");  //显示除数为 0
24                        tag=1;                 //置运算非法标志
25                    }
26                    else                       //除数非 0
```

```
27                         result=a/b;                    //计算商
28                         break;
29        default:         printf("illegal arithmetic label\n");   //非法的运算符
30                         tag=1;                         //置运算非法标志
31    }
32    if(!tag)                                            //运算合法,显示运算结果
33        printf("%.2f %c %.2f=%.2f\n", a, ch, b, result);
34    return 0;
35  }
```

运行结果(假设输入的两个数为:20　30,运算符为:+):

```
input two number: 20 30↙
input arithmetic label(+ - * /): +↙
20.00+30.00=50.00
```

程序解释:
- 程序的第5行定义了两个浮点型变量a和b,用于存放要计算的两个数。
- 第6行定义一变量tag,其值用于运算合法的标志,0:合法,1:非法。
- 第7行定义一变量ch用于存放运算符。
- 第8行定义一变量result用于存放运算结果。
- 第10~14行输入计算的数据及运算符。
- 第16~31行根据运算符的类型进行相应的运算。但在做除法运算时,首先要判断除数是否为0,如果为0,则置运算非法标志,即tag置1,否则做运算(见第21~28行)。如果运算符不是+、-、*、/,则置运算非法标志,即tag置1(见第29、30行)。
- 第32、33行表示如果运算合法,则显示相应的运算结果。

 5.5 本章小结及常见错误列举

微课视频

　　C语言程序的执行部分是由语句组成的。程序的功能也是由执行语句实现的。C语言中的语句可以分为表达式语句、函数调用语句、复合语句、空语句及控制语句五类。

　　关系表达式和逻辑表达式是两种重要的表达式,主要用于条件执行的判断和循环执行的判断。

　　C语言提供了多种形式的条件语句以构成选择结构。

　　(1) if语句主要用于单向选择。

　　(2) if-else语句主要用于双向选择。

　　(3) if-else-if语句和switch语句主要用于多向选择。

　　任何一种选择结构都可以用if语句来实现,但并非所有的if语句都有等价的switch语句。switch语句只能用来实现以相等关系作为选择条件的选择结构。

　　本章主要讨论了选择结构程序设计的有关方法,重点介绍了if语句和switch语句,在

学习这两种控制语句的过程中,又接触到了一些新的 C 语言关键字,它们是:

| if | else | switch | case | default | break |

下面列举了一些在选择结构程序设计中常见的错误。

(1) 忘记必要的逻辑运算符。

例如:

```
if(a > b > c)
    ⋮
```

本意为如果 a>b 并且 b>c,由于在数学中使用 a>b>c 的形式,也就把它照搬到计算机程序中。而在 C 语言程序中,表达式 a>b>c 的求值是先求 a>b,得到一个逻辑值 0 或 1,再拿这个数与 c 进行比较,结果当然是不对的。对于这种情况,应该使用逻辑表达式,写成:

```
if(a > b && b > c)
    ⋮
```

(2) 在关系表达式中误用=来表示==。

C 语言用两个连续的赋值运算符来表示"相等"关系运算符。如果将=当作==使用,通常不会有语法错,但却隐含着不易发现的逻辑错误。

(3) 应该用复合语句时忘记写花括号{ }。

例如:

```
if(a > b)
   temp=a;
   a=b;
   b=temp;
```

由于没有写花括号,if 的影响只限于 temp=a;一条语句,而不管(a>b)是否为真,都将执行后两个赋值语句。正确的写法为:

```
if(a > b) {
   temp=a;
   a=b;
   b=temp;
}
```

(4) 在不该加分号的地方加分号。

例如:

```
if(a==b);
   c=a+b;
```

本意是如果 a 等于 b 则执行 c=a+b,但由于 if(a+b)后面跟有分号,c=a+b;在任何情况下都要执行。因为 if 后加分号相当于后跟一个空语句,这种错误是因为习惯在每行的末尾都加分号所致,正确的写法为:

```
if(a==b)
    c=a+b;
```

(5) 在 else 之前的语句丢失分号。

例如：

```
if(a > b)
    max=a        //漏了分号,正确的写法为: max=a;
else
    max=b;
```

(6) 将 && 、|| 误输入为 & 、|。

在 C 语言中，&& 是逻辑运算符，而 & 可以是位运算符，也可以是取地址运算符；|| 是逻辑运算符，而 | 是位运算符。如果将 &&、|| 误输入成 &、|，也不会有语法错误，但隐含着逻辑错误。

(7) ==、!=、<=、>= 运算符中间多了空格。

像 ==、!=、<=、>= 这些运算符虽然由两个或两个以上的字符组成，但它们是整体，构成这些运算符的字符之间不能有空格。

(8) case 子句后面的程序段中漏掉了 break 子句。

仔细比较下面两段程序，左边的程序正常，右边的程序表现异常，因为 case 子句的后面漏掉了 break 子句。

| ```
ch=getch( );
switch(ch)
{
    case  'Y' : printf("Yes\n");
              break;
    case  'N' : printf("No\n");
              break;
}
``` | ```
ch=getch( );
switch(ch)
{
    case  'Y' : printf("Yes\n");
                       //漏掉了 break;
    case  'N' : printf("No\n");
              break;
}
``` |
|---|---|

(9) case 后面跟着变量表达式。

switch 语句中，case 后面必须是常量表达式，不能是变量或变量表达式。下面的程序是错误的。

```
switch(a)
{
    case a > 0 :    printf("a > 0\n");   break;
    case a < 0 :    printf("a < 0\n");   break;
    case a==0 :    printf("a=0\n");    break;
}
```

(10) switch 后面的表达式为浮点类型。

C 语言规定，switch 后面的表达式必须是整型，不能是浮点类型。例如，下面的程序是错误的。

```
float f;
```

```
int a=4;
switch(f)
{
  case 1 : a++;  break;
  case 2 : a--;  break;
}
```

(11) if 或 switch 后面的表达式忘记了( )。

C 语言规定,if 或 switch 后面的表达式一定要加( ),否则会产生编译错。例如,下面的程序是错误的。

```
if  a>10      //漏掉了( ),应改为：if(a>10)
  b++;
```

习题 5

1. 填空题

(1) C 语言中的语句可以分为_____、_____、_____、_____、_____五类。

(2) C 语言用_____表示假,_____表示真。

(3) C 语言提供的三种逻辑运算符是_____、_____和_____。

(4) 关系运算符具有_____结合性,相同优先级的关系运算符连用时,按照_____的顺序计算表达式的值。

(5) 对于一个关系表达式的值,_____表示假,_____表示真。

(6) 对于 C 语言运算符的优先级,_____运算符优先级最高,_____运算符的优先级最低。

(7) C 语言中用于选择结构的控制语句有_____语句和_____语句两种,前者用于_____的情况,而后者用于_____的情形。

(8) 当 a=3,b=2,c=1 时,表达式 f=a>b>c 的值是_____。

(9) 当 m=2,n=1,a=1,b=2,c=3 时,执行完 d=(m=a!=b)&&(n=b>c)后;n 的值为_____,m 的值为_____。

(10) 条件"2<x<3 或 x<-10"的 C 语言表达式是_____。

(11) 若 a=6,b=4,c=2,则表达式!(a-b)+c-1&&b+c/2 的值是_____。

(12) 设 x,y,z 均为 int 型变量,请写出描述"x,y 和 z 中有两个为负数"的表达式_____。

(13) 设有变量定义：a=5,c=4;则(--a==++c)?-a : c++的值是_____,此时 c 的存储单元的值为_____。

(14) 已知 A=7.5,B=2,C=3.6,表达式 A>B&&C>A||A<B&&!C>B 的值是_____。

(15) 若 a=1,b=4,c=3,则表达式!(a<b)||!c&&1 的值是_____。

2. 选择题

(1) 有如下程序,该程序的输出结果是(　　)。

```
int main( )
{
  int x=1, a=0, b=0;
  switch( x ) {
    case 0: b++;
    case 1: a++;
    case 2: a++;  b++;
  }
  printf("a=%d, b=%d\n", a, b);
  return 0;
}
```

  A. a=2,b=1 B. a=1,b=1 C. a=1,b=0 D. a=2,b=2

(2) 若有如下程序,该程序的输出结果是(　　)。

```
int main( )
{
  float x=2.0, y;
  if(x < 0.0) y=0.0;
  else if(x < 10.0) y=1.0/x;
  else y=1.0;
  printf("%f\n", y);
  return 0;
}
```

  A. 0.000000 B. 0.250000 C. 0.500000 D. 1.000000

(3) 设有:int a=1,b=2,c=3,d=4,m=2,n=2;执行(m=a>b)&&(n=c>d)后 n 的值是(　　)。

  A. 1 B. 2 C. 3 D. 4

(4) 对 if 语句中表达式的类型,下面正确的描述是(　　)。

  A. 必须是关系表达式

  B. 必须是关系表达式或逻辑表达式

  C. 必须是关系表达式或算术表达式

  D. 可以是任意表达式

(5) 多重 if-else 语句嵌套使用时,寻找与 else 配对的 if 方法是(　　)。

  A. 缩排位置相同的 if   B. 其上最近的 if

  C. 下面最近的 if   D. 其上最近的未配对的 if

(6) 以下错误的 if 语句是(　　)。

  A. if(x>y)　z=x;

  B. if(x==y)　z=0;

  C. if(x!=y)printf("%d", x)　else　printf("%d", y);

  D. if(x<y)　{ x++;　y--; }

(7) 以下程序的输出为(　　)。

```
int main( )
{
    int a=20, b=30, c=40;
    if(a > b)   a=b;
    b=c;   c=a;
    printf("a=%d, b=%d, c=%d", a, b, c);
    return 0;
}
```

  A. a=20, b=30, c=20　　　　　　　B. a=20, b=40, c=20
  C. a=30, b=40, c=20　　　　　　　D. a=30, b=40, c=30

(8) 对于条件表达式(k)?(i++):(i--)来说,其中的表达式 k 等价于(　　)。
  A. k==0　　　B. k==1　　　C. k!=0　　　D. k!=1

(9) 下面程序运行结果为(　　)。

```
int main( )
{
    char c='a';
    if('a'< c <= 'z')   printf("LOW");
    else   printf("UP");
    return 0;
}
```

  A. LOW　　　　B. UP　　　　C. LOWUP　　　　D. 程序语法错误

(10) 对下述程序,正确的判断是(　　)。

```
int main( )
{
    int a, b;
    scanf("%d,%d", &a, &b);
    if(a > b)   a=b;   b=a;
    else   a++;   b++;
    printf("%d,%d", a, b);
    return 0;
}
```

  A. 有语法错误不能通过编译　　　　B. 若输入 4,5 则输出 5,6
  C. 若输入 5,4 则输出 4,5　　　　　　D. 若输入 5,4 则输出 5,5

(11) 逻辑运算符两侧运算对象的数据类型(　　)。
  A. 只能是 0 或 1　　　　　　　　　B. 只能是 0 或非 0 正数
  C. 只能是整型或字符型数据　　　　D. 可以是任何类型的数据

(12) 以下关于运算符优先顺序的描述中正确的是(　　)。
  A. 关系运算符<算术运算符<赋值运算符<逻辑运算符
  B. 逻辑运算符<关系运算符<算术运算符<赋值运算符
  C. 赋值运算符<逻辑运算符<关系运算符<算术运算符
  D. 算术运算符<关系运算符<赋值运算符<逻辑运算符

(13) 下列运算符中优先级最高的是(　　)。

第5章 选择结构程序设计

　　　　A. <　　　　　　　B. +　　　　　　　C. &&　　　　　　D. !=

(14) 若希望当 A 的值为奇数时,表达式的值为"真",A 的值为偶数时,表达式的值为"假",则以下不能满足要求的表达式是(　　)。

　　　　A. A%2==1　　　　　　　　B. !(A%2==0)
　　　　C. !(A%2)　　　　　　　　D. A%2

(15) 判断 char 型变量 cl 是否为小写字母的正确表达式是(　　)。

　　　　A. 'a'<=cl<='z'　　　　　　B. (cl>=a) && (cl<=z)
　　　　C. ('a'>=cl) || ('z'<=cl)　　D. (cl>='a') && (cl<='z')

(16) 已知 int x=10,y=20,z=30;以下语句执行后 x,y,z 的值是(　　)。

```
if(x > y)
    z=x; x=y; y=z;
```

　　　　A. x=10,y=20,z=30　　　　B. x=20,y=30,z=30
　　　　C. x=20,y=30,z=10　　　　D. x=20,y=30,z=20

(17) 请阅读以下程序:

```
int main( )
{
    int a=5, b=0, c=0;
    if(a=b+c)   printf(" *** \n");
    else        printf(" $ $ $\n");
    return 0;
}
```

以上程序(　　)。

　　　　A. 有语法错不能通过编译　　　B. 可以通过编译但不能通过连接
　　　　C. 输出 ***　　　　　　　　　D. 输出 $ $ $

(18) 请阅读以下程序,其运行结果是(　　)。

```
int main( )
{
    char c='A';
    if('0'<=c<='9')   printf("YES");
    else printf("NO");
    return 0;
}
```

　　　　A. YES　　　　B. NO　　　　C. YESNO　　　　D. 语句错误

(19) 当 a=1,b=3,c=5,d=4 时,执行完下面一段程序后 x 的值是(　　)。

```
if(a < b)
    if(c < d)   x=1;
    else
        if(a < c)
            if(b < d)   x=2;
            else        x=3;
        else    x=6;
```

149

else x=7;

A. 1　　　　　B. 2　　　　　C. 3　　　　　D. 6

(20) 已知 x=43, ch='A', y=0; 则表达式(x>=y&&ch<'B'&&!y)的值是( )。

A. 0　　　　　B. 语法错　　　C. 1　　　　　D. "假"

(21) 有如下程序,正确的输出结果是( )。

```
int main( )
{
    int a=15, b=21, m=0;
    switch(a % 3)
    {
        case 0: m++; break;
        case 1: m++;
            switch(b % 2)
            {
                default: m++;
                case 0: m++; break;
            }
    }
    printf("%d\n", m);
    return 0;
}
```

A. 1　　　　　B. 2　　　　　C. 3　　　　　D. 4

(22) 阅读以下程序,如果从键盘上输入5,则正确的输出结果是( )。

```
int main( )
{
    int x;
    scanf("%d", &x);
    if(x-- < 5)    printf("%d", x);
    else    printf("%d", x++);
    return 0;
}
```

A. 3　　　　　B. 4　　　　　C. 5　　　　　D. 6

(23) 若 a、b、c1、c2、x、y 均是整型变量,正确的 switch 语句是( )。

A. switch(a+b)　　　　　　　B. switch(a*a+b*b)
　　{　　　　　　　　　　　　　　{
　　　case 1: y=a+b;　break;　　　case 3;
　　　case 0: y=a-b;　break;　　　case 1: y=a+b; break;
　　　case 3: y=b-a;　break;　　　}
　　}

C. switch a　　　　　　　　　D. switch(a-b)
　　{　　　　　　　　　　　　　　{
　　　case c1: y=a-b;　break　　　default: y=a*b;　break
　　　case c2: x=a*d;　break　　　case 3: case 4: x=a+b;　break
```

150
```

```
            default: x=a+b;                          case 10: case 11: y=a-b; break;
        }                                         }
```

(24) 与 y=(x>0?1:x<0?-1:0); 的功能相同的 if 语句是(   )。

  A. if(x>0) y=1;   B. if(x)
    else if(x<0) y=-1;   if(x>0) y=1;
    else y=0;   else if(x<0) y=-1;
  C. y=-1   D. y=0;
    if(x)   if(x>=0)
    if(x>0) y=1;   if(x>0) y=1;
    else if(x==0) y=0;   else y=-1;
    else y=-1;

(25) 若有定义：float w; int a, b; 则合法的 switch 语句是(   )。

  A. switch(w){   B. switch(a){
    case 1.0:printf(" * \n");   case 1: printf(" * \n");
    case 2.0:printf(" ** \n");   case 2: printf(" ** \n");
    }   }
  C. switch(b){   D. switch(a+b);{
    case 1:printf(" * \n");   case 1: printf(" * \n");
    default:printf("\n");   case 2: printf(" ** \n");
    case a:printf(" ** \n");   default: printf("\n");
    }   }

(26) 执行以下程序段后的输出结果是(   )。

```
int w=3, z=7, x=10;
printf("%d ", x>10 ? x=100 : x-10);
printf("%d ", w++ || z++);
printf("%d ", !w > z);
printf("%d\n", w && z);
```

  A. 0 1 1 1 B. 1 1 1 1 C. 0 1 0 1 D. 0 1 0 0

(27) 以下程序的运行结果是(   )。

```
int main( )
{
  int k=4, a=3, b=2, c=1;
  printf("\n%d\n", k<a ? k : c<b ? c : a);
  return 0;
}
```

  A. 4 B. 3 C. 2 D. 1

(28) 假定 w、x、y、z、m 均为 int 型变量，有如下程序段：

```
w=1; x=2; y=3; z=4;
m=(w<x)?w : x;   m=(m<y)?m : y;   m=(m<z)?m: z;
```

则该程序运行后，m 的值是(   )。

  A. 4 B. 3 C. 2 D. 1

(29) 为表示关系 x≥y≥z,应使用 C 语言表达式（　　）。
　　A.（x＞＝y）＆＆（y＞＝z）　　　　B.（x＞＝y）AND（y＞＝z）
　　C.（x＞＝y＞＝z）　　　　　　　　D.（x＞＝y）||（y＞＝z）

(30) 以下程序的输出结果是（　　）。

```
int main( )
{
  int a=-1, b=4, k;
  k=(++a<0)&&!(b--<=0);
  printf("%d%d%d\n", k, a, b);
  return 0;
}
```

　　A. 104　　　　B. 103　　　　C. 003　　　　D. 004

3. 程序填空题

(1) 执行下面程序时,若从键盘上输入 8,则输出为 9,请填空。

```
int main( )
{
  int x;
  scanf("%d", &x);
  if(_____ > 8)
    printf("%d\n", ++x);
  else printf("%d\n", x--);
  return 0;
}
```

(2) 执行下面程序时输出为 1,请填空。

```
int main( )
{
  int a=4, b=3, c=2, d=1;
  printf("%d\n",(a < b ? a : d < c ?_____: b));
  return 0;
}
```

(3) 下面程序的功能是根据输入的百分制成绩 score,转换成相应的五分制成绩 grade 并打印输出。转换的标准为：当 90≤score≤100 时,grade 为 A；当 80≤score＜90 时,grade 为 B；当 70≤score＜80 时,grade 为 C；当 60≤score＜70 时,grade 为 D；当 score＜60 时,grade 为 E；请填空。

```
#include <stdio.h>
int main( )
{
  int score, mark;
  scanf("%d", _____);
  mark=_____;
  switch(mark) {
    default:printf("%d--E", score);
```

```
        _____
        case 10:
        case _____ :printf("%d--A", score);   break;
        case _____ :printf("%d--B", score);   break;
        case _____ :printf("%d--C", score);   break;
        case _____ :printf("%d--D", score);   break;
    }
    return 0;
}
```

(4) 以下程序是对四个数 a、b、c、d 从大到小的顺序输出,请填空。

```
#include <stdio.h>
int main( )
{
    int a, b, c, d, t;
    scanf("%d%d%d%d", &a, &b, &c, &d);
    if(a<b) {t=a; a=b; b=t;}
    if(_____){t=c; c=d; d=t;}
    if(a<c) {t=a; a=c; c=t;}
    if(_____){t=b; b=c; c=t;}
    if(b<d) {t=b; b=d; d=t;}
    if(c<d) {t=c; c=d; d=t;}
    printf("%d %d %d %d\n", a, b, c, d);
    return 0;
}
```

(5) 以下程序的功能是判断输入的年份是否是闰年,请填空。

```
#include <stdio.h>
int main( )
{
    int y, f;
    scanf("%d", &y);
    if(y%400==0) f=1;
    else if(_____) f=1;
    else _____ ;
    if(f) printf("%d is", y);
    else printf("%d is not", y);
    printf("a leap year\n");
    return 0;
}
```

(6) 输入一个字符,如果它是一个大写字母,则把它变成小写字母;如果它是一个小写字母,则把它变成大写字母;其他字符不变,请填空。

```
#include <stdio.h>
int main( )
{
    char ch;
    scanf("%c", &ch);
    if(_____) ch=ch+32;
    else if(ch>= 'a' && ch <= 'z') _____ ;
    printf("%c", ch);
    return 0;
}
```

4. 编程题

(1) 编一程序判断输入整数的正负性和奇偶性。

(2) 编程判断输入数据的符号属性。

$$\text{sign} = \begin{cases} 1 & x > 0 \\ 0 & x = 0 \\ -1 & x < 0 \end{cases}$$

输入 x,打印出 sign 的值。

(3) 输入任意三个数 num1、num2、num3,按从小到大的顺序排序输出。

(4) 在屏幕上显示一张如下所示的时间表。

```
***** Time *****
1    morning
2    afternoon
3    night
Please enter your choice:
```

操作人员根据提示进行选择,程序根据输入的时间序号显示相应的问候信息,选择 1 时显示"Good morning",选择 2 时显示"Good afternoon",选择 3 时显示"Good night",对于其他的选择显示"Selection error!",用 switch 语句编程实现。

(5) 输入一个年份和月份,打印出该月份有多少天(考虑闰年),用 switch 语句编程。

(6) 运输公司对用户计算运费。路程(以 s 表示,单位为 km)越远,每千米运费越低。标准如下:

s<250	没有折扣
250≤s<500	2%折扣
500≤s<1000	5%折扣
1000≤s<2000	8%折扣
2000≤s<3000	10%折扣
3000≤s	15%折扣

设每千米每吨货物的基本运费为 p,货物重为 w,距离为 s,折扣为 d,则总运费 f 的计算公式为:

$$f = p \times w \times s \times (1-d)$$

编一程序用于计算总运费。要求用 switch 语句来实现。

(7) 编一程序,对于给定的一个百分比制成绩,输出相应的五分制成绩。设 90 分以上为'A',80~89 分为'B',70~79 分为'C',60~69 分为'D',60 分以下为'E'(用 switch 语句实现)。

(8) 编程实现:输入一个整数,判断它能否被 3,5,7 整除,并输出以下信息之一。

- 能同时被 3,5,7 整除;
- 能被其中两个数(要指出哪两个)整除;
- 能被其中一个数(要指出哪一个)整除;
- 不能被 3,5,7 任一个整除。

第6章 循环结构程序设计

微课视频

◇ 学习意义

许多实际问题中往往需要有规律地重复某些操作,如菜谱中可以有"打鸡蛋直到泡沫状"这样的步骤,也就是说,在鸡蛋没有打成泡沫状时要反复地打。相应的操作在计算机程序中就体现为某些语句的重复执行,这就是所谓的循环。循环控制结构是结构化程序设计所采用的三种基本控制结构之一,这种结构可以使我们只写很少的语句,而让计算机反复执行,从而完成大量类同的计算。在解决某些问题时,如果不使用循环结构来控制简直是难以想象的。例如,要计算 $1+2+3+\cdots+100$,如果不用循环控制结构,则只能是一个一个地进行相加运算,这样运算的语句将多达上百条,整个程序看起来都是功能相同的语句,结构性相当差。但是,如果采用循环控制结构,程序将变得非常简单,语句量很少,整个程序结构非常清晰。循环结构和选择结构一样基本上贯穿所有的 C 语言程序之中。所以正确地掌握循环结构的程序设计方法是每一个程序员编写程序的基本功。本章将着重介绍 C 语言中循环结构程序设计的方法,特别是 while、do-while、for 几个循环控制语句的使用,并通过几个程序实例让读者更好地对循环程序设计有一个认识。

◇ 学习目标

(1) 理解循环结构的含义;
(2) 掌握 C 语言中三种循环结构的特点;
(3) 掌握 while、do-while、for、goto、break、continue 语句的使用方法;
(4) 掌握不同循环结构的选择及其转换方法;
(5) 掌握混合控制结构程序设计的方法。

◇ 难点提示

(1) 循环条件的建立及循环控制变量的设置;
(2) break、continue 子句在循环中的作用;
(3) 顺序、选择与循环三种控制结构的混合编程。

6.1 循环结构的程序设计

循环结构是程序中一种很重要的控制结构。其特点是：在给定条件成立时，反复执行某程序段，直到条件不成立为止。给定的条件称为循环条件，反复执行的程序段称为循环体。C语言提供了多种循环语句，可以组成各种不同形式的循环结构。

C语言提供了 while 语句、do-while 语句和 for 语句来实现循环结构。

6.1.1 while 语句

微课视频

while 语句是当型循环控制语句，一般形式为：

其中 while 语句的要求如下：
- while 后面的括号( )不能省。
- while 后面的表达式可以是任意类型的表达式，但一般是条件表达式或逻辑表达式。表达式的值是循环的控制条件。
- 语句部分称为循环体，当需要执行多条语句时，应使用复合语句。

其执行过程为：首先判断表达式的值是否为真(非0)，如果为真，则执行循环体内的语句，然后再判断表达式是否为真，如果为真，再执行循环体内的语句，如此循环往复，直到表达式的值为假(0)时为止(其对应的流程图如图 6-1 所示)。

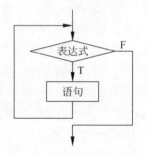

图 6-1 while 型循环流程图

【例 6-1】用 while 语句求 1~100 的累计和。

解题思路：在处理这个问题时，先分析此题的特点。

(1) 这是一个累加的问题，需要先后将 100 个数相加，要重复进行 100 次加法运算，显然可以用循环结构来实现。重复执行循环体 100 次，每次加一个数。

(2) 分析每次所加的数有无规律。发现每次累加的数是有规律的，后一个数是前一个数加 1，因此不需要每次用 scanf 语句从键盘临时输入数据，只要在加完上一个数 i 后，使 i 加 1 就可得到下一个数。

为了使思路清晰，画出传统流程图(如图 6-2 所示)和 N-S 结构流程图(如图 6-3 所示)表示算法。

具体程序如下：

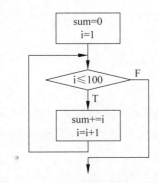

图 6-2　用 while 求累计和传统流程图

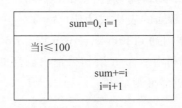

图 6-3　用 while 求累计和 N-S 流程图

```
1    #include <stdio.h>
2
3    int main( )
4    {
5      int i=1, sum=0;
6
7      while(i<=100)
8      {
9        sum+=i;
10       i++;
11     }
12     printf("sum=%d\n", sum);
13     return 0;
14   }
```

运行结果：

sum=5050

程序解释：

- 变量 sum 的作用是存放求和的中间值，变量 i 是求和过程中的加数，因此，程序一开始将 sum 赋值为 0，i 赋值为 1。这称为变量的初始化。
- 由于 i 的初始值是 1，关系表达式 i<=100 的值为真，因此要执行循环体（第 8～11 行之间的语句），将 i 的值累加到 sum 上，并且 i 的值自增 1。
- i 自增 1 后的值是 2，关系表达式 i<=100 的值仍为真，因此还要执行循环体，将 i 的值累加到 sum 上，并且 i 的值自增 1。
- 这样重复执行循环体一直到 i 的值是 100 时，将 i 的值累加到 sum 上，i 自增 1 后，i 的值是 101，i<=100 的值为假，退出 while 循环。开始执行第 12 行的 printf 函数调用，输出 sum=5050。

关于 while 语句的用法，还要注意以下几点：

(1) 如果 while 后面的表达式的值一开始就为假，循环体将一次也不执行。例如：

```
int a=0, b=0;
while(a > 0)        //a > 0 为假,b++不可能执行
    b++;
```

(2) 循环体中的语句可以为任意类型的 C 语句。

(3) 遇到下列情况,退出 while 循环。

- while 后面的表达式为假(为 0)。
- 循环体内遇到 break、return 或 goto 语句(break 和 goto 语句将在随后介绍)。

下面介绍利用 return 语句来退出循环的方法。例如,下面的程序是统计用户输入的字符个数,遇到回车符则结束。

```
int num=0;                  //字符计数
while(1)
{
    if(getche( )=='\n')     //如果输入的字符是回车符,则返回
        return 0;
    num++;
}
```

> ⚠️ **注意**:当执行循环体内的语句 return 时,它不仅要退出循环,而且还要终止 return 后面的语句的运行,将该循环所在的函数返回。所以,一般情况下,return 语句主要用于函数返回(return 语句的详细用法将在第 8 章函数中介绍)。

(4) 通常情况下,程序中会利用一个变量来控制 while 语句的表达式的值,这个变量被称为**循环控制变量**。例如,在例 6-1 中的变量 i 就是循环控制变量。在执行 while 语句之前,循环控制变量必须初始化,否则执行的结果将是不可预知的。下面的程序是用于计算 10!,但运行结果将是不可预知的,因为 i 未初始化。

```
#include <stdio.h>
int main( )
{
    int i;                  // i 应赋初始值 10
    long s=1;

    while(i>=1)
        s *=i--;
    printf("10!=%ld\n", s);
    return 0;
}
```

(5) 要在 while 语句的某处(表达式或循环体内)改变循环控制变量的值,否则极易构成死循环。下面的 while 语句便是死循环。

```
i=1;
while(i < 100)              //死循环,因为 i 的值没变化,永远小于 100
    sum+=i;
printf("sum=%d\n", sum);
```

(6) 允许 while 语句的循环体又是 while 语句,从而形成双重循环。例如,下面的程序

包含一个二重循环。

```
i=1;
while(i<=9)
{
  j=1;
  while(j<=9)
  {
    printf("%d * %d=%d\n", i, j, i*j);
    j++;
  }
  i++;
}
```

【例 6-2】 求两个正整数的最大公因子。

算法思想：我们采用 Euclid(欧几里得)算法来求最大公因子,其算法如下：

(1) 输入两个正整数 m 和 n。

(2) 用 m 除以 n,余数为 r,如果 r 等于 0,则 n 是最大公因子,算法结束,否则转(3)。

(3) 把 n 赋给 m,把 r 赋给 n,转(2)。

该算法所对应的传统流程图和 N-S 流程图分别如图 6-4 和图 6-5 所示。

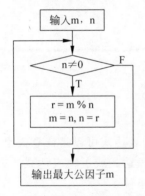 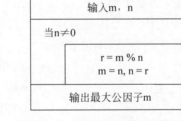

图 6-4 求最大公因子算法传统流程图　　图 6-5 求最大公因子算法 N-S 流程图

具体程序如下：

```
1   #include <stdio.h>
2
3   int main()
4   {
5     int m, n, r;
6
7     printf("Please input two positive integer: ");
8     scanf("%d%d", &m, &n);
9     while(n!=0)
10    {
11      r=m % n;        //求余数
```

```
12        m=n;
13        n=r;
14    }
15    printf("Their greatest common divisor is %d\n", m);
16    return 0;
17 }
```

运行结果(假设输入的两个正整数为：24 56)：

```
Please input two positive integer: 24 56 ↙
Their greatest common divisor is 8
```

微课视频

6.1.2 do-while 语句

在 C 语句中，直到型循环的语句是 do-while，它的一般格式为：

```
do
    语句;          ← 循环体
while(表达式);     ← 循环条件
```

其中，do-while 语句的要求如下：

- while 后面的括号( )不能省略。
- while 最后面的分号;不能省略。
- while 后面的表达式可以是任意类型的表达式，但一般是条件表达式或逻辑表达式。表达式的值是循环的控制条件。
- 语句部分称为循环体，当需要执行多条语句时，应使用复合语句。

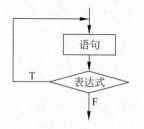

图 6-6 do-while 型循环流程图

其执行过程为：

首先执行循环体内的语句，然后才判断表达式的值是否为真(非0)，如果为真，则再执行循环体内的语句，如此循环往复，直到表达式的值为假(0)时为止(其对应的流程图如图 6-6 所示)。

⚠ **注意**：do-while 语句和 while 语句的区别在于 do-while 是先执行后判断，因此 do-while 至少要执行一次循环体。而 while 是先判断后执行，如果条件不满足，则一次也不执行循环体语句。

【例 6-3】 用 do-while 语句求 1～100 的累计和。

解题思路：与例 6-2 相似，用循环结构来处理。但题目要求用 do-while 语句来实现循环结构。其算法所对应的传统流程图和 N-S 结构流程图分别如图 6-7 和图 6-8 所示。

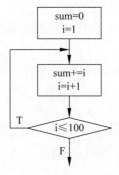
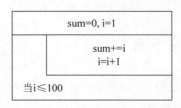

图 6-7　用 do-while 求累计和传统流程图　　图 6-8　用 do-while 求累计和 N-S 流程图

具体程序如下：

```
1   #include <stdio.h>
2
3   int main( )
4   {
5     int i=1, sum=0;
6
7     do
8     {
9       sum+=i;
10      i++;
11    } while(i<=100);
12    printf("sum=%d\n", sum);
13    return 0;
14  }
```

运行结果：

sum=5050

关于 do-while 语句的用法，还要注意以下几点：
(1) 如果 do-while 后的表达式的值一开始就为假，循环体还是要执行一次。例如：

int a=0, b=0;
do
　b++;
while(a>0);

尽管一开始 a>0 为假，但 b++ 还是要执行一次，所以最后 b 的值为 1。
(2) 在 if 语句、while 语句中，表达式后面都不能加分号，而在 do-while 语句的表达式后面则必须加分号，否则将产生语法错误。
(3) 循环体中的语句可以为任意类型的 C 语句。
(4) 和 while 语句一样，在使用 do-while 语句时，不要忘记初始化循环控制变量，否则执行的结果将是不可预知的。

（5）要在 do-while 语句的某处（表达式或循环体内）改变循环控制变量的值，否则极易构成死循环。

（6）do-while 语句也可以组成多重循环，而且也可以和 while 语句相互嵌套。

6.1.3　for 语句

微课视频

for 语句是循环控制结构中使用较广泛的一种循环控制语句，特别适合于已知循环次数的情况。它的一般格式为：

```
                    ┌──── 循环条件
for(表达式 1; 表达式 2; 表达式 3)
    语句; ◄──── 循环体
```

其中 for 语句的要求如下：

- for 后面的括号( )不能缺省。
- 表达式 1：一般为赋值表达式，给循环控制变量赋初值。
- 表达式 2：一般为关系表达式或逻辑表达式，作为循环控制条件。
- 表达式 3：一般为赋值表达式，给循环控制变量增量或减量。
- 表达式之间用分号分隔。
- 语句部分称为循环体，当需要执行多条语句时，应使用复合语句。

其执行过程为：首先求表达式 1 的值，然后判断表达式 2 是否为真（非 0），如果为真，则执行循环体语句，然后求表达式 3 的值。接下来再判断表达式 2 是否为真，如果为真，继续执行循环体语句以及求表达式 3 的值，直到表达式 2 为假为止（其对应的流程图如图 6-9 所示）。

for 语句很好地体现了正确表达循环结构应注意的三个问题：

（1）循环控制变量的初始化（表达式 1 来完成）。

（2）循环的条件（表达式 2 来完成）。

（3）循环控制变量的更新（表达式 3 来完成）。

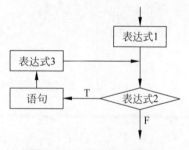
图 6-9　for 型循环流程图

【例 6-4】　用 for 语句求 1～100 的累计和。

解题思路：与例 6-2 相似，用循环结构来处理。但题目要求用 for 语句来实现循环结构。其算法所对应的流程图与图 6-2 和图 6-3 完全一样。

具体程序如下：

```
1    # include < stdio. h >
2
3    int main( )
```

```
 4    {
 5        int i, sum=0;
 6
 7        for(i=1; i<=100; i++)
 8            sum+=i;
 9        printf("sum=%d\n", sum);
10        return 0;
11    }
```

运行结果：

sum=5050

关于 for 语句的用法，还要注意以下几点：

(1) 表达式 1、表达式 2 和表达式 3 可以是任何类型的表达式。例如，这三个表达式都可以是逗号表达式，即每个表达式都可由多个表达式组成。例如，下面的程序用来计算：$1×2+3×4+5×6+\cdots+99×100$。

```
int i, j;
long sum=0;

for(i=1, j=2; i<=99; i=i+2, j=j+2)
    sum+=i*j;
printf("sum=%ld\n", sum);
```

(2) 表达式 1、表达式 2 和表达式 3 都是任选项，可以省略其中的一个、两个或全部，但用于间隔的分号一个也不能省略。例如，下面的几个程序都是求 1～100 的累计和，请比较它们之间的差异。

程 序 一	程 序 二	程 序 三

``#include <stdio.h>``
``int main( )``
``{``
`  int i, sum=0;`
`  i=1;`
`  for(; i<=100; i++)`
`    sum+=i;`
`  printf("sum=%d\n", sum);`
`  return 0;`
`}`
	``#include <stdio.h>``
	``int main( )``
	``{``
	`  int i, sum=0;`
	`  i=1;`
	`  for(; i<=100; )`
	`    sum+=i++;`
	`  printf("sum=%d\n", sum);`
	`  return 0;`
	`}`
		``#include <stdio.h>``
		``int main( )``
		``{``
		`  int i, sum=0;`
		`  i=1;`
		`  for(; ;)`
		`  {`
		`    if(i>100)  break;`
		`    sum+=i++;`
		`  }`
		`  printf("sum=%d\n", sum);`
		`  return 0;`
		`}`

省略表达式 1	省略表达式 1、3	省略表达式 1、2、3

> ⚠ **注意**：break 语句的功能是退出循环体,后面即将介绍。

(3) 如果表达式 2 为空,则相当于表达式 2 的值为真。因此,下面的程序是死循环。

```
for(a=1; ; a++)
    printf("%d\n", a);
```

(4) 程序员既可以在 for 语句前面单独初始化循环控制变量,也可以利用 for 语句中的表达式 1 初始化循环控制变量(见上面的程序一)。

(5) 程序员既可以在循环体内改变循环控制变量的值,也可以利用 for 语句中的表达式 3 改变循环控制变量的值(见上面的程序二、程序三)。

(6) 循环体中的语句可为任意类型的 C 语句。

(7) for 语句也可以组成多重循环,而且也可以和 while 语句或 do-while 语句相互嵌套。

(8) 循环体可以是空语句。例如,下面的程序是计算用户输入的字符数(当输入是回车符时统计结束)。

```
#include <stdio.h>
int main()
{
    int n=0;
    printf("input a string:\n");
    for(; getchar() != '\n'; n++);  //后面的分号表示循环体为空语句,并非表示 for 语句结束
    printf("%d", n);
    return 0;
}
```

> ❓ **【思考题 6-1】** 请问上例中 for 语句后面的分号如果省略,那么 for 循环的循环体还是空语句吗?如果不是,那么循环体语句是什么?程序的输出将是什么?

微课视频

6.1.4 循环嵌套

一个循环的循环体中有另一个循环称为循环嵌套。这种嵌套过程可以有很多重。一个循环外面仅包围一层循环称为二重循环;一个循环外面包围两层循环称为三重循环;一个循环外面包围多层循环称为多重循环。

三种循环语句 for、while、do-while 可以互相嵌套自由组合。但是在使用循环嵌套时,应注意以下几个问题:

(1) 在嵌套的各层循环中,应使用复合语句(即用一对大花括号将循环体语句括起来)保证逻辑上的正确性。

(2) 内层和外层循环控制变量不应同名,以免造成混乱。

（3）嵌套循环最好采用右缩进格式书写，以保证层次的清晰性。
（4）循环嵌套不能交叉，即在一个循环体内必须完整地包含另一个循环，如图 6-10 所示的嵌套形式都是合法的嵌套形式。

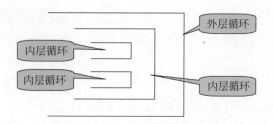

图 6-10　合法的循环嵌套形式

嵌套循环执行时，先由外层循环进入内层循环，并在内层循环终止之后接着执行外层循环，再由外层循环进入内层循环中，当外层循环全部终止时，程序结束。

【例 6-5】　嵌套循环的执行过程。

```
1    #include <stdio.h>
2
3    int main( )
4    {
5       int i, j;
6
7       for(i=1; i<=3; i++)
8       {
9          printf("i=%d: ", i);
10         for(j=1; j<=4; j++)
11            printf("j=%-4d", j);
12         printf("\n");        //控制换行
13      }
14      return 0;
15   }
```

运行结果：

i=1:	j=1	j=2	j=3	j=4
i=2:	j=1	j=2	j=3	j=4
i=3:	j=1	j=2	j=3	j=4

【思考题 6-2】　将上述程序中内层循环的控制变量 j 改成 i 后，运行结果将是什么？

6.1.5 break 与 continue 语句

有时,需要在循环体中提前跳出循环,或者在满足某种条件下,不执行循环中剩下的语句而立即从头开始新的一轮循环,这时就要用到 break 和 continue 语句。

1. break 语句

在前面学习 switch 语句时,已经接触到 break 语句,在 case 子句执行完后,通过 break 语句使控制立即跳出 switch 结构。在循环语句中,break 语句的作用是在循环体中测试到应立即结束循环时,使控制立即跳出循环结构,转而执行循环语句后面的第一条语句。break 语句对循环执行过程的影响如图 6-11 所示。

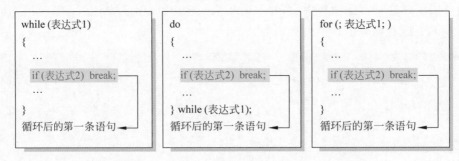

图 6-11 break 语句对循环执行过程的影响示意图

【例 6-6】 将用户输入的小写字母转换成大写字母,直到输入非小写字母字符。

解题思路:根据题目要求用户输入的小写字母可以是若干,每个都必须转换成大写字母输出,因此应采用循环结构来实现。本程序对循环条件设置为 1(即恒为真),循环看似是一个死循环,但在循环体内通过对输入字符进行判断:如果是小写字母,则将其转换为大写字母并输出,否则通过 break 语句结束循环。另外,还有以下两个问题要解决:

(1) 判断字符变量 c 为小写字母:26 个小写字母在 ASCII 码表(见附录 E)中是连续的,中间不存在其他字符,因此判别的条件表达式是 c>='a' && c<='z',当然也可以通过调用库函数 islower(c)来实现。

(2) 将字符变量 c 由小写字母转换为大写字母:26 个大写字母在 ASCII 码表中也是连续的,因此可先计算该小写字母相对于'a'的偏移量,然后再加上'A'即可,也就是 c-'a'+'A',当然也可以通过调用库函数 toupper(c)来实现。

算法实现的传统流程图和 N-S 流程图分别如图 6-12 和图 6-13 所示。

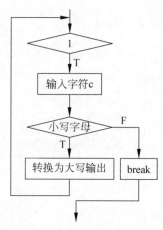 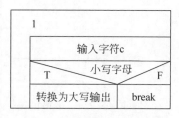

图 6-12 字母转换传统流程图　　　　图 6-13 字母转换 N-S 流程图

具体程序如下：

```
1    #include <stdio.h>
2
3    int main( )
4    {
5        char c;
6
7        while(1)
8        {
9            c=getchar( );              //读取一个字符
10           if( c >= 'a' && c <= 'z' )  //是小写字母
11               putchar(c - 'a' + 'A'); //输出其大写字母
12           else                        //不是小写字母
13               break;                  //循环退出
14       }
15       return 0;
16   }
```

运行结果（假设输入的字符序列为 howareyou）：

```
howareyou ↙
HOWAREYOU
```

在使用 break 语句时，还要注意以下几点：

（1）break 语句只能用于由 while 语句、do-while 语句或 for 语句构成的循环结构中和 switch 选择结构中。

（2）在嵌套循环的情况下，break 语句只能终止并跳出包含它的最近一层的循环体。其影响的示意图如图 6-14 所示。

（3）在嵌套循环的情况下，如果想让 break 语句跳出最外层的循环体。那么可通过设置一标志变量 tag，然后在每层循环后面加上一条语句：if(tag) break；其值为 1 表示跳出循环体，为 0 则不跳出。其影响的示意图如图 6-15 所示。

图 6-14　break 语句跳出本层循环示意图　　　图 6-15　break 语句跳出最外层循环示意图

2. continue 语句

continue 语句与 break 语句不同，当在循环体中遇到 continue 语句时，程序将跳过 continue 语句后面尚未执行的语句，开始下一次循环，即只结束本次循环的执行，并不终止整个循环的执行。continue 语句对循环执行过程的影响如图 6-16 所示。

图 6-16　continue 语句对循环执行过程的影响示意图

【例 6-7】　求输入的 10 个整数中正数的个数及其平均值。

解题思路：定义两个变量 num 和 sum（初始值均为 0），分别用于正数的计数和正数的和数，使用循环结构通过调用 scanf 函数完成 10 个整数的输入，每输入一个整数，判断是否为非正数，若是则利用 continue 语句结束本次循环，进入下一轮循环输入下一个整数，若是正数则 num 计数加 1，sum 累计求和，然后进入下一轮循环。循环结束后，输出正数的个数 num 及平均值 sum/num。

算法实现的传统流程图和 N-S 流程图分别如图 6-17 和图 6-18 所示。

具体程序如下：

```
1    #include <stdio.h>
2
3    int main( )
```

```
4    {
5        int i, a, num=0;
6        float sum=0;
7
8        for(i=0; i<10; i++)
9        {
10            scanf("%d", &a);              //输入一整数
11            if(a<=0) continue;            //如果为负,则输入下一个整数
12            num++;                         //正数个数增1
13            sum+=a;                        //正数和累加
14        }
15       printf("%d plus integer's sum: %.0f\n", num, sum);
16       printf("average value: %.2f\n", sum/num);
17       return 0;
18   }
```

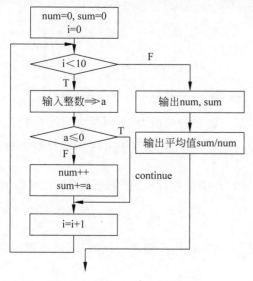

图 6-17 例 6-7 的传统流程图

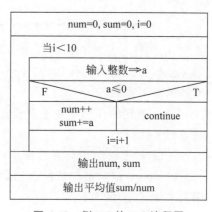

图 6-18 例 6-7 的 N-S 流程图

运行结果(假设输入的 10 个整数为：1 2 3 −4 5 −6 7 8 9 10)：

```
8 plus integer's sum: 45
average value: 5.63
```

在使用 continue 语句时,还要注意以下几点:

(1) continue 语句只能用于由 while 语句、do-while 语句或 for 语句构成的循环结构中。

(2) 在嵌套循环的情况下,continue 语句只对包含它的最内层的循环体语句起作用。其影响的示意图如图 6-19 所示。

图 6-19 continue 语句在嵌套循环中的作用示意图

6.1.6 goto 语句

微课视频

goto 语句也称为无条件转移语句,其一般格式为:

```
goto 语句标号;
    …
语句标号: …
```

或

```
语句标号: …
    …
goto 语句标号;
```

其中,语句标号是按标识符规定书写的符号,放在某一语句行的前面,标号后加冒号(:)。语句标号起标识语句的作用,与 goto 语句配合使用。C 语言不限制程序中使用标号的次数,但各标号不得重名。

goto 语句的作用是在不需要任何条件的情况下直接使程序跳转到该语句标号所标识的语句去执行。

下面给出 goto 语句在程序中的应用。

(1) goto 语句可与条件语句配合使用来实现条件转移,构成循环。例如,下面的程序是用来求 1~100 的累计和。

```
#include <stdio.h>
int main()
{
    int i=1, sum=0;

    loop:   sum+=i++;
    if(i<=100)        //如果 i 小于或等于 100
        goto loop;    //转到标号为 loop 的语句去执行
    printf("sum=%d\n", sum);
    return 0;
}
```

(2) 在嵌套循环的情况下,利用 goto 语句可以直接从最内层的循环体跳出最外层的循环体(如图 6-20 所示)。如果用 break 语句实现(如图 6-15

图 6-20 goto 语句跳出最外层循环示意图

所示),则显然要比用 goto 语句复杂。

⚠ **注意**:在结构化程序设计中一般不主张使用 goto 语句,以免造成程序流程的混乱,使理解和调试程序都产生困难。

■ 6.1.7 exit()函数

微课视频

虽然 C 语言的标准库函数 exit()不是程序控制语句,但是它和 break、continue、goto 等流程控制语句类似,可以用于控制程序的流程。具体地讲,exit()函数的作用是终止整个程序的执行,强制返回到操作系统。当程序执行必要的条件不满足时,常用到 exit()函数。调用该函数需要嵌入头文件 stdlib.h。exit()函数的一般调用形式为:

```
void exit(int status);      //应包含的.h 文件为 stdlib.h
```

参数 status 为 int 型,status 的值传给调用进程(一般为操作系统)。按照惯例,当 status 的值为 0 或为宏常量 EXIT_SUCCESS 时,表示程序正常退出;当 status 的值为非 0 或为宏常量 EXIT_FAILURE 时,表示程序出现某种错误后退出。void 表示 exit()函数没有返回值。

【例 6-8】 输入三角形的边长,求三角形面积。

程序设计分析:

由数学知识可知,求三角形面积的公式是:$\sqrt{s(s-a)(s-b)(s-c)}$,其中,a、b、c 是三角形的三个边长,$s=(a+b+c)/2$。

因此,程序中应该有三个 float 型变量用来存放 a、b、c 的值,为了方便起见,还应有一个变量存放 s,最后有必要设置一个变量用来存放三角形的面积值。公式中存在求平方根的操作,这要用到 C 语言中数学库函数 sqrt。sqrt 函数带有一个参数,它的功能是返回参数的平方根(sqrt 函数的原型参见附录 B)。程序在开始时接受用户输入的三角形的三个边长后,首先要检查这三边的合法性,如果三边中有某一边长度小于或等于 0,则终止程序的执行,同样如果 s*(s-a)*(s-b)*(s-c)为负,也要终止程序的执行。

具体程序如下:

```
1   #include <stdio.h>
2   #include <stdlib.h>
3   #include <math.h>
4
5   int main()
6   {
7       float a, b, c;
8       float s, area;
9
```

```
10      printf("input the length of three edges of triangle: ");
11      scanf("%f%f%f", &a, &b, &c);
12      if(a<=0 || b<=0 || c<=0)
13      {
14          printf("the length of three edges of triangle is error!\n");
15          exit(-1);
16      }
17      s=(a+b+c)/2;
18      s=s*(s-a)*(s-b)*(s-b);
19      if(s<0)
20      {
21          printf("the length of three edges of triangle is error!\n");
22          exit(-1);
23      }
24      area=(float)sqrt(s);
25      printf("area=%.2f\n", area);
26      return 0;
27  }
```

运行结果：

```
input the length of three edges of triangle: 3 4 5 ↙
area=6.00
input the length of three edges of triangle: 3 -4 5 ↙
the length of three edges of triangle is error!
```

微课视频

6.2 循环结构类型的选择及转换

到此，已经学习了 C 语言中三种循环控制语句 while、do-while 和 for 语句，它们分别构成三种结构的循环。下面再讨论循环结构类型选择及循环结构类型之间的相互转换这两个问题。

1. 循环结构类型的选择

同一个问题，往往既可以用 while 循环来解决，也可以用 do-while 或者 for 循环来解决，但在实际应用中，应根据具体情况来选用不同的循环结构，选用的一般原则如下：

- 如果循环次数在执行循环体之前就已确定，一般用 for 循环；如果循环次数是由循环体的执行情况确定的，一般用 while 循环或者 do-while 循环。
- 当循环体至少执行一次时，用 do-while 循环，反之，如果循环体可能一次也不执行，选用 while 循环。
- 在 while 循环和 do-while 循环选择方面，初学者应尽可能选择 while 循环，因为 while 循环执行前是先进行循环条件的判断，能够很好地把握循环的次数，安全程度要高些；而使用 do-while 循环对于初学者来说很容易出现循环次数把握不准的情况。

2. 循环结构类型之间的相互转换

尽管上面对于循环结构的选择给出了原则性指导意见，但是应注意到其实这三种循环结构彼此之间可以相互转换，如 6.1 节中分别用 while 循环、do-while 循环、for 循环来求 1～100 的累计和的例子就说明了这一点。下面再通过一个实例来说明这三种循环结构之间的转换，该程序的功能是判定某正整数是否为素数。

问题分析：

素数是指除了能被 1 和它本身整除外，不能被其他任何整数整除的数。例如，17 就是一个素数，除了 1 和 17 之外，它不能被 2～16 的任何整数整除。根据素数的这个定义，可得到判断素数的方法：把 m 作为被除数，把 i=2～(m−1) 依次作为除数，判断被除数 m 与除数 i 相除的结果，若都除不尽，即余数都不为 0，则说明 m 是素数，反之，只要有一次能除尽（余数为 0），则说明 m 存在除了 1 和它本身以外的另一个因子，它就不是素数。事实上，根本用不着除那么多次，用数学的方法可以证明：只需用 2～$\sqrt{m}$（取整数）的数去除 m，即可得到正确的判定结果。

这一思路的算法如下：

(1) 从键盘输入一正整数 m。
(2) 计算 k=$\sqrt{m}$。
(3) i 从 2 变化到 k，依次检查 m％i 是否为 0。
(4) 若 m％i 为 0，则判定 m 不是素数，并终止对其余 i 值的检验；否则，令 i=i+1；并继续对其余 i 值进行检验，直到全部检验完毕为止，这时判定 m 是素数。

算法实现的传统流程图和 N-S 流程图分别如图 6-21 和图 6-22 所示。

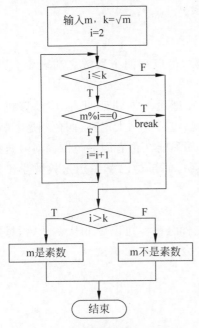

图 6-21 判定素数算法传统流程

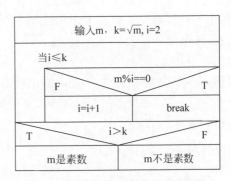

图 6-22 判定素数算法 N-S 流程图

具体程序如下：

for 循环结构	while 循环结构	do-while 循环结构
| ```c
#include <stdio.h>
#include <math.h>

int main()
{
    int m, i, k;

    printf("input a number: ");
    scanf("%d", &m);

    k=sqrt(m);
    for(i=2; i<=k; i++)
        if(m % i==0)
            break;
    if(i > k)
        printf("yes\n");
    else
        printf("no\n");
    return 0;
}
``` | ```c
#include <stdio.h>
#include <math.h>

int main()
{
    int m, i, k;

    printf("input a number: ");
    scanf("%d", &m);

    k=sqrt(m);   i=2;
    while(i<=k)
    {
        if(m % i==0)
            break;
        i++;
    }
    if(i > k)
        printf("yes\n");
    else
        printf("no\n");
    return 0;
}
``` | ```c
#include <stdio.h>
#include <math.h>

int main()
{
    int m, i, k;

    printf("input a number: ");
    scanf("%d", &m);

    k=sqrt(m);   i=2;
    do
    {
        if(m % i==0)
            break;
        i++;
    } while(i<=k);
    if(i > k)
        printf("yes\n");
    else
        printf("no\n");
    return 0;
}
``` |

6.3 循环结构程序设计举例

【例 6-9】 验证哥德巴赫猜想：任一充分大的偶数，可以用两个素数之和表示。例如，$4=2+2, 6=3+3, 98=19+79$。

哥德巴赫猜想是世界著名的数学难题，至今未能在理论上得到证明，自从计算机出现后，人们就开始用计算机去尝试解各种各样的数学难题，包括费马大定理、四色问题、哥德巴赫猜想等，虽然计算机无法从理论上严谨地证明它们，而只能在很有限的范围内对其进行检验，但也不失其意义。费马大定理已于 1994 年得到证明，而哥德巴赫猜想这枚数学王冠上的宝石，至今无人能及。

问题分析：

读入一个偶数 n，将它分成 p 和 q，使 $n=p+q$。怎样分呢？可以令 p 从 2 开始，每次加 1，而令 $q=n-p$，如果 p、q 均为素数，则正为所求，否则令 $p=p+1$ 再试。

这一思路的算法如下：

(1) 读入大于 3 的偶数 n
(2) p=1
(3) do {
(4)   p=p+1;   q=n-p;
```

(5) p 是素数吗?
(6) q 是素数吗?
(7) } while p、q 有一个不是素数
(8) 输出 n＝p＋q

为了判明 p、q 是否是素数,设置两个标志量 flagp 和 flagq,初始值为 0,若 p 是素数,令 flagp＝1,若 q 是素数,令 flagq＝1,于是第(7)步变成:

} while(flagp * flagq==0);

再来分析第(5)步、第(6)步,怎样判断一个数是不是素数呢? 按照前面介绍的判定素数的方法,于是,上述算法中的第(5)步、第(6)步可以细化如下:

第(5)步: p 是素数吗?

flagp＝1;
for(j＝2;j<＝(int)sqrt(p);j＋＋)
  if(p 除以 j 的余数==0)
    {flagp＝0; break; }

第(6)步: q 是素数吗?

flagq＝1;
for(j＝2;j<＝(int)sqrt(q); j＋＋)
  if(q 除以 j 的余数==0)
    {flagq＝0; break; }

算法实现的传统流程图和 N-S 流程图分别如图 6-23 和图 6-24 所示。

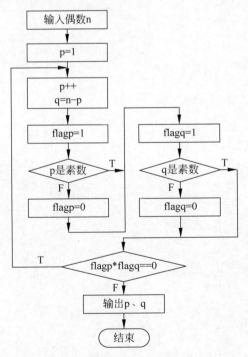

图 6-23 验证哥德巴赫猜想算法传统流程图

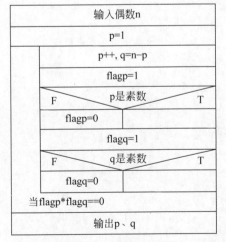

图 6-24 验证哥德巴赫猜想算法 N-S 流程图

具体程序如下：

```c
1    #include <stdio.h>
2    #include <stdlib.h>
3    #include <math.h>
4    
5    int main()
6    {
7      int i, n, p, q, flagp, flagq;
8    
9      printf("please input n: ");
10     scanf("%d", &n);                    //输入一偶数
11     if(n<4 || n%2!=0)                   //如果该数不是偶数
12     {
13       printf("input data error!\n");    //显示输入数据错
14       exit(-1);                         //程序结束
15     }
16   
17     p=1;
18     do
19     {
20       p++;
21       q=n-p;
22   
23       //判断p是否为素数
24       flagp=1;
25       for(i=2; i<=(int)sqrt(p); i++)
26       {
27         if(p%i==0)
28         {
29           flagp=0;
30           break;
31         }
32       }
33   
34       //判断q是否为素数
35       flagq=1;
36       for(i=2; i<=(int)sqrt(q); i++)
37       {
38         if(q%i==0)
39         {
40           flagq=0;
41           break;
42         }
43       }
44     } while(flagp*flagq==0);            //当p、q中有一个不为素数时继续循环
45     printf("%d=%d+ %d\n", n, p, q);     //显示结果
46     return 0;
47   }
```

运行结果:

```
please input n: 98↙
98=19+ 79
please input n: 9↙
input data error!
```

【例 6-10】 利用下面的公式求 π 的近似值,要求累加到最后一项小于 10^{-6} 为止。

$$\frac{\pi}{4} \approx 1 - \frac{1}{3} + \frac{1}{5} - \frac{1}{7} + \cdots$$

问题分析:

这是一个累加求和的问题,但这里的循环次数是预先未知的,而且累加项以正负交替的规律出现,如何解决这类问题呢?

在本例中,累加项的构成规律可用寻找累加项通式的方法得到,具体表示为 t=s/n;即累加项由分子和分母两部分组成,分子 s 按+1,-1,+1,-1,…交替变化,可用赋值语句 s=-s;实现,s 的初始值取为 1,分母 n 按 1,3,5,7,…变化,用 n=n+2;语句实现即可,n 的初始值取为 1.0。

算法实现的传统流程图和 N-S 流程图分别如图 6-25 和图 6-26 所示。

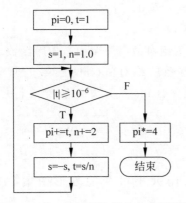

图 6-25　求 π 的近似值算法传统流程图

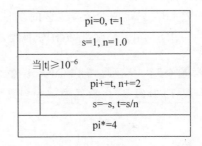

图 6-26　求 π 的近似值算法 N-S 流程图

具体程序如下:

```
1    # include < stdio. h >
2    # include < math. h >
3
4    int main( )
5    {
6       int s=1;
7       float n=1.0, t=1, pi=0;
8
9       while(fabs(t) >=1e-6)
10      {
```

```
11          pi+=t;
12          n+=2;
13          s=-s;
14          t=s/n;
15      }
16      pi*=4;
17      printf("pi=%.6f\n", pi);
18      return 0;
19  }
```

运行结果：

```
pi=3.141594
```

程序解释：

- 变量 s 表示累加项的正负号。在循环体内，每次循环都在正负之间切换一次(第 13 行)。
- 变量 pi 用来存放累加和，一开始初始化为 0(第 7 行)，最后要乘以 4(第 16 行)。
- 变量 n 初始值是 1.0，是累加项的分母值。为了计算方便，把它定义成 float 型，而不是 int 型。变量 n 是奇数，在循环体内每次增 2(第 12 行)。
- 变量 t 是累加项，每一次都要改变正负号(第 14 行)。
- 循环控制条件是 t 的绝对值小于 10^{-6}，求 t 的绝对值需要调用数学库函数 fabs。库函数 fabs 只带一个参数，它的功能是返回参数的绝对值(fabs 函数的原型见附录 B)。由于 fabs 是标准数学库函数，因此必须含有 math.h 头文件(第 2 行)。

【思考题 6-3】 请问在例 6-10 的程序中变量 n 为什么要定义成 float 型？能定义成 int 型吗？如果可以，例 6-10 的程序该如何更改？

微课视频

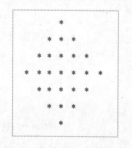

图 6-27 大小为 7 的菱形图案

【例 6-11】 打印大小可变的菱形图案，如图 6-27 所示。

问题分析：

菱形的大小 size 其实就是中间行中 * 号的个数，也是整个菱形的行数，其值必须是奇数。

问题的关键之一是如何确定每行中 * 号的个数。经过分析得知：当行数 i(假设最上面的一行为第 1 行)≤(size+1)/2 时，该行上的 * 号个数为 n=2*i−1，否则 n=2*(size−i+1)−1。

问题的关键之二是如何确定每行显示的第一个 * 号的位置，也就是显示第一个 * 号之前应显示多少个空格。经过分析得知：每行应显示的空格数为 m=(size−n)/2 个。

算法实现的传统流程图和 N-S 流程图分别如图 6-28 和图 6-29 所示。

第6章 循环结构程序设计

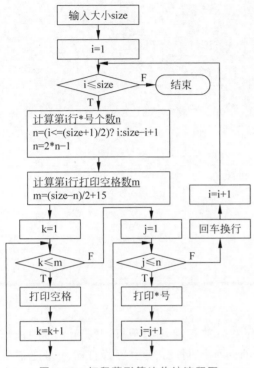

图 6-28　打印菱形算法传统流程图

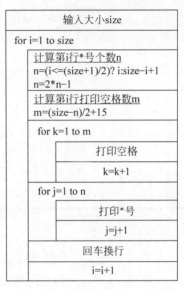

图 6-29　打印菱形算法 N-S 流程图

具体程序如下：

```
1    #include <stdio.h>
2    #include <stdlib.h>
3
4    int main()
5    {
6       int i, j, k, m, n, size;
7
8       printf("input size: ");                    //输入大小提示
9       scanf("%d", &size);                        //输入大小
10      if(size<=0 || size%2==0)                   //如果为小于或等于0的数或为偶数
11      {
12         printf("the size is error!\n");         //显示大小错误
13         exit(-1);                               //程序结束
14      }
15
16      for(i=1; i<=size; i++)                     //控制行数
17      {
18         n=(i<=(size+1)/2) ? i : size-i+1;       //每行中"*"号的个数
19         n=2*n-1;
20         m=(size-n)/2+15;                        //每行打印"*"之前应打印的空格数
21         for(k=1; k<=m; k++)                     //打印每行前面的空格
22            printf(" ");
```

179

```
23        for(j=1; j<=n;j++)      //打印每行的"*"
24          printf(" * ");
25        printf("\n");            //打印一行后,回车换行
26      }
27      return 0;
28    }
```

运行结果(假设输入的大小为7):

```
           *
         * * *
       * * * * *
     * * * * * * *
       * * * * *
         * * *
           *
```

程序解释:

- 第 6 行定义变量的含义:i 用于 for 循环的行数控制,j 用于打印每行 * 号的循环控制,k 用于打印每行 * 号之前打印空格的循环控制,m 表示每行打印 * 号之前应打印的空格数,n 表示每行应打印的 * 号个数,size 表示菱形的大小。
- 第 8 行提示用户输入大小,而第 9 行则是接受用户输入的大小到变量 size 中。
- 第 10~14 行对输入的大小进行检查,如果为负或为偶数,则显示错误提示信息,并结束程序的运行。
- 第 16 行的 for 循环用于打印 * 号的行控制,其行数为 1~size。
- 第 18~19 行计算每行应打印的 * 号个数。
- 第 20 行计算打印每行第一个 * 号之前应打印的空格个数。
- 第 21~22 行打印每行前面的空格。
- 第 23~24 行打印每行的 * 号。
- 第 25 行为一行打印完后,回车换行。

微课视频

【例 6-12】 计算用户输入的两个正整数之间的所有整数中 0,1,2,…,9 数码的个数。例如,101~104 总共包含四个整数 101,102,103,104,其中,0 的个数为 4,1 的个数为 5,2、3、4 的个数都为 1,其余数码没出现其个数都为 0。

问题分析:

问题的关键是要计算某整数中包含的各个数码的个数,必须对该整数进行分解,求得所包含的各个数码,其方法可以通过每次除以 10 取余数得到,然后再对商进行同样的处理,直到商为 0 时为止。对所得到的数码进行计数,可采用 switch 语句来实现。

算法实现的流程图如图 6-30 所示。

第6章 循环结构程序设计

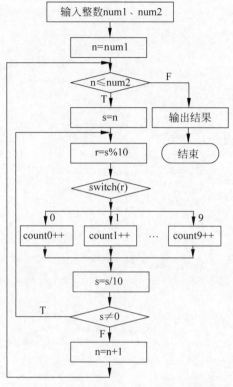

图 6-30 计算数码个数算法流程图

具体程序如下：

```
1    #include <stdio.h>
2    #include <stdlib.h>
3
4    int main( )
5    {
6       int num1, num2;
7       int n, s, r;
8       int count0=0, count1=0, count2=0, count3=0, count4=0;
9       int count5=0, count6=0, count7=0, count8=0, count9=0;
10
11      printf("input two integer: ");
12      scanf("%d%d", &num1, &num2);
13      if(num1 < 0 || num2 < 0 || num1 > num2)
14      {
15         printf("input error!\n");
16         exit(-1);
17      }
18
19      for(n=num1; n<=num2; n++)
20      {
21         s=n;
22         do
```

```
23        {
24            r = s % 10;
25            switch(r)
26            {
27                case 0: count0++;    break;
28                case 1: count1++;    break;
29                case 2: count2++;    break;
30                case 3: count3++;    break;
31                case 4: count4++;    break;
32                case 5: count5++;    break;
33                case 6: count6++;    break;
34                case 7: count7++;    break;
35                case 8: count8++;    break;
36                case 9: count9++;    break;
37            }
38            s = s / 10;
39        } while(s != 0);
40    }
41
42    printf("0--%-4d   1--%-4d   2--%-4d   3--%-4d\n",
43            count0, count1, count2, count3);
44    printf("4--%-4d   5--%-4d   6--%-4d   7--%-4d\n",
45            count4, count5, count6, count7);
46    printf("8--%-4d   9--%-4d\n", count8, count9);
47    return 0;
48 }
```

运行结果：

```
input two integer: 1500 3000↙
0—403    1—900    2—1400   3—401
4—400    5—500    6—500    7—500
8—500    9—500
```

程序解释：

- 第 6 行定义了两个整型变量 num1、num2 用于存放用户输入的两个整数。
- 第 7 行变量 n 用于控制外循环的次数；s 存放商，每次循环时将 n 赋值给 s（第 21 行）；r 存放除以 10 后的余数（第 24 行）。
- 第 8、9 行定义了用于对数码计数的变量 count0～count9，分别对 0～9 十个数码计数。
- 第 11～17 行接收用户输入的两个正整数，分别存放在 num1 和 num2 中，如果其中有小于 0 的数或 num1 小于 num2 则给出输入数据错信息，并结束程序。
- 第 19～40 行中 for 循环是控制循环的次数，对其中的每个整数利用前面介绍的方法通过 do-while 循环求得各个数码，并通过 switch 语句对各个数码进行计数。
- 第 42～46 行输出统计的结果。

6.4 本章小结及常见错误列举

微课视频

本章主要讨论了循环结构程序设计的有关方法,重点介绍了与 C 语言三种循环控制结构有关的 while 语句、do-while 语句及 for 语句,在学习这三种循环控制语句的过程中,我们又接触到了一些新的 C 语言关键字,它们是:

| while | do | for | goto | break | continue |

C 语言提供了三种循环语句。
- for 语句主要适用于循环次数确定的循环结构。
- 循环次数及循环控制条件要在循环过程中才能确定的循环可用 while 或 do-while 语句。
- 三种循环语句可以相互嵌套组成多重循环,循环之间可以并列但不能交叉。
- 三种循环结构可以相互转换。
- 可用转移语句把流程转出循环体外,但不能从外面转向循环体内。
- 在循环程序中应避免出现死循环,即应保证循环控制变量的值在运行过程中可以得到修改,并使循环条件逐步变为假,从而结束循环。

break、continue 和 goto 语句都可用于流程控制。其中,break 语句用于退出 switch 或一层循环结构,continue 语句用于结束本次循环,继续执行下一次循环,goto 语句无条件转移到标号所标识的语句处去执行。当程序需要退出多重循环时,用 goto 语句比用 break 语句更直接方便;当需要结束程序运行时,可以调用 exit( )函数来实现。

下面列举了一些在循环结构程序设计中常见的错误。

(1) 误把=作为等号使用。

这与条件语句中的情况一样,例如:

```
while(x=1)
{ … }
```

这是一个条件恒真的循环(即死循环)。正确的写法为:

```
while(x==1)
{ … }
```

(2) 忘记用花括号括起循环体中的多个语句。

例如:

```
while(i<=10)
  printf("%d", i);
  i++;
```

由于没有花括号,循环体只剩下 printf("%d", i);一条语句。正确的写法为:

```
while(i<=10) {
```

```
    printf("%d", i);
    i++;
}
```

(3) 在不该加分号的地方加了分号。

例如：

```
for( i=1; i<=10; i++);
    sum+=i;
```

由于 for 后加了一个分号，表示循环体只有一个空语句，而 sum+=i;与循环无关。正确的写法为：

```
for( i=1; i<=10; i++)
    sum+=i;
```

(4) 由于循环控制变量的值没有改变而造成死循环。

例如：

```
i=1;
while(i<=10)
    sum+=i;
```

由于循环控制变量 i 没有改变，所以 i<=10 永远为真，循环将一直延续下去。正确的写法为：

```
i=1;
while(i<=10)
    sum+=i++;
```

(5) 由于循环控制变量的值改变的方向不对而造成死循环。

例如：

```
short i=1;
while(i>=0)
    sum+=i++;
```

i 开始就大于 0，而以后每次都增加 i 的值，使条件 i>=0 总是成立，直到 i 的值为 32767 加 1，超越正数的表示范围而得到负值才结束，这时的结果肯定与希望的不同。

(6) 循环条件被跳过而造成死循环。

例如：

```
for(i=1; i!=10; i+=2)
    ...
```

由于 i 的值每次增加 2，所以取值为 1,3,5,7,9,11,…把 10 跳过去了，正确的写法为：

```
for(i=1; i<=10; i+=2)
    ...
```

当 i 的值超过 10 时循环就结束了。

(7) 不初始化循环控制变量就进入循环体。

第6章 循环结构程序设计

下面的程序由于没有对循环控制变量 a 进行初始化就进入循环,执行结果将是不可预知的。

```c
int main( )
{
  int a, sum=0;
  do
  {
    sum+=a;
    a++;
  } while(a < 100);
  printf("sum=%d\n", sum);
  return 0;
}
```

(8) 在 do-while 循环中,while 后面忘记了分号。

在 do-while 循环语句的后面一定要加分号,否则会造成编译错。例如:

```c
a=1; sum=0;
do
{
  sum+=a;
  a++;
} while(a <=10)        //后面漏掉了分号;
```

(9) 忽视了 while 和 do-while 语句在细节上的区别。

例如,下面的两个程序:

```c
int main( )
{
  int a=0, i;
  scanf("%d", &i);
  while(i <=10)
  {
    a=a+ i;
    i++;
  }
  printf("%d", a);
  return 0;
}
```

```c
int main( )
{
  int a=0, i;
  scanf("%d", &i);
  do
  {
    a=a+ i;
    i++;
  } while( i <=10 );
  printf("%d", a);
```

```
        return 0;
}
```

可以看到,当 i≤10 时,二者得到的结果相同。而当 i>10 时,二者结果就不同了。因为 while 循环是先判断后执行,而 do-while 循环是先执行后判断。对于大于 10 的数,while 循环一次也不执行循环体,而 do-while 语句则要执行一次循环体。

习题 6

1. 填空题

(1) C 语言中实现循环结构的控制语句有_____语句、_____语句和_____语句。

(2) 当循环体内遇到_____、_____或_____语句时,将退出循环。

(3) do-while 语句和 while 语句的区别在于_____。

(4) break 语句在循环体中的作用是_____,continue 语句在循环体中的作用是_____。

(5) goto 语句可与_____语句配合使用,构成循环。

(6) 如果循环次数在执行循环体之前就已确定,一般用_____循环;如果循环次数是由循环体的执行情况确定,一般用_____循环或者_____循环。当循环至少执行一次时,用_____循环,反之,如果循环体可能一次也不执行,选用_____循环。

(7) 在嵌套循环的情况下,利用_____语句可以直接从最内层的循环体跳出最外层的循环体。

(8) 在执行语句 for(i=0;i++<1001;);后变量 i 的值是_____。

(9) 设 i,j,k 均为 int 型变量,则执行完 for(i=0,j=10;i<=j;i++,j--) k=i+j;后,k 的值为_____。

(10) 已知 int a=10,b=0;do { b+=2;a-=2+b; } while(a>=0);则该程序段中循环体的执行次数是_____。

2. 选择题

(1) 若 i 为整型变量,则以下循环执行次数是(   )。

for(i=2;i!=0;)   printf("%d", i--);

A. 无限次　　　　　B. 0 次　　　　　C. 1 次　　　　　D. 2 次

(2) 下面程序的功能是把 316 表示为两个加数的和,使两个加数分别能被 13 和 11 整除,请选择填空。

```
#include <stdio.h>
int main( )
{
```

```
    int i=0, j, k;
    do{ i++; k=316-13*i; } while(_____);
    j=k / 11;
    printf("316=13 * %d+ 11 * %d", i, j);
    return 0;
}
```

  A. k/11   B. k％11   C. k/11==0   D. k％11==0

（3）下面程序的运行结果是(　　)。

```
#include <stdio.h>
int main()
{
    int y=10;
    do{ y--; } while(--y);
    printf("%d\n", y--);
    return 0;
}
```

  A. -1   B. 1   C. 8   D. 0

（4）若运行以下程序时，从键盘输入ADescriptor↙(↙表示回车)，则下面程序的运行结果是(　　)。

```
#include <stdio.h>
int main()
{
    char c;
    int v0=0, v1=0, v2=0;
    do {
        switch(c=getchar()) {
            case 'a' : case 'A' :
            case 'e' : case 'E' :
            case 'i' : case 'I' :
            case 'o' : case 'O' :
            case 'u' : case 'U' : v1+=1;
            default: v0+=1; v2+=1;
        }
    } while(c != '\n');
    printf("v0=%d, v1=%d, v2=%d\n", v0, v1, v2);
    return 0;
}
```

  A. v0=7, v1=4, v2=7   B. v0=8, v1=4, v2=8
  C. v0=11, v1=4, v2=11   D. v0=12, v1=4, v2=12

（5）下面程序的运行结果是(　　)。

```
#include <stdio.h>
int main()
{
    int a=1, b=10;
    do
```

```
{ b -=a; a++; } while(b-- < 0);
printf("a=%d, b=%d\n", a, b);
return 0;
}
```

  A. a=3, b=11 B. a=2, b=8 C. a=1, b=-1 D. a=4, b=9

（6）设有程序段：

```
int k=10;
while(k=0)   k=k-1;
```

则下面描述中正确的是（ ）。

  A. while 循环执行 10 次   B. 循环是无限循环
  C. 循环体语句一次也不执行 D. 循环体语句执行一次

（7）设有以下程序段

```
int x=0, s=0;
while(!x !=0)   s+=++x;
printf("%d", s);
```

则（ ）。

  A. 运行程序段后输出 0   B. 运行程序段后输出 1
  C. 程序段中的控制表达式是非法的 D. 程序段执行无限次

（8）语句 while(!E);中的表达式!E 等价于（ ）。

  A. E==0 B. E!=1 C. E!=0 D. E==1

（9）下面程序段的运行结果是（ ）。

```
a=1; b=2; c=2;
while(a < b < c)   { t=a; a=b; b=t; c--; }
printf("%d, %d, %d", a, b, c);
```

  A. 1, 2, 0 B. 2, 1, 0 C. 1, 2, 1 D. 2, 1, 1

（10）下面程序段的运行结果是（ ）。

```
x=y=0;
while(x < 15)   y++, x+=++y;
printf("%d, %d", y, x);
```

  A. 20, 7 B. 6,12 C. 20, 8 D. 8, 20

（11）对 for(表达式 1; ;表达式 3)可理解为（ ）。

  A. for(表达式 1;0;表达式 3) B. for(表达式 1;1;表达式 3)
  C. for(表达式 1;表达式 1;表达式 3) D. for(表达式 1;表达式 1;表达式 3)

（12）以下程序段（ ）。

```
x=-1;
do{ x=x*x; } while(!x);
```

  A. 是死循环   B. 循环执行两次
  C. 循环执行一次 D. 有语法错误

(13) 以下 for 循环的执行次数是（　　）。

for(x=0, y=0;(y=123)&&(x<4); x++);

　　A. 是无限循环　　B. 循环次数不定　　C. 4 次　　　　D. 3 次

(14) 以下不是无限循环的语句为（　　）。

　　A. for(y=0, x=1; x>++y; x=i++)　i=x;
　　B. for(; ; x++=i);
　　C. while(1){ x++;}
　　D. for(i=10; ; i--)　sum+=i;

(15) 下面有关 for 循环的正确描述是（　　）。

　　A. for 循环只能用于循环次数已经确定的情况
　　B. for 循环是先执行循环体语句，后判断表达式
　　C. 在 for 循环中，不能用 break 语句跳出循环体
　　D. for 循环的循环体语句中，可以包含多条语句，但必须用花括号括起来

(16) 设有程序段：

t=0;
while(printf("*")) { t++;　if(t<3)　break; }

下面描述正确的是（　　）。

　　A. 其中循环控制表达式与 0 等价　　B. 其中循环控制表达式与 '0' 等价
　　C. 其中循环控制表达式是不合法的　　D. 以上说法都不对

(17) 以下描述中正确的是（　　）。

　　A. 由于 do-while 循环中循环体语句只能是一条可执行语句，所以循环体内不能使用复合语句
　　B. do-while 循环由 do 开始，用 while 结束，在 while(表达式)后面不能写分号
　　C. 在 do-while 循环体中，一定要有能使 while 后面表达式的值变为零（"假"）的操作
　　D. do-while 循环中，根据情况可以省略 while

(18) 有以下程序段：

int n=0, p;
do{ scanf("%d", &p); n++; } while(p!=12345 && n<3);

此处 do-while 循环的结束条件是（　　）。

　　A. p 的值不等于 12345 并且 n 的值小于 3
　　B. p 的值等于 12345 并且 n 的值大于或等于 3
　　C. p 的值不等于 12345 或者 n 的值小于 3
　　D. p 的值等于 12345 或者 n 的值大于或等于 3

(19) 以下程序的输出结果是（　　）。

int main( )
{

```
int a, b;
for(a=1, b=1; a<=100; a++)
{
   if(b>=10)  break;
   if(b % 3==1)  { b+=3;  continue; }
}
printf("%d\n", a);
return 0;
}
```

    A. 101   B. 6   C. 5   D. 4

（20）以下程序中，while 循环的循环次数是（　　）。

```
int i=0;
while(i<10)
{
   if(i<1)  continue;
   if(i==5)  break;
   i++;
}
```

    A. 1   B. 10
    C. 6   D. 死循环，不能确定次数

（21）C 语言中 while 和 do-while 循环的主要区别是（　　）。

    A. do-while 的循环体至少无条件执行一次

    B. while 的循环控制条件比 do-while 的循环控制条件严格

    C. do-while 允许从外部转到循环体内

    D. do-while 的循环体不能是复合语句

（22）下面程序的运行结果是（　　）。

```
#include <stdio.h>
int main()
{
   int k=0;  char c='A';
   do
   {
      switch(c++)
      {
         case 'A': k++;      break;
         case 'B': k--;
         case 'C': k+=2;     break;
         case 'D': k=k%2;    continue;
         case 'E': k=k*10;   break;
         default: k=k/3;
      }
      k++;
   } while(c<'G');
   printf("k=%d\n", k);
   return 0;
}
```

}

  A. k=3   B. k=4   C. k=2   D. k=0

(23) 以下正确的描述是(　　)。

  A. continue 语句的作用是结束整个循环的执行

  B. 只能在循环体内和 switch 语句体内使用 break 语句

  C. 在循环体内使用 break 语句或 continue 语句的作用相同

  D. 从多层循环嵌套中退出时，只能使用 goto 语句

(24) 若有如下语句：

int x=3;　do { printf("%d\n", x-=2); } while(!(--x));

则上面程序段(　　)。

  A. 输出的是 1   B. 输出的是 1 和-2

  C. 输出的是 3 和 0   D. 是死循环

(25) 以下程序段的输出结果是(　　)。

```
int k, j, s;
for(k=2; k<6; k++,k++)
{
  s=1;
  for(j=k; j<6;j++)   s+=j;
}
printf("%d\n", s);
```

  A. 9   B. 1   C. 11   D. 10

(26) 执行语句 for(i=1; i++<4;); 后变量 i 的值是(　　)。

  A. 3   B. 4   C. 5   D. 不定

(27) 以下程序的输出结果是(　　)。

```
#include <stdio.h>
int main()
{
  int n=4;
  while(n--) printf("%d ", --n);
  return 0;
}
```

  A. 2 0   B. 3 1   C. 3 2 1   D. 2 1 0

(28) 下面程序段的运行结果是(　　)。

```
for(y=1; y<10; )   y=((x=3*y, x+1), x-1);
printf("x=%d,y=%d", x, y);
```

  A. x=27,y=27   B. x=12,y=13   C. x=15,y=14   D. x=y=27

(29) 下面程序段的运行结果是(　　)。

```
#include <stdio.h>
int main()
```

```
{
  int i, j, a=0;
  for(i=0; i<2; i++)
  {
    for(j=0; j<4; j++)
    {
      if(j%2) break;
      a++;
    }
    a++;
  }
  printf("%d\n", a);
  return 0;
}
```

  A. 4   B. 5   C. 6   D. 7

（30）下面程序段的运行结果是（　　）。

```
int n=0;
while(n++<=2);   printf("%d", n);
```

  A. 2   B. 3   C. 4   D. 有语法错

3. 程序填空题

（1）下面程序段是从键盘输入的字符中统计数字字符的个数,用换行符结束循环,请填空。

```
int n=0, c;
c=getchar( );
while(_____)
{
  if( _____ )  n++;
  c=getchar( );
}
```

（2）下面程序的功能是：输出 100 以内能被 3 整除且个位数为 6 的所有整数,请填空。

```
#include <stdio.h>
int main( )
{
  int i, j;
  for(i=0; _____; i++)
  {
    j=i*10+6;
    if(_____)   continue;
    printf("%d", j);
  }
  return 0;
}
```

（3）下面程序的功能是：求 Fibonacci(斐波纳契)数列的前 40 个数,并按照 4 列一行输出(Fibonacci 数列有如下特点：第 1、2 个数都是 1，从第 3 个数开始，每个数都是前面两个数的和)，请填空。

```
#include <stdio.h>
int main()
{
    long f1=1, f2=1;
    int i;
    for(i=1; i<=20; i++)
    {
        printf("%-12d%-12d", f1, f2);
        if(_____)  printf("\n");
        f1=_____;
        f2=_____;
    }
    return 0;
}
```

(4) 下面程序是统计正整数的各位数字中零的个数，并求各位数字中的最大者，请填空。

```
#include <stdio.h>
int main()
{
    int n, count, max, t;
    count=max=0;
    scanf("%d", &n);
    do
    {
        t=_____;
        if(t==0)  ++count;
        else if(max<t) _____;
        n/=10;
    } while(n);
    printf("count=%d, max=%d", count, max);
    return 0;
}
```

(5) 下面程序的功能是用"辗转相除法"求两个正整数的最大公约数，请填空。

```
#include <stdio.h>
int main()
{
    int r, m, n;
    scanf("%d%d", &m, &n);
    if(m<n) _____;
    r=m%n;
    while(r) { m=n; n=r; r=_____; }
    printf("%d\n", n);
    return 0;
}
```

(6) 下面程序的功能是计算 100～1000 有多少个数其各位数字之和是 5，请填空。

```
#include <stdio.h>
int main( )
{
    int i, s, k, count=0;
    for(i=100; i<=1000; i++)
    {
        s=0; k=i;
        while(_____) { s=s+k%10;   k=_____; }
        if(s!=5) _____;
        else count++;
    }
    return 0;
}
```

4. 编程题

(1) 编程计算 $2+4+6+\cdots+98+100$ 的值。

(2) 编程计算 $1\times2\times3+3\times4\times5+\cdots+99\times100\times101$ 的值。

(3) 编程计算 $1!+2!+3!+\cdots+10!$ 的值。

(4) 编程计算 $a+aa+aaa+\cdots+aa\cdots a$(n 个 a)的值，n 和 a 的值由键盘输入。

(5) 利用 $\dfrac{\pi}{2}\approx\dfrac{2}{1}\times\dfrac{2}{3}\times\dfrac{4}{3}\times\dfrac{4}{5}\times\dfrac{6}{5}\times\dfrac{6}{7}\times\cdots$ 前 100 项之积计算 π 的值。

(6) 利用泰勒级数 $\sin(x)\approx x-\dfrac{x^3}{3!}+\dfrac{x^5}{5!}-\dfrac{x^7}{7!}+\dfrac{x^9}{9!}-\cdots$，计算 $\sin(x)$ 的值。要求最后一项的绝对值小于 10^{-5}，并统计出此时累计了多少项。

(7) 编写程序计算当 $x=0.5$ 时下述级数和的近似值，使其误差小于某一个指定的值 epsilon(例如，epsilon=0.000001)。

$$s(x)=x-\dfrac{x^3}{3\times1!}+\dfrac{x^5}{5\times2!}-\dfrac{x^7}{7\times3!}+\cdots(-1)^n\dfrac{x^{2n+1}}{(2n+1)\times n!}+\cdots$$

(8) 打印所有的"水仙花数"。所谓"水仙花数"是指一个三位数，其各位数字的立方和等于该数本身。例如，153 是"水仙花数"，因为 $153=1^3+3^3+5^3$。

(9) 从键盘上任意输入一个整数 x，编程计算 x 的每一位数字相加之和(忽略整数前的正负号)。例如，输入 x 为 1234，则由 1234 分离出 1、2、3、4 四个数字，然后计算 $1+2+3+4=10$，并输出 10。

(10) 从键盘上输入任意正整数，编程判断该数是否为回文数。所谓回文数就是从左到右读这个数与从右到左读这个数是一样的。例如，12321、4004 都是回文数。

(11) 用 1 元 5 角钱人民币兑换 5 分、2 分和 1 分的硬币(每一种都要有)共 100 枚，问共有几种兑换方案？每种方案各换多少枚？

(12) 某学校有 4 位同学中的一位做了好事，不留名，表扬信来了之后，校长问这 4 位是谁做的好事。4 位同学的回答分别如下。

A 说：不是我。

B说：是C。
C说：是D。
D说：他胡说。
已知3位同学说的是真话，一位同学说的是假话。现在问做好事者到底是谁？

(13) 编程打印如下图案。

(14) 输入一行字母，或者用原文输出，或者将字母加密输出（如'a'变成'c'，'b'变成'd'，…，'z'变成'b'）。用♯define命令控制是否要译成密码输出。

(15) 编程将一个正整数分解质因数。例如，输入90打印出90＝2*3*3*5。

(16) 用迭代法求$x=\sqrt{a}$。求平方根的迭代公式为：

$$x_{n+1}=\frac{1}{2}\left(x_n+\frac{a}{x_n}\right)$$

要求前后两次求出的x的差的绝对值小于10^{-5}。

(17) 用牛顿迭代法求方程$2x^3-4x^2+3x-6=0$在1.5附近的根。

(18) 用二分法求方程$2x^3-4x^2+3x-6=0$在$(-10,10)$的根。

第7章 数组

微课视频

◇ 学习意义

到目前为止，本书已经讨论了 C 语言中的基本数据类型，如果用基本数据类型来定义某些变量，那么这些变量在内存中将占用各自的内存单元，变量之间的制约关系无法体现，不能表现出这些变量之间的关联性，看不出它们之间有任何的联系，我们把这些变量称为"离散变量"，对它们的访问只能通过变量名逐一进行，试想一想如果要对 100 个整数按照从小到大进行排序，那岂不要定义 100 个整型变量来分别存放这 100 个整数，然后再对这些变量的值进行比较、交换等操作，其复杂程度是无法想象的。难道 C 语言就没有一种好的数据类型来表示这些数吗？答案是肯定的，这就是 C 语言提供的一种简单的构造数据类型——数组。数组是一组同类型的数据项的有序集合，其中每个数据项称为"数组元素"，这些数组元素的数据类型称为数组的"基类型"，而且这些数组元素按顺序存放在一片连续的存储单元中，数组对象整体有一个名称，这个名称称为"数组名"，通过数组名和整数表示的下标可以表示相应的数组单元中的数组元素。因此解决 100 个整数的排序问题，可以定义含有 100 个元素的整型数组，每个数组元素用于存储一个整数，然后通过循环对数组元素进行排序，这样一来排序问题就变得非常简单，所以掌握数组的使用方法是学好 C 语言的基本功，程序中定义数组其实就是为了实现将"离散变量"变成"连续变量（变量内存单元连续）"，并能利用循环使得程序处理简单化。因为"离散变量"的处理是无法使用循环的，程序处理起来相当复杂，甚至无法使问题得以解决。通过本章的学习，不仅要了解 C 语言中数组的定义和引用，更重要的是掌握如何用数组来解决一系列问题的方法和技巧。

◇ 学习目标

(1) 理解数组变量在内存中的存放形式；
(2) 掌握一维数组和二维数组变量的定义和数组元素的引用；
(3) 掌握字符串与字符数组的区别；
(4) 掌握各种字符串库函数的用法。

◇ 难点提示

(1) 利用数组进行排序的方法；
(2) 二维数组的理解；
(3) 字符串数组的定义与应用。

7.1 一维数组

仅用一个下标编号即可确定指定数组元素的数组就是**一维数组**,而需要有一个以上的下标编号才可确定指定数组元素的数组称为**多维数组**。

7.1.1 一维数组的定义和引用

微课视频

1. 一维数组的定义

一维数组的定义形式表示如下。

[存储类型符]　数据类型符　数组变量名[整型常量表达式];

定义说明如下:
- 存储类型符表示数组中各元素的存储类别,这将在第 8 章说明,可省略。
- 数据类型符表示数组元素的数据类型,可以是任何数据类型。例如,int 型、float 型、char 型以及后面章节中将要介绍的指针、结构体或联合体类型等。
- 数组变量名其命名规则与变量名相同,要符合 C 语言标识符的命名规则。它表示数组在内存中的起始地址,也是数组第一个数组元素在内存中的地址。
- 数组变量名后面的"[ ]"是数组的标志。"[ ]"中间必须是整型常量或整型常量表达式;它决定了数组中数组元素的个数,也称为数组的长度,它必须是一个固定的值。
- 最后用分号结尾。

例如,下面给出了几种不同数据类型的数组定义:

```
#define  N  5
int a[10];              //定义了有 10 个数据元素的 int 型数组 a
float f[20];            //定义了有 20 个数据元素的 float 型数组 f
char str1[10], str2[20];//定义了有 10 个和 20 个数据元素的 char 型数组 str1 和 str2
short b[2*5+N];         //定义了有 15 个数据元素的 short 型数组 b
```

关于一维数组定义的几点说明:

(1) 数组定义时,必须指定数组的大小(或长度),数组大小必须是整型常量表达式,不能是变量或变量表达式。

例如,下面对数组的定义是错误的。

```
int n=10;
int a[n];           //数组的大小不能是变量
int b[10.3];        //数组的大小不能是浮点常量
int c[n+10];        //数组的大小不能是变量表达式
```

(2) 数组定义后,系统将给其分配一定大小的内存单元,其所占内存单元的大小与数组元素的类型和数组的长度有关。计算数组所占内存单元的字节数的公式如下:

数组所占内存单元的字节数 = 数组大小 × sizeof(数组元素类型)

例如，short int a[20]；则数组 a 所占内存单元的大小为：$20 \times sizeof(short) = 20 \times 2 = 40$(字节)。

(3) 数组中每个数组元素的类型均相同，它们占用内存中连续的存储单元，其中第一个数组元素的地址是整个数组所占内存块的低地址，也是数组所占内存块的首地址，最后一个数组元素的地址是整个数组所占内存块的高地址(末地址)。

2. 一维数组的引用

C 语言规定，数组是一种数据单元的序列，不能直接存取整个数组，只能引用数组中的各个数据单元。引用数据单元的格式为：

数组变量名[下标]

其中，下标可以是整型常量、整型变量或整型表达式。C 语言规定，下标的最小值是 0，最大值则是数组大小减 1。

例如，short int a[10]；则系统将为该数组 a 分配 10 个 short 型单元(每单元 2 字节)的内存块，其中数组的第一个元素是 a[0]，第二个元素是 a[1]，…，第 10 个元素是 a[9]。假设数组 a 所占内存单元的首地址为 2000，则数组变量 a 在内存中的存放形式如图 7-1 所示。

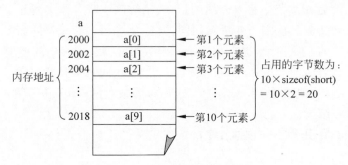

图 7-1 数组 a 的内存映像

数组定义以后，数组中的每一个元素其实就相当于一个变量，所以有时也把数组元素称为下标变量。对变量的一切操作同样也适合于数组元素。例如：

a[0]=2；   //将数组 a 的第 1 个元素赋值为 2
a[1]=4；   //将数组 a 的第 2 个元素赋值为 4
a[2]=a[0]+a[1]；   //将数组 a 的第 1 个元素的值与第 2 个元素的值相加赋给第 3 个元素(值为 6)

> ⚠ **注意**：数组的定义与数组的引用形式上非常类似，但它们的含义却完全不同，要注意二者的差异。数组的定义前面一定带有数据类型符，而数组的引用则不带数据类型符。
>
> 例如：
>
> int a[10]；   //定义具有 10 个数据元素的 int 型数组
> int x=a[8]；   //对数组 a 的第 9 个数据元素进行引用

实际上，我们在引用数组单元时用到了下标运算符[ ]，它是优先级最高的运算符之一。在使用该运算符引用数组元素时，一个特别要注意的问题是，程序员必须要确保下标合法不会越界;C系统会根据以下的公式,用下标值计算出要引用的"存储单元的有效地址"。

有效地址＝数组的起始地址＋下标 × sizeof(数组元素类型)

计算出有效地址之后,C语言不会帮助检查这个地址是否在定义的数组单元范围之内。如果这个地址越界,系统在运行与编译时也不提供任何错误提示,程序继续执行,并访问相应的存储单元,而这个存储单元可能属于其他变量或根本不存在。

例如,对于上面定义的数组 a 来说:

```
short x=a[10]; //引用越界,a[10]的地址为:2000＋ 10 * 2＝2020,只能引用 a[0]～a[9]
```

对于已定义的数组,其每个数组元素都对应了具体的内存单元,因此对数组元素可以使用取地址运算符"&"来得到该数组单元的内存地址。例如,&a[0]是数组元素的第一个单元的地址,它与数组变量名 a 的值相等。

> ⚠ **注意**:数组变量名是数组变量在内存中的起始地址,一旦定义了数组变量,这个地址就固定了,不能改变。它相当于一个地址常量。例如,下面的赋值是错误的。
>
> ```
> int a[10];
> a=10;       //错误
> ```

对数组元素的引用和对变量的引用一样遵从"先定义,后引用"的原则。下面的引用是错误的:

```
int x=a[1];        //错误,应先定义数组 a,再引用
int a[10];
```

7.1.2 一维数组的赋值

微课视频

对一维数组的赋值通常有两种方法,一种是在数组定义时赋初值,另一种是先定义数组然后在程序中再对数组元素逐一赋值。下面分别介绍这两种赋值方法。

1. 一维数组的初始化赋值

在定义数组时,可以对数组变量赋初始值,其具体格式为:

数据类型符　数组变量名[常量表达式]＝{表达式 1,表达式 2,…,表达式 n};
初值列表

格式说明如下:

- "＝"后面的表达式列表一定要用{ }括起来,被括起来的表达式列表被称为初值列表,表达式之间用","分隔。
- 表达式的个数不能超过数组变量的大小。例如,下面对数组 a 赋初值是错误的。

```
int  a[4]={1, 2, 3, 4, 5};  //超出了数组的大小
```

- 表达式 1 是第 1 个数组元素的值,表达式 2 是第 2 个数组元素的值,以此类推。例

如，int a[5]={0,1,2,3,4};经过定义和初始化后，a[0]=0,a[1]=1,a[2]=2,a[3]=3,a[4]=4。

- 如果表达式的个数小于数组的大小，则未指定值的数组元素被赋值为 0。例如，int a[10]={0,1,2,3,4};经过定义和初始化后，a 的前 5 个单元分别赋值成 0、1、2、3、4，其余单元默认为 0(如图 7-2 所示)。

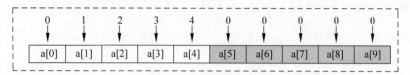

图 7-2　为数组变量 a 赋初值

- 当对全部数组元素赋初值时，可以省略数组变量的大小，此时数组变量的实际大小就是初值列表中表达式的个数。例如，char str[ ]={'a','b','c','d','e'};则数组 str 的实际大小为 5。

⚠ 注意：在定义数组时，如果没有为数组变量赋初值，那么就不能省略数组的大小。而且数组不初始化，其数组元素的值为随机值。例如：

　　int a[ ];　　　　//错误，没有指定数组的大小

❓【思考题 7-1】　试比较以下几种数组初始化之间的差异。
　(1) int a[5]={1,2,3,4,5};
　(2) int a[ ]={1,2,3,4,5};
　(3) int a[5]={1,2,3};
　(4) int a[ ]={1,2,3};

2．一维数组在程序中赋值

C 语言除了在定义数组变量时用初值列表对数组整体赋值以外，无法再对数组变量进行整体赋值。

例如，下面的做法是错误的。

```
int a[5];
a={1, 2, 3, 4, 5};          //错误
a[ ]={1, 2, 3, 4, 5};       //错误
a[5]={1, 2, 3, 4, 5};       //错误
```

首先 a 是数组名，表示数组在内存中的首地址，是一个地址常量，不能被赋值；其次"="右边的{1,2,3,4,5}也不是合法的表达式；再次，a[ ]也不是合法的表达式。至于 a[5]根本就不是数组 a 的元素，哪怕"="右边是合法的表达式，其赋值也属于越界操作，是十分危险的。

那么在数组定义后，如何对数组进行赋值呢？只能通过 C 语句对数组中的数组元素逐一赋值。在这里介绍几种常用的方法。

(1) 使用赋值语句来逐一赋值。

这种方法是一种简单而且行之有效的方法,它适用于对长度较小的数组元素赋值,或对长度较大的数组的部分元素赋值,而且可对每个数组元素赋不同的值。例如:

```
int a[4];
a[0]=1; a[1]=2; a[2]=3; a[3]=4;         //将数组 a 的 4 个元素分别赋值为 1、2、3、4
char str[80];
str[0]='b'; str[1]='y'; str[2]='e'; str[3]='\0'; //将数组 str 赋值为一字符串"bye"
```

(2) 使用循环语句来逐一赋值。

这种方法是在编程中普遍使用的一种方法,它适用于对某数组元素进行有规律的赋值或接收用户通过键盘输入对数组元素的赋值。

例如,下面的程序将数组 a 的各元素赋值成奇数序列。

```
int a[10],i;
for(i=0; i<10; i++)
    a[i]=2*i+1;
```

再例如,下面的程序接收用户键盘输入赋值给数组各元素。

```
int a[10],i;
for(i=0; i<10; i++)
    scanf("%d", &a[i]);
```

但要注意不能用 scanf 函数对数组进行所谓的"整体输入"。下面的程序是错误的。

```
int a[3];
scanf("%d%d%d", a);
```

scanf 函数的第一个参数中有 3 个%d,因此,后面必须跟着 3 个其他的参数,不能只有一个参数 a。可以改为:

```
scanf("%d%d%d", &a[0], &a[1], &a[2]);
```

> **【思考题 7-2】** 请问下面的程序是否正确?
>
>   int a[3]; scanf("%d", a);
>
> 如果正确,输入的值将赋给数组 a 的哪些元素?

(3) 使用 memset 函数来赋值。

标准库函数 memset 可实现对某内存块的各字节单元整体赋同样的值。我们知道数组在内存中是占用一片连续的存储块,所以在对数组各字节单元赋某个特定值的情况下,可以使用 memset 来赋值而不必使用循环语句来进行。memset 函数原型如下:

```
void *memset(void *s, char ch, unsigned n);
```

其功能就是将 s 为首地址的一片连续的 n 个字节内存单元都赋值为 ch。注意:是对内存的每个字节单元都赋值为 ch。所以 memset 函数主要适合于字节型数组的整体赋值,当然对非字节型数组进行清0也是可行的。形式参数 s 是一指针变量,代表某内存块的首地址(指针变量的定义及应用将在第9章中介绍)。

例如,下面的程序是将数组 str 的每个数据单元赋值为'a':

```
char str[10];
memset(str, 'a', 10);
```

再例如,下面的程序是将数组 a 的每个数据单元赋值为0(清0):

```
int a[10];
memset(a, 0, 10 * sizeof(int));
```

【思考题7-3】 请问下面的程序执行后数组 a 的各元素的值是多少?

```
short a[10];
memset(a, 2, 10 * sizeof(short));
```

(4) 使用 memcpy 函数实现数组间的赋值。

对于两个数据类型和大小相同的数组,如果将其中一个数组各单元的值要赋值给另一个数组的各数据单元,我们也许首先会想到用循环赋值的方式来解决,例如:

```
int a[5]={1, 2, 3, 4, 5}, b[5], i;
for(i=0; i<5; i++)
    b[i]=a[i];
```

其实还有一个更简便的办法,就是使用 memcpy 库函数,该函数的原型如下:

```
void * memcpy(void * d, void * s, unsigned n)
```

其功能就是将 s 为首地址的一片连续的 n 个字节内存单元的值复制到以 d 为首地址的一片连续的内存单元中。我们知道内存中最小的存储单位是字节,所以只要涉及内存数据块的复制均可用 memcpy 函数来实现。由此可见,memcpy 函数其应用范围极广,在后面的程序实例中,读者还可以看到它的应用。

对于前面的两个数组元素的赋值,如果用 memcpy 函数来实现,其语句为:

```
memcpy(b, a, 5 * sizeof(int));
```

其结果与前面通过循环语句来实现数组间的赋值是完全相同的。

⚠ 注意:在使用 memset 和 memcpy 函数时,源程序中要包含头文件"string.h"或"memory.h"。

7.1.3 一维数组的应用举例

【例7-1】 输入一行字符,统计其中各个大写字母出现的次数。

```
1   #include <stdio.h>
2   #include <memory.h>
3
4   int main()
5   {
6       char ch;
7       int num[26], i;
8
9       memset(num, 0, 26 * sizeof(int));      //初始化数组 num
10      while((ch=getchar()) != '\n')          //输入字符串,判断统计
11          if(ch >= 'A' && ch <= 'Z')         //是否为大写字母
12              num[ch-'A']++;
13
14      for(i=0; i < 26; i++)                  //输出结果
15      {
16          if(i % 9 == 0)
17              printf("\n");
18          printf("%c(%d) ", 'A'+i, num[i]);
19      }
20      printf("\n");
21      return 0;
22  }
```

运行结果(假如输入的值为：AABBCCxyYzEEE↙)：

```
A(2)  B(2)  C(2)  D(0)  E(3)  F(0)  G(0)  H(0)  I(0)
J(0)  K(0)  L(0)  M(0)  N(0)  O(0)  P(0)  Q(0)  R(0)
S(0)  T(0)  U(0)  V(0)  W(0)  X(0)  Y(1)  Z(0)
```

程序解释：

- 程序的第 7 行定义了一个拥有 26 个 int 类型数组元素组成的一维数组 num,用于存放 26 个大写字母出现的次数,num[0]存放字母'A'的次数,num[1]存放字母'B'的次数,…,num[25]存放字母'Z'的次数。
- 第 9 行调用库函数 memset 将数组 num 清 0。
- 接下来,通过 getchar 函数读入当前字符到 ch 变量中,如果是回车换行符'\n',则循环结束,否则,判断 ch 是否为大写字母,是则将数组 num 中相应数组元素 num[ch-'A']加 1(第 10~12 行)。
- 最后输出统计结果,注意每行显示 9 项(第 14~20 行)。

【例 7-2】 用冒泡排序法将 10 个整数按照从小到大的顺序排序。

排序算法是将一系列类似的数据按升序或降序排列的过程,冒泡排序法是其中的一种,下面首先看一看冒泡排序法的思路。

冒泡排序法的思路：

假设数组有 n 个数组元素,采用冒泡排序法对该数组元素进行排序。从下标为 0 的元素开始,比较相邻的两个元素的大小,每次比较如果前面的元素大于后面的元素,则交换这

微课视频

两个元素的值。

第一趟：从下标为 0 的元素到下标为 n－1 的元素，依次比较相邻两个数组元素的大小。比较 n－1 次后，n 个数中最大的一个数被交换到最后一个数的位置上，这样大的数"沉底"，小的数"浮起"。

第二趟：仍然从下标为 0 的元素开始，到下标为 n－2 的数组元素为止，对余下的 n－1 个数重复上述过程，比较 n－2 次后，将 n 个数中第二大的数交换到下标为 n－2 的倒数第二个位置上。

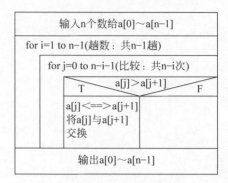

图 7-3　冒泡排序算法 N-S 流程图

以此类推，重复以上过程 n－1 次，分别将 n 个数中最大的数到第 n－1 大的数"沉底"到相应位置上，则 n 个数全部排序完毕。冒泡排序算法流程图如图 7-3 所示。

例如，对于 10,1,2,7,6,8,9,3,4,5 这个序列来说，第一趟冒泡的过程及结果如图 7-4 所示，第二趟冒泡的过程及结果如图 7-5 所示。

图 7-4　冒泡排序第一趟示意图

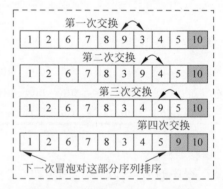

图 7-5　冒泡排序第二趟示意图

冒泡排序的具体程序如下：

```
1    #include <stdio.h>
2    #define   NUM   10
3
4    int main( )
5    {
6        int a[NUM], i, j, t;
7
8        printf("input %d numbers: \n", NUM);
9        for(i=0; i<NUM; i++)              //输入 NUM 个整数
10           scanf("%d", &a[i]);
```

第7章 数组

```
11
12      for(i=1; i < NUM; i++)        //轮次,共 NUM－1 次
13        for(j=0; j < NUM-i; j++)    //实现一次冒泡操作
14          if(a[j] > a[j+1])         //交换 a[j]和 a[j+1]
15          {
16            t=a[j];
17            a[j]=a[j+1];
18            a[j+1]=t;
19          }
20
21      printf("the sorted numbers:\n");  //输出排好序的数据
22      for(i=0; i < NUM; i++)
23        printf("%d ", a[i]);
24      return 0;
25   }
```

运行结果(假如输入的值为：10 1 2 7 6 8 9 3 4 5↙)：

```
input 10 numbers:
10 1 2 7 6 8 9 3 4 5↙
the sorted numbers:
1 2 3 4 5 6 7 8 9 10
```

例 7-2 中的冒泡排序算法其不足之处是对已排好序的序列仍然要进行 9 趟冒泡操作,尽管不会有任何数据交换操作。下面的程序是对例 7-2 的改进,当在一次冒泡过程中发现没有交换操作时,表明序列已经排好序了,便终止冒泡操作。为了标记在比较过程中是否发生了数据交换,在程序中设立一个标志变量 flag,在每趟比较前,把 flag 变量置为 0,如果在这趟比较过程中发生了交换,就把变量 flag 的值置为 1。在这一趟比较结束后判断 flag 变量的值是否等于 0,如果等于 0,则说明这一趟比较过程中没有发生交换,表示可以结束排序过程,否则进行下一趟比较。改进后的冒泡排序算法流程图如图 7-6 所示。

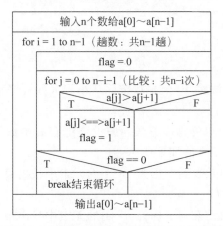

图 7-6　改进后的冒泡排序算法 N-S 流程图

【思考题 7-4】 在例 7-2 的程序中，如果将第 12 行 for 循环中 i 的初始值改为 0，则程序中哪些语句需要相应地改变？

【例 7-3】 改进后的冒泡排序法。

```
1    #include <stdio.h>
2    #define  NUM   10
3
4    int main()
5    {
6      int a[NUM], i, j, t;
7      int flag;
8
9      printf("input %d numbers: \n", NUM);
10     for(i=0; i<NUM; i++)              //输入 NUM 个整数
11       scanf("%d", &a[i]);
12
13     for(i=1; i<NUM; i++)              //轮次，共 NUM−1 次
14     {
15       flag=0;
16       for(j=0; j<NUM−i; j++)          //实现一次冒泡操作
17         if(a[j] > a[j+1])             //交换 a[j]和 a[j+1]
18         {
19           t=a[j];
20           a[j]=a[j+1];
21           a[j+1]=t;
22           flag=1;
23         }
24       if(flag==0)   break;
25     }
26
27     printf("the sorted numbers:\n");  //输出排好序的数据
28     for(i=0; i<NUM; i++)
29       printf("%d ", a[i]);
30     return 0;
31   }
```

微课视频

【例 7-4】 用选择排序法将 10 个整数按照从小到大的顺序排序。

选择排序法的思路：

选择排序法也是一种简单的排序方法。假设数组有 n 个数组元素，采用选择排序法对该数组元素进行排序，其排序方法如下所示：

第 1 趟：从下标为 0 的元素到下标为 n−1 的元素中找出最小数，然后与下标为 0 的元素交换，前 1 个数排好。

第 2 趟：从下标为 1 的元素到下标为 n−1 的元素中找出最小数，然后与下标为 1 的元素交换，前 2 个数排好。

……

第 k 趟：从下标为 k－1 的元素到下标为 n－1 的元素中找出最小数，然后与下标为 k－1 的元素交换，前 k 个数排好。

……

第 n－1 趟：从下标为 n－2 的元素到下标为 n－1 的元素中找出最小数，然后与下标为 n－2 的元素交换，前 n－1 个数排好，排序结束。

选择排序算法流程图如图 7-7 所示。

例如，"9　6　8　2　4"的排序过程示意如下。

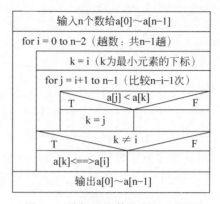

图 7-7　选择排序算法 N-S 流程图

```
          [9  6  8  2  4]
第1趟：2  [6  8  9  4]    //5个数中的最小数是2与第1个数9交换
第2趟：2   4  [8  9  6]   //4个数中的最小数是4与第2个数6交换
第3趟：2   4   6  [9  8]  //3个数中的最小数是6与第3个数8交换
第4趟：2   4   6   8  [9] //2个数中的最小数是8与第4个数9交换
```

选择排序的具体程序如下：

```
1   #include <stdio.h>
2   #define  NUM  10
3
4   int main( )
5   {
6     int a[NUM], i, j, k, t;
7
8     printf("input %d numbers: \n", NUM);
9     for(i=0; i<NUM; i++)           //输入 NUM 个整数
10       scanf("%d", &a[i]);
11
12    for(i=0; i<NUM-1; i++)         //选择排序(升序)
13    {
14      k=i;                         //k为当前最小数的下标,初始值设为i
15      for(j=i+1; j<NUM; j++)       //查找比 a[k]小的数的下标放入 k 中
16        if(a[k] > a[j])            //存在比 a[k]小的数 a[j]
17          k=j;                     //更改最小数的下标值
18      if(k != i)                   //如果最小数的下标有更改,将最小数 a[k]与 a[i]交换
19      {
20        t=a[i];
21        a[i]=a[k];
22        a[k]=t;
23      }
24    }
25
26    printf("the sorted numbers:\n");  //输出排好序的数据
27    for(i=0; i<NUM; i++)
```

```
28      printf("%d ", a[i]);
29      return 0;
30  }
```

选择排序相对于冒泡排序来说,效率要高一些,其原因就是因为冒泡排序在每一轮的每一次比较后,如果发现前面的数比后面的数大,就要立即进行数据交换,数据交换的次数平均要比选择排序多,而选择排序则是每一轮最多进行一次数据交换,当然循环的次数二者均等。两种排序方法都属于简单排序算法。

【例7-5】 输入多个学生的成绩,统计出最高分、最低分、平均分、及格人数、及格率以及超过平均分的人数。

```
1   #include <stdio.h>
2   #define NUM 100
3
4   int main()
5   {
6       int    i, stu_num;
7       float  score[NUM];                              //存放学生成绩数组
8       float  maxscore, minscore,                      //最高分、最低分
9       float  avescore, passratio;                     //平均分、及格率
10      int    great60, greatavescore;                  //及格人数、超过平均分人数
11
12      while(1)                                        //输入实际学生人数
13      {
14          printf("input the number of student(<=%d): ", NUM);
15          scanf("%d", &stu_num);
16          if(stu_num >= 1 && stu_num <= NUM)
17              break;
18          printf("wrong input! try again!\n");
19      }
20
21      avescore=0;
22      for(i=0; i<stu_num; i++)                        //输入每个学生的成绩
23      {
24          printf("input the score of the %dth student: ", i+1);
25          scanf("%f", &score[i]);
26          avescore+=score[i];                         //统计总分
27      }
28      avescore/=stu_num;                              //计算平均分
29
30      //计算最高分、最低分、及格人数、超过平均分人数
31      maxscore=0;                                     //最高分初始化
32      minscore=100;                                   //最低分初始化
33      great60=0;                                      //及格人数初始化
34      greatavescore=0;                                //超过平均分人数初始化
35      for(i=0; i<stu_num; i++)
36      {
```

```
37          maxscore=score[i] > maxscore ? score[i] : maxscore;
38          minscore=score[i] < minscore ? score[i] : minscore;
39          if(score[i] >=60)           //分数超过60,及格人数增1
40              great60++;
41          if(score[i] >=avescore)     //分数超过平均分,超过平均分人数增1
42              greatavescore++;
43      }
44      passratio=1.0 * great60 / stu_num;              //计算及格率
45
46      printf("======total result======\n");   //显示统计结果
47      printf("the highest score is %.2f\n", maxscore);
48      printf("the lowest score is %.2f\n", minscore);
49      printf("the average score is %.2f\n", avescore);
50      printf("the pass ratio is %.2f%%\n", passratio * 100);
51      printf("the number of pass is %d\n", great60);
52      printf("the number of exceed average score is %d\n", greatavescore);
53      return 0;
54  }
```

运行结果(假设输入学生人数是10,输入成绩依次为 80 90 70 60 45 58 95 55 76 92):

```
======total result======
the highest score is 95.00
the lowest score is 45.00
the average score is 72.10
the pass ratio is 70.00%
the number of pass is 7
the number of exceed average score is 5
```

程序解释:
- 程序中的第12~19行是接受用户输入的实际学生人数。如果不在1~NUM的范围内则为非法输入,要求重新输入。因为程序中成绩数组的大小为NUM。
- 第21~28行用于接受输入的学生成绩,并计算出平均分。
- 第30~44行用于计算最高分、最低分、及格人数、超过平均分人数和及格率。
- 最后输出统计结果(第46~52行)。

7.2 二维数组

前面介绍的数组只有一个下标,称为一维数组,其数组元素也称为**单下标变量**。在实际问题中有很多量是二维的或多维的,因此C语言允许构造多维数组。多维数组元素有多个下标,以标识它们在数组中的位置,所以也称为**多下标变量**,定义时应分别说明各维的长度。C语言中数组的维数上限仅受编译程序的限制,但一般三维及三维以上的数组很少用到。

下面以二维数组为例说明多维数组的使用方法。

7.2.1 二维数组的定义和引用

C语言中,二维数组的定义格式是在一维数组的定义格式基础上增加了一维:

[存储类型符]　数据类型符　数组变量名[整型常量表达式1][整型常量表达式2];

与一维数组相比,二维数组的定义,除了增加了一个"[整型常量表达式]"外,其他都一样。对二维数组的理解,我们可以想象其为一个矩阵,二维数组第一维的大小表示矩阵的行数,第二维的大小表示矩阵的列数。

对二维数组中数据单元的引用格式如下:

数组变量名[下标1][下标2]

与一维数组相比,数据单元的引用形式除了多了一个"[下标]"外,其他都一样。下标1、下标2分别为第1维和第2维的下标,对每一维下标值的规定与一维数组引用的规定相同,都是从0开始到该维长度减1。

例如:

int a[2][3];

定义了 a 是一个 2×3(2行3列)的数组,共6个整型的数组元素,分别是 a[0][0]、a[0][1]、a[0][2]、a[1][0]、a[1][1] 和 a[1][2]。

C语言把二维数组看作一个特殊的一维数组,它的数组元素又是一个一维数组。如上面定义的数组 a,可以看作有两个数组元素 a[0]、a[1] 的一维数组;而 a[0]、a[1] 又是拥有3个 int 型数组元素构成的一维数组。a[0] 可看作是由数组元素 a[0][0]、a[0][1] 和 a[0][2] 构成的一维数组名,而 a[1] 可看作是由 a[1][0]、a[1][1] 和 a[1][2] 构成的一维数组名,如图7-8所示。

二维数组在物理上采用按行存储的顺序存储方式,我们称这种存储顺序为以行序为主序的顺序存储结构。

例如,假定上面定义的数组 a 的首地址是2000,每个数组元素是 int 类型,占据4字节的内存单元,则数组 a 的存储结构如图7-9所示。

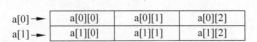

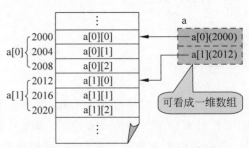

图7-8 二维数组是特殊的一维数组　　　　图7-9 二维数组 a[2][3] 的内存映像

> **注意**:二维数组变量名是数组所占内存空间的首地址,是一地址常量。如上面定义的二维数组,a 的值就是 2000,与 a[0]的值相同,但意义不一样。
>
> 对于数据单元在内存的地址可通过下面的公式计算。
>
> 有效地址=数组的起始地址+(下标 1×第二维大小+下标 2)×sizeof(元素类型)

7.2.2 二维数组的赋值

微课视频

1. 二维数组的初始化赋值

程序中定义二维数组时,可以对数组变量赋初始值。具体方法有以下两种。

1) 分行初始化赋值

分行初始化赋值的一般格式为:

```
[存储类型符] 数据类型 数组变量名[行常量表达式][列常量表达式]=
{{第 0 行初值表},{第 1 行初值表},…,{最后 1 行初值表}};
```

赋值规则为:将"第 0 行初值表"中的数据,依次赋给第 0 行中各元素;将"第 1 行初值表"中的数据,依次赋给第 1 行各元素;以此类推。下面给出分行初始化的例子。

例①:

int a[2][3]={ { 1,2,3 },{ 4,5,6 } };   //对数组元素全部赋值

这种情况下,数组 a 的各元素的值如图 7-10 所示。

1	2	3	4	5	6
a[0][0]	a[0][1]	a[0][2]	a[1][0]	a[1][1]	a[1][2]

图 7-10 例①中数组 a 各数据单元的值

例②:

int a[2][3]={ { 1 },{ 3 } };   //对数组元素部分赋值

这种情况下,数组 a 的各元素的值如图 7-11 所示。

1	0	0	3	0	0
a[0][0]	a[0][1]	a[0][2]	a[1][0]	a[1][1]	a[1][2]

图 7-11 例②中数组 a 各数据单元的值

例③:

int a[ ][3]={ {1,2},{4} };   //对数组元素部分赋值,省略第一维大小

这是因为编译系统将会依据初值表的个数来决定第一维的大小,如上面定义的数组 a 有两个初值表,因此第一维的大小是 2,所以共有 6 个数组元素。但是系统必须知道第二维的大小,它不能省略。这种情况下,数组 a 的各元素的值如图 7-12 所示。

1	2	0	4	0	0
a[0][0]	a[0][1]	a[0][2]	a[1][0]	a[1][1]	a[1][2]

图 7-12　例③中数组 a 各数据单元的值

> ⚠ **注意**：在 VC6.0 下，初值表中至少要包含一个初值。例如，下面对数组赋初值是错误的。
>
> 　　int a[2][3]={ { }, { 4, 5, 6 } };　//第一个初值表为空

2）按元素在内存中的排列顺序初始化赋值

这种初始化赋值的一般格式为：

[存储类型符] 数据类型 数组变量名[行常量表达式][列常量表达式]={ 初值表 };

赋值规则为：按二维数组中元素在内存中的排列顺序，将初值表中的数据，依次赋给各元素。下面给出按这种方式初始化的例子。

例④：

　　int　a[2][3]={ 1, 2, 3, 4, 5, 6 };　//对数组元素全部赋值

数组 a 的各元素的值同例①一样，如图 7-10 所示。当然，这样写可读性相对差一点，不如例①初始化的方法清楚。

例⑤：

　　int　a[2][3]={ 1, 2, 3 };　//对数组元素部分赋值

这种情况下，数组 a 的各元素的值如图 7-13 所示。

1	2	3	0	0	0
a[0][0]	a[0][1]	a[0][2]	a[1][0]	a[1][1]	a[1][2]

图 7-13　例⑤中数组 a 各数据单元的值

例⑥：

　　int　a[ ][3]={ 1, 2, 3, 4 };　//对数组元素部分赋值，省略第一维大小

这种情况下，数组 a 的各元素的值如图 7-14 所示。

1	2	3	4	0	0
a[0][0]	a[0][1]	a[0][2]	a[1][0]	a[1][1]	a[1][2]

图 7-14　例⑥中数组 a 各数据单元的值

【思考题 7-5】 请问下面定义的二维数组 a 包含多少个元素？各元素的值是多少？

　　int a[ ][3]={ 1, 2 };

2. 二维数组在程序中赋值

像一维数组在程序中赋值一样,二维数组在程序中赋值也可以通过赋值语句、循环逐一赋值以及使用库函数 memset、memcpy 等方法来进行。

例如,下面的程序是通过键盘输入对二维数组 a 各元素赋值。

```
int i, j, a[2][3];
for(i=0; i<2; i++)
   for(j=0; j<3;j++)
      scanf("%d", &a[i][j]);
```

下面通过调用 memset 函数把数组 a 的各元素清 0。

```
memset(a, 0, 6*sizeof(int));
```

假设还定义了数组 int b[2][3];那么可通过 memcpy 函数将数组 a 各元素的值复制到数组 b 的各元素中。

```
memcpy(b, a, 6*sizeof(int));
```

7.2.3 二维数组的应用举例

微课视频

【例 7-6】 有一个 3×4 的矩阵,要求编写程序求出其中最大元素值以及其所在的行列号。

程序设计思想:解本题可用"打擂台"的方法。先让 a[0][0]作"擂主",把它的值赋给变量 max,max 用来存放当前求得的最大值,在开始时还未进行比较,把最前面的元素暂时认为是当前值最大的。然后让下一个元素 a[0][1]与 max 比较,如果 a[0][1]>max,则表示 a[0][1]是已经比较过的数据中值最大的,则把它的值赋给 max,取代了 max 的原值。以后依次处理,值大的赋给 max,直到全部比较完后,max 就是最大的值。

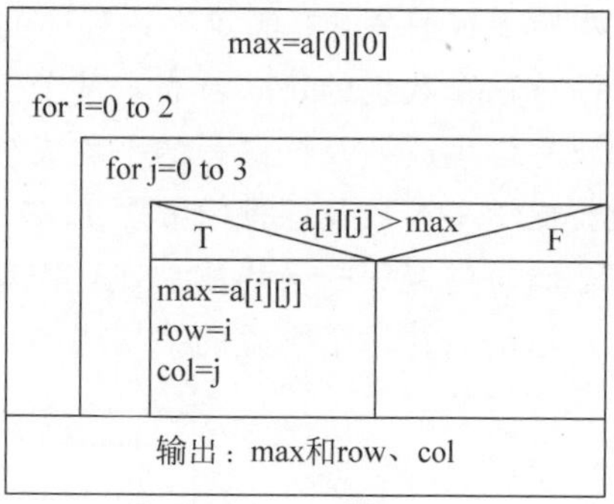

按此思路其 N-S 流程图如图 7-15 所示。

具体程序如下:

图 7-15 求最大元素值算法 N-S 流程图

```
1    #include <stdio.h>
2
3    int main()
4    {
5       int i, j, row=0, col=0, max;
6       int a[3][4]={{1, 2, 3, 4}, {9, 8, 7, 6}, {-10, 10, -5, 2}};  //定义数组并赋初值
```

```
 7
 8      max=a[0][0];
 9      for(i=0; i<3; i++)
10        for(j=0; j<4;j++)
11          if(a[i][j] > max)  //如果某元素大于 max,就取代 max 的原值
12          {
13            max=a[i][j];
14            row=i;           //记下此元素的行号
15            col=j;           //记下此元素的列号
16          }
17      printf("max=%d, row=%d, col=%d\n", max, row, col);
18      return 0;
19    }
```

程序解释:

- 第 5 行中定义的变量 max 用于存放最大元素的值,变量 row 和 col 用于存放最大值所在的行号和列号。
- max 的开始值为 a[0][0](第 8 行),然后通过两个 for 循环将二维数组 a 中的每个元素 a[i][j]分别与 max 进行比较,如果大于 max,则将 a[i][j]赋给 max,并记住所在的行、列号(第 9~16 行)。
- 最后输出最大值及所在的行、列号。

微课视频

【例 7-7】 输入多个学生多门课程的成绩,分别求每个学生的平均成绩和每门课程的平均成绩。

程序设计思想:要满足上述程序的要求,必须定义一个二维数组,用来存放学生各门课的成绩。这个数组的每一行表示某个学生的各门课的成绩及其平均成绩,每一列表示某门课的所有学生成绩及该课程的平均成绩。因此,在定义这个学生成绩的二维数组时行数和列数要比学生人数及课程门数多 1,多出的 1 列用于存放每个学生的平均成绩,多出的 1 行用于存储每门课程的平均成绩,学生多门课程成绩二维数组结构如图 7-16 所示。成绩数据的输入输出以及每个学生的平均成绩、各门课程的平均成绩的计算方法比较简单。

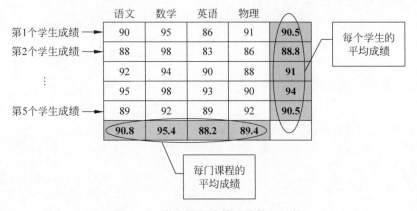

图 7-16 学生课程成绩二维数组结构

具体程序如下:

```c
1   #include <stdio.h>
2
3   #define NUM_std      5              //定义符号常量学生人数为5
4   #define NUM_course   4              //定义符号常量课程门数为4
5
6   int main( )
7   {
8     int i, j;
9     float score[NUM_std+1][NUM_course+1]={0};    //定义成绩数组,各元素初值为0
10
11    for(i=0; i<NUM_std; i++)
12      for(j=0; j<NUM_course; j++)
13      {
14        printf("input the mark of %dth courseof %dth student: ", j+1, i+1);
15        scanf("%f", &score[i][j]);     //输入第i个学生的第j门课的成绩
16      }
17
18    for(i=0; i<NUM_std; i++)
19    {
20      for(j=0; j<NUM_course; j++)
21      {
22        score[i][NUM_course]+=score[i][j];    //求第i个学生的总成绩
23        score[NUM_std][j]+=score[i][j];       //求第j门课的总成绩
24      }
25      score[i][NUM_course] /= NUM_course;     //求第i个学生的平均成绩
26    }
27    for(j=0; j<NUM_course; j++)
28      score[NUM_std][j] /= NUM_std;           //求第j门课的平均成绩
29
30    printf(" NO.      C1      C2      C3      C4      AVER\n");
31    for(i=0; i<NUM_std; i++)                  //输出每个学生的各科成绩和平均成绩
32    {
33      printf("STU%d\t", i+1);
34      for(j=0; j<NUM_course+1; j++)
35        printf("%6.1f\t", score[i][j]);
36      printf("\n");
37    }
38    printf("--------------------");           //输出1条短画线
39    printf("\nAVER_C  ");
40    for(j=0; j<NUM_course; j++)               //输出每门课程的平均成绩
41      printf("%6.1f\t", score[NUM_std][j]);
42    printf("\n");
43    return 0;
44  }
```

程序解释:

- 二维数组 score 用来存放学生各门课的成绩,定义时行数及列数要比学生人数和课

程门数多1,即最后一列用于存放每个学生的各门课的平均成绩,最后一行用于存放各门课的平均成绩。定义时给各数组元素赋初值0(第9行)。
- 第11~16行的两个for循环提示输入学生的成绩并将输入的成绩存放到score的单元中。
- 第18~28行计算每个学生的所有课程的平均成绩和每门课的平均成绩。
- 最后,显示每个学生的课程成绩及平均成绩,在最后一行显示每门课的平均成绩(第30~43行)。

微课视频

7.3 字符串与数组

7.3.1 字符串的本质

在前面的章节中已介绍过字符串常量的概念。所谓字符串常量就是用双引号括起来的一组字符。但实际上,字符串是一种字符型数组,并且这个数组的最后一个单元的值是 '\0' (即数字 0)。也就是说,**字符串是一种以 '\0' 结尾的字符数组**。这个结尾的字符 '\0' 唯一的作用就是标识字符串的结束。例如,字符串常量"china"的内存映像如图7-17所示。

ASCII码值	0x63	0x68	0x69	0x6e	0x61	0
对应字符	'c'	'h'	'i'	'n'	'a'	'\0'

图7-17 字符串常量"china"的内存映像

字符串可以通过字符数组变量来存放。例如,下面定义一个字符数组 str 来存放上面的字符串"china":

```
char  str[]="china";              //数组大小为6
```
它等价于:
```
char  str[]={'c','h','i','n','a','\0'};    //数组大小为6
```
也等价于:
```
char  str[]={"china"};            //数组大小为6
```
但不等价于:
```
char  str[]={'c','h','i','n','a'};         //数组大小为5,不是字符串(没有'\0')
```
也可以这样为一个字符数组变量赋初值:
```
char  str[10]="china";            //数组大小为10
```
它等价于:
```
char  str[10]={'c','h','i','n','a'};       //数组大小为10,未指定单元的值为0
```

同样,字符串常量只能在定义字符数组变量时赋初值给字符数组变量,而不能将一个字符串常量直接赋值给字符数组变量。下面的做法是错误的。

```
char  str[10];
str="china";
```

因为 str 是数组名,它是地址常量,不可赋值。而且"china"的值是该字符串常量在内存中的地址,本身并不是字符序列。如果要将一个字符串常量赋值给一个字符数组变量,需要用到 C 语言标准库函数。

> ⚠ 注意：在用字符数组来存放某个字符串常量时,如果要指定字符数组的大小,那么其大小至少要比字符串的长度大 1(多定义一个单元用于存放'\0')。

■ 7.3.2 字符及字符串操作的常用函数

微课视频

计算机所处理的信息中有相当一部分是非数值型的数据。例如,对学生信息的处理中,学生的姓名、性别、身份证号、联系电话、住址等信息都是用字符型或字符串数据来表示,那么对这些非数值型数据的处理必定要用到字符串操作的有关函数,C 语言函数库中就提供了相当多的字符串操作函数,熟练掌握这些函数的使用,对于我们用 C 语言程序来解决实际问题相当关键。下面分别介绍 C 语言中最使用的有关字符串操作的函数。

1. 字符串的输入

字符串的输入可以采用逐个字符的输入方式来实现,但是一般情况下,字符串整体输入的时候比较多,下面列出整个字符串的输入方法。

常用的输入字符串的函数有两个：gets 函数和 scanf 函数。

1) 利用 gets 函数输入字符串

gets 函数的调用格式为：

```
gets(字符数组变量名);      //应包含的.h 文件为 stdio.h
```

功能：接收键盘的输入,将输入的字符串存放在字符数组中,直到遇到回车符时返回。但是回车换行符'\n'不会作为有效字符存储到字符数组中,而是转换为字符串结束标志'\0'来存储。**gets 函数能接收包含空格字符的字符串**。例如：

```
char str[80];
gets(str);
```

当输入：I□love□china!↙（□表示空格,↙表示回车）时,str 中的字符串将是:"I love china!"。

> ⚠ 注意：用于接收字符串的字符数组定义时的长度应足够长,以便保存整个字符串和字符串结束标志。否则,函数将把超过字符数组定义的长度之外的字符顺序保存在数组范围之外的内存单元中,从而可能覆盖其他内存变量的内容,造成程序出错。

例如：

char fname[20];
gets(fname);

运行程序时，只能输入不超过 19 个字符。

对于用 gets 函数来接收字符串时，是无法限制输入字符串的长度的，只能根据需要定义一个足够大的字符数组。

2）利用 scanf 函数输入字符串

scanf 函数在输入字符串时使用％s 格式控制符，并且与％s 对应的地址参数应该是一个字符数组，任何时候都会忽略前导空格，读取输入字符并保存到字符数组中，直到遇到空格符或回车符输入操作便终止了。scanf 函数会自动在字符串后面加'\0'。例如：

char str[80];
scanf("％s", str);   //不要写成 &str,因为 str 是地址

当输入：□□hello□china↙时，str 中的字符串将是"hello"。所以这一点要注意与 gets 函数的区别。

利用 scanf 函数可以连续输入多个字符串，输入时，字符串间用空格分隔。例如：

char str1[40], str2[40], str3[40];
scanf("％s％s％s", str1, str2, str3);

当输入：I□love□china!↙时，str1 中的字符串是"I",str2 中的字符串是"love",str3 中的字符串是"china!"。

为了避免输入的字符串长度超过数组的大小，可以在调用 scanf 函数时使用％ns 格式控制符，整数 n 表示域宽限制，如果没有遇到空格字符或回车符，那么读入操作将在读入 n 个输入字符之后停止。例如：

char str[10];
scanf("％9s", str);

将会读入字符串到字符数组 str 中，最多可读入 9 个非空格字符到 str 中，str 中的最后一个数据单元用于存放字符串结尾标志'\0'。

表 7-1 给出了用 gets 函数和 scanf 函数输入字符串的区别。

表 7-1 使用 gets 函数和 scanf 函数输入字符串的区别

gets	scanf
输入的字符串中可包含空格字符	输入的字符串中不可包含空格字符
只能输入一个字符串	可连续输入多个字符串（使用％s％s…）
不可限定字符串的长度	可限定字符串的长度（使用％ns）
遇到回车符结束	遇到空格符或回车符结束

2. 字符串的输出

字符串的输出同样可以采用逐个字符的输出方式来实现，但是一般情况下，字符串整体

输出的时候比较多。下面列出整个字符串的输出方法。

常用的输出字符串的函数有两个：puts 函数和 printf 函数。

1）利用 puts 函数输出字符串

puts 函数的调用格式为：

```
puts(字符串的地址);        //应包含的.h 文件为 stdio.h
```

功能：将字符串中的所有字符输出到终端上，输出时将字符串结束标志'\0'转换成换行符'\n'。使用 puts 函数输出字符串时无法进行格式控制。例如：

char str[ ]="I love china! ";
puts(str);
puts("I love wuhan! ");

则输出结果为：

I love china!
I love wuhan!

2）利用 printf 函数输出字符串

printf 函数在输出字符串时使用%s 格式控制符，并且与%s 对应的地址参数必须是字符串第一个字符的地址，printf 函数将依次输出字符串中的每个字符直到遇到字符'\0'（'\0'不会被输出）。例如：

char name[ ]="John Smith";
printf("The name is: %s\n", name);   //等价于 printf("The name is: %s\n", &name[0]);
printf("Last name is: %s\n", &name[5]); //输出 name 中第 6 个单元开始的字符串
printf("First name is: %s\n", "John");

输出结果为：

The name is: John Smith
Last name is: Smith
First name is: John

当然，printf 输出字符串时还可以定义更多的格式。%ns 可以同时指定字符串显示的宽度。如果字符串的实际长度小于 n 个字符，不足部分填充空格。n 为正数，则在左端补空格，即字符串右对齐。n 为负数，则字符串左对齐。如果字符串的实际长度大于 n 个字符，则显示整个字符串。例如：

printf(">>%8s<<\n", "John");
printf(">>%-8s<<\n", "John");
printf(">>%8s<<\n", "John Smith");

输出结果为：

>>   John<<
>>John   <<
>>John Smith<<

3. 字符串的长度

求字符串长度的库函数是 strlen，其调用格式为：

`strlen(字符串的地址);    //应包含的.h文件为 string.h`

功能：返回字符串中包含的字符个数(不包含'\0')，即字符串的长度。注意：字符串的长度是指从给定的字符串的起始地址开始到第一个'\0'为止。例如：

```
char str[]="0123456789";
printf("%d", strlen(str));              //输出结果为 10
printf("%d", strlen(&str[5]));          //输出结果为 5
```

再例如：

```
char str[]="0123\0456789";
printf("%d", strlen(str));              //输出结果为 9,将把\045 作为一个转义字符来看待
printf("%d", strlen(&str[5]));          //输出结果为 4
```

【思考题 7-6】 请问字符串"0123\0a456789"和"0123\04a56789"的长度各是多少？

4. 字符串的复制

字符串的复制不能使用赋值运算符"="，而必须使用 strcpy、strncpy 或 memcpy 函数。memcpy 已在前面介绍过，下面分别来介绍 strcpy 和 strncpy 函数。

（1）strcpy 函数的调用格式为：

`strcpy(字符数组 1,字符串 2);    //应包含的.h文件为 string.h`

功能：将字符串 2 复制到字符数组 1 中去(包括字符串结尾符'\0')。strcpy 的第一个参数必须是一个字符数组变量，第二个参数可以是一个包含字符串的字符数组变量，也可以是一个字符串常量。例如，下面的程序将输入的字符串复制给字符数组 str1。

```
char str1[20], str2[20];
scanf("%s", str2);        //假设输入的字符串为"china",则"china"将存放在数组 str2 中
strcpy(str1, str2);       //函数执行完后,数组 str1 中存放的字符串也为"china"
```

同样，使用 strcpy 实现串复制时，字符数组 1 的大小必须足够大以便能够存放字符串中的所有字符，包括'\0'。

（2）strncpy 函数的调用格式为：

`strncpy(字符数组 1,字符串 2,长度 n);    //应包含的.h文件为 string.h`

功能：将字符串 2 的前 n 个字符复制到字符数组 1 中去，但并未在末尾加'\0'。因此 strncpy 函数可实现字符串的部分复制。当 n 大于字符串 2 的长度时，strncpy 等价于 strcpy。例如：

```
char str[20];
strncpy(str, "0123456789", 5);    //将"0123456789"的前 5 个字符复制到 str 中,并未加 '\0'
str[5] = '\0';                    //在末尾添加 '\0'
printf("%s", str);                //将输出 01234
```

> **【思考题 7-7】** 下列程序段输出结果是什么?
>
> char str[20]; strncpy(str, "1234\09876", 6); printf("%s\n", str);

5. 字符串的比较

两个字符串的比较不能用">""<""=="来进行,必须使用 strcmp、stricmp、strncmp、strnicmp 等库函数来完成。下面分别来介绍它们的用法。

(1) strcmp 函数的调用格式为:

```
strcmp(字符串 1,字符串 2);          //应包含的.h 文件为 string.h
```

功能:比较两个字符串的大小。如果字符串 1 大于字符串 2,则返回一个正整数;如果字符串 1 小于字符串 2,则返回一个负整数;如果字符串相等,则返回 0。

字符串比较的规则是:将两个字符串逐个字符比较其 ASCII 码大小,直到遇到不同的字符或'\0'为止。如果全部字符都相同,则这两个字符串相等。如果出现不相同的字符,则以第一个不相同的字符的比较结果作为判断两个字符串的大小的标准。

例如,strcmp("abcd", "abCD")将返回一正整数;strcmp("1234", "12345")将返回一负整数;strcmp("hello", "hello")将返回 0。

下面的程序要求用户输入密码,如果输入正确,则进行相应的程序运行,否则返回。

```
char    password[20];
printf("input the password: ");
scanf("%19s", password);
if(strcmp(password, "administrator") != 0 )    //不能写成 if(password=="administrator")
    return;
{  ...  }
```

(2) stricmp(或 strcmpi)函数的调用格式与 strcmp 相同,其功能也是比较两个字符串的大小,只不过 stricmp 在比较两个字符串时不区分大小写,而 strcmp 则区分大小写(stricmp 与 strcmpi 功能上是一样的)。例如:

```
int i;
i=strcmp("abcd", "ABCD");         //i 的值大于 0
i=stricmp("abcd", "ABCD");        //i 的值等于 0
```

(3) strncmp 函数的调用格式为:

```
strncmp(字符串 1,字符串 2,长度 n);    //应包含的.h 文件为 string.h
```

功能:将字符串 1 前 n 个字符的子串与字符串 2 前 n 个字符的子串进行比较,返回值及比较规则同 strcmp。当 n 大于或等于其中某字符串长度时,strncmp 等价于 strcmp。

例如:

```
int i;
i=strncmp("abcd", "abcDEF", 3);   //i 的值等于 0
i=strncmp("abcd", "abcDEF", 5);   //i 的值大于 0
```

(4) strnicmp 函数的调用格式与 strncmp 相同,其功能与 strncmp 相比只是 strncmp 区分大小写,而 strnicmp 不区分大小写。

6. 字符串的连接

如果要想将两个字符串连接起来构成一个新的字符串,则可以调用 strcat 函数。其调用格式为:

```
strcat(字符数组1,字符串2);    //应包含的.h 文件为 string.h
```

功能:将字符串 2 连接到字符数组 1 的后面(包括结尾符'\0')。其中,字符串 2 没变,而字符数组 1 中的字符将增加了。例如:

```
char str1[20]="12345", str2[]="6789";
strcat(str1, str2);
printf("%s", str1);    //将输出 123456789
```

同 strcpy 函数一样,字符数组 1 的数组长度应足够大,保证可存储连接以后的所有字符。

7. 其他常用的字符和字符串处理的库函数

表 7-2 列出了其他一些常用的字符和字符串处理的库函数。

表 7-2 常用的字符和字符串处理函数

函数的用法	函数的功能	应包含的.h 文件
strset(字符数组,字符)	将字符数组的字符串中的所有字符都设为指定字符	string.h
strlwr(字符数组)	将字符数组的字符串中的所有字符转换成小写字符	string.h
strupr(字符数组)	将字符数组的字符串中的所有字符转换成大写字符	string.h
toupper(字符)	将小写字符转换成大写字符	ctype.h
tolower(字符)	将大写字符转换成小写字符	ctype.h
atoi(字符串)	将字符串转换成整型	stdlib.h
atol(字符串)	将字符串转换成长整型	stdlib.h
atof(字符串)	将字符串转换成浮点数	stdlib.h
ultoa(无符号长整数,字符数组,进制)	将无符号长整数转换成指定的进制数并以字符串的形式存放到字符数组中	stdlib.h

【例 7-8】 输入一行字符，统计其中单词的个数，单词之间用空格间隔。

设计分析：按照题义，连续的一段不含空格类字符的字符串就是单词。将连续的若干空格作为一次空格，那么单词的个数可以由空格出现的次数（连续的若干空格看作一次空格，一行开头的空格不统计）来决定。如果当前字符是非空格类字符，而它的前一个字符是空格，则可看作"新单词"开始，累计单词个数的变量加 1；如果当前字符是非空格类字符，而前一个字符也是非空格类字符，则可看作"旧单词"的继续，累计单词个数的变量取值保持不变。其算法流程图如图 7-18 所示。

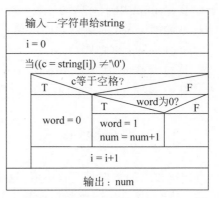

图 7-18　统计单词个数算法 N-S 流程图

具体程序如下：

```
1   #include <stdio.h>
2
3   #define IN  1
4   #define OUT 0
5
6   int main()
7   {
8       char string[80], c;
9       int i, num=0, word=OUT;
10
11      gets(string);
12      for(i=0; (c=string[i]) != '\0'; i++)
13          if(c==' ')          //判断 c 是否为空格
14              word=OUT;
15          else
16              if(word==OUT)
17              {
18                  word=IN;
19                  num++;
20              }
21      printf("There are %d words in the line.\n", num);
22      return 0;
23  }
```

运行结果(假如输入的值为：I am a student ↙)：

There are 4 words in the line

程序解释：
- 由于要输入一个句子，因此必须调用 gets 函数，而不能使用 scanf 函数。

- 变量 num 用于对单词计数，word 用来标志是否开始计数。
- 开始时 word 的值是 OUT，表示准备计数。在 for 循环中，如果 string[i]不是空格并且 word 的值是 OUT 时，表示遇到了单词，这时 num 增 1，并将 word 置 IN，表示计数完毕，等待下一个空格。当遇到空格时，将 word 置 OUT，准备计数。这样循环往复，就可以完成单词计数的任务。

7.3.3 字符串数组

当构成数组的数据是字符串时，这个数组就称为字符串数组。字符串数组实际上是字符型的二维数组，这个二维数组的每一行都是存放字符串的字符数组。字符串数组的初始化除了像前面所介绍的二维数组初始化的方式外，还可以按如下方式进行初始化：

[存储类型符] char 字符串数组名[行数 m][列数 n] = {字符串 1,字符串 2,…,字符串 m};

其中，每个字符串的长度应小于或等于 n−1（因为字符串的结尾符'\0'占用一个单元）。例如：

char city[ ][10] = {"BeiJing", "ShangHai", "TianJin", "GuangZhou", "WuHan"};

则定义了一个 5×10 的二维字符型数组，即 5 行的字符串数组，该字符串数组所对应的内存映像如图 7-19 所示。

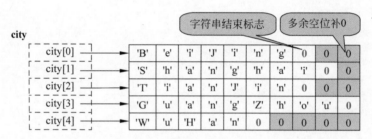

图 7-19　字符串数组 city 的内存映像

字符串数组的应用相当广泛。下面列举一些使用实例。

【例 7-9】 用"*"号输出"C 语言"。

设计分析：对于规则的图形输出，可以通过 C 语言的控制语句按照一定的算法画出来。例如，画一个正弦函数的图形。但对于不规则的图形输出则必须利用字符串数组。在设计时可以事先在编辑器的屏幕上用 * 号画出任意复杂的图形，然后将构成复杂图形的字符串作为初值赋值给字符串数组变量 word。具体程序如下：

```
1    #include <stdio.h>
2    #include <string.h>
3
4    int main()
5    {
```

```
6       int i;
7       char word[ ][80]=
8       {
9          "   ****        *    ******          *      ",
10         "  *    *      *    *      *        *       ",
11         "  *          *******  *******    ********** ",
12         "  *             ****    *    *     *******  ",
13         "  *             **** ********      *******  ",
14         "  *             ****  *****        *******  ",
15         "  *    *   *   *   *   *    *       *      ",
16         "   ****   ****  *****     *******           ",
17         ""//有了这个空串,程序员就不用数上面有多少行字符串了
18      };
19
20      for(i=0; strlen(word[i]) !=0; i++)    //显示字符串,直到遇到空串结束
21         printf("%s\n", word[i]);           //word[i]对应第 i 行的字符串的首地址
22      }
```

运行结果:

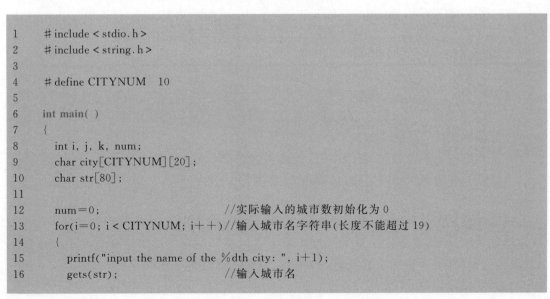

【例 7-10】 输入多个城市的名字,按升序排列输出。

微课视频

```
1    #include <stdio.h>
2    #include <string.h>
3
4    #define CITYNUM    10
5
6    int main( )
7    {
8       int i, j, k, num;
9       char city[CITYNUM][20];
10      char str[80];
11
12      num=0;                        //实际输入的城市数初始化为 0
13      for(i=0; i<CITYNUM; i++)//输入城市名字符串(长度不能超过 19)
14      {
15         printf("input the name of the %dth city: ", i+1);
16         gets(str);                 //输入城市名
```

```
17        if(str[0]==0)           //为空串,表示输入结束
18          break;
19        if(strlen(str) > 19)    //城市名字符串超过19时,重输
20        {
21          i－－;
22          continue;
23        }
24        strcpy(city[i], str);   //将输入的城市名保存到字符串数组中
25        num++;                  //实际输入的城市数增1
26      }
27
28      for(i=0; i < num－1; i++)    //选择排序(升序)
29      {
30        k=i;                       //k为当前城市名中最小的字符串数组的下标,初始值假设为i
31        for(j=i+1; j < num;j++)    //查找比city[k]小的字符串的下标并放入k中
32          if(stricmp(city[k], city[j]) > 0)
33            k=j;
34        if(k != i)                 //将最小城市名的字符串city[k]与city[i]交换
35        {
36          strcpy(str, city[i]);
37          strcpy(city[i], city[k]);
38          strcpy(city[k], str);
39        }
40      }
41
42      for(i=0; i < num; i++)       //显示排序后的结果
43        printf("%s  ", city[i]);
44      printf("\n");
45      return 0;
46    }
```

运行结果(假设输入的城市名为:beijing   wuhan   shanghai   guangzhou   tianjin):

```
beijing guangzhou shanghai tianjin wuhan
```

程序解释:

- 二维字符数组city用来存放城市名,字符数组str用来接受名字的输入,num是实际输入的城市名的个数。
- 城市名规定不能超过19个字符,当输入的城市名超过19时,将拒绝接收。但为了防止用户输入太长的字符串,需用80字节的str作为输入的缓冲区。
- 第13行开始的for循环的作用是提示输入城市名,并且将名字暂时存放在str中。如果输入的名字过长,将要重新输入,如果输入的名字长度为0,即调用gets时,直接按了回车,这会导致str[0]的值是0,这时循环结束。如果名字长度小于或等于19,则将str中的名字复制到city的某一行中,并且名字计数器num加1。
- 程序最多接收CITYNUM个名字。

- 第 28 行开始的 for 循环的作用是将 city 中的名字按升序排列。这里采用了选择排序的算法,其基本思想是:首先找到这个序列中最小的字符串的位置(存放在 k 中),这只需要一次 for 循环就能做到(第 31 行的 for 语句)。如果 k 指向第一个字符串,说明第一个字符串已经是最小的。如果 k 没有指向第一个字符串,则将 k 所指向的字符串与第一个字符串交换位置(第 34 行的 if 语句),使第一个字符串是最小的。也就是说,找到字符串中最小的放在最前。然后,对剩下的字符串按照前面的方法进行操作,即"找到最小的字符串放在最前"。这样经过 num－1 次操作后(由 i 来控制),整个字符串数组便有序了。

7.4 数组综合应用举例

微课视频

【例 7-11】 求解幻方问题。

幻方是一种古老的数字游戏,n 阶幻方就是把整数 $1 \sim n^2$ 排成 $n \times n$ 的方阵,使得每行中的各元素之和,每列中各元素之和,以及两条对角线上的元素之和都是同一个数 S,S 称为幻方的幻和。在中世纪的欧洲,对幻方有某种神秘的概念,许多人佩戴幻方以图避邪,奇数阶幻方的构造方法很简单。下面先来看一个三阶幻方,如图 7-20 所示。

8	1	6
3	5	7
4	9	2

图 7-20 三阶幻方

各数在方阵中的位置可以这样确定:首先把 1 放在最上一行正中间的方格中,然后把下一个整数放置到右上方,如果到达最上一行,下一个整数放在最后一行,就好像它在第一行的上面,如果到达最右端,则下一个整数放在最左端,就好像它在最右一列的右侧。当到达的方格中填上数值时,下一个整数就放在刚填写上数码的方格的正下方,照着三阶幻方,从 1 至 9 走一下,就可以明白它的构造方法。

具体程序如下:

```
1   #include <stdio.h>
2
3   #define MAX   15
4
5   int main( )
6   {
7       int m, mm, i, j, k, ni, nj;
8       int magic[MAX][MAX]={0};
9
10      printf("Enter the number you wanted: ");
11      scanf("%d", &m);
12      if((m<=0) ||(m % 2==0))          //小于 0 或为偶数返回
13      {
14          printf("Error in input data.\n");
```

```
15          return -1;
16      }
17      mm=m*m;
18      i=0;                    //第一个值的位置
19      j=m/2;
20      for(k=1; k<=mm; k++)
21      {
22          magic[i][j]=k;
23          //求右上方方格的坐标
24          if(i==0)            //最上一行
25              ni=m-1;         //下一个位置在最下一行
26          else
27              ni=i-1;
28          if(j==m-1)          //最右端
29              nj=0;           //下一个位置在最左端
30          else
31              nj=j+1;
32          //判断右上方方格是否已有数
33          if(magic[ni][nj]==0)    //右上方无值
34          {
35              i=ni;
36              j=nj;
37          }
38          else                //右上方方格已填上数
39              i++;
40      }
41
42      for(i=0; i<m; i++)  //显示填充的结果
43      {
44          for(j=0; j<m; j++)
45              printf("%4d", magic[i][j]);
46          printf("\n");
47      }
48      return 0;
49  }
```

微课视频

【例 7-12】 求任意两个正整数(不超过 8 位)之间所有整数所包含的数字 0~9 出现的次数。例如,100 到 105 之间有 100、101、102、103、104、105 六个数,则 0 出现的次数为 7 次,1 出现的次数为 7 次,2、3、4、5 出现的次数各为 1 次,其余的出现次数为 0。

设计分析:因为输入的两个整数均不超过 8 位数,所以可以定义两个长整型变量来存储它们。然后通过循环将每次得到的整型数使用 sprintf 函数将其转换成 8 个字符的字符串存放到字符数组 str 中,字符串不足 8 位时高位部分补空格字符,再对 str 中每个字符进行统计。数字出现的次数可以定义一个长整型数组 count 来表示,其大小为 10,count[0]存放 0 出现的次数,count[1]存放 1 出现的次数,…,count[9]存放 9 出现的次数。

具体程序如下:

```c
1   #include <stdio.h>
2   #include <string.h>
3
4   int main()
5   {
6       long k, min, max, count[10]={0};
7       char str[9];
8       int i;
9
10      //输入最小、最大数
11      printf("input the first number: ");
12      scanf("%ld", &min);
13      printf("input the last number: ");
14      scanf("%ld", &max);
15      if(min > max)                     //最小数比最大数大,退出
16      {
17          printf("\ninput error!");
18          return -1;
19      }
20
21      //统计各数字出现的次数
22      for(k=min; k<=max; k++)
23      {
24          sprintf(str, "%8d", k);       //将该数字转换为字符串,存入 str 中
25          for(i=7; i>=0 && str[i] != ' '; i--)
26              count[str[i] - '0']++;
27      }
28
29      for(i=0; i < 10; i++)             //显示结果
30      {
31          printf("%d--(%ld)  ", i, count[i]);
32          if(i==4)
33              printf("\n");
34      }
35      printf("\n");
36      return 0;
37  }
```

运行结果(假设输入的两个整数为:1 100000):

```
0—(38894)   1—(50001)   2—(50000)   3—(50000)   4—(50000)
5—(50000)   6—(50000)   7—(50000)   8—(50000)   9—(50000)
```

程序解释:

- 程序中第 6 行定义了两个长整型变量 min 和 max 用于存放输入的两个长整数,数组 count 的大小为 10 分别用于对 0~9 出现的次数进行计数,初始化为 0。
- 第 10~19 行接受输入的两个长整型数,小数放在 min 中,大数放在 max 中,如果

- min 比 max 大,则退出。
- 接下来的第 21~27 行是通过 for 循环对 min 到 max 之间的每一个数统计 0~9 出现的次数。其方法是：将每一个数通过调用 sprintf 函数将其转换成 8 个字符的字符串,并存放到 str 字符数组中,字符串不足 8 位时高位补空格符（由 sprintf 中的"%8s"来实现）,如图 7-21 所示。sprintf 函数的功能与 printf 函数的功能非常相似,只不过 printf 是将信息以字符串的形式输出到屏幕,而 sprintf 则是将信息以字符串的形式输出到某字符数组中,具体用法见附录 B。
- 最后显示统计的结果（第 29~34 行）。

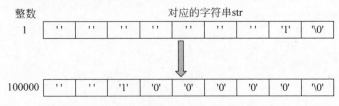

图 7-21　sprintf 将整数转换成字符串的表示形式

7.5 本章小结及常见错误列举

本章的内容包含如下几个方面：

(1) 数组是程序设计中最常用的数据结构。它是一种构造类型,数组中的每一个元素必须属于同一种数据类型。数组中的元素在内存中是连续存放的。数组变量名是数组在内存中的首地址,是一地址常量,不可对其赋值。二维数组变量也是地址常量,二维数组中的每一维也是地址常量。

(2) 数组可以是一维的、二维的或多维的。

(3) 数组类型说明由类型说明符、数组名、数组长度（数组元素个数）三部分组成。数组元素又称为下标变量。数组的类型是指下标变量取值的类型。

(4) 字符数组也是一种常规数组,但由于字符数组可以用来存放字符串,因此,字符数组在定义时可以利用字符串常量为字符数组变量赋初值。这是其他类型数组所不具备的。其他类型数组变量在赋值时必须使用初值列表,而字符数组却可以使用字符串常量。

(5) 字符串是一种以'\0'结尾的字符序列,因此用来存放字符串的字符数组的长度要比字符串的实际长度大 1 才可以。

(6) C 语言提供了许多有关字符串处理的函数,这些函数在用 C 语言编程过程中经常用到,读者务必要熟练掌握。

数组的正确使用是 C 语言编程的基础。下面列举了一些初学者常犯的一些错误。

(1) 定义数组变量时未指定大小。

定义数组变量时,如果给数组变量赋了初值,可以省略数组的大小。但如果没有赋初值,则不能省略数组的大小。例如：

```
int    a[]={1, 2, 3, 4, 5};        //正确
int    b[];                        //错误
```

(2) 给数组变量赋初值时初值的个数超过了数组的大小。

在定义数组时,如果指定了数组的大小并给数组变量赋初值,那么初值的个数一定不能超过数组的大小,未赋值的数据单元默认为 0。例如:

```
int    a[4]={1, 2, 3, 4, 5};       //错误,初值个数最多为 4 个
int    b[4]={1, 2};                //正确,b[2]、b[3]将为 0
```

(3) 定义数组变量时使用其他变量来指定数组的大小。

C 语言规定,在定义数组变量时,数组的大小必须是一个正整型常量。下面的做法是错误的。

```
int    n=10;
int    a[n];                       //错误,不可用变量来指定数组的大小
```

(4) 给数组变量赋初值时,忘了使用{}或初值表为空。

例如,下面的做法是错误的。

```
int    a[4]=1;                     //错误,初值表必须带{},所以可改为:int    a[4]={1};
int    b[4]={ };                   //错误,初值表至少要有一个值
```

(5) 对数组变量直接赋值。

数组变量名是地址常量,不能对其赋值,下面的做法是错误的。

```
int    a[10];
char   str[20];
a=10;                              //错误
str="abcd";                        //错误
```

(6) 用数组变量名代表数组单元的全部。

数组变量名仅仅是数组在内存中的地址,本身不代表数组单元的全部。因此,下面的做法并不能将一个数组中的数据复制到另一个数组中。

```
int    a[5], b[5]={1, 2, 3, 4, 5};
a=b;                               //错误
```

要实现数组间的复制,可使用循环语句对每个数据单元逐一赋值。例如:

```
int a[5], b[5]={1, 2, 3, 4, 5};
int i;
for(i=0; i<5; i++)
   a[i]=b[i];
```

或用 memcpy 函数来实现,例如:

```
memcpy(a, b, 5*sizeof(int));
```

如果是将一个字符串复制到另一个字符数组中,也可以使用 strcpy 函数。

(7) 利用( )代替[ ]来引用数组单元。

C 语言中，( )是圆括号运算符，[ ]是下标运算符，它们处于同一优先级，但却不能相互替换。例如：

```
int    a[4];
a[2]=100;              //正确
a(3)=100;              //错误，C编译时会认为a是函数名，3是参数
```

(8) 利用==比较字符串是否相等。

字符串之间的大小比较不能用==，一般用 strcmp 或 stricmp 函数。下面的做法是错误的。

```
char   str[20];
gets(str);
if(str=="wang")//错误，可改为：if(strcmp(str, "wang")==0)
   …
```

(9) 利用=来复制字符串。

字符串的复制需要使用 strcpy 或 strncpy 等函数，不能直接用赋值运算符=。下面的做法是错误的。

```
char   str[10];
str="1234";            //应改为：strcpy(str, "1234");
```

(10) 显示一个没有以'\0'结尾的字符串。

C 语言规定，字符串必须以'\0'结尾，但在编程的过程中往往容易疏忽这一点，结果导致在显示字符串时出现了一些其他的字符。例如：

```
char   str[5]={'a', 'b', 'c', 'd', 'e'};
printf("%s", str);
```

字符数组 str 没有值是'\0'的单元，printf 函数将从'a'开始显示字符，直到遇到'\0'为止，因此，显示完'e'后，没有结束操作，将继续显示'e'后面的字符(此时已超过 str 的范围)，这些字符显示是随机的，直到遇到'\0'为止。所以显示的字符除了 abcde 以外，可能还有一些其他字符在后面。为了克服这一点，通常可以这样来定义字符数组。

```
char   str[6]={'a', 'b', 'c', 'd', 'e', '\0'};
```

或

```
char   str[ ]="abcde";
```

(11) 接收字符串时使用了取地址运算符 &。

下面的做法是错误的。

```
char   str[20];
scanf("%s", &str);
```

由于数组名本身就代表地址，因此不应再加 &。实际上，只要是用%s 控制字符，其对应的变量前从不加 &。正确的写法是：

```
scanf("%s", str);
```

（12）数组越界操作。

当对数组元素赋值时,引用的数组单元的下标如果超出了合法的范围,就会出现越界操作。通常数组越界操作有以下几种情况。

- 将 a[n]当成数组 a 的第 n 个元素。例如,当下面的 for 语句执行到最后一遍时,就出现了数组越界操作：a[10]=10。

```
int   a[10],i;
for(i=0; i<=10; i++)
    a[i]=i;
```

- 当利用 scanf 或 gets 函数来接受字符串输入时,定义的字符数组太小造成越界操作。例如,下面的程序中,当用户输入 abcdefg 时,就出现了越界操作。

```
char   str[5];
gets(str);
```

- 当利用 strcpy 或 strncpy 来进行字符串复制时,字符数组的大小定义太小而容纳不下复制的字符串造成数组越界操作。例如：

```
char   str[5];
strcpy(str, "abcdef");
```

- 定义的字符数组不能容纳实际的字符串。例如：

```
char   str[5]="abcdef";
```

作为下标的变量或变量表达式在某些情况下超过了数组的长度或成为负值。这些情况下可能是算法上的失误或错误的数据输入造成的。例如,下面的程序利用数组 count 对用户输入的数字字符进行计数。

```
char ch;
int i, count[10]={0};
ch=getch( );
while(ch != '\r')
{
  count[ch-'0']++;
  ch=getch( );
}
for(i=0; i<10; i++)
  printf("you have pressed %d  \'%c\'\n", count[i], '0'+i);
```

如果用户输入了其他字符,如输入一个'A'字符,就会使 ch-'0'的值成为非法下标,造成数组越界操作。上面的程序可以修改如下：

```
char ch;
int i, count[10]={0};
ch=getch();
while(ch != '\r')
{
  if(ch >= '0' && ch <= '9')
    count[ch-'0']++;
```

```
        ch=getch( );
    }
    for(i=0; i<10; i++)
        printf("you have pressed %d \'%c\'\n", count[i], '0'+i);
```

C语言编程过程中,在使用数组时要养成一个良好的操作习惯。下面给出了使用数组时的通常做法。

- 定义数组时,先输入[ ],然后再在[ ]中间插入其他文本。
- 定义数组变量时,为变量赋初始值是一个好习惯。如果不赋初值,数组单元的值是随机的,对调试程序没有帮助。
- 当用变量或变量表达式作为下标来引用数组元素时,最好检查下标值是否合法。尽管这样会比较麻烦,甚至有时会被认为是多此一举,但这样的习惯能够有效地避免数组越界操作的发生。

自测题

习题 7

1. 选择题

(1) 在 C 语言中,引用数组元素时,其数组下标的数据类型允许是(   )。
　　A. 整型常量　　　　　　　　　　　B. 整型表达式
　　C. 整型常量或整型表达式　　　　　C. 任何类型的表达式

(2) 若有说明:int a[10];则对数组元素的正确引用是(   )。
　　A. a[10];　　　B. a[3.5]　　　C. a(5)　　　D. a[10-10]

(3) 设有数组定义:char array[ ]="China";则数组 array 所占的空间为(   )。
　　A. 4 字节　　　B. 5 字节　　　C. 6 字节　　　D. 7 字节

(4) 若二维数组 a 有 m 列,则在 a[i][j]前的元素个数为(   )。
　　A. j*m+i　　　B. i*m+j　　　C. i*m+j-1　　　D. i*m+j+1

(5) 若有说明:int a[ ][3]={1,2,3,4,5,6,7};则 a 数组第一维的大小是(   )。
　　A. 2　　　B. 3　　　C. 4　　　D. 无确定值

(6) 以下不正确的定义语句是(   )。
　　A. double x[5]={2.0, 4.0, 6.0, 8.0, 10.0};
　　B. int y[5]={0, 1, 3, 5, 7, 9};
　　C. char c1[ ]={'1', '2', '3', '4', '5'};
　　D. char c2[ ]={'\x10', '\xa', '\x8'};

(7) 以下不能对二维数组 a 进行正确初始化的语句是(   )。
　　A. int a[2][3]={0};
　　B. int a[ ][3]={{1, 2}, {0}};
　　C. int a[2][3]={{1, 2}, {3, 4}, {5, 6}};
　　D. int a[ ][3]={1, 2, 3, 4, 5, 6};

(8) 以下能对二维数组 a 进行正确初始化的语句是（　　）。
    A. int a[2][ ]={{1,0,1},{5,2,3}};
    B. int a[ ][3]={{1,2,3},{4,5,6}};
    C. int a[2][4]={{1,2,3},{4,5},{6}};
    D. int a[ ][3]={{1,0,1},{ },{1,1}};

(9) 以下不能正确进行字符串赋初值的语句是（　　）。
    A. char str[5]="good!";　　　　　　B. char str[ ]="good!";
    C. char str[8]="good!";　　　　　　D. char str[5]={'g','o','o','d'};

(10) 判断字符串 s1 是否大于字符串 s2,应当使用（　　）。
    A. if(s1>s2)　　　　　　　　　　　B. if(strcmp(s1,s2))
    C. if(strcmp(s2,s1)>0)　　　　　　D. if(strcmp(s1,s2)>0)

(11) 给出以下定义,则正确的叙述为（　　）。

char x[ ]="abcdefg";
char y[ ]={'a','b','c','d','e','f','g'};

    A. 数组 x 和数组 y 等价　　　　　　B. 数组 x 和数组 y 的长度相同
    C. 数组 x 的长度大于数组 y 的长度　　D. 数组 x 的长度小于数组 y 的长度

(12) 以下程序的输出结果是（　　）。

```
int main( )
{
    char st[20]="hello\0\t\\\"";
    printf("%d   %d \n", strlen(st), sizeof(st));
    return 0;
}
```

    A. 9　9　　　　B. 5　20　　　　C. 13　20　　　　D. 20　20

(13) 定义如下变量和数组：

int k;
int a[3][3]={1,2,3,4,5,6,7,8,9};

则下面语句的输出结果是（　　）。

for(k=0; k<3; k++)　　printf("%d", a[k][2-k]);

    A. 3 5 7　　　　B. 3 6 9　　　　C. 1 5 9　　　　D. 1 4 7

(14) 当执行下面的程序时,如果输入 ABC,则输出结果是（　　）。

```
#include "stdio.h"
#include "string.h"
int main( )
{
    char ss[10]="1,2,3,4,5";
    gets(ss);   strcat(ss, "6789");   printf("%s\n", ss);
    return 0;
}
```

A. ABC6789　　　B. ABC67　　　C. 12345ABC6　　　D. ABC456789

(15) 以下程序的输出结果是(　　)。

```c
int main( )
{
    char w[ ][10]={ "ABCD", "EFGH", "IJKL", "MNOP"}, k;
    for(k=1; k < 3; k++)    printf("%s\n", w[k]);
    return 0;
}
```

A. ABCD　　　　B. ABCD　　　　C. EFG　　　　D. EFGH
　 FGH　　　　　 EFG　　　　　　JK　　　　　　IJKL
　 KL　　　　　　IJ　　　　　　　O
　 M

(16) 以下程序的输出结果是(　　)。

```c
int main( )
{
    char arr[2][4];
    strcpy(arr[0], "you");   strcpy(arr[1], "me");
    arr[0][3] = '&';
    printf("%s \n", arr);
    return 0;
}
```

A. you&me　　　B. you　　　C. me　　　D. err

(17) 已知：char str1[8], str2[8]={"good"}；则在程序中不能将字符数组 str2 赋值给 str1 的语句是(　　)。

A. str1=str2;　　　　　　　　　　B. strcpy(str1, str2);
C. strncpy(str1, str2, 6);　　　　　D. memcpy(str1, str2, 5);

(18) 下面程序段的运行结果是(　　)。(注：□代表空格。)

```c
char c[5]={'a', 'b', '\0', 'c', '\0'};
printf("%s", c);
```

A. 'a''b'　　　B. ab　　　C. ab□c　　　D. ab□

(19) 下面程序段的运行结果是(　　)。(注：□代表空格。)

```c
char a[7]="abcde";    char b[4]="ABC";
strcpy(a, b);         printf("%c", a[4]);
```

A. □　　　B. \0　　　C. e　　　D. f

(20) 下面程序的运行结果是(　　)。

```c
int main( )
{
    char ch[7]={"65ab21"};
    int i, s=0;
    for(i=0; ch[i] >= '0' && ch[i] <= '9'; i+=2)
```

```
    s=10 * s+ ch[i]-'0';
    printf("%d\n", s);
    return 0;
}
```

  A. 12ba56   B. 6521   C. 6   D. 62

(21) 不能把字符串"Hello!"赋给数组 b 的语句是( )。

  A. char b[10]={ 'H', 'e', 'l', 'l', 'o', '!'};

  B. char b[10]; b="Hello!";

  C. char b[10]; strcpy(b, "Hello!");

  D. char b[10]="Hello!";

(22) 以下程序执行后输出结果是( )。

```
void main( )
{
    char a[]="abcdefg", b[10]="abcdefg";
    printf("%d  %d\n", sizeof(a), sizeof(b));
}
```

  A. 7 7   B. 8 8   C. 8 10   D. 10 10

(23) 下述对 C 语言字符数组的描述中错误的是( )。

  A. 字符数组可以存放字符串

  B. 字符数组的字符串可以整体输入输出

  C. 可以在赋值语句中通过赋值运算符"="对字符数组整体赋值

  D. 不可以用关系运算符对字符数组中的字符串进行比较

(24) 下面程序段的运行结果是( )。

```
char c[]="\t\v\\\0will\n";
printf("%d", strlen(c));
```

  A. 14   B. 3

  C. 9   D. 字符串中有非法字符,输出值不确定

(25) 定义如下变量和数组:

```
int k;
int a[3][3]={1, 2, 3, 4, 5, 6, 7, 8, 9};
```

则下面语句的输出结果是( )。

```
for(k=0; k<3; k++)   printf("%d", a[k][2-k]);
```

  A. 3 5 7   B. 3 6 9   C. 1 5 9   D. 7 5 3

(26) 以下各组选项中,均能正确定义二维实型数组 a 的选项是( )。

  A. float a[3][4];   B. float a(3,4);

   float a[][4];   float a[3][4];

   float a[3][]={{1},{0}};   float a[][]={{0};{0}};

C. float a[3][4];
　　　　　static float a[][4]={{0},{0}};
　　　　　auto float a[][4]={{0},{0},{0}};
　　　D. float a[3][4];
　　　　　float a[3][];
　　　　　float a[][4];

(27) 下面程序的运行结果是(　　)。

```
#include <stdio.h>
void main()
{
  char str[]="SSSWLIA", c;
  int k;
  for(k=2;(c=str[k])!='\0'; k++)
  {
    switch(c)
    {
      case 'I':  ++k;  break;
      case 'L':  continue;
      default:  putchar(c);  continue;
    }
    putchar('*');
  }
}
```

　　　A. SSW*　　　B. SW*　　　C. SW*A　　　D. SW

(28) 合法的数组定义是(　　)。
　　　A. int a[]="string";
　　　B. int a[5]={0,1,2,3,4,5};
　　　C. char a="string";
　　　D. char a[]={0,1,2,3,4,5};

(29) 若有初始化 int a[ ][3]={1,2,3,4,5,6,7};,则以下错误的叙述是(　　)。
　　　A. 引用 a 数组时,元素的两个下标值均不能超过 2
　　　B. a 数组的第一维大小为 3
　　　C. a 数组中包含 9 个元素
　　　D. a 数组中包含 7 个元素

(30) 若有以下程序段：

```
int a[]={4, 0, 2, 3, 1}, i, j, t;
for(i=1; i<5; i++)
{
  t=a[i];  j=i-1;
  while(j>=0 && t>a[j])
  { a[j+1]=a[j];  j--; }
  a[j+1]=t;
}
```

则该程序段的功能是(　　)。
　　　A. 对数组 a 进行插入排序(升序)
　　　B. 对数组 a 进行插入排序(降序)
　　　C. 对数组 a 进行选择排序(升序)
　　　D. 对数组 a 进行选择排序(降序)

2. 程序填空题

（1）以下是一个评分统计程序，共有 8 个评委打分，统计时，去掉一个最高分和一个最低分，其余 6 个分数的平均分即是最后得分，程序最后应显示这个得分，显示精度为 1 位整数，2 位小数，程序如下，请将程序补充完整。

```
#include <stdio.h>
int main()
{
    float x[8]={9.2, 9.5, 9.8, 7.4, 8.5, 9.1, 9.3, 8.8};
    float aver, max, min;
    int i;
    for(_____; i<8; i++)
        aver+=x[i];
    max=_____;
    min=max;
    for(i=1; i<8; i++)
    {
        if(max < x[i])   max=x[i];
        if(_____)   min=x[i];
    }
    aver=_____;
    printf("Average=_____\n", aver);
    return 0;
}
```

（2）以下程序是实现在 M 行 N 列的二维数组中，找出每一行上的最大值，请将程序补充完整。

```
#define M 3
#define N 4
int main()
{
    int x[M][N]={1, 5, 7, 4, 2, 6, 4, 3, 8, 2, 3, 1};
    int i, j, p;
    for(i=0; i<M; i++)
    {
        p=0;
        for(j=1; j<N; j++)
            if(x[i][p] < x[i][j])_____;
        printf("The max value in line %d is %d\n", i, _____);
    }
    return 0;
}
```

（3）下面程序的功能是在三个字符串中找出最小的，请将程序补充完整。

```
#include <stdio.h>
#include <string.h>
int main()
```

```
{
    int i;
    char s[20], str[3][20];
    for(i=0; i<3; i++)   gets(str[i]);
    strcpy(s, _____);
    if(strcmp(s, str[2]) > 0)   strcpy(s, str[2]);
    printf("The min string is %s\n", _____);
    return 0;
}
```

（4）下面程序的功能是将键盘输入的字符串 str 中的所有 'c' 字符用 'C' 替换，请将程序补充完整。

```
#include <stdio.h>
#include <string.h>
int main( )
{
    int i;
    char str[80];
    gets(_____);
    for(i=0; _____; i++)
    {
        if(str[i] != 'c')   _____;
        _____;
    }
    printf("%s\n", str);
    return 0;
}
```

（5）下面程序的功能是生成并打印某数列的前 20 项，该数列第 1、2 项分别为 0 和 1，以后每个奇数编号的项是前两项之和，偶数编号的项是前两项差的绝对值。生成的 20 个数存在一维数组 x 中，并按每行 4 项的形式输出，请填空。

```
#include <stdio.h>
#include <math.h>
int main( )
{
    int x[21], i, j;
    x[1]=0; x[2]=1;
    i=3;
    do {
        x[i] = _____;
        x[i+1] = _____;
        i = _____;
    } while(i < 20);
    for(i=1; i<=20; i++)
    {
        printf("%5d", x[i]);
        if(i%4==0)
            printf("\n");
    }
```

```
    return 0;
}
```

(6) 设数组 a 包括 10 个整型元素。下面程序的功能是求出 a 中各相邻两个元素的和, 并将这些和存在数组 b 中,按每行 3 个元素的形式输出,请填空。

```
#include <stdio.h>
int main( )
{
  int a[10], b[10], i;
  for(i=0; i<10; i++)
    scanf("%d", &a[i]);
  for(_____; i<10; i++)
    _____;
  for(i=1; i<10; i++)
  {
    printf("%3d", b[i]);
    if(_____==0)   printf("\n");
  }
  return 0;
}
```

(7) 下面程序将十进制整数转换成 n 进制,请填空。

```
#include <stdio.h>
int main( )
{
  int i, base, n, j, num[20];
  printf("Enter data that will be converted: \n");
  scanf("%d", &n);
  printf("Enter base: \n");
  scanf("%d", &base);
  i=0;
  do {
    i++;
    num[i]=_____;
    n=_____;
  } while(n!=0);
  printf("The data %d has been converted into the %d——basedata: \n", n, base);
  for(_____)
    printf("%d", num[j]);
  return 0;
}
```

(8) 下面程序用"两路合并法"把两个已按升序排列的数组合并成一个升序数组,请填空。

```
#include <stdio.h>
int main( )
{
  int a[3]={5, 9, 19};
  int b[5]={12, 24, 26, 37, 48};
```

```
    int c[10], i=0, j=0, k=0;
    while(i<3 && j<5)
    if(_____)  { c[k]=b[j]; k++; j++; }
    else{ c[k]=a[i]; k++; i++; }
    while(_____)  { c[k]=a[i]; i++; k++; }
    while(_____)  { c[k]=b[j]; k++; j++; }
    for(i=0; i<k; i++)
        printf("%3d", c[i]);
    return 0;
}
```

3. 编程题

(1) 编程实现从键盘任意输入 20 个整数,统计非负数个数,并计算非负数之和。

(2) 输入 10 个整数,将这 10 个整数按升序排列输出,并且奇数在前,偶数在后。例如,如果输入的 10 个数是 10 9 8 7 6 5 4 3 2 1,则输出 1 3 5 7 9 2 4 6 8 10。

(3) 从键盘输入 10 个整数,编程实现将其中最大数与最小数的位置对换后,再输出调整后的数组。

(4) 编写一程序,其功能是给一维数组 a 输入任意的 6 个整数,假设为 5 7 4 8 9 1,然后建立一个具有以下内容的方阵,并打印出来。

5 7 4 8 9 1
1 5 7 4 8 9
9 1 5 7 4 8
8 9 1 5 7 4
4 8 9 1 5 7
7 4 8 9 1 5

(5) 输入 5×5 阶的矩阵,编程实现:
① 求两条对角线上的各元素之和。
② 求两条对角线上行、列下标均为偶数的各元素之积。

(6) 编程打印如下形式的杨辉三角形。

```
          1
         1 1
        1 2 1
       1 3 3 1
      1 4 6 4 1
     1 5 10 10 5 1
```

(7) 编写一程序实现将用户输入的一字符串以反向形式输出。例如,输入的字符串是 abcdefg,输出为 gfedcba。

(8) 编写一程序实现将用户输入的一字符串中所有的字符'c'删除,并输出结果。

(9) 编写一个程序,将字符数组 s2 中的全部字符复制到字符数组 s1 中,不用 strcpy 函数。复制时,'\0'也要复制过去。'\0'后面的字符不复制。

(10) 不用 strcat 函数编程实现字符串连接函数 strcat 的功能,将字符串 srcStr 连接到字符串 dstStr 的尾部。

(11) 有一个已排好序(升序)的整型数组,要求从键盘输入一整数按原来排序的规律将它插入到数组中,并输出结果。例如,原来数据为 1　3　5　7,需插入 4,插入后为 1　3　4　5　7。

(12) 假设有五位同学四门功课的成绩如表 7-3 所示。编一程序计算每位同学的总分、平均分及各门功课的平均分。

表 7-3　学生成绩表

姓　　名	语　　文	数　　学	英　　语	综　　合
张大明	120	130	110	280
李小红	110	120	105	290
王志强	108	128	120	278
汪晓成	112	135	122	286
李丹	100	120	108	276

(13) 从键盘输入一个字符串 a,并在 a 串中的最大元素后边插入字符串 b(b[ ]="ab"),试编程。

(14) 找出一个二位数组中的鞍点的位置,即该位置上的元素在该行上最大,在该列上最小。如果有,输出其所在的行、列号,如果没有,则输出提示信息。

(15) 下面是一个 5×5 阶的螺旋方阵。试编程打印出此形式的 n×n(n<10)阶的方阵(顺时针方向旋进)。

```
1   2   3   4   5
16  17  18  19  6
15  24  25  20  7
14  23  22  21  8
13  12  11  10  9
```

第8章 函数

微课视频

◇ 学习意义

人们在求解某个复杂问题时,通常采用逐步分解、分而治之的方法,也就是将一个大问题分解成若干个比较容易求解的小问题,然后分别求解。程序员在设计一个复杂的应用程序时,往往也是把整个程序划分成若干功能较为单一的程序模块,然后分别予以实现,最后再把所有的程序模块像搭积木一样装配起来,这种在程序设计中分而治之的策略,被称为**模块化程序设计方法**。在 C 语言中,函数是程序的基本组成单位,因此可以很方便地用函数作为程序模块来实现 C 语言程序。利用函数不仅可以实现程序的模块化,程序设计得简单和直观,提高了程序的易读性和可维护性,而且还可以把程序中的一些普通计算或操作编成通用的函数,以供随时调用,这样可以大大减轻程序员编写代码的工作量。所以学习 C 语言,不仅要掌握函数的定义、调用和使用方法,更重要的是通过对函数的学习,掌握模块化程序设计的理念,为将来进行团队合作,协同完成大型应用软件奠定一定的基础。

◇ 学习目标

(1) 正确理解函数在 C 语言程序设计中的作用和地位;
(2) 理解函数、形参、实参、作用域、生存期的概念;
(3) 掌握各种函数的定义、原型声明和调用的方法;
(4) 理解全局变量、局部变量、静态变量、静态函数的作用域和生存期;
(5) 掌握递归函数的编写规则。

◇ 难点提示

(1) 函数的参数传递与返回值;
(2) 变量的作用域、生存期与存储类型;
(3) 函数的递归调用。

微课视频

8.1 函数概述

在前面的章节中已经介绍过,C 语言源程序是由函数组成的。所谓**函数其实就是一段可以重复调用的、功能相对独立完整的程序段**。虽然在前面各章的程序中都只有一个主函数 main( )，但实用程序往往由多个函数组成。函数是 C 语言源程序的基本模块，通过对函数模块的调用实现特定的功能。C 语言中的函数相当于其他高级语言的子程序。C 语言不仅提供了极为丰富的标准库函数（如 VC、CB 都提供了几百个标准库函数），还允许用户建立自己定义的函数。用户可以把自己的算法用 C 语言编成一个个相对独立的函数模块，然后用调用的方法来使用函数。

可以说 C 语言程序的全部工作都是由各式各样的函数完成的，所以也把 C 语言称为函数式语言。由于采用了函数模块式的结构，C 语言易于实现结构化程序设计。使程序的层次结构清晰，便于程序的编写、阅读、调试。

在 C 语言中可从不同的角度对函数进行分类。

从函数定义的角度看，函数可分为标准库函数和用户自定义函数两种。

(1) 标准库函数。由 C 语言系统提供，用户无须定义，也不必在程序中进行类型说明，只需在程序前包含该函数原型的头文件即可（如♯include <stdio.h>），在程序中直接调用。在前面各章的例题中反复用到的 printf、scanf、getchar、putchar、gets、puts、strcat 等函数均属此类。

(2) 用户自定义函数。由用户按需要编写的函数。因为 C 语言所提供的标准库函数不一定包含用户所需要的所有功能，为了编制完成特定功能的程序，用户必须通过定义自己编写的函数来实现。例如，将一整型数组按其元素从小到大进行排序。对于用户自定义函数，不仅要在程序中定义函数本身，而且在主调函数模块中还必须对该被调函数进行类型说明，然后才能使用。用户自定义函数是本章重点讨论的内容。

C 语言的函数兼有其他语言中的函数和过程两种功能，从这个角度看，又可把函数分为有返回值函数和无返回值函数两种。

(1) 有返回值函数。此类函数被调用执行完后将向调用者返回一个执行结果，称为函数返回值。如数学函数即属于此类函数。由用户自定义的并且要返回函数值的函数，必须在函数定义和函数说明中明确返回值的类型。

(2) 无返回值函数。此类函数用于完成某项特定的处理任务，执行完成后不向调用者返回函数值。这类函数类似于其他语言的过程。由于函数不需要返回值，用户在定义此类函数时可指定其返回值为"空类型"，空类型的说明符为 void。

从主调函数和被调函数之间数据传送的角度看，函数又可分为无参函数和有参函数两种。

(1) 无参函数。函数定义、函数说明及函数调用中均不带参数。主调函数和被调函数之间不进行参数传送。此类函数通常用来完成一组指定的功能，可以返回或不返回函数值。

(2) 有参函数。也称为带参函数。在函数定义及函数说明时都有参数，称为形式参数（简称为形参）。在函数调用时也必须给出参数，称为实际参数（简称为实参）。进行函数调用时，主调函数将把实参的值或地址传送给形参，供被调函数使用。

应该指出的是，在 C 语言中，所有的函数定义，包括主函数 main 在内，都是平行的。也就是说，在一个函数的函数体内，不能再定义另一个函数，即不能嵌套定义。但是函数之间允许相互调用，也允许嵌套调用。习惯上把调用者称为主调函数，被调用者称为被调函数。函数还可以自己调用自己，称为递归调用。main 函数是主函数，它可以调用其他函数，而不允许被其他函数调用。因此，C 语言程序的执行总是从 main 函数开始，完成对其他函数的调用后再返回到 main 函数，最后由 main 函数结束整个程序的执行。一个 C 语言源程序必须有也只能有一个主函数 main。

> ⚠️ **注意**：使用标准库函数应从以下几方面来把握。
> - 函数功能。
> - 函数参数的数目和顺序，以及各参数的意义和类型。
> - 函数返回值的意义和类型。
> - 需要使用的包含文件。

8.2 函数的定义与调用

函数有多种定义和调用的形式，下面将详细介绍各种函数的定义和调用形式。

8.2.1 无参数无返回值的函数

微课视频

1．函数的定义

这种函数的定义格式如下：

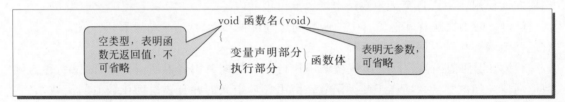

函数的定义格式说明如下：

- 函数名必须是合法的标识符，并且不能与其他函数或变量重名，更不能是关键字。
- 变量声明部分和执行部分合在一起称为函数体。变量声明部分用于定义函数内部使用的变量，也可以用于对其他函数的原型的声明。执行部分放置 C 语句。
- 圆括号和花括号是函数定义的一部分，必须原样输入。

2．函数的用途

此类函数用于完成某项特定的处理任务，执行完成后不向调用者返回函数值。它类似于其他语言的过程。例如，当用户输入的信息错误时，给出错误信息提示，就可以定义成该类型的函数。

3．函数的原型声明

C 语言规定，如果函数调用出现在函数定义之前，则对函数调用之前必须对其原型加以声明，否则会出现编译错误。此类函数的原型声明格式为：

```
void 函数名(void);  或  void 函数名( );
```

注意：后面的分号";"不要忘了。

4. 函数的调用

函数的调用格式为：

```
函数名( );
```

注意：不能将这种函数调用赋值给任何变量，因为它没有返回值。调用时,( )中间不能有 void。

【例 8-1】 无参数无返回值的函数的定义及调用。

```
1    #include <stdio.h>
2    #include <math.h>
3
4    void showerror( );              //声明 showerror 函数的原型
5
6    int main( )
7    {
8        int a;
9
10       scanf("%d", &a);
11       while(a < 0)
12       {
13           showerror( );
14           scanf("%d", &a);
15       }
16       printf("sqrt(a)=%.2f\n", sqrt(a));
17       return 0;
18   }
19
20   void showerror( )                //函数的定义,无参数无返回值
21   {
22       printf("input error!\n");   //函数体,没有声明变量
23   }
```

程序解释：

- 该程序是用于计算键盘输入的某个正整数的平方根,如果输入的是负数,则调用 showerror 函数输出错误信息"input error!",然后重新输入,直到输入正确为止,再计算其平方根并输出。
- 程序中的第 4 行是对 showerror 函数的原型声明,它也可以放在 main 函数中来声明,如放在第 9 行的位置也可以,它不是对函数 showerror 进行定义,真正的定义在

247

程序后面的第 20～23 行。当然，如果将第 20～23 行放在第 4 行进行定义，则第 4 行对 showerror 函数的原型声明可以省略。
- 在执行完 showerror 函数后（即遇到第 23 行的反花括号时），将返回到 main 函数中调用语句的下一条语句（即第 14 行语句）继续执行。main 函数和 showerror 函数的调用关系如程序中的箭头所示。

⚠ **注意**：对函数调用之前，必须要先声明或先定义，否则编译将出错。

对于一个带有用户自定义函数的程序来说，用户自定义的函数其实可以放在 main 函数的前面，也可以放在 main 函数之后。放在 main 之前，一般不需要原型声明，但放在 main 之后一般是需要原型声明的。根据 C 语言编程的惯例，一般是将用户自定义的函数放在 main 函数的后面，在 main 的前面对所有自定义的函数进行原型声明，因为 C 语言程序总是从 main 函数开始执行，所以尽快找到 main 函数符合程序阅读的习惯，试想在一个很长的程序中找上半天才找到 main 函数是多么不方便。下面给出带有用户自定义函数的 C 语言程序的一般格式，读者可以对照例 8-1 的程序仔细体会。

```
文件包括(如 include <stdio.h>等,用于标准库库函数原型声明)
常量定义(根据需要而定,如#define PI 3.1415 等)
变量定义(根据需要而定)
用户自定义函数原型声明
main 函数
用户自定义函数
```

5．函数的返回

函数在执行完函数体内最后一条语句遇到"}"后，会自动返回到调用它的地方。但有时在某种条件下，也可以利用 return 语句返回。return 语句的基本格式有以下三种：

```
① return(表达式);      //有返回值
② return 表达式;        //有返回值
③ return;              //无返回值
```

该语句的功能是使程序控制从被调用函数返回到调用函数中，如果有返回值，同时把返回值带给调用函数。函数中可以有多个 return 语句。在无参数无返回值的函数中，return 语句的形式只能是第③种形式。例如：

```
void showyes( )
{
    char key;

    key=getch( );
    if(toupper(key) != 'Y')
        return;
    printf("YES! ");
}
```

函数 showyes 的功能是：如果输入的字符不是'Y'或'y'，则什么都不输出，直接返回，否则输出"YES!"。toupper 函数是标准库函数，其功能是将小写字符转换成大写字符。

8.2.2 无参数有返回值的函数

微课视频

1. 函数的定义

这种函数的定义格式如下：

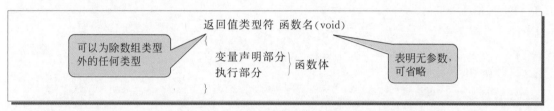

函数的定义格式说明如下：
- 函数的返回值通常是函数计算的结果或执行的状态信息。
- 函数的返回值将由 return(表达式); 或 return 表达式; 语句返回给调用者（即调用这个函数的另一个函数）。表达式的值即是函数的返回值。一般情况下，表达式值的类型应与函数返回值类型一致。

> ⚠️ 注意：函数返回值类型符在标准 C 语言程序中可以省略，其默认为 int 型，但在 C++ 程序中除了在 VC6.0 环境下可省略外（默认为 int 型），在 VC 2010、CB 17.12 下均不可省略，必须指定返回值类型，否则编译错。

2. 函数的用途

此类函数用于完成某项特定的处理任务，执行完成后向调用者返回函数值。例如，计算 1～100 的所有奇数之和的函数就可以按此种形式来进行定义。

3. 函数的原型声明

此类函数的原型声明格式为：

返回值类型符　函数名(void);　　或　返回值类型符　函数名( );

> ⚠️ 注意：后面的分号";"不要忘了。

4. 函数的调用

函数的调用格式为：

函数名( );　　或　变量=函数名( );

【例 8-2】 无参数有返回值的函数的定义及调用。

```
1    #include <stdio.h>
2    #include <conio.h>
3    #include <ctype.h>
4
5    int sum( );                    //声明 sum 函数的原型
6
7    int main( )
8    {
9      int tot;
10
11     tot=sum( );                  //调用 sum 函数
12     if(tot==-1)
13       printf("\nnot select!\n");
14     else
15       printf("\nthe result is : %d\n", tot);
16     return 0;
17   }
18
19   int sum( )                     //函数的定义,无参数有返回值
20   {
21     int i, tot=0;                //变量声明部分
22     char key;
23
24     key=getche( );
25     if(key != '0' && key != '1')
26       return(-1);                //也可以写成 return -1;
27     for(i=(key=='0') ? 2 : 1; i<=100; i+=2)
28       tot+=i;
29     return(tot);                 //也可以写成 return tot;
30   }
```

程序解释:
- 该程序主要是通过调用自定义函数 sum 由用户输入选择来计算 1~100 所有奇数或偶数之和。当 main 函数调用 sum( )时(第 11 行),程序开始执行 sum 函数中的第 24 行语句,用以获取用户的按键选择,如果既不是'0'也不是'1',则表示没有选择计算,此时返回值为-1,如果是'0'则计算 1~100 所有偶数之和,是'1'则计算 1~100 所有奇数之和,然后返回计算的和值(第 19~30 行)。
- 在 main 函数中,第 11 行语句是通过调用 sum 函数将计算的结果赋值给变量 tot。根据 tot 的值,如果是-1,则表示没有选择计算,输出"no select!";否则,输出计算的结果信息。
- 函数 sum 的返回值类型符 int 在 VC 6.0 下可以省略,因为省略时默认为 int 型,但在 VC 2010、CB 17.12 下不可省略,否则编译出错。因此对于一个自定义函数来讲,最好是标明其返回值类型,一来程序的移植性好一些,二来程序也更清晰一些。

5. 函数的返回

对于一个有返回值的自定义函数来说,其函数体中一般都包含 return(表达式); 或 return 表达式;语句,如果没有,函数也会返回一个值。这个值是不可预知的,将会使程序可能犯逻辑错误。因此,读者千万要注意,程序在编译时最好避免出现"Function should return a value"的 warning 信息。

当 return(表达式); 或 return 表达式;语句中的表达式的类型与函数的返回值类型不一致时,编译器将对表达式进行强制类型转换,将表达式的值强制转换成函数返回值类型,然后返回给调用者。这条规则对有参数的函数也适用。例如,下面的函数将返回 2,而不是 2.5。

```
int func( )
{
   float f=5;
   f=f / 2;
   return(f);
}
```

> ⚠ **注意**:如果不将函数调用赋值给任何变量,它的返回值将被丢弃。

8.2.3 带参数无返回值的函数

微课视频

1. 函数的定义

这种函数的定义格式如下:

```
void 函数名(类型符 1  形参名 1,类型符 2  形参名 2,…,类型符 n  形参名 n)
                           形参列表
{
   变量声明部分  ⎫
   执行部分      ⎬ 函数体
}
```

函数的定义格式说明如下:

- 形参列表中至少要有一项,形参之间要用逗号","分开,形参名前面要有数据类型符以说明形参的数据类型。
- 形参类似于函数变量声明部分中的变量,当函数定义时,变量可以有初值,但形参却没有值。当函数被调用时,形参才会有值。
- 不允许对形参赋初值,但可以在函数的执行部分对形参赋值。

2. 函数的用途

该种类型的函数主要是根据形参的值来进行某种事务的处理。有了形参以后,调用函数可以把不同处理的值通过形参传递给被调函数,被调函数则可以根据形参的值来进行相应的处理。所以该类型的函数在处理的灵活性上要比无形参的函数强,更能体现调用函数与被调函数之间的数据联系。

3. 函数的原型声明

此类函数的原型声明格式为:

```
void 函数名(类型符 1  形参名 1,类型符 2  形参名 2,…,类型符 n  形参名 n);
或
void 函数名(类型符 1,类型符 2,…,类型符 n);
```

4. 函数的调用

函数的调用格式为:

```
函数名(实参列表);
```

实参列表是多个用逗号分隔的表达式,这些表达式又被称为函数的实参,即实际参数。实参可以是常量、变量、表达式、函数等,无论实参是何种类型的量,在进行函数调用时,它们都必须具有确定的值,以便把这些值传递给形参。因此应预先用赋值、输入等办法使实参获得确定值。

调用带参数的函数时要注意以下两点:
- **实参列表中的实参必须与函数定义时的形参数量相同、类型相符**。调用函数时,第一个实参将被赋值给第一个形参,第二个实参将被赋值给第二个形参,其他的以此类推。因此,只有当函数被调用时,被调函数的形参才开始有值。
- **实参表求值顺序(即实参赋值给形参的顺序),因系统而定**。VC 6.0、VC 2010 和 CB 17.12 均是自右向左,也就是说,最右边的实参最先赋值给最右边的形参,最左边的实参最后赋值给最左边的形参。但 VC 6.0 与 VC 2010 和 CB 17.12 在具体赋值时稍有不同,注意它们之间的区别。

【例 8-3】 带参数无返回值的函数的定义及调用。

```
1    #include <stdio.h>
2
3    void compare(int a, int b);         //也可以写成 void compare(int, int);
4
5    int main( )
6    {
7        int i=2;
8        compare(i, i++);                //函数调用(i 为实参)
9        printf("i=%d\n", i);
10       return 0;
11   }
12
```

```
13      void compare(int a, int b)      //函数定义,有形参无返回值(a、b为形参)
14      {
15        printf("a=%d  b=%d\n", a, b);
16        if( a > b )
17          printf("a > b\n");
18        else
19          if(a==b)
20            printf("a=b\n");
21          else
22            printf("a < b\n");
23      }
```

运行结果：

在 VC 2010、CB 17.12 下

```
a=3 b=2
a > b
i=3
```

在 VC 6.0 下

```
a=2 b=2
a=b
i=3
```

程序解释：

- 自定义函数 compare 带有两个参数 a 和 b,该函数首先显示它们的值,然后比较它们的大小,如果 a＞b,则输出"a＞b",如果 a==b,则输出"a=b",否则输出"a＜b"(第 13～23 行)。
- 在 main 函数中定义了变量 i,其初始值为 2,然后调用函数 compare 以实参 i 和 i++ 分别赋值给形参 a 和 b,但由于实参表赋值顺序是从右到左,所以首先将 i++ 赋值给形参 b,再将 i 赋值给形参 a。实参赋值给形参的过程在 VC 2010、CB 17.12 下等价于：b=i; i++; a=i;,所以 a 的值为 3,b 的值为 2。但在 VC 6.0 下等价于：b=i; a=i; i++;,所以 a 的值为 2,b 的值为 2,因为 i 增 1 在后。

【思考题 8-1】 如果将例 8-3 中的第 8 行改为 compare(++i,i++);,那么输出结果是什么？

5. 函数的返回

因为该类型的函数无返回值,所以如果要在函数体内中途返回给调用函数,只要通过 return;语句返回即可。不能用 return(表达式);或 return 表达式;的返回形式。

8.2.4 带参数有返回值的函数

1. 函数的定义

这种函数的定义格式如下：

微课视频

```
返回值类型符 函数名(类型符1  形参名1,类型符2  形参名2,…,类型符n  形参名n)
                              形参列表
{
    变量声明部分 ⎫
    执行部分    ⎬ 函数体
              ⎭
}
```

函数的定义格式说明如下：
- 形参的说明参见带参数无返回值的函数定义的说明。
- 返回值类型符参见无参数有返回值的函数定义的说明。
- 函数的返回值将由 return(表达式); 或 return 表达式; 语句返回给调用者（即调用这个函数的另一个函数）。表达式的值即是函数的返回值。一般情况下，表达式值的类型应与函数返回值类型一致。

2．函数的用途

该种类型的函数主要是根据形参的值来进行某种事务的处理。有了形参以后，调用函数可以把不同处理的值通过形参传递给被调函数，被调函数则可以根据形参的值来进行相应的处理。同时可将处理后的结果值返回给调用函数。所以同带参数无返回值的函数相比，这种类型的函数更能体现出调用函数与被调函数之间的数据联系。在用户自定义的函数中这类函数占的比例较大。

3．函数的原型声明

此类函数的原型声明格式为：

```
返回值类型符 函数名(类型符1  形参名1,类型符2  形参名2,…,类型符n  形参名n);
或
返回值类型符 函数名(类型符1,类型符2,…,类型符n);
```

4．函数的调用

函数的调用格式为：

```
函数名(实参列表);
或
变量名=函数名(实参列表);
```

【例 8-4】 带参数有返回值的函数的定义及调用。

```
1    #include <stdio.h>
2
3    int max(in t a, int b);              //函数的原型声明
4
```

```
5    int main( )
6    {
7        int a, b, c;
8
9        scanf("%d%d", &a, &b);
10       c=max(a, b);                          //函数调用(a、b为实参)
11       printf("the biggest number is : %d\n", c);
12       return 0;
13   }
14
15   int max(int a, int b)                     //函数定义,带参数有返回值(a、b为形参)
16   {
17       return(a > b ? a : b);
18   }
```

运行结果(假如输入的值为：5 9↙)：

the biggest number is 9

> ⚠ **注意**：对有返回值的自定义函数也可以作为其他函数的参数来进行调用。例如,在例 8-4 中的第 11 行也可以直接写成：
>
> printf("the biggest number is : %d\n",max(a,b));

5. 函数的返回

因为该类型的函数有返回值,所以函数体内一般都包含 return(表达式); 或 return 表达式; 的语句。不可以用 return; 的语句形式返回。

8.3 函数参数的传递方式

微课视频

对带有参数的函数进行调用时,存在着如何将实参传递给形参的问题。根据实参传递给形参值的不同,通常有**值传递方式**和**地址传递方式**两种。

1. 运用值传递方式

所谓值传递方式是：函数调用时,为形参分配内存单元,并将实参的值复制到形参中；调用结束,形参所占内存单元被释放,实参的内存单元仍保留并维持原值。在例 8-3 和例 8-4 中的函数调用中,其参数传递方式就是值传递方式。

其特点是：形参与实参占用不同的内存单元,函数中对形参值的改变不会改变实参的值。这就是函数参数的值单向传递规则。

【例8-5】 函数参数的值传递方式。

```
1    #include <stdio.h>
2
3    void swap(int a, int b);              //函数原型声明
4
5    int main( )
6    {
7        int x=7, y=11;
8
9        printf("before swapped: ");
10       printf("x=%d, y=%d\n", x, y);
11       swap(x, y);                       //函数调用(x、y为实参,值传递方式)
12       printf("after   swapped: ");
13       printf("x=%d, y=%d\n", x, y);
14       return 0;
15   }
16
17   void swap(int a, int b)               //函数定义(a、b为形参)
18   {
19       int temp;
20       temp=a;
21       a=b;
22       b=temp;
23   }
```

运行结果:

```
before swapped: x = 7, y = 11
after   swapped: x = 7, y = 11
```

程序解释:

该程序首先在main函数中定义了两个整型变量x和y,其初始值分别为7和11,然后调用swap自定义函数试图交换x、y的值,可结果是,调用函数swap以后,x和y的值并没有交换,x仍然是7,y仍然是11。为什么会出现这种情况呢?这是因为实参x和y对应的内存单元与形参a和b所对应的内存单元是各不相同的,在函数调用时,只是将x的值7传递给形参a,y的值11传递给形参b,在swap函数体内只是将a和b的值交换了,即a的值变为11,b的值变为7,当函数返回时,a和b的内存单元就释放了,变量x和y所对应的内存单元并没有任何的改变。这就好像是我复印一份文件给你,你在你的文件上修改是不会改变我的文件一样。其函数参数传值调用的过程如图8-1所示。

2. 运用地址传递方式

所谓地址传递方式是:函数调用时,将实参数据的存储地址作为参数传递给形参。

其特点是:形参与实参占用同样的内存单元,函数中对形参值的改变也会改变实参的值。因此函数参数的地址传递方式可实现调用函数与被调函数之间的双向数据传递。注

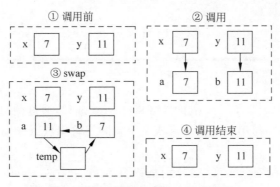

图 8-1 函数参数值传递方式示意图

意,实参和形参必须是地址常量或地址变量。比较典型的地址传递方式就是用数组名作为函数的参数,在用数组名作函数参数时,不是进行值的传送,即不是把实参数组的每一个元素的值都赋予形参数组的各个元素。因为实际上形参数组并不存在,编译系统不为形参数组分配内存。那么,数据的传送是如何实现的呢? 在第 7 章中曾介绍过,数组名就是数组的首地址。因此在数组名作函数参数时所进行的传送只是地址的传送,也就是说,把实参数组的首地址赋予形参数组名。形参数组名取得该首地址之后,也就等于有了实在的数组。实际上是形参数组和实参数组为同一数组,共同拥有同一段内存空间。

【例 8-6】 数组名作为函数参数实现地址传递方式,实现将任意两个字符串连接成一个字符串。

```
1   #include <stdio.h>
2
3   void mergestr(char s1[], char s2[], char s3[]);        //函数原型声明
4
5   int main( )
6   {
7       char str1[]={"Hello "};
8       char str2[]={"china!"};
9       char str3[40];
10
11      mergestr(str1, str2, str3);    //函数调用(str1,str2、str3 为实参,地址传递方式)
12      printf("%s\n", str3);
13      return 0;
14  }
15
16  void mergestr(char s1[], char s2[], char s3[])    //函数定义(s1、s2、s3 为形参)
17  {
18      int i, j;
19
20      for(i=0; s1[i] != '\0'; i++)                   //将 s1 复制到 s3 中
21          s3[i]=s1[i];
22      for(j=0; s2[j] != '\0'; j++)                   //将 s2 复制到 s3 的后边
23          s3[i+j]=s2[j];
24      s3[i+j]='\0';                                  //置字符串结束标志
25  }
```

运行结果:

Hello china!

程序解释:
- 在 main 函数中定义了三个字符数组 str1、str2、str3,通过调用 mergestr 函数将 str1 字符串与 str2 字符串相连接后形成一个新的字符串放入 str3 中。然后输出连接后的字符串。
- mergestr 函数带有三个形参,分别是数组名 s1、s2、s3。main 在调用该函数时是将三个字符数组名 str1、str2、str3(即三个数组所对应内存单元的首地址)赋值给三个形参 s1、s2、s3,这样一来,s1、s2、s3 所对应的数组其实就分别是 str1、str2、str3 了。在函数中具体实现连接的方法是首先将 s1 字符串(其实就是 str1)逐个字符地复制到 s3(其实就是 str3)中,然后再将 s2 字符串(其实就是 str2)逐个字符地复制到 s3 的末尾。复制完后,最后要在 s3 的末尾添加字符串结束标志'\0'(第 16~25 行)。其函数参数地址传递方式及操作过程如图 8-2 所示。

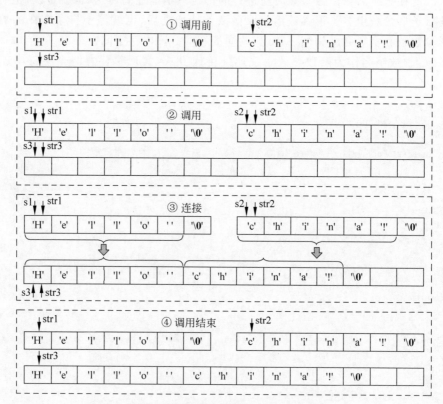

图 8-2　函数参数地址传递方式示意图

用数组名作为函数参数时还应注意以下几点:
- 形参数组和实参数组的类型必须一致,否则将引起错误。
- 形参数组和实参数组的长度可以不相同,因为在调用时,只传送首地址而不检查形参数组的长度。
- 当形参数组是一维数组时,既可指定形参数组的长度,也可以省略,但[]不可省略(参见例8-6的第16行)。
- 多维数组也可以作为函数的参数。在函数定义时对形参数组可以指定每一维的长度,也可省略第一维的长度,但其他维的长度不可省略。

除了用数组名作为函数参数来实现参数的地址传递以外,其实还有一种应用更广泛的地址传递方法,那就是用指针变量来作为函数的形参,其具体使用方法将在第9章中详细讨论。

8.4 变量的作用域和生存期

微课视频

1. 作用域和生存期的基本概念

在编写 C 语言程序时往往要定义一些变量,这些变量有的可以在整个程序或其他程序中进行引用,有的则只能在局部范围内引用,这就是变量的作用范围(或有效范围),也称为**变量的作用域**。变量定义的位置不同,其作用域也不同。C 语言中的变量,按其作用域范围可分为两种,即局部变量和全局变量。

程序中的变量都要占用一定的内存空间,但并不是所有的变量在程序开始执行时就占用内存。为了节省内存的使用,程序在运行过程中,只有在必要时才为变量分配内存。当变量占用内存时,变量就生成了。当变量不再有用时,程序将释放变量所占用的内存,变量就消亡了。变量从被生成到被撤销的这段时间称为**变量的生存期**。它实际上就是变量占用内存的时间。

变量只能在其生存期内被引用,变量的作用域直接影响变量的生存期。作用域和生存期是从空间和时间的角度来体现变量的特性的。

2. 局部变量的作用域与生存期

局部变量也称为**内部变量**。局部变量是在函数内作定义说明的。其作用域仅限于函数内,离开该函数后再使用这种变量是非法的。局部变量生存期是从函数被调用的时刻到函数返回调用处的时刻(静态局部变量除外)。也就是说,函数在被调用执行时,局部变量才被生成,当函数返回时,局部变量将被撤销。例如:

```
int f1(int x, int y)
{
    int z;              局部变量        变量 x、y、z 的作用域
    z=x > y ? x : y;
    return(z);
}

void f2( )
{
    printf("%d\n", z);    //错误,对 z 的引用超出了 z 的作用域
}
```

在函数 f1 内定义了三个变量，x、y 为形参，z 为一般变量。在函数 f1 的范围内 x、y、z 有效，或者说 x、y、z 变量的作用域仅限于函数 f1 内，在函数 f2 内引用函数 f1 中的变量 z 是非法的。

关于局部变量的作用域和生存期还要说明以下几点：

- 主函数 main( ) 中定义的变量也是局部变量，它只能在主函数中使用，其他函数不能使用。同时，主函数中也不能使用其他函数中定义的局部变量。因为主函数也是一个函数，与其他函数是平行关系。这一点是与其他语言不同的，应予以注意。但 main( ) 中定义的局部变量，其生存期与程序相同。因为程序执行总是从 main 开始（变量被生成），main 执行完毕（变量被撤销），整个程序就结束了。例如：

```
int f3(int x);

int main( )
{
  int a=2, b;     ←——— 局部变量
  b=a+ y;         //错误，对 y 的引用超出了 y 的作用域      变量 a、b 的作用域
  printf("%d\n", b);
  return 0;
}

int f3(int x)
{
  int y;          ←——————— 局部变量
  y=a+ 5;  //错误，对 a 的引用超出了 a 的作用域              变量 x、y 的作用域
  return(y);
}
```

- 形参变量属于被调用函数的局部变量，实参变量则属于全局变量或调用函数的局部变量。
- 允许在不同的函数中使用相同的变量名，它们代表不同的对象，分配不同的内存单元，互不干扰，也不会发生混淆。例如：

```
#include <stdio.h>                          void subf( )
                                            {
void subf( );                                 int a, b;

int main( )                                   a=6, b=7;
{                                             printf("subf: a=%d, b=%d\n",a,b);
  int a, b;

  a=3, b=4;
  printf("main: a=%d, b=%d\n",a,b);
```

```
    subf();                                          }
    printf("main: a=%d, b=%d\n",a,b);
    return 0;
}
```

运行结果：

```
main: a = 3, b = 4
subf: a = 6, b = 7
main: a = 3, b = 4
```

- 在复合语句中定义的变量也是局部变量，其作用域只在复合语句范围内。其生存期是从复合语句被执行的时刻到复合语句执行完毕的时刻。例如：

```
#include <stdio.h>
int main( )
{
    int a=2, b=4;   ←—— main 中的局部变量
    {
        int k, b;   ←—— 复合语句中的局部变量
        k=a+5;
        b=a*5;
        printf("k=%d\n", k);        //输出 k=7
        printf("b=%d\n", b);        //输出 b=10(复合语句中的 b)
    }
    printf("b=%d\n", b);            //输出 b=4(main 中的 b)
    a=k+2;                          //错误，对 k 的引用超出了 k 的作用域
    return 0;
}
```

复合语句中变量 k、b 的作用域

main 中变量 a、b 的作用域

3. 全局变量的作用域与生存期

全局变量也称为外部变量。它是在函数外部定义的变量。它不属于任何一个函数，而是属于一个源程序文件。全局变量作用域是从变量定义处到程序文件的末尾，其生存期与程序相同，也就是说，从程序开始执行到程序终止的这段时间内，全局变量都有效。全局变量可被作用域内的所有函数直接引用。例如：

```
#include <stdio.h>
#include <math.h>
```

```
int sign( );

float sqr( )              //计算数 n 的平方根
{
   if(n > 0)              //错误,超出了全局变量 n 的作用域
      return(sqrt(n));
   else
      return(-1);
}
float n=0;   ◄——  定义全局变量,并赋初值

int main( )
{
   int s;    ◄——  局部变量
   float t;  ◄——
   scanf("%f", &n);
   s=sign( );             //取符号
   t=sqr( );              //取平方根
   printf("s=%d t=%f ", s, t);
   return 0;
}

int sign( )           //取数 n 的符号
{
   int r=0;   ◄——  局部变量
   if(n > 0) r=1;
   if(n < 0) r=-1;
   return(r);
}
```

局部变量 s、t 的作用域

全局变量 n 的作用域

局部变量 r 的作用域

对于全局变量还有以下几点说明:

- 全局变量可加强函数模块之间的数据联系,但又使得这些函数依赖于这些全局变量,因而使得这些函数的独立性降低。从模块化程序设计的观点来看这是不利的,因此不是非用不可时,一般不要使用全局变量。

- 在同一源文件中,允许局部变量和全局变量同名。在局部变量的作用域内,全局变量将被屏蔽而不起作用,要引用全局变量,则必须在变量名前加上两个冒号"::"。

  例如:

```
#include <stdio.h>
int a=10;           //全局变量
int main( )
{
   int a=100;       //局部变量(与全局变量同名)
   printf("local a=%d\n", a);
   printf("global a=%d\n", ::a);
   return 0;
}
```

上面程序的输出结果为：

local a=100
global a=10

> ⚠ **注意**：局部变量与全局变量同名极易导致程序员犯逻辑错误。

- 全局变量的定义必须在所有的函数之外，且只能定义一次，定义时系统将为其分配相应的内存单元，并可赋初始值。全局变量定义的一般形式为：

[extern] 类型说明符 全局变量名 1[=初始值 1]，…，全局变量名 n[=初始值 n]；

其中方括号内的 extern 可以省去不写。例如，int a=2，b=4；等效于 extern int a=2,b=4；例如：

```
char ch='Y';        //定义全局变量 ch
int main( )
{
    ...
}
char ch;            //错误,全局变量 ch 只能定义一次
void func( )
{
    ...
}
```

- 全局变量的作用域是从定义处到本文件结束。如果在定义处之前的函数需要引用这些全局变量时，则需要在引用之前对被引用的全局变量进行说明，以扩展全局变量的作用域。全局变量说明的一般形式为：

extern 类型说明符 全局变量名 1，…，全局变量名 n；

其中 extern 不可省略。全局变量说明可以出现在整个程序的任何地方，而且可以出现多次，但不能对其赋初始值。全局变量说明时系统不给其分配内存单元，只是表明在说明之后的程序中可使用这些全局变量。例如：

```
void gx( ), gy( );
int main( )
{
    extern int x, y;  ←——全局变量说明        说明后
    printf("1: x=%d\ty=%d\n", x, y);         全局变量
    y=246;                                    x、y 的
    gx( ); gy( );                             作用域
    return 0;
}
```

```
extern int x, y;  ←——— 全局变量说明
void gx( )
{
    x=135;
    printf("2: x=%d\ty=%d\n", x, y);
}
int x=0, y=0;  ←——— 全局变量定义
void gy( )
{
    printf("3: x=%d\ty=%d\n", x, y);
}
```

说明后全局变量 x、y 的作用域

未说明前全局变量 x、y 的作用域

运行结果：

```
1: x = 0        y = 0
2: x = 135      y = 246
3: x = 135      y = 246
```

如果在程序中定义全局变量时，在其数据类型符前带有 extern，同时对该全局变量还有引用说明，那么如何区分哪个是全局变量定义，哪个是全局变量说明呢？例如：

```
extern int a;  ……………… ①
void func1( )
{
    …    //引用变量 a
}
extern int a=2;  …………… ②
void func2( )
{
    …    //引用变量 a
}
```

此时，①为全局变量的说明，②为全局变量的定义；变量 a 的作用域是从①处到程序尾。注意：如果①或②中有某一个对变量 a 赋了初始值，则赋了初始值者为全局变量的定义，没赋初始值者为全局变量的说明；另外，①和②中有且只能有一个对变量 a 赋初始值，不能都对变量 a 赋初始值或都不赋值，否则编译错。

8.5 变量的存储类型

微课视频

C 语言中每一个变量或函数都具有两个属性：数据类型和存储类型。数据类型规定了它们的取值范围和可参与的运算，而存储类型则规定了它们占用内存空间的方式，也称为存储方式。变量的存储类型可分为静态存储和动态存储两种。

静态存储类型的变量是指在程序运行期间由系统分配固定的内存单元,并一直保持不变,直至整个程序结束,内存空间才被释放。前面所介绍的全局变量即属于此类存储方式。

动态存储类型的变量是在程序运行期间根据需要进行动态分配内存单元,使用完毕立即释放。函数的形式参数即属于此类存储方式。

下面先来了解一个 C 语言程序在执行时内存的分配状态。当系统开机后,内存被分为两大块:一块是系统区,用于存放操作系统等内容;另一块是用户区,用来存放被执行的用户程序及数据,如图 8-3 所示。在此主要研究一下在用户区的内存分配情况。

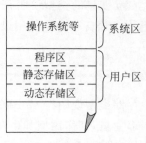

图 8-3 内存的区域划分

一个 C 语言程序在运行时,用户区被分为以下三大块:

(1) 程序区:用来存放 C 语言程序运行代码。

(2) 静态存储区:用来存放变量,在这个区域中存储的变量被称为静态变量。全局变量全部放在静态存储区中,在程序开始执行时给全局变量分配存储区,程序执行完毕就释放。在程序执行过程中它们占据固定的存储单元,而不是动态地进行分配和释放。

(3) 动态存储区:也用来存放变量以及进行函数调用时的现场信息和函数返回地址等,在这个区域存储的变量称为动态变量,如形参变量、函数体内部定义的动态局部变量。对于存放于动态存储区的变量,是在函数调用开始时才分配动态存储空间,函数运行结束时释放这些空间。在程序执行过程中,这种分配和释放是动态的,如果在一个程序中两次调用同一函数,分配给此函数中局部变量的存储空间地址有可能是不相同的。

可是在 C 语言源程序中,怎么来规定变量的存储类别呢?

在 C 语言中,对变量的存储类型说明有以下四种:

- auto(自动型);
- register(寄存器型);
- extern(外部型);
- static(静态型)。

自动型变量存储在动态存储区,属于动态存储类型;外部型变量和静态型变量存储在静态存储区,属于静态存储类型;寄存器型变量存储在 CPU 的寄存器中。在介绍了变量的存储类型之后,可以知道对一个变量的说明不仅应说明其数据类型,还应说明其存储类型。因此变量说明的完整形式应为:

存储类型说明符　数据类型说明符　变量名1,变量名2,…,变量名n;

例如:

```
auto char c1, c2;      //c1, c2 为自动字符变量
register i;            //i 为寄存器型变量
static int a, b;       //a, b 为静态整型变量
extern int x, y;       //x, y 为外部整型变量
```

下面分别介绍以上四种存储类型。

1. 自动变量（auto 型变量）

自动变量的类型说明符为 auto。它属于动态存储类型，存放在动态存储区。这种存储类型是 C 语言程序中使用最广泛的一种类型。其定义的一般格式为：

> [auto] 数据类型说明符 变量名1,变量名2,…,变量名n;

其中存储类型说明符 auto 可以省略。自动变量只能在函数内或复合语句中定义，所以它属于局部变量，其作用域和生存期和前面介绍的局部变量相同。在前面各章的程序中所定义的未加存储类型说明符的局部变量都是自动变量。

下面给出了定义自动变量的正确表示和错误表示。

正 确 定 义	错 误 定 义

void func( )
{
  int i, j, k;　　//等价于 auto int i, j, k;
  …
}
	auto int k；//错误,自动变量不可定义在函数外
	void func( )
	{
	  …
	}

> ⚠ 注意：在函数外部定义的没有带存储类型说明符的全局变量，如 int k；并不表示它是自动变量，而是外部变量，属于静态存储类型。

2. 外部变量（extern 型变量）

外部变量和全局变量是对同一类变量的两种不同角度的提法。全局变量是从它的作用域提出的，外部变量从它的存储方式提出的，表示了它的生存期。它属于静态存储类型，存放在静态存储区。

当一个源程序由若干个源文件组成时，在一个源文件中定义的外部变量在其他的源文件中也有效。例如，有一个源程序由源文件 prg1.cpp 和 prg2.cpp 组成：

```
prg1.cpp                              prg2.cpp
int a, b;       //外部变量定义        extern int a, b;     //外部变量说明
int main( )                           func(int x, int y)
{                                     {
   …                                     …
}                                     }
```

在 prg1.cpp 和 prg2.cpp 两个文件中都要使用 a 和 b 两个变量。在 prg1.cpp 文件中把 a 和 b 都定义为外部变量。在 prg2.cpp 文件中用 extern 把两个变量说明为外部变量，表示这些变量已在其他文件中定义，编译系统不再为它们分配内存空间。

3. 静态变量（static 型变量）

静态变量的类型说明符是 static。静态变量当然是属于静态存储类型，存放在静态存储区，但是属于静态存储类型的变量不一定就是静态变量。例如，外部变量虽属于静态存储类

型,但不一定是静态变量,必须由 static 加以定义后才能成为静态外部变量,或称为静态全局变量。对于自动变量,前面已经介绍它属于动态存储方式,但是也可以用 static 定义它为静态变量,或称为静态局部变量,从而成为静态存储方式。

由此看来,一个变量可由 static 进行再说明,并改变其原有的存储类型。

1) 静态局部变量

在局部变量的说明前再加上 static 说明符就构成静态局部变量。例如:

```
static int a, b;
static float array[5]={1, 2, 3, 4, 5};
```

静态局部变量属于静态存储方式,它与自动变量相比具有以下特点:

(1) 静态局部变量与自动变量均属于局部变量,都是在函数内或复合语句中定义。但自动变量是在调用函数或执行复合语句时才生成,退出函数或复合语句时就消失,因此函数返回后或复合语句执行完后,变量的值不再存在。而静态局部变量是在调用函数或执行复合语句之前就已经生成了,退出函数或复合语句后仍然存在,变量将保持现有的值,直到程序终止时才消失,也就是说,它的生存期为整个源程序。

(2) 静态局部变量的生存期虽然为整个源程序,但是其作用域仍与自动变量相同,即只能在定义该变量的函数内或复合语句中使用该变量。退出该函数或复合语句后,尽管该变量还继续存在,但不能使用它。例如:

```
void func( );
int main( )                              void func( )
{                                        {
    int a;                                  static int s; //定义静态局部变量 s
    a=s+5;    //错误,对 s 的引用超出了 s 的作用域    ⋮
    ⋮                                    }
}
```

(3) 静态局部变量若在定义时未赋初值,则系统自动赋初值 0,若定义时赋了初值,则赋初值操作在程序开始执行时就执行了,调用函数或执行复合语句时,不会执行赋初值操作。而对自动变量来说,如果定义时对变量赋初值,则每次调用函数或执行复合语句时都要执行赋初值操作。

根据静态局部变量的特点,可以看出它是一种生存期为整个源程序的变量。虽然离开定义它的函数后不能使用,但如再次调用定义它的函数时,它又可继续使用,而且保存了前次被调用后留下的值。因此,当多次调用一个函数且要求在调用之间保留某些变量的值时,可考虑采用静态局部变量。虽然用全局变量也可以达到上述目的,但全局变量有时会造成意外的副作用,因此仍以采用局部静态变量为宜。

请比较下面两个程序运行结果的差异。

定义自动变量	定义静态局部变量

#include <stdio.h>
int main( )
{
  int i;
	#include <stdio.h>
	int main( )
	{
	  int i;

void func( );　　//函数说明
for(i=1; i<=5; i++)
　func( );　　//函数调用
return 0;
}
void func( )　　//函数定义
{
　auto int j=0;
　++j;
　printf("%d ", j);
}
	void func( );　　//函数说明
	for(i=1; i<=5; i++)
	　func( );　　//函数调用
	return 0;
	}
	void func( )　　//函数定义
	{
	　static int j=0;
	　++j;
	　printf("%d\n", j);
	}

运行结果： 1 1 1 1 1	运行结果： 1 2 3 4 5

上面两个程序的唯一区别是左边的程序将局部变量定义成了自动变量，而右边的程序将局部变量定义成了静态变量。左边程序中的局部变量 j 在每次调用函数 func 时都要赋初值，因此每次执行 func 时都会输出 1，其结果就是 1 1 1 1 1；而右边的程序中的局部变量 j 是静态局部变量，调用 func 之前已经被赋初值为 0，调用 func 时不会重新赋初值，并且当函数 func 返回时，j 会保持现有的值。因此第一次调用 func 时输出 1，第二次调用 func 前，j 的值已经是 1 了，因此第二次调用 func 函数输出 2，以此类推，其结果就是 1 2 3 4 5。

2) 静态全局变量

全局变量（外部变量）的说明之前再冠以 static 就构成了静态的全局变量。全局变量本身就是静态存储方式，静态全局变量当然也是静态存储方式。这两者在存储方式上并无不同。这两者的区别在于非静态全局变量的作用域是整个源程序，当一个源程序由多个源文件组成时，非静态的全局变量在各个源文件中通过外部变量说明都是有效的。而**静态全局变量则限制了其作用域，即只在定义该变量的源文件内有效，在同一源程序的其他源文件中不能通过外部变量说明来使用它**。由于静态全局变量的作用域局限于一个源文件内，只能为该源文件内的函数公用，因此可以避免在其他源文件中引起错误。

从以上分析可以看出，把局部变量改变为静态变量后是改变了它的存储方式，即改变了它的生存期。把全局变量改变为静态变量后是改变了它的作用域，限制了它的使用范围。因此 static 这个说明符在不同的地方所起的作用是不同的，应予以注意。

例如，有一个源程序由源文件 prg1.cpp 和 prg2.cpp 组成：

```
prg1.cpp
int a, b;          //外部(全局)变量定义
static char ch;    //定义静态全局变量
int main( )
{
    ...
}
```

```
prg2.cpp
extern int a, b;      //正确,a,b 是全局变量
extern char ch;       //错误,ch 是静态全局变量
func(int x, int y)
{
    ...
}
```

因为 prg1.cpp 中定义 a 和 b 两个变量是外部(全局)变量,所以在 prg2.cpp 中通过外部变量说明就可以对 a 和 b 进行引用了;但是变量 ch 是在 prg1.cpp 中定义的静态全局变量,其作用域只限定在该 prg1.cpp 程序中,在 prg2.cpp 中是不能通过外部变量说明来对其引用的。

4. 寄存器变量(register 型变量)

上述各类变量都存放在存储器内,因此当对一个变量频繁读写时,必须要反复访问内存储器,从而花费大量的存取时间。为此,C 语言提供了另一种变量,即寄存器变量。这种变量存放在 CPU 的寄存器中,使用时,不需要访问内存,而直接从寄存器中读写,这样可提高效率。寄存器变量的说明符是 register。对于循环次数较多的循环控制变量及循环体内反复使用的变量均可定义为寄存器变量。例如,下面的程序是统计 1~100 所有自然数的和。

```
int main( )
{
    register i, s=0;
    for(i=1; i<=100; i++)
        s=s+ i;
    printf("s=%d\n", s);
    return 0;
}
```

本程序循环 100 次,i 和 s 都将频繁使用,因此可将它们定义为寄存器变量。

对寄存器变量还要说明以下几点:

- 只有局部自动变量和形式参数才可以定义为寄存器变量。凡需要采用静态存储类型的量不能定义为寄存器变量。
- register 修饰符是过时的修饰符,因为目前大多数编译器都可以做到程序优化,程序根据优化的结果以决定哪些变量是 register 型变量,而程序员指定的 register 型变量可能无效。

8.6 函数的嵌套和递归调用

微课视频

8.6.1 函数的嵌套调用

将孤立的函数堆砌在那里并不能实现程序预期的功能。程序中的函数通过相互调用建立关系。C 语言规定,在一个函数内部不允许再定义函数,即函数不可嵌套定义,但是允许一个函数调用另外一个函数,这个被调用的函数还可以再调用其他的函数,以形成任意深度的调用层次。这就是函数的嵌套调用。图 8-4 给出了函数嵌套调用的示意图。

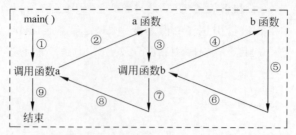

图 8-4　函数嵌套调用的示意图

【例 8-7】 计算三个数中最大数与最小数的差。

```
1    #include <stdio.h>
2
3    int dif(int x, int y, int z);
4    int max(int x, int y, int z);
5    int min(int x, int y, int z);
6
7    int main()
8    {
9        int a, b, c, d;
10       scanf("%d%d%d", &a, &b, &c);
11       d=dif(a, b, c);
12       printf("Max-Min=%d\n", d);
13       return 0;
14   }
15
16   int dif(int x, int y, int z)          //求三数中的最大值与最小值的差
17   {
18       return(max(x, y, z)-min(x, y, z));
19   }
20
21   int max(int x, int y, int z)          //求三数中的最大值
22   {
23       int r;
24       r=x>y ? x : y;
25       return(r>z ? r : z);
26   }
27
28   int min(int x, int y, int z)          //求三数中的最小值
29   {
30       int r;
31       r=x<y ? x : y;
32       return(r<z ? r : z);
33   }
```

运行结果（假定输入的三个数为：4 20 8↙）：

Max-Min=16

上面的程序中 main 函数首先输入三个整数并分别放在整型变量 a、b、c 中,接着通过调用了函数 dif 计算最大数与最小数的差。函数 dif 又分别调用了 max 函数和 min 函数用以计算三个数中的最大数和最小数。形成了深度为 2 的调用层次。当 max 执行完后返回到函数 dif 中,min 执行完后也返回到函数 dif 中,dif 执行完后才返回到 main 中,main 函数执行完毕后,程序终止。

■ 8.6.2 函数的递归调用

微课视频

当一个函数在它的函数体内直接或间接地调用它自身,就形成了递归调用。C 语言允许函数的递归调用。递归调用有直接递归调用和间接递归调用两种。所谓直接递归调用是指函数 f 直接调用自身;而间接递归调用是指函数 fa 调用函数 fb,而函数 fb 又调用函数 fa。直接递归调用和间接递归调用的示意图如图 8-5 和图 8-6 所示。

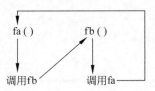

图 8-5　直接递归　　　　　图 8-6　间接递归

在递归调用中,调用函数又是被调用函数,执行递归函数将反复调用其自身。每调用一次就进入新的一层。本节将重点介绍直接递归的程序设计方法。

编写递归函数的几点说明:
- 递归函数主要用于解决具有递归性质的问题,即无论问题规模的大小,所处理的方法和步骤都是一样的。
- C 语言编译系统对递归函数的自调用次数没有限制。
- 编写递归函数时不应出现无终止的递归调用,而应当在递归次数或递归调用条件上加以限制,这就是递归结束条件的问题。
- 每调用函数一次,在内存堆栈区都要分配空间,用于存放函数变量、返回值等信息,所以应避免递归次数过多,以防止可能引起的堆栈溢出问题。

关于递归的概念,对于初学者来说可能感到难以理解,下面通过几个实例来加以说明。

【例 8-8】　打印数字三角形。

微课视频

```
1    #include <stdio.h>
2
3    void print(int w);
4
5    int main()
6    {
7        print(3);
8        return 0;
9    }
```

```
10
11    void print(int w)          //递归函数
12    {
13      int  i;
14      if( w!=0)                //递归结束条件
15      {
16        print(w-1);
17        for(i=1; i<=w;++i)
18          printf("%d ", w);
19        printf("\n");
20      }
21    }
```

运行结果：

```
1
2 2
3 3 3
```

程序解释：

- 该程序中通过调用函数 print 来实现数字三角形的打印。该函数是一个直接递归函数，因为在函数体内（第 16 行）出现了对自身函数的调用。
- 每次调用自身函数时，w 的值比前一次调用要少 1，即规模变小了，直到 w 为 0 时则一层一层返回，一层一层打印。其递归执行情况及堆栈的变化情况如图 8-7 所示。

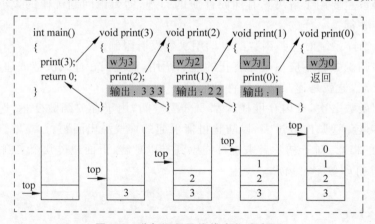

图 8-7 递归调用及堆栈变化示意图

微课视频

【例 8-9】 求 N 的阶乘 N!。

程序设计分析：因为 N!=N×(N-1)×(N-2)×…×2×1，所以，完全可以用循环语句来编写这个非递归函数 factn。

```
long factn(int n)
{
    long L=1;
```

```
    int i;
    for(i=1; i<=n; i++)
       L *=i;
    return(L);
}
```

但实际上还有更简洁的做法。因为

$$N! = \begin{cases} 1 & N=1 \\ N \times (N-1)! & N>1 \end{cases}$$

求 N−1 的阶乘与求 N 的阶乘完全相同,只是问题的规模变小了,因此完全可以用递归函数来编写,其完整的程序如下。

```
1   #include <stdio.h>
2
3   long fact(int n);
4
5   int main( )
6   {
7       int n;
8       long L;
9
10      scanf("%d", &n);
11      L=fact(n);
12      printf("%d!=%ld\n", n, L);
13      return 0;
14  }
15
16  long fact(int n)      //递归函数,求 n!
17  {
18      long L;
19      if(n==1)          //递归结束条件
20         return(1);
21      L=n * fact(n-1);
22      return(L);
23  }
```

运行结果(假定输入为 4):

```
4!=24
```

当参数是 4 时,递归函数 fact(4)的执行过程如图 8-8 所示。

编写递归函数有以下两个要点:
- 确定递归公式,它是实现递归函数的模板,如按照上面阶乘的递归公式,求解成的函数逻辑上可以写成:

$$fact(n) = \begin{cases} 1 & n=1 \\ n \times fact(n-1) & n>1 \end{cases}$$

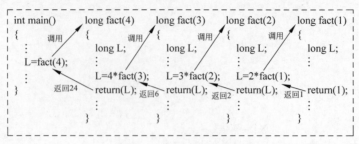

图 8-8 递归调用示意图

- 根据公式确定递归函数的出口,即结束递归调用的条件。对于求阶乘来说,出口条件是 n 等于 1。在满足出口条件时,递归函数不能再调用自己,必须返回一个确定的值。

微课视频

【例 8-10】 汉诺(Hanoi)塔问题。

假设有 3 根柱子,分别用 A、B、C 表示,柱子 A 上套着 n 个半径大小不同的盘子(盘子中央有小空),并且大盘子在下面,小盘子在上面。要求将柱子 A 上的盘子搬到柱子 C 上。在搬动过程中,可以使用柱子 B 暂时存放盘子,但无论何时都必须保证大盘子在下面,小盘子在上面,并且一次只能搬动一个盘子。

以 4 个盘子为例来说明搬动盘子的方法(如图 8-9 所示)。

图 8-9 汉诺塔问题

第一步:设法将柱子 A 上面的 3 个盘子用柱子 C 作为中介,从柱子 A 搬到柱子 B 上(如图 8-10 所示)。

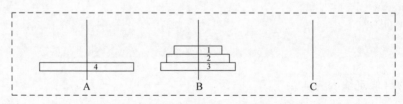

图 8-10 将柱子 A 上面的 3 个盘子搬到柱子 B 上

第二步:设法将柱子 A 上面的第 4 个盘子搬到柱子 C 上(如图 8-11 所示)。

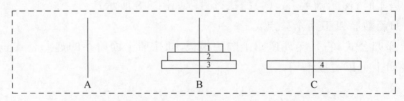

图 8-11 将柱子 A 上面的第 4 个盘子搬到柱子 C 上

第三步：设法将柱子 B 上面的 3 个盘子用柱子 A 作为中介，从柱子 B 搬到柱子 C 上（如图 8-12 所示）。

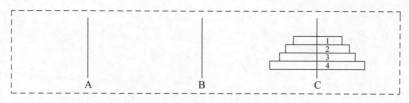

图 8-12　将柱子 B 上面的 3 个盘子搬到柱子 C 上

其中第一步和第三步所要解决的问题与现在要解决的问题是相同的，只是规模小了一点儿，因为盘子少了一个。解决的方法仍需要按照上述三个步骤进行，直到只剩下一个盘子等待搬动为止。

当盘子数量较多时，陷入细节是无法编写程序的。必须按照上述宏观的搬动盘子的步骤将递归函数的公式写出来。

$$\text{Hanoi}(n,A,B,C) = \begin{cases} \text{move}(A,C) & n=1 \\ \begin{aligned} &\text{Hanoi}(n-1,A,C,B) \\ &\text{move}(A,C) \\ &\text{Hanoi}(n-1,B,A,C) \end{aligned} & n>1 \end{cases}$$

Hanoi 函数中，第一个参数是源柱子上盘子的数量，第二个参数 A 代表源柱子，第三个参数 B 代表临时柱子，第四个参数 C 代表目标柱子。

move 函数的功能是将第一个参数所代表柱子上最上面的盘子搬到第二个参数所代表的柱子上。

具体程序如下：

```
1    #include <stdio.h>
2
3    void hanoi(int n, char A, char B, char C);
4    void move(char x, char y);
5
6    int main( )
7    {
8        int n;
9
10       printf("input the number of disks: ");
11       scanf("%d", &n);
12       printf("the step to moving %d disks:\n", n);
13       hanoi(n, 'A', 'B', 'C');
14       return 0;
15   }
16
17   void hanoi(int n, char A, char B, char C)
18   {
19       if(n==1)   //递归结束条件
20           move(A, C);
```

```
21      else
22      {
23          hanoi(n-1, A, C, B);
24          move(A, C);
25          hanoi(n-1, B, A, C);
26      }
27  }
28
29  void move(char x, char y)
30  {
31      printf("%c ―――――> %c\n", x, y);
32  }
```

运行结果(假定输入为3):

```
the step to moving 3 disks:
A -----> C
A -----> B
C -----> B
A -----> C
B -----> A
B -----> C
A -----> C
```

微课视频

【例8-11】 分书问题。

有编号分别为 0、1、2、3、4 的 5 本书,准备分给 5 个人 A、B、C、D、E,每个人的阅读兴趣用一个二维数组加以描述,公式如下:

$$like[i][j] = \begin{cases} 1 & i喜欢j书 \\ 0 & i不喜欢j书 \end{cases}$$

写一个程序,输出所有分书方案,让人人皆大欢喜。假定 5 个人对 5 本书的阅读兴趣如图 8-13 所示。

人\书	0	1	2	3	4
A	0	0	1	1	0
B	1	1	0	0	1
C	0	1	1	0	1
D	0	0	0	1	0
E	0	1	0	0	1

图 8-13 读书兴趣

解题思路:

(1) 定义一个整型的二维数组,将表中的阅读喜好用初始化方法赋给这个二维数组。可定义:

int like[5][5]={ {0,0,1,1,0}, {1,1,0,0,1}, {0,1,1,0,1}, {0,0,0,1,0}, {0,1,0,0,1} };

(2) 定义一个整型一维数组 book[5]，用来记录书是否已被选用。用下标作为 5 本书的编号，被选过元素值为 1，未被选过元素值为 0，初始化皆为 0。

int book[5]={ 0,0,0,0,0 };

(3) 设计思路。

① 定义试着给第 i 人分书的函数 Try(i)，i=0,1,2,3,4。

② 试着给第 i 个人分书，先试分 0 号书，再分 1 号书，分 2 号书，……，让 j 表示书，j=0,1,2,3,4。

③ 分书条件 C=(like[i][j]>0 && book[j]==0)，由两部分"与"起来的，"第 i 个人喜欢 j 书，且 j 书尚未被分走"。满足这个条件是 i 人能够得到 j 书的条件。

④ 如果不满足 C 条件，则什么也不做。

⑤ 满足 C 条件，做 3 件事。

第一件事：将 j 书分给 i，用一个数组 take[i]=j，记住书 j 给了 i，同时记录 j 书已被选用，book[j]=1。

第二件事：查看 i 是否为 4，如果不为 4，表示尚未将所有 5 个人所要的书分完，这时应递归再试下一个人，即 Try(i+1)。若果 i==4，则应先使方案数 n=n+1，然后输出第 n 个方案下的每个人所得之书。

第三件事：回溯。让第 i 人退回 j 书，恢复 j 书尚未被选的标志，即 book[j]=0。这是在已输出第 n 个方案之后，去寻找下一个分书方案所必需的。

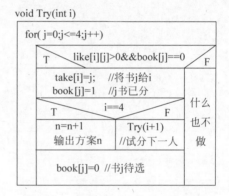

图 8-14 函数 Try(i) 的 N-S 流程图

⑥ 被调函数 Try(i) 的 N-S 流程图如图 8-14 所示。

具体程序如下：

```
1    #include<stdio.h>
2
3    int take[5], n=0;
4    int like[5][5]={ {0,0,1,1,0}, {1,1,0,0,1}, {0,1,1,0,1}, {0,0,0,1,0}, {0,1,0,0,1} };
5    int book[5]={0,0,0,0,0};
6
7    void Try(int i);
8
9    int main( )
10   {
11       Try(0);
12       return 0;
13   }
```

```
14
15    void Try(int i)
16    {
17      int j, k;
18
19      for(j=0; j<=4; j++)                           //j代表书号
20      {
21        if(like[i][j] > 0 && book[j]==0)            //i喜欢j书,且j书未被分走
22        {
23          take[i]=j;                                //j书分给i
24          book[j]=1;                                //记录j书已分
25          if(i==4)                                  //如果i==4,输出分书方案
26          {
27            n++;                                    //方案数加1
28            printf("===第%d个方案===\n", n);        //输出方案号
29            for(k=0; k<=4; k++)                     //输出分书方案
30              printf("%d号书分给%c\n", take[k], 'A'+k);
31            printf("\n");                           //换行
32          }
33          else                                      //如果i!=4,继续给下一人分书
34            Try(i+1);                               //递归调用Try(i+1)
35          book[j]=0;                                //记录j书待分
36        }
37      }
38    }
```

运行结果:

```
===第1个方案===
2号书分给A
0号书分给B
1号书分给C
3号书分给D
4号书分给E

===第2个方案===
2号书分给A
0号书分给B
4号书分给C
3号书分给D
1号书分给E
```

8.7 函数的作用域

函数一旦定义后就可被其他函数调用。但当一个源程序由多个源文件组成时,在一个源文件中定义的函数能否被其他源文件中的函数调用呢?为此,C语言又把函数分为两类。

第8章 函数

1. 内部函数

如果在一个源文件中定义的函数只能被本文件中的函数调用,而不能被同一源程序其他文件中的函数调用,这种函数称为**内部函数**。

定义内部函数的一般形式是:

```
static  类型说明符  函数名(形参表)
```

例如:

```
static int func(int a, int b)
{
    return(a > b ? a : b);
}
```

内部函数也称为静态函数。但此处静态(static)的含义已不是指存储类型,而是指对函数的作用域只局限于本文件。因此在不同的源文件中定义同名的静态函数不会引起混淆。

> ⚠️ **注意**:使用内部函数的好处是,不同的开发者可以分别编写不同的函数,而不必担心所使用的函数是否会与其他源文件中的函数同名,因为内部函数只可以在所在的源文件中进行使用,所以即使不同源文件有相同的函数名字也没有关系。

2. 外部函数

外部函数在整个源程序中都有效,其定义的一般形式为:

```
extern  类型说明符  函数名(形参表)
```

如果在函数定义中没有说明 extern 或 static,则隐含为 extern。在一个源文件的函数中调用其他源文件中定义的外部函数时,应该用 extern 说明被调函数为外部函数。

例如,假设某源程序是由源文件 prg1.cpp 和源文件 prg2.cpp 组成。

```
        prg1.cpp                                    prg2.cpp
extern int func2();    //外部函数说明,错误    extern int func1(int a, int b);  //外部函数说明,正确
int main( )                                   static int func2( )              //内部函数定义
{                                             {
    func2( );          //错误,无法引用            int x, y, z;
    return 0;
}                                                 scanf("%d%d", &x, &y);
int func1(int a, int b)//外部函数定义             z = func1(x, y);             //正确,可以引用
{                                                 return(z);
    return(a > b ? a : b);                    }
}
```

该程序中因为函数 func1 在源文件 prg1.cpp 中被定义为外部函数,所以在源文件 prg2.cpp 中可以通过外部函数说明(extern),将其作用域扩大到 prg2.cpp 源文件中;但是

在 prg2.cpp 中因为函数 func2 被定义为静态函数（static），其作用域只局限在 prg2.cpp 中，所以在 prg1.cpp 中是不能通过外部函数说明来引用 func2 函数的，除非将 prg2.cpp 中的函数 func2 定义成外部函数。

微课视频

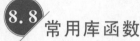 常用库函数

为了使用户能快速编写程序，编译系统通常会提供一些库函数，以供用户调用。不同的编译系统，其所提供的库函数可能不完全相同，可能函数名称相同，但实现的功能不同，也有可能实现同一功能，但是函数的名称不同。ANSI C 标准建议提供的标准库函数包括目前多数 C 编译系统所提供的库函数。下面就介绍一部分常用的库函数。

1. 常用数学函数

1）求浮点数的绝对值

求浮点数的绝对值的库函数是 fabs，其调用格式为：

```
double fabs(double x);    //应包含的.h 文件为 math.h
```

功能：返回浮点数 x 的绝对值。例如：

```
double a=-3.14, b;
b=fabs(a);    //将浮点型变量 a 的绝对值赋给变量 b，b 的值为 3.14
```

2）求整数的绝对值

求整数的绝对值的库函数是 abs，其调用格式为：

```
int abs(int i);    //应包含的.h 文件为 stdlib.h（VC 下也可以为 math.h）
```

功能：返回整数 i 的绝对值。例如：

```
int a=-3, b;
b=abs(a);    //将整型变量 a 的绝对值赋给变量 b，b 的值为 3
```

【思考题 8-2】 假设有定义 int a=-3, b; 在 CB 17.12 下，如何实现将 a 的绝对值赋给 b？

3）求长整数的绝对值

求长整数的绝对值的库函数是 labs，其调用格式为：

```
long labs(long n);    //应包含的.h 文件为 stdlib.h（VC 下也可以为 math.h）
```

功能：返回长整数 n 的绝对值。例如：

```
long a=-123456789L, b;
```

b=labs(a);   //将长整型变量 a 的绝对值赋给变量 b,b 的值为 123456789

> **【思考题 8-3】** 假设有定义 long a=-123456789L, b; 在 CB 17.12 下, 如何实现将 a 的绝对值赋给 b?

4) 求平方根

求浮点数的平方根的库函数是 sqrt, 其调用格式为：

double sqrt(double x);   //应包含的.h 文件为 **math.h**

功能：返回浮点数 x 的平方根 $\sqrt{x}$。例如：

double a=1.44, b;
b=sqrt(a);   //将浮点型变量 a 的平方根赋给变量 b,b 的值为 1.200000

5) 求上限整数

求上限整数的库函数是 ceil, 其调用格式为：

double ceil(double x);   //应包含的.h 文件为 **math.h**

功能：求出不小于浮点数 x 的最小整数, 其返回值为该整数的双精度实数。例如：

double a, b;
a=ceil(1.23);   // a 的值为 2.000000
b=ceil(-1.23);   // b 的值为 -1.000000

6) 求下限整数

求下限整数的库函数是 floor, 其调用格式为：

double floor(double x);   //应包含的.h 文件为 **math.h**

功能：求出不大于浮点数 x 的最大整数, 其返回值为该整数的双精度实数。例如：

double a, b;
a=floor(1.23);   // a 的值为 1.000000
b=floor(-1.23);   // b 的值为 -2.000000

7) 求 x^y

求 x^y 的库函数是 pow, 其调用格式为：

double pow(double x, double y);   //应包含的.h 文件为 **math.h**

功能：求 x 的 y 次方, 其返回值为 x^y 的双精度实数。例如：

double a, b;
a=pow(2, 3);   // a 的值为 8.000000
b=power(2, 3.2); // b 的值为 8.189587

2. 常用字符处理函数

1) 检查字符是否为字母

检查字符是否为字母的库函数是 isalpha,其调用格式为:

```
int isalpha(int ch);      //应包含的.h文件为 ctype.h
```

功能:检查字符 ch 是否为字母,如果是,返回非 0,否则返回 0。例如:

```
char ch1='A', ch2=0x61, ch3=0x39;
int a, b, c;
a=isalpha(ch1);    //a 的值为非 0
b=isalpha(ch2);    //b 的值为非 0,ch2 中存放的 0x61 是字符'a'的 ASCII 码
c=isalpha(ch3);    //c 的值为 0,ch3 中存放的 0x39 是字符'9'的 ASCII 码,不是字母
```

2) 检查字符是否为大写字母

检查字符是否为大写字母('A'~'Z')的库函数是 isupper,其调用格式为:

```
int isupper(int ch);      //应包含的.h文件为 ctype.h
```

功能:检查字符 ch 是否为大写字母,如果是,返回非 0,否则返回 0。例如:

```
char ch1='A', ch2=0x61, ch3=0x39;
int a, b, c;
a=isupper(ch1);    //a 的值为非 0
b=isupper(ch2);    //b 的值为 0,ch2 中存放的 0x61 是字符'a'的 ASCII 码,不是大写字母
c=isupper(ch3);    //c 的值为 0,ch3 中存放的 0x39 是字符'9'的 ASCII 码,不是字母
```

3) 检查字符是否为小写字母

检查字符是否为小写字母('a'~'z')的库函数是 islower,其调用格式为:

```
int islower(int ch);      //应包含的.h文件为 ctype.h
```

功能:检查字符 ch 是否为小写字母,如果是,返回非 0,否则返回 0。例如:

```
char ch1='A', ch2=0x61, ch3=0x39;
int a, b, c;
a=islower(ch1);    //a 的值为 0
b=islower(ch2);    //b 的值为非 0,ch2 中存放的 0x61 是字符'a'的 ASCII 码
c=islower(ch3);    //c 的值为 0,ch3 中存放的 0x39 是字符'9'的 ASCII 码,不是字母
```

4) 检查字符是否为数字字符

检查字符是否为数字字符('0'~'9')的库函数是 isdigit,其调用格式为:

```
int isdigit(int ch);      //应包含的.h文件为 ctype.h
```

功能:检查字符 ch 是否为数字字符,如果是,返回非 0,否则返回 0。例如:

```
char ch1='0', ch2=0x61, ch3=0x39;
int a, b, c;
a=isdigit(ch1);      //a 的值为非 0
b=isdigit(ch2);      //b 的值为 0,ch2 中存放的 0x61 是字符'a'的 ASCII 码,不是数字字符
c=isdigit(ch3);      //c 的值为非 0,ch3 中存放的 0x39 是数字字符'9'的 ASCII 码
```

5) 检查字符是否为字母或数字字符

检查字符是否为字母或数字字符的库函数是 isalnum,其调用格式为:

```
int isalnum(int ch);      //应包含的.h 文件为 ctype.h
```

功能:检查字符 ch 是否为字母或数字字符,如果是,返回非 0,否则返回 0。例如:

```
char ch1='0', ch2=0x61, ch3=0x20;
int a, b, c;
a=isalnum(ch1);      //a 的值为非 0,ch1 是数字字符
b=isalnum(ch2);      //b 的值为非 0,ch2 中存放的 0x61 是字符'a'的 ASCII 码,是字母
c=isalnum(ch3);      //c 的值为 0,ch3 中存放的 0x20 是空格字符' '的 ASCII 码,不是字母和数字
```

6) 将字符转换为小写字母

将字符转换为小写字母的库函数是 tolower,其调用格式为:

```
int tolower(int ch);      //应包含的.h 文件为 ctype.h
```

功能:如果 ch 是字母,则返回其对应的小写字母,否则返回 ch。例如:

```
char ch1='A', ch2=0x62, ch3='8', c1, c2, c3;
c1=tolower(ch1);      //c1 中存放小写字母'a'
c2=tolower(ch2);      //c2 中存放小写字母'b',ch2 中存放的 0x62 是字符'b'的 ASCII 码
c3=tolower(ch3);      //c3 中存放数字字符'8',ch3 中存放字符'8'不是字母
```

7) 将字符转换为大写字母

将字符转换为大写字母的库函数是 toupper,其调用格式为:

```
int toupper(int ch);      //应包含的.h 文件为 ctype.h
```

功能:如果 ch 是字母,则返回其对应的大写字母,否则返回 ch。例如:

```
char ch1='a', ch2=0x62, ch3='8', c1, c2, c3;
c1=toupper(ch1);      //c1 中存放大写字母'A'
c2=toupper(ch2);      //c2 中存放大写字母'B',ch2 中存放的 0x62 是小写字符'b'的 ASCII 码
c3=toupper(ch3);      //c3 中存放数字字符'8',ch3 中存放字符'8'不是字母
```

8) 检查字符是否为控制字符

检查字符是否为控制字符(ASCII 码为 0~31)的库函数是 iscntrl,其调用格式为:

```
int iscntrl(int ch);      //应包含的.h 文件为 ctype.h
```

功能:检查字符 ch 是否为控制字符,如果是返回非 0,否则返回 0。例如:

```
char ch1=0x0d, ch2=0x62;
int a, b;
a=iscntrl(ch1);      //a 的值为非 0,是控制字符
b=iscntrl(ch2);      //b 的值为 0,不是控制字符
```

【例 8-12】 字符处理函数的应用。

下面的程序是充分利用字符处理函数判断输入字符的种类(种类包括:控制字符、数字字符、大写字母、小写字母及其他字符),如果字符是大写字母,则输出其小写字母,如果是小写字母,则输出其大写字母。

```
1   #include <stdio.h>
2   #include <conio.h>
3   #include <ctype.h>
4
5   int main( )
6   {
7       char ch;
8
9       printf("Enter a character: ");
10      ch=getche( );
11      printf("\n");
12      if(iscntrl(ch))
13          printf("The character is a control character\n");
14      else if(isdigit(ch))
15          printf("The character is a digit\n");
16      else if(isupper(ch)) {
17          printf("The character is a capital letter\n");
18          printf("lower letter is %c\n", tolower(ch)); }
19      else if(islower(ch)) {
20          printf("The character is a lower letter\n");
21          printf("capital letter is %c\n", toupper(ch)); }
22      else printf("The character is other character\n");
23      return 0;
24  }
```

运行结果:

```
Enter a character: a
The character is a lower letter
capital letter is A
```

3. 常用字符串处理函数

1) 转换为大写字符串

将字符串转换为大写字符串的库函数是 strupr,其调用格式为:

```
char * strupr(char * str);        //应包含的.h 文件为 string.h
```

功能：将字符串 str 中的小写字母换成大写字母。返回值为字符串 str 的首地址。例如：

```
char str[ ]="ab123cd";
strupr(str);                 //将字符串 str 中的小写字母换成大写字母
printf("str=%s\n", str);     //输出：str=AB123CD
```

2) 转换为小写字符串

将字符串转换为小写字符串的库函数是 strlwr，其调用格式为：

```
char * strlwr(char * str);        //应包含的.h 文件为 string.h
```

功能：将字符串 str 中的大写字母换成小写字母。返回值为字符串 str 的首地址。例如：

```
char str[ ]="Ab123cD";
strlwr(str);                 //将字符串 str 中的大写字母换成小写字母
printf("str=%s\n", str);     //输出：str=ab123cd
```

3) 设置字符串中的字符

将字符串中的字符设置成同一字符的库函数是 strset，其调用格式为：

```
char * strset(char * str, int c);    //应包含的.h 文件为 string.h
```

功能：将字符串 str 中的所有字符都置换为字符 c。返回值为字符串 str 的首地址。例如：

```
char str[ ]="ABCD";
strset(str, '0');            //将字符串 str 中的所有字符都设置为'0'字符
printf("str=%s\n", str);     //输出：str=0000
```

4) 字符串中查找某字符

在字符串中顺序查找某字符的库函数是 strchr，其调用格式为：

```
char * strchr(const char * str, int c);    //应包含的.h 文件为 string.h
```

功能：在字符串 str 中从前往后查找第一次出现字符 c 的位置。如果查找到，则返回该位置的地址，如果没有找到，则返回 NULL。例如：

```
char str[ ]="ABCDC";
strchr(str, 'C');            //函数的返回值将是 str+2
strchr(str, 'c');            //函数的返回值将是 NULL
```

利用该函数可以有效判定某字符 ch 是否在字符串 str 中存在，其方法为：

```
if(strchr(str, ch) != NULL)    //字符串 str 中找到了字符 ch
{
    ...
}
```

5) 字符串中反向查找某字符

在字符串中反向查找某字符的库函数是 strrchr,其调用格式为:

```
char * strrchr(const char * str, int c);    //应包含的.h 文件为 string.h
```

功能:在字符串 str 中从末尾往前查找第一次出现字符 c 的位置。如果查找到,则返回该位置的地址,如果没有找到,则返回 NULL。例如:

```
char str[]="ABCDCE";
strrchr(str, 'C');             //函数的返回值将是 str+4
strchr(str, 'c');              //函数的返回值将是 NULL
```

6) 字符串中查找子串

在字符串中查找子串的库函数是 strstr,其调用格式为:

```
char * strstr(const char * str1, const char * str2);    //应包含的.h 文件为 string.h
```

功能:在主串 str1 中查找子串 str2 第一次出现的位置。如果查找到,则返回该位置的地址,如果没有找到,则返回 NULL。如果 str2 为空串,则返回 str1 首地址。例如:

```
char str[]="abc123def123";
strstr(str, "123");           //函数的返回值将是 str+3
strstr(str, "1234");          //函数的返回值将是 NULL
```

利用该函数可以有效判定某字符串 str1 中是否包含子串 str2,其方法为:

```
if(strstr(str1, str2) != NULL)    //字符串 str1 包含子串 str2
{
    ...
}
```

4. 常用数据类型转换函数

1) 字符串转换为双精度浮点数

将字符串转换为双精度浮点数的库函数是 atof,其调用格式为:

```
double atof(const char * str);    //应包含的.h 文件为 stdlib.h
```

功能:计算并返回字符串 str 所对应的双精度浮点数。如果字符串 str 实际上是无法转换成双精度浮点数的,那么返回 0。例如:

```
double a;
a=atof("123");                //结果:a=123.000000
```

```
a=atof("1.23");          //结果：a=1.230000
a=atof("1e2");           //结果：a=100.000000
a=atof("1.2a");          //结果：a=1.200000
a=atof("abc");           //结果：a=0.000000
```

2）字符串转换为长整型数

将字符串转换为长整型数的库函数是 atol，其调用格式为：

```
long atol(const char * str);     //应包含的.h文件为 stdlib.h
```

功能：计算并返回字符串 str 所对应的长整型数。如果字符串 str 实际上是无法转换成长整型数的，那么返回 0。例如：

```
long a;
a=atol("123");           //结果：a=123
a=atol("12.3");          //结果：a=12
a=atol(" ");             //结果：a=0
a=atol("abc");           //结果：a=0
```

3）字符串转换为整型数

将字符串转换为整型数的库函数是 atoi，其调用格式为：

```
int atoi(const char * str);      //应包含的.h文件为 stdlib.h
```

功能：计算并返回字符串 str 所对应的整型数。如果字符串 str 实际上是无法转换成整型数的，那么返回 0。例如：

```
int a;
a=atoi("123");           //结果：a=123
a=atoi("12.3");          //结果：a=12
a=atoi(" ");             //结果：a=0
a=atoi("abc");           //结果：a=0
a=atol("abc");           //结果：a=0
```

4）无符号长整型数转换成任意进制的字符串

将无符号长整型数转换成任意进制的字符串的库函数是 ultoa，其调用格式为：

```
char * ultoa(unsigned long value, char * str, int radix);    //应包含的.h文件为 stdlib.h
```

功能：将无符号长整型数 value 转换成用 radix 进制表示的字符串 str。进制 radix 必须为 2～36。返回值为字符串 str 的首地址。例如：

```
char str[10];
ultoa(160, str, 16);                    //将 160 转换为十六进制字符串，str 为"a0"
printf("十六进制字符串为：%s\n", str);  //输出：a0
ultoa(160, str, 8);                     //将 160 转换为八进制字符串，str 为"240"
printf("八进制字符串为：%s\n", str);    //输出：240
ultoa(160, str, 5);                     //将 160 转换为五进制字符串，str 为"1120"
```

printf("五进制字符串为：%s\n", str);   //输出：1120

5）格式化字符串转换

格式化字符串转换的库函数是 sprintf，其调用格式为：

```
int sprintf(char * str, const char * format, args, …);    //应包含的.h 文件为 stdio.h
```

功能：将输出表列 args 的值按 format 规定的格式输出到字符串 str 中。如果格式字符串转换成功，而且结果也成功保存到数组 str 当中，则返回保存到数组当中的字符个数，否则，返回一个负整数。

sprintf 函数的功能与 printf 函数的功能非常相似，只不过 printf 是将信息以字符串的形式输出到屏幕，而 sprintf 则是将信息以字符串的形式输出到某字符数组中。例如：

```
char str[10];
int a=123;
sprintf(str, "%08d", a);            //str 存放字符串"00000123"
printf("%s\n", str);                //输出：00000123
sprintf(str, "%-8d", a);            //str 存放字符串"123□□□□□"(□：表示空格)
printf("%s\n", str);                //输出：123□□□□□
```

微课视频

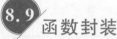
8.9　函数封装

当用户使用 C 语言的一个库函数时，可以通过查找联机帮助或使用手册了解其用法。除了函数功能以外，用户最关心的是它的参数和返回值的含义。一般只要知道了这些，便可以自如地使用此函数。至于它都定义了哪些内部变量，使用了什么算法等复杂的内容全被封装了起来，我们看不到，也不必关心。

函数的封装使外界对函数的影响仅限于几个参数。函数的设计者可以专心于参数的处理和函数的实现，完全不必关心调用者是什么。而函数对外界的影响也仅限于一个返回值和指针、数组类型的参数。这样，编程者需要考虑的问题的范围大大缩小，有利于编写更完美的代码，还便于各个函数单独测试、排错，也便于多人合作开发。

函数的参数和返回值的设计是封装中的关键一步。设计好了，可以充分发挥函数的能力，让函数直观、易用，给调用者提供最大的灵活性。不过这件工作做起来确实有些麻烦，尤其是在有大量数据要在函数与调用者之间交换的时候。于是便有人用全局变量实现函数间的数据传递。

如果真的使用全局变量，那可真是丢了西瓜捡芝麻，占小便宜吃大亏，开始时似乎不麻烦，但日后会麻烦不断。原因很多，比如全局变量破坏了函数的封装，任何一个函数对它的修改都会作用到全局，而依赖全局变量的函数也会被全局影响。

一般来说，如果一个变量的值经常被程序中多个模块和函数使用，而且它的类型固定（随着程序的升级不会改变），并只有很有限的几个地方需要修改它，才非常适合定义为全局变量。这时，必须严格限制仅使用其值的模块和函数，一定不能修改它的值。对这层限制，C 语言不能直接在语法上实现，主要依靠管理和程序员的素养。一种解决部分问题的方案是利用 static 类型的全局变量。

8.10 函数应用综合举例

微课视频

【例 8-13】 对两个任意长度的大整数求和。

设计思想：由于 C 语言中对于整型数据来说都有其数据表示范围，当某个整数超出整型数据表示范围时，将无法用一个整型变量来存储它，更不用说对这样的两个数进行求和了，为了解决这个问题，可以用数字字符串的形式来表示它们，然后通过对数字字符串进行相加就可以实现任意长度的大整数求和。具体程序如下：

```
1   #include <stdio.h>
2   #include <conio.h>
3   #include <string.h>
4
5   #define N   20                      //数字字符的个数
6
7   void beep( );
8   void GetNumberStr(char s[ ]);
9   void AddNumberStr(char a[ ], char b[ ], char c[ ]);
10  char AddChar(char ch1, char ch2);
11  void LeftTrim(char str[ ]);
12
13  int tag=0;                          //进位标志(0:无进位,1:有进位),全局变量
14
15  int main( )
16  {
17    char a[N+1]={0}, b[N+1]={0}, c[N+2];
18
19    printf("a=");
20    while(strlen(a)==0)               //输入被加数 a
21      GetNumberStr(a);
22    printf("\nb=");
23    while(strlen(b)==0)               //输入加数 b
24      GetNumberStr(b);
25
26    AddNumberStr(a, b, c);            //计算和数 c
27    printf("\na+ b=%s \n", c);        //显示计算结果
28    return 0;
29  }
30
31  void GetNumberStr(char s[ ])        //读取数字字符串
32  {
33    int i=0;
34    char ch;
```

```
35
36      while(1)
37      {
38        ch=getch( );                    //读取输入的字符,不显示
39        if(ch=='\r')                    //回车符,退出
40          break;
41        if(ch=='\b')                    //退格符
42        {
43          if(i > 0)
44          {
45            printf("%c %c", ch, ch);
46            i--;
47          }
48          else
49            beep( );
50          continue;
51        }
52        if(ch < '0' || ch > '9')        //非数字字符
53        {
54          beep( );
55          continue;
56        }
57        if(i < N)                       //数字字符
58        {
59          printf("%c", ch);
60          s[i++]=ch;
61        }
62        else
63          beep( );
64      }
65      s[i]='\0';                        //置字符串结束标志
66    }
67
68    void beep( )                        //响铃
69    {
70      printf("\07");
71    }
72
73    //计算两个数字字符串之和,放在 c 中
74    void AddNumberStr(char a[ ], char b[ ], char c[ ])
75    {
76      int i,j,k;
77
78      memset(c, ' ', N+2);              //将 c 全部清空
79      i=strlen(a)-1;
80      j=strlen(b)-1;
81      k=N;
82      while(i >= 0 && j >= 0)           //将被加数与加数按照从右向左的顺序相加
```

```
83        c[k--]=AddChar(a[i--], b[j--]);
84     while(i>=0)              //被加数没有加完
85        c[k--]=AddChar(a[i--], '0');
86     while(j>=0)              //加数没有加完
87        c[k--]=AddChar(b[j--], '0');
88     if(tag==1)               //最后有进位,将其放在和数的最高位
89        c[k]='1';
90     c[N+1]='\0';             //置字符串结束标志
91     LeftTrim(c);             //去掉字符串 c 左边的空格
92  }
93
94  char AddChar(char ch1, char ch2)    //计算两个数字字符之和
95  {
96     char ch;
97
98     ch=(ch1-0x30+ch2-0x30)+tag;  //两数字字符所对应的数字与进位相加
99     if(ch>=10)                   //结果大于10
100    {
101       tag=1;                    //有进位
102       return(ch-10+0x30);       //将个位数减10后加上0x30转换成其数字字符
103    }
104    else //结果小于10
105    {
106       tag=0;                    //没进位
107       return(ch+0x30);          //将和数加上0x30转换成其数字字符
108    }
109 }
110
111 void LeftTrim(char str[])        //去掉字符串左边的空格
112 {
113    int i;
114
115    for(i=0; str[i]==' '; i++)   //查找第一个非空格字符的位置
116       ;
117    strcpy(str, str+i);
118 }
```

运行结果：

```
a=12345678901234567890    ←——被加数（假设）
b=99999999992222222222    ←——加数（假设）
a+b=112345678893456790112
```

程序解释：

- 程序中的第 5 行定义了一个符号常量 N,其值为 20,表示输入的两个整数不超过 20 位,读者可根据需要定义别的值。

- 第 13 行定义了一个整型全局变量 tag,表示两个数字字符相加后是否产生进位,值为 0 表示无进位,值为 1 表示有进位。两个数字相加时必须要考虑低位来的进位。
- 函数 GetNumberStr 是用于读取一个数字字符串,此处不用库函数 gets 或 scanf 是因为它们接收的字符除了数字字符以外,其他 ASCII 码字符也接收,按照题意,除了数字字符以外,其他字符是无意义的,所以在此自定义了读取数字字符串的函数。该函数的形参是一个数组,所以调用它时,实参必须是事先定义好的数组。输入的数字字符串将放在实参数组所对应的内存单元中(第 31~66 行)。
- 函数 beep 是实现响铃的功能,用于报警(第 68~71 行)。
- 函数 AddNumberStr 的功能是实现两个数字字符串相加,其和值放在数组 c 中。该函数的三个形参均为数组。相加时将被加数和加数的每个元素按照从右到左的顺序(即从低位到高位)通过调用函数 AddChar 求得它们的和放入数组 c 中。要注意的是最后的进位一定要放在数组 c 的最前面。求得的和值因为最开始是从右往左存放的,左边可能留有空格,所以调用 LeftTrim 函数将数组 c 中左边的空格去掉(第 73~92 行)。
- 函数 AddChar 的功能是实现两个数字字符相加(如'3'+'4'='7'),相加的结果通过函数返回(第 94~109 行)。
- 函数 LeftTrim 的功能是将字符串 str 左边的空格去掉(第 111~118 行)。
- 第 52 行也可以利用标准库函数 isdigit 判断 ch 是否为非数字字符,即可改为 if(!isdigit(ch)),但头文件必须包含 ctype.h。

微课视频

【例 8-14】 通过键盘输入一段英文(包含空格、逗号、句号及英文字母),然后分离出单词,并以每个单词出现的次数从高到低输出单词及其次数,次数相同的单词以其对应字符串大小升序输出。

设计思想:根据题目要求,主要完成以下三项功能。

(1) 通过键盘输入一段英文。因为输入的短文中只能包含空格、逗号、句号及英文字母,所以不能简单地用库函数 gets 或 scanf 来完成。参照例 8-13 中用于读取数字字符串的自定义函数 GetNumberStr 的方法,可以自定义一个读取英文短文的函数 **GetPassage**,读取的英文短文存储在事先定义的字符数组中。

(2) 对输入的英文短文进行单词分离并计数。这里面又有以下两个主要问题要解决。

① 如何分离单词?单词分解可以对短文字符串中的字符从头到尾进行逐一扫描,如果当前扫描到的字符不是字母,则继续往后扫描,直到扫描到第一个字母,则说明是一个新单词开始,此时可以边扫描边提取单词,直到扫描到非字母字符,表示该单词提取完毕。提取的单词串可以用一个字符数组来存储。后面单词的提取方法均以此法进行,直到整个短文串扫描完为止。单词分离可以自定义一个函数 **WordSepa** 来完成。

② 分离的单词如何保存并计数?可以定义一个字符串数组(即字符型二维数组),该数组的每一行的第 1 列开始存放单词串,第 0 列用于存放该单词出现的次数,其存储结构如图 8-15 所示。每次分离出单词,首先在字符串数组中进行单词查找,如果找到,则只将单词计数加 1 即可,如果找不到,则将该单词添加到字符串数组中,其单词计数置为 1。单词保存及计数可以自定义一个函数 **SaveWord** 来完成。

(3) 对单词进行排序。本排序是双关键字排序,单词出现的次数是第一关键字,降序排

定义字符串数组：char word[50][20] = {0};

图 8-15　单词保存及计数存储结构示意图

列；单词串是第二关键字，当单词出现次数相同时，按照单词串升序排列。排序算法可采用选择排序或冒泡排序来实现。单词排序可以自定义一个函数 SortWord 来完成。

具体程序如下：

```
1    #include <stdio.h>
2    #include <conio.h>
3    #include <ctype.h>
4    #include <string.h>
5
6    #define  N  200
7
8    void beep();
9    void GetPassage(char str[]);
10   void WordSepa(char str[], char word[][20]);
11   void SaveWord(char wordstr[], char word[][20]);
12   void SortWord(char word[][20]);
13   void ShowWord(char word[][20]);
14
15   int main()
16   {
17       char text[N+1], word[50][20]={0};
18
19       GetPassage(text);          //读取英文短文到字符数组 text 中
20       WordSepa(text, word);      //对 text 中的短文进行单词分离，并保存到字符串数组 word 中
21       SortWord(word);            //对保存在 word 中的单词进行排序
22       ShowWord(word);            //显示 word 中的单词及出现次数
23       return 0;
24   }
25
26   void beep()                    //响铃
27   {
28       printf("\07");
29   }
```

```
30
31    void GetPassage(char str[ ])              //读取英文短文到字符数组 str 中
32    {
33      int i=0;
34      char ch;
35
36      while(1)
37      {
38        ch=getch( );                          //读取输入的字符,不显示
39        if(ch=='\r')                          //回车符,退出
40          break;
41        if(ch=='\b')                          //退格符
42        {
43          if(i > 0)
44          {
45            printf("%c %c", ch, ch);
46            i--;
47          }
48          else
49            beep( );
50          continue;
51        }                                     //if
52        if(!isalpha(ch) && ch != ',' && ch != '.' && ch != ' ')   //非字母、逗号、句号、空格
53        {
54          beep( );
55          continue;
56        }
57        if(i < N)                             //字母、逗号、句号、空格
58        {
59          printf("%c", ch);
60          str[i++]=ch;
61        }
62        else
63          beep( );
64      }                                       //while(1)
65      str[i] = '\0';                          //置字符串结束标志
66    }
67
68    //对 str 中的短文进行单词分离,并保存到字符串数组 word 中
69    void WordSepa(char str[ ], char word[ ][20])
70    {
71      int i, j;
72      char wordstr[20];                       //用于存放新分离出的单词串
73
74      for(i=0; str[i] != '\0'; )              //对 str 中的字符从头到尾扫描
75      {
76        if(!isalpha(str[i]))                  //如果不是字母,则扫描下一字符
```

```
77        {
78            i++;
79            continue;
80        }
81        j=0;
82        while(isalpha(str[i]))    //是字母,则进行单词分离,分离出的单词保存到wordstr中
83            wordstr[j++]=str[i++];
84        wordstr[j]='\0';
85        SaveWord(wordstr, word); //将新分离出的单词wordstr保存到字符串数组word中
86    }
87 }
88
89 //将分离出的单词wordstr保存到字符串数组word中
90 void SaveWord(char wordstr[], char word[][20])
91 {
92    int i;
93
94    for(i=0; word[i][0] > 0; i++)    //在字符串数组word中查找是否存在单词wordstr
95    {
96        if(stricmp(wordstr, word[i]+1)==0) //找到了该单词
97        {
98            word[i][0]++;                //出现次数增1,返回
99            return;
100       }
101   }
102   strcpy(word[i]+1, wordstr);         //没有找到该单词,则加入到word中
103   word[i][0]=1;                        //该单词出现次数置1
104 }
105
106 void ShowWord(char word[][20])        //显示单词及出现的次数
107 {
108    int i;
109
110    printf("\nWord sorting statistics: ");
111    for(i=0; word[i][0] > 0; i++)
112        printf("%s(%d) ", word[i]+1, word[i][0]);
113    printf("\n");
114 }
115
116 void SortWord(char word[][20])        //单词排序(采用选择排序)
117 {
118    int i, j, k;
119    char temp[20];
120
121    for(i=0; word[i][0] > 0; i++)
122    {
123        k=i;
124        for(j=i+1; word[j][0] > 0; j++)
125            if((word[j][0] > word[k][0]) ||
```

```
126              (word[j][0]==word[k][0] && stricmp(word[j]+1,word[k]+1) < 0))
127            k=j;
128      if(k!=i)    //将第 k 行的单词串及次数与第 i 行的单词串及次数进行交换
129      {
130         strcpy(temp, word[i]);
131         strcpy(word[i], word[k]);
132         strcpy(word[k], temp);
133      }
134   }
135 }
```

运行结果（假设输入的短文如下）：

<u>Green is on the left,Red is on the Right,the right is afraid of water，the left is afraid of insects.</u>↙

```
Word sorting statistics：is(4)   the(4)   afraid(2)   left(2)   of(2)   on(2)   right(2)
Green(1)   insects(1)   Red(1)   water(1)
```

程序解释：
- 程序中的第 6 行定义了一个符号常量 N，其值为 200，用于定义字符串数组的行数，表示分离出的单词不超过 200 个，读者可根据需要定义别的值。
- 函数 beep 是实现响铃的功能，用于报警（第 26～29 行）。
- 函数 GetPassage(char str[])是用于读取英文短文到字符数组 str 中，该函数的形参是一个字符数组，所以调用它时，实参必须是事先定义好的数组。输入的英文短文将以字符串的形式存放在实参数组所对应的内存单元中（第 31～66 行）。
- 函数 WordSepa(char str[], char word[][20]) 用于对 str 中的短文进行单词分离，并保存到字符串数组 word 中（第 69～87 行）。
- 函数 SaveWord(char wordstr[], char word[][20])用于将分离出的单词 wordstr 保存到字符串数组 word 中。单词保存前首先查找该单词是否在字符串数组 word 中，如果已存在，则计数加 1 后返回，否则将该单词添加到 word 中，计数置 1（第 90～104 行）。**注意字符串数组 word 存储单词串及计数的结构（如图 8-15 所示），第 i 行单词串的首地址是 word[i]+1，出现次数是 word[i][0]。**
- 函数 ShowWord(char word[][20])用于对保存在字符串数组 word 中的单词及出现次数进行显示（第 106～114 行）。
- 函数 SortWord(char word[][20])是利用选择排序算法对 word 中的单词串进行排序（第 116～135 行）。

8.11 本章小结及常见错误列举

本章的内容包含如下几个方面。
(1) 函数的分类。
- 标准库函数：由 C 语言系统提供的函数。

296

- 用户自定义函数：由用户自己定义的函数。
- 有返回值的函数：向调用者返回函数值，应说明函数类型（即返回值的类型）。
- 无返回值的函数：不返回函数值，说明为空（void）类型。
- 有参函数：主调函数向被调函数传送数据。
- 无参函数：主调函数与被调函数间无数据传送。
- 内部函数：只能在本源文件中使用的函数。
- 外部函数：可在整个源程序中使用的函数。

（2）函数定义的一般形式：

[extern/static] 类型说明符 函数名([形参列表]){声明部分　执行部分}

其中最前面的方括号内为可选项。

（3）函数说明的一般形式：

[extern] 类型说明符 函数名([形参列表]);

（4）函数调用的一般形式：

函数名([实参列表])

（5）函数的参数分为形参和实参两种，形参出现在函数定义中，实参出现在函数调用中，发生函数调用时，将把实参的值或地址传送给形参。

（6）函数的值是指函数的返回值，它是在函数中由 return 语句返回的。

（7）函数调用时参数的传递方式有两种：传值调用和传址调用。传值调用是将实参的实际值复制给形参，实参和形参占用不同的内存单元，函数中对形参值的改变不会影响实参的值；而传址调用则是将实参所对应内存单元的地址传递给形参，函数中形参对内存单元的操作将影响实参的值，如数组名作为函数参数时不进行值传送而进行地址传送，形参和实参实际上为同一数组的两个名称。因此形参数组的值发生变化，实参数组的值当然也变化。

（8）C 语言中，不允许函数嵌套定义，但允许函数的嵌套调用和函数的递归调用。

（9）可从三个方面对变量分类，即变量的数据类型、变量作用域和变量的存储类型。在第 3 章中主要介绍变量的数据类型，本章中介绍了变量的作用域和变量的存储类型。

（10）变量的作用域是指变量在程序中的有效范围，分为局部变量和全局变量。局部变量和形参的作用域是函数内部，全局变量的作用域是整个文件。但可以通过声明一个 extern 的全局变量扩展全局变量的作用域，也可以通过定义一个 static 的全局变量限制这种扩展。

（11）变量的存储类型是指变量在内存中的存储方式，分为静态存储和动态存储，表示了变量的生存期。动态存储类型的变量有 auto 型、register 型，静态存储类型的变量有 extern 型、static 型。静态的局部变量只能被赋一次初始值，并且生存期与全局变量相同，但作用域仍是函数内部。

（12）当小作用域内的变量名与大作用域内的变量名同名时，在小作用域内引用这个变量时，遵从最小作用域原则。

（13）C 语言是函数式语言，C 语言程序是由函数构成的，编写 C 语言程序除了要学会自定义函数的编写方法，还要熟练掌握一些常用库函数，这对编程效率和质量非常重要。

初学者在定义和调用函数时常犯的错误列举如下。

(1) 定义函数时()后面多了一个分号。

在定义函数时,()后面不能加分号,否则会产生语法错误。例如:

```
void dispstr( );      //错误,多了分号
{
   printf("error!");
}
```

(2) 声明函数原型时漏掉了分号。

在调用函数前一定要声明函数原型,但后面的分号不要漏掉。例如:

```
void showerror(void)    //漏掉了分号,应为: void   showerror(void);
```

(3) 函数内部定义函数。

C语言规定函数不可嵌套定义,否则将出错。例如,下面在函数内再定义一个函数是错误的。

```
int getmaxdata( )
{
   int x, y;
   int getdata()
   {
      int a;
      scanf("%d", &a);
      return(a);
   }
   x=getdata( );
   y=getdata( );
   return(x>y?x : y);
}
```

(4) 定义函数时与标准库函数重名。

初学者往往对标准库函数所知不多,在自定义函数时函数名有时会与库函数同名,造成编译错误。面对这种情况,初学者往往不知所措。一个好的方法是将函数名的第一个字母大写,因为标准库函数名的首字母都是小写字母。

(5) 函数的局部变量与形参同名。

函数的局部变量与形参位于同一作用域中,因此不能重名。下面的函数定义是错误的。

```
void getdata(int a, int y)
{
   int a[10];     //错误,与形参同名
   …
}
```

(6) 按照定义多个变量的方式定义函数形参列表。

C语言规定,如果函数带有多个形参,形参之间用逗号分隔,但每个形参前面都要有形参类型符。例如,下面的定义是错误的。

```
void func(int x, y)    //形参 y 没指定类型符,可写为: void func(int x, int y)
{
  ...
}
```

(7) 使用标准库函数时忘记文件包含(#include)说明。

C 语言提供了很多标准库函数,要引用这些库函数必须在程序的开始用#include 命令对该函数原型声明的文件包含进来,否则编译时将产生该函数没有定义的错误。例如:

```
int main()
{
  char str[20];
  int len;
  scanf("%s", str);       //标准库函数 scanf,在 stdio.h 文件中已说明
  len=strlen(str);        //标准库函数 strlen,在 string.h 文件中已说明
  ...
}
```

上述程序必须在 main 前面加上:#include < stdio.h >和#include < string.h >才能引用 scanf 和 strlen 两个库函数,否则编译将出错。

(8) 在函数调用时实参个数多于或少于形参个数。

函数调用时,实参的个数应与形参的个数相等,否则编译错误。例如:

```
int max(int x, int y)
{
  return(x > y ? x : y);
}
int main( )
{
  int a, b;
  a=max(1);              //错误,实参个数少于形参
  b=max(1, 2, 3);        //错误,实参个数多于形参
  return 0;
}
```

(9) 在函数调用时实参类型与形参类型不兼容。

在函数调用时,如果实参数据类型与形参数据类型不兼容,往往会导致程序逻辑出错。例如,对上面定义的函数 max 进行调用:int a=max(2.5,2);则 a 的值将是 2。

(10) 在函数调用时实参前面多了类型标识符。

函数调用时,函数名后面的()内部只需给出实参表达式列表即可,实参前面不能有数据类型符。下面的函数调用是错误的。

```
int max(int x, int y)
{
  return(x > y ? x : y);
}
int main( )
{
  int a, b, c;
```

```
    scanf("%d%d", &a, &b);
    c=max(a, int b);          //错误,应改为 c=max(a, b);
    return 0;
}
```

(11) 在定义有返回值的函数时,漏掉了 return(表达式)语句。

如果在一个具有返回值的函数中没有用 return 语句返回一个值,那么程序也会返回一个值,只不过这个值是不可预知的,可能会导致程序逻辑错误。

(12) 没有返回值的函数却返回了一个值。

在没有返回值的函数中,可使用 return 语句返回,但后面不能跟有表达式。使用 return (表达式)将导致语法错误。

(13) 认为改变形参的值可以改变实参。

下面的程序中,无论用户输入什么值,a 的值仍为 0。

```
void getdata(int a)
{
    scanf("%d", &a);
}
int main( )
{
    int a=0;
    getdata(a);
    printf("%d", a);
    return 0;
}
```

因为 getdata 中的参数 a 和 main 中的局部变量 a 是两个不同的变量,用户输入的数值被放到了 getdata 的参数 a 中了,main 函数中的局部变量 a 的值仍保持不变。

建议读者养成下列编成习惯,这有助于读者少犯或不犯上述错误。

- 如果程序中包含多个函数定义,函数定义之间最好插入一行空行,这样可提高程序的可读性。同时注明该函数的功能、形参的含义及返回值等信息。
- 无论函数在什么位置定义,都要在调用前声明函数原型。最好的方法是将函数原型声明放在一个 .h 文件中,再在 C 语言程序中用 #include 指令包含这个 .h 文件。而且这个 .h 文件还可以放置一些符号常量的定义。
- 对自己平时编写的有用的正确无误的函数进行积累,放在某个文件中,一旦要用到这些函数就只需用 #include 指令包含这个文件,而不必再去重新编写,这样不仅可以提高编程的速度,而且可以做到少犯错误。
- 将参数定义成常态变量将有效防止程序员对形参赋值。

C 语言中,const 是一个变量修饰符。如果在定义变量时指定了 const 修饰符,这个变量被称为常态变量。常态变量不能在程序中赋值,只能赋初始值。例如:

```
int main( )
{
    int a;
    const int b=10;          //常态变量
    a=20;                    //正确
```

```
    b=30;                    //错误,不能对常态变量赋值
    ...
    return 0;
}
```

const 修饰符也可以修饰形参,显然如果在函数中对常态形参赋值将引起编译错。例如:

```
void getdata(const int a)
{
    a=10;                    //错误,不能对常态形参赋值
}
```

习题 8

自测题

1. 填空题

(1) 在 C 语言程序中,功能模块是由函数来实现的。函数是_____的程序段。

(2) 从函数定义的角度看,函数可分为_____函数和_____函数两种。

(3) 对于有返回值的函数来说,通常函数体内包含_____语句,其格式为_____,用于将返回值带给调用函数。

(4) 当一个函数的返回值类型省略时,意味着该函数返回值类型为_____类型。

(5) 调用带参数的函数时,实参列表中的实参必须与函数定义时的形参_____相同、_____相符。

(6) 对带有参数的函数进行调用时,参数的传递方式主要有_____调用和_____调用两种方式。

(7) 变量的作用域和生存期是从_____和_____的角度来体现变量的特性。

(8) 变量的存储类型可分为_____和_____两种类型。C 语言中,对变量的存储类型说明有以下四种,即_____、_____、_____和_____。

(9) 静态局部变量若在定义时未赋初始值,则系统自动赋初始值_____。其生存期是_____,其作用域是_____。

(10) C 语言程序中,函数不允许嵌套_____,但允许嵌套_____。

(11) 在 C 语言中,一个函数一般由两部分组成,它们是_____和_____。

(12) C 语言规定,可执行程序的开始执行点是_____。

(13) 若一个局部变量的存储类型是 static,则该变量的值在_____时被释放。

(14) 为了保证被调用函数不返回任何值,其函数定义的类型应为_____。

(15) 函数 swap(int x,int y)可完成对 x 和 y 值的交换。在运行调用函数中的如下语句后,a[0]和 a[1]的值分别为_____、_____,原因是_____。

    a[0]=1; a[1]=2; swap(a[0],a[1]);

2. 选择题

(1) 以下正确的说法是（　　）。
    A. 用户若需调用标准库函数，调用前必须重新定义
    B. 用户可以重新定义标准库函数，若如此，该函数将失去原有含义
    C. 系统根本不允许用户重新定义标准库函数
    D. 用户若需调用标准库函数，调用前不必使用预编译命令将该函数所在文件包括到用户源文件中，系统将自动去调用

(2) 以下不正确的说法是（　　）。
    A. 实参可以是常量、变量或表达式　　B. 形参可以是常量、变量或表达式
    C. 实参可以为任何类型　　D. 形参应与其对应的实参类型一致

(3) 以下正确的函数定义形式是（　　）。
    A. double fun(int x, int y)　　B. double fun(int x; int y)
    C. double fun(int x, int y);　　D. double fun(int x, y);

(4) 以下正确的说法是（　　）。
    A. 定义函数时，形参的类型说明可以放在函数体内
    B. return 后边的值不能为表达式
    C. 如果函数值的类型与返回值类型不一致，以函数值类型为准
    D. 如果形参与实参类型不一致，以实参类型为准

(5) 在 C 语言中，函数的隐含存储类别是（　　）。
    A. auto　　B. static　　C. extern　　D. 无存储类别

(6) 凡是函数中未指定存储类别的局部变量，其隐含的存储类别为（　　）。
    A. 自动(auto)　　B. 静态(static)
    C. 外部(extern)　　D. 寄存器(register)

(7) 若使用一维数组名作为函数实参，则以下正确的说法是（　　）。
    A. 必须在主调函数中说明此数组的大小
    B. 实参数组类型与形参数组类型可以不匹配
    C. 在被调用函数中，不需要考虑形参数组的大小
    D. 实参数组名与形参数组名必须一致

(8) 已知有如下数组定义和 f 函数调用语句，则在 f 函数的说明中，对形参数组 array 的正确定义方式为（　　）。

```
int a[3][4];
f(a);
```

    A. f(int array[ ][6])　　B. f(int array[3][ ])
    C. f(int array[ ][4])　　D. f(int array[2][5])

(9) 若用数组名作为函数的实参，传递给形参的是（　　）。
    A. 数组的首地址　　B. 数组第一个元素的值
    C. 数组中全部元素的值　　D. 数组元素的个数

(10) 函数调用不可以（　　）。
　　A．出现在执行语句中　　　　　　　B．出现在一个表达式中
　　C．作为一个函数的实参　　　　　　D．作为一个函数的形参
(11) C语言规定,函数返回值的类型是由（　　）。
　　A．return语句中的表达式类型所决定
　　B．调用该函数时的主调函数类型所决定
　　C．调用该函数时系统临时决定
　　D．在定义该函数时所指定的函数类型所决定
(12) C语言规定：简单变量作为实参时,它和对应形参之间的数据传递方式是（　　）。
　　A．地址传递
　　B．单向值传递
　　C．由实参传给形参,再由形参传回给实参
　　D．由用户指定的传递方式
(13) 以下只有在使用时才为该类型变量分配内存的存储类型说明是（　　）。
　　A．auto 和 static　　　　　　　　　B．auto 和 register
　　C．register 和 static　　　　　　　D．extern 和 register
(14) 以下叙述中不正确的是（　　）。
　　A．在不同的函数中可以使用相同名字的变量
　　B．函数中的形式参数是局部变量
　　C．在一个函数内定义的变量只在本函数范围内有效
　　D．在一个函数内的复合语句中定义的变量在本函数范围内有效
(15) 有以下程序,程序运行后的输出结果是（　　）。
```
float fun(int x, int y)
{ return(x＋y); }
int main( )
{
  int a＝2, b＝5, c＝8;
  printf("%3.0f\n", fun((int)fun(a＋c, b), a－c));
  return 0;
}
```
　　A．编译出错　　　　B．9　　　　　　C．21　　　　　　　D．9.0
(16) 下列程序执行后的输出结果是（　　）。
```
char st[ ]="hello,friend!";
void func1(int i)
{
  printf("%c", st[i]);
  if(i < 3)  { i＋＝2;  func2(i); }
}
void func2(int i)
{
  printf("%c", st[i]);
  if(i < 3)  { i＋＝2;  func1(i); }
```

}
int main( )
{
　int i=0; func1(i); printf("\n"); return 0;
}

　　　A. hello　　　　　B. hel　　　　　　C. hlo　　　　　　D. hlm

(17) 有以下程序,程序运行后的输出结果是(　　)。

int f(int n)
{
　if(n==1)　return 1;
　else　return f(n-1)+1;
}
int main( )
{
　int i, j=0;
　for(i=1; i<3; i++)　j+=f(i);
　printf("%d\n", j);
　return 0;
}

　　　A. 4　　　　　　　B. 3　　　　　　　C. 2　　　　　　　D. 1

(18) 以下程序的输出结果是(　　)。

void incre( );
int x=3;
int main( )
{
　int i;
　for(i=1; i<x; i++)　incre( );
　return 0;
}
void incre( )
{
　staic int x=1;
　x *=x+1;
　printf(" %d ", x);
}

　　　A. 3 3　　　　　　B. 2 2　　　　　　C. 2 6　　　　　　D. 2 5

(19) 以下程序的输出结果是(　　)。

int a=3;
int main( )
{
　int s=0;
　{ int a=5; s+=a++; }
　s+=a++; printf("%d\n", s);
　return 0;
}

A. 8　　　　　　B. 10　　　　　　C. 7　　　　　　D. 11

(20) 以下程序的输出结果是(　　)。

```
void f(int a[], int i, int j)
{
    int t;
    if(i<j) { t=a[i]; a[i]=a[j]; a[j]=t;  f(a, i+1, j-1); }
}
int main()
{
    int i, a[5]={1, 2, 3, 4, 5};
    f(a, 0, 4);
    for(i=0; i<5; i++)  printf("%d, ", a[i]);
    return 0;
}
```

A. 5,4,3,2,1,　　B. 5,2,3,4,1,　　C. 1,2,3,4,5,　　D. 1,4,3,2,5,

(21) 以下叙述中正确的是(　　)。

　　A. 全局变量的作用域一定比局部变量的作用域范围大

　　B. 静态(static)类别变量的生存期贯穿于整个程序的运行期间

　　C. 函数的形参都属于全局变量

　　D. 未在定义语句中赋初值的 auto 变量和 static 变量的初值都是随机值

(22) 以下程序的输出结果是(　　)。

```
#include <stdio.h>
int main()
{
    int i;
    for(i=0; i<2; i++) as();
    return 0;
}
as()
{
    int lv=0;
    static int sv=0;
    printf("lv=%d, sv=%d ", lv, sv);
    lv++;
    sv++;
}
```

　　A. lv=0, sv=0 lv=0, sv=1　　　　B. lv=0, sv=0 lv=1, sv=1
　　C. lv=0, sv=0 lv=0, sv=0　　　　D. lv=0, sv=1 lv=0, sv=1

(23) 以下程序的输出结果是(　　)。

```
int main()
{
    int i=1, j=3;
    printf("%d,", i++);
    {
```

```
    int i=0;
    i+=j*2;
    printf("%d,%d,", i, j);
  }
  printf("%d,%d\n", i, j);
  return 0;
}
```

    A. 1,6,3,1,3   B. 1,6,3,2,3   C. 1,6,3,6,3   D. 1,7,3,2,3

(24) 以下程序的输出结果是(　　)。

```
long fun(int n)
{
  long s;
  if(n==1 || n==2) s=2;
  else s=n-fun(n-1);
  return s;
}
void main( )
{ printf("%ld\n", fun(3)); }
```

    A. 1   B. 2   C. 3   D. 4

(25) 在下列的函数调用中,不正确的是(　　)。

    A. max(a,b);   B. max(3,a+b);
    C. max(3,5);   D. int max(a,b);

(26) 下列程序执行后输出的结果是(　　)。

```
int d=1;
void fun(int p)
{
  int d=5;
  d+=p++;
  printf("%d", d);
}
int main( )
{
  int a=3;
  fun(a);
  d+=a++;
  printf("%d\n", d);
  return 0;
}
```

    A. 84   B. 96   C. 94   D. 85

(27) C语言规定,程序中各函数之间(　　)。

    A. 既允许直接递归调用也允许间接递归调用
    B. 不允许直接递归调用也不允许间接递归调用
    C. 允许直接递归调用不允许间接递归调用
    D. 不允许直接递归调用允许间接递归调用

第8章 函数

(28) C语言中形参的默认存储类别是（　　）。
　　A. 自动（auto）　　　　　　　　B. 静态（static）
　　C. 寄存器（register）　　　　　　D. 外部（extern）

(29) 以下程序有语法性错误，有关错误原因的正确说法是（　　）。

```
int main()
{
  int G=5, k;
  void prt_char();
  ...
  k=prt_char(G);
  ...
}
```

　　A. 语句 void prt_char()；有错，它是函数调用语句，不能用 void 说明
　　B. 变量名不能使用大写字母
　　C. 函数说明和函数调用语句之间有矛盾
　　D. 函数名不能使用下画线

(30) 以下正确的说法是（　　）。
　　A. 传值调用时，实参和与其对应的形参各占用独立的存储单元
　　B. 传值调用时，实参和与其对应的形参共占用一个存储单元
　　C. 只有当实参和与其对应的形参同名时才共占用存储单元
　　D. 形参是虚拟的，不占用存储单元

3．程序填空题

(1) 函数 fun 的功能是：使一个字符串按逆序存放，请填空。

```
void fun(char str[])
{
  char m;
  int i, j;
  for(i=0, j=strlen(str); _____; i++, j--)
  {
    m=str[i];
    _____;
    str[j-1]=m;
  }
  printf("%s\n", str);
}
```

(2) 以下程序的功能是求3个数的最小公倍数，请填空。

```
#include <stdio.h>
int max(int x, int y, int z)
{
  if(x>y && x>z) return(x);
  else if(_____) return(y);
  else return(z);
```

```
}
int main( )
{
    int x1, x2, x3, i=1, j, x0;
    printf("Input 3 number: ");
    scanf("%d%d%d", &x1, &x2, &x3);
    x0=max(x1, x2, x3);
    while(1)
    {
        j=x0 * i;
        if(_____) break;
        i=i+1;
    }
    printf("The is %d %d %d zuixiaogongbei is %d\n", x1, x2, x3, j);
    return 0;
}
```

(3) 以下函数 fun 的功能是：统计一个数中位值为零的个数，以及位值为 1 的个数。若输入 111001，则输出位值为零的个数为 2，位值为 1 的个数为 4，请填空。

```
#include <stdio.h>
void fun(long n)
{
    int coun0=0, coun1=0, m;
    do
    {
        m=_____;
        if(m==0) coun0++;
        if(m==1) coun1++;
        n=_____;
    }while(n);
    printf("coun0=%d, coun1=%d\n", coun0, coun1);
}
int main( )
{
    long n;
    printf("input n: ");
    scanf("%ld", &n);
    fun(n);
    return 0;
}
```

(4) 函数 del 的作用是删除已按升序排列的数组 a 中的指定元素 x。已有调用语句 n=del(a, n, x);其中，实参 n 为删除前数组元素的个数，赋值号左边的 n 为删除后数组元素的个数，请填空。

```
int del(int a[ ], int n, int x)
{
    int p, i;
    p=0;
    while(x>=a[p] && p<n)   _____;
```

```
    for(i=p-1; i<n; i++)  _____;
    n=n-1;
    return n;
}
```

(5) 以下 search 函数的功能是利用顺序查找法从数组 a 的 10 个元素中对关键字 m 进行查找。顺序查找法的思路是：从第一个元素开始，从前向后依次与关键字比较，直到找到此元素或查找到数组尾部时结束。若找到，则返回此元素的下标；若仍未找到，则返回值-1，请填空。

```
#include <stdio.h>
int search(int a[10], int m)
{
    int i;
    for(i=0; i<=9; i++)
        if(_____) return(i);
    return(-1);
}
int main( )
{
    int a[10], m, i, no;
    ...
    no=search(_____);
    if(_____)  printf("OK FOUND! %d ",no+1);
    else printf("Sorry Not Found!");
    return 0;
}
```

4. 编程题

(1) 设计一个函数，用来判断一个整数是否为素数。

(2) 设计函数 MaxCommonFactor( )，计算两个正整数的最大公约数。

(3) 定义函数 GetData( )用于接收键盘输入的一组整型数据，并放入一个数组中；另外再定义一个函数 Sort( )用于对输入的这一组数据进行降序排列。主函数先后调用 GetData 和 Sort 函数，输出最后的排序结果。

(4) 请编制函数 JsSort( )，其函数的功能是：对字符串变量的下标为奇数的字符按其 ASCII 值从大到小的顺序进行排序，排序后的结果仍存入字符串数组中。例如：

        位置   0 1 2 3 4 5 6 7
        源字符串   a b c d e f g h
        处理后字符串 a h c f e d g b

(5) 设有 n 个人围坐一圈并按顺时针方向从 1 到 n 编号，从第 s 个人开始进行 1 到 m 的报数，报数到第 m 个人，此人出圈，再从他的下一个人重新开始 1 到 m 的报数，如此进行下去直到所有的人都出圈为止。现要求按出圈次序，每 10 人一组，给出这 n 个人的顺序表。请编制函数 Josegh( )实现此功能。

(6) 编写一函数 StrLoc，其功能是求得一字符串 str1 在另一字符串 str2 中首次出现的位置，如果 str1 不在 str2 中，则返回-1。例如，假设 str1 为"do"，str2 为"how do you do? "，则返回值为 4。

（7）编写一函数计算 $\sum_{x=1}^{n} x^k$。

（8）编写一递归函数求斐波纳契数列的前 40 项。

（9）编写一递归函数计算组合 C_m^n。

（10）编写一递归函数将一个整数 n 转换成字符串，例如输入 483，应输出字符串"483"。n 的位数不确定，可以是任意位数的整数。

（11）编写一个函数 int fun(int w)，w 是一个大于 10 的整数，若 w 是 $n(n \geqslant 2)$ 位的整数，函数求出 w 的后 n-1 位的数作为函数值返回。例如，w 值为 5923，则函数返回 923，w 值为 923，则函数返回 23。

（12）编写函数 fun(int x, int y, int z, int n)，其功能是从 x 个红球、y 个白球、z 个黑球中任意取出 n 个，且其中必须要有红球和白球，要求输出所有方案。

第9章 指针

◇ 学习意义

指针是 C 语言中广泛使用的一种数据类型。运用指针编程是 C 语言最主要的风格之一。利用指针变量可以表示各种数据结构；能很方便地使用数组和字符串；能动态地分配内存；能得到多个函数返回值；并能像汇编语言一样处理内存地址，从而编写出精练而高效的程序。指针极大地丰富了 C 语言的功能。学习指针是 C 语言学习过程中最重要的一环，能否正确地理解和使用指针是掌握 C 语言的一个标志，可以说不懂 C 语言中的指针就不懂什么是 C 语言。同时，指针也是 C 语言中最难学的一部分，在学习中除了要正确理解基本概念，还必须要多编程，多上机调试。只要能做到这些，指针也是不难掌握的。

微课视频

◇ 学习目标

(1) 理解指针的概念；
(2) 掌握指针变量的定义与引用方法；
(3) 掌握指针与数组、字符串之间的联系；
(4) 掌握动态内存分配和释放的方法；
(5) 掌握带指针型参数和返回指针的函数的定义方法；
(6) 掌握函数指针的用法。

◇ 难点提示

(1) 指针数据类型的理解；
(2) 二维数组的地址和指针概念；
(3) 字符数组和字符指针的区别与联系；
(4) 指向数组的指针与指针数组的区别；
(5) 带参数的 main 函数的编程方法。

9.1 指针与指针变量的概念

1. 内存地址——内存中存储单元的编号

在计算机中,所有的数据和程序必须加载到内存以后程序才得以运行。那么计算机内存如何来存放这些数据或程序呢?为了方便管理和存放数据,内存通常被划分为一个一个的单元,这些单元就称为存储单元(或内存单元)。如果把教学楼比作内存的话,那么教学楼里的每间教室就相当于内存单元了。如同每间教室都有一定的容量一样,内存中每个内存单元也有其大小,一个内存单元如果能存放一个字节的数据,则称为字节存储单元,如果能存放一个字的数据,则称为字存储单元。每个存储单元都有一个编号,这个编号就是存储单元的"地址",简称存储地址。每个存储单元都有一个唯一的地址,就像每间教室都有一个唯一的教室号码一样。数据和程序就放在这些内存单元中。内存、存储单元、存储地址及存储数据之间的关系如图9-1所示。

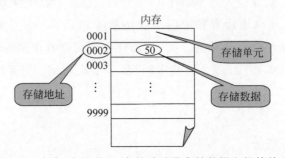

图9-1 内存、存储单元、存储地址及存储数据之间的关系

> ⚠ 注意:内存单元的地址与内存单元中的数据是两个完全不同的概念。

2. 变量地址——系统分配给变量的内存单元的起始地址

C语言程序中所定义的变量,其实在程序运行时,计算机都要为这些变量分配相应的内存单元,每个变量所占用的内存单元的大小是随着其定义的数据类型的不同而不同的,这在第3章已介绍过。例如:

short a; float f;

那么在程序运行时,系统将给变量a分配2字节的内存单元,给变量f分配4字节的内存单元。为描述方便,假设系统分配给变量a的2字节存储单元地址为3000和3001,给变量f的4字节存储单元地址为3002、3003、3004和3005,则起始地址3000就是变量a在内存中的地址,而起始地址3002就是变量f在内存中的地址,其示意图如图9-2所示。

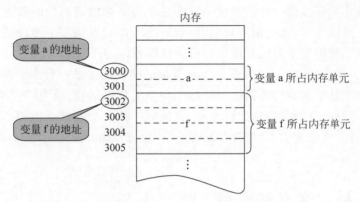

图 9-2　变量 a 和 f 在内存中占用内存单元示意图

3. 指针与指针变量

1）指针即是地址

已经知道,内存中每个存储单元都有其存储地址,根据存储地址即可准确地找到该内存单元。所以通常也把这个地址称为指针。也就是说,**指针实际上就是内存地址**。那么变量的地址就是该变量的指针。例如,在图 9-2 中变量 a 的指针就是 3000,f 的指针是 3002。

2）指针变量就是专门用于存储其他变量地址的变量

在 C 语言中,允许用一个变量来存放指针,这种变量称为指针变量。因此,**一个指针变量的值就是某个内存单元的地址(或指针)**。在图 9-3 中,设变量 a 的内容为 20,有指针变量 p(p=&a),内容为 3000,这种情况称为 p 指向变量 a,或者说 p 是指向变量 a 的指针。图 9-3 说明了指针与指针变量之间的关系。

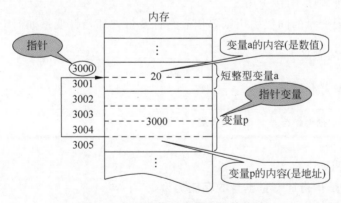

图 9-3　指针与指针变量之间的关系

严格地说,一个指针是一个地址,是一个常量。而一个指针变量却可以被赋予不同的指针值,是变量。但是常把指针变量简称为指针。为了避免混淆,我们约定:**"指针"是指地址,是常量,"指针变量"是指取值为地址的变量**。定义指针的目的是为了通过指针去访问内存单元。

既然指针变量的值是一个地址,那么这个地址不仅可以是变量的地址,也可以是其他数据结构的地址。在一个指针变量中存放一个数组或一个函数的首地址又有何意义呢?因为数组或函数都是连续存放的。通过访问指针变量取得了数组或函数的首地址，也就找到了该数组或函数。这样一来，凡是出现数组、函数的地方都可以用一个指针变量来表示，只要该指针变量中赋予数组或函数的首地址即可。这样做，将会使程序的概念十分清楚，程序本身也精练、高效。在 C 语言中，一种数据类型或数据结构往往都占有一组连续的内存单元。用"地址"这个概念并不能很好地描述一种数据类型或数据结构，而"指针"虽然实际上也是一个地址，但它却是一个数据结构的首地址，它是"指向"一个数据结构的，因而概念更为清楚，表示更为明确。这也是引入"指针"概念的一个重要原因。

微课视频

9.2 指针变量的定义和引用

1. 变量值的存取方法

C 语言中可以通过变量名来引用变量的内存单元值。例如，下面定义了两个变量。

int a, b;

那么 a=2;表示将 a 的内存单元赋值成 2，而 b=a;则表示将 a 的内存单元的值复制到 b 的内存单元中。

通过变量名来引用变量的内存单元值的方法被称为**直接引用**。而通过内存地址引用内存单元值的方法称为**间接引用**。如果将内存比喻成教学楼，内存单元对应教学楼的教室，假设张明老师在 9202 教室上课。这时，有人找张明老师，有两种叫法，一种是直接叫张明老师的名字，另一种是可以叫成"9202 教室的老师"。直接叫张明老师，可以认为是直接引用，"9202 教室的老师"则是间接引用。

C 语言要实现变量的间接引用则要依靠指针变量。那指针变量如何定义呢？

2. 指针变量的定义

指针变量的定义格式为：

［存储类型］　　数据类型符　　　　＊变量名；

定义格式说明如下：
- 存储类型是指指针变量本身的存储类型。
- 数据类型符可以是任何一种有效的数据类型标识符，是指针变量所指向的内存单元的数据类型。
- ＊号表明后面的变量是指针变量。
- 变量名必须是合法的标识符。

下面给出指针变量定义的几种常用形式。

1) 单个指针变量的定义

int * p1;

表示 p1 是一个指针变量,它的值是某个整型变量的地址。或者说 p1 指向一个整型变量。至于 p1 究竟指向哪一个整型变量,应由向 p1 赋予的地址来决定。

staic int * p2;

p2 也是指向某整型变量的指针变量,但指针变量 p2 被分配在内存的静态存储区,是静态指针变量。

2)一条语句中同时定义普通变量和指针变量

float * p3, a;

或

float a, * p3;

定义了指向浮点型变量的指针变量 p3 和普通浮点型变量 a。

3)一条语句中同时定义多个指针变量

char * p4, * p5;

同时定义了两个指向字符变量的指针变量 p4 和 p5。

> ⚠ 注意:
> - 定义指针变量时,*号和变量名是一个逻辑整体。如果一个变量是指针,那么变量名前面一定要有*号。*号与变量名之间可加若干空格。例如,int * p;是正确的定义。
> - 普通变量一定有其数据类型,指针变量也是变量,但它本身并无数据类型,数据类型是指它所指向内存单元的数据类型。
> - int * p;所定义的指针变量是 p,而不是 * p。
> - 指针变量命名时,常在变量名前面加字母 p(pointer),以表示是个指针变量。

3. 指针变量的赋值

指针变量同普通变量一样,使用之前不仅要定义说明,而且必须赋予具体的值。未经赋值的指针变量不能使用,否则将造成系统混乱,甚至死机。指针变量的赋值只能赋予地址,决不能赋予任何其他数据,否则将引起错误。在 C 语言中,变量的地址是由编译系统分配的,但用户并不知道变量的具体地址。C 语言中提供了地址运算符 & 来表示变量的地址。其一般形式为:**& 变量名**,如 &a 表示变量 a 的地址,&b 表示变量 b 的地址。变量本身必须预先说明。设有指向整型变量的指针变量 p,如要把整型变量 a 的地址赋予 p,可以有以下两种方式。

1)指针变量初始化的方法

int a;
int * p=&a;

2)赋值语句的方法

int a;

```
int * p;
p=&a;
```

当然,也可以将已赋值的指针变量赋值给未赋值的指针变量。例如:

```
int a=20;
int * p, * q;
p=&a;
q=p;
```

其作用就是先定义整型变量 a 和指针变量 p 和 q,然后把 a 的地址赋值给指针变量 p,最后将指针变量 p 的内容(a 的地址)赋值给指针变量 q,故 p 和 q 都指向了变量 a,假设 a 的地址是 2000,则执行以后的结果如图 9-4 所示。

表 9-1 是几种错误的赋值方法。

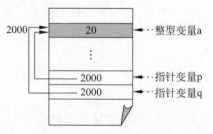

图 9-4 指针变量 p,q 与整型变量 a 的关系

表 9-1 指针变量赋值的几种错误方法

方法 1	方法 2	方法 3	方法 4	方法 5

int * p=&a;
int a;
	int a;
	int * pi=&a;
	char * pc=&a;
		int a;
		int * p;
		* p=&a;
			int * p;
			p=2000;
				int a;
				static int * p=&a;

产生错误的原因主要有以下几点。

方法 1:变量 a 的定义在后,对 a 的引用超出了 a 的作用域。
方法 2:pc 是指向字符型变量的指针变量,而变量 a 是整型,不能直接将整型变量 a 的地址赋给 pc。
方法 3:赋值语句中,被赋值的指针变量 p 的前面不能再加"*"说明符。
方法 4:不允许直接把一个数赋值给指针变量(0 除外)。
方法 5:标准 C 下不能用 auto 变量的地址去初始化 static 型指针(但在 C++程序中可以)

应该注意的是,原则上一个指针变量只能指向同类型的变量,如上面的指针变量 p 和 q 只能指向整型变量,不能时而指向一个整型变量,时而指向一个字符型变量。当然,如果给指针赋值时,=号右边的指针类型与左边的指针类型不同,则需要进行强制类型转换。例如:

```
int a;
int * pi;
char * pc;
pi=&a;            //pi 指向 a
pc=(char *)pi;    //pc 也指向了 a,即 pi 和 pc 的值都是 a 的地址
```

虽然 pi 和 pc 都指向了变量 a,但它们引用变量 a 所对应的内存单元的值时是不相同的,通过 pc 只能访问 a 的字节单元,而 pi 则可访问 a 的整个内存单元。

4. 零指针与空类型指针

1) 零指针(空指针)

指针变量的值为 0 的指针称为零指针(空指针)。其表示形式为:int * p=0;,表示 p 指向地址为 0 的单元,系统保证该单元不做它用,表示指针变量值没有意义。也可以写成:

```
int  * p＝NULL;     //NULL 在 C 语言中被定义为值为 0 的符号常量
```

⚠ **注意**：p＝NULL 与 p 未赋值不同。

定义零指针的用途主要表现在两个方面：一是避免指针变量的非法引用，二是在程序中常作为状态比较。例如：

```
int   * p;
   ...
while(p !＝NULL)
{
   ...
}
```

2) void * 类型指针

其表示形式为：void * p;，表示不指定 p 是指向哪一种类型数据的指针变量。使用时要进行强制类型转换。例如：

```
char   * p1;
void   * p2;
p1＝(char  * )p2;
p2＝(void  * )p1;
```

5. 指针变量的引用

当一个指针指向一个变量时，程序就可以利用这个指针间接引用这个变量。间接引用的格式是： *指针变量 。**在指针变量说明中，"*"是类型说明符，表示其后的变量是指针类型，而表达式中出现的"*"则是一个运算符用以表示指针变量所指的变量。**例如：

```
int a;
int  * p＝&a;      //p 指向 a
 * p＝10;          //相当于 a＝10;
```

上面的程序中，由于定义的指针 p 指向了整型变量 a，这时 * p 就是 a，而 p 是 a 的地址。 * p 是变量 a 的间接引用。

又如，下面的程序：

```
int a,  * p;
p＝&a;
 * p＝10;
a++;
printf("a＝%d,  * p＝%d", a,  * p);
```

输出是：

```
a＝11,  * p＝11
```

程序中 * 是间接引用运算符，是单目运算符，优先级与＋＋、--的优先级相同，具有右结合性。与 a＋＋等价的表达式是(* p)＋＋，而不是 * p＋＋。因为 * p＋＋相当于 * (p＋＋)，其中的++是作用于 p 的,而不是作用于 * p。

> ⚠ **注意**:程序在利用指针间接引用内存单元时,将按照指针变量定义时所指向的数据类型来解释引用的内存单元。

微课视频

【例 9-1】 不同类型的指针操作同一内存变量。

```
1    #include <stdio.h>
2
3    int main( )
4    {
5        unsigned short a;
6        unsigned short * pi=&a;      //pi 指向内存变量 a,访问 short 类型单元
7        char * pc=(char *)&a;         //pc 也指向内存变量 a,但访问 char 类型单元
8
9        * pi=0XF0F0;
10       * pc=0;
11       printf("a=%X", a);
12       return 0;
13   }
```

运行结果:

```
a=F000
```

程序说明:

因为 pi 是指向 short 型数据的指针,因此 pi 可操作整个 a 所对应的内存单元, * pi 就是 a(如图 9-5 所示)。但 pc 是指向 char 型数据的指针,只能操作 a 的低字节单元, * pc 不是 short 型数据,而是 char 型数据,所以说, * pc 不是 a,而是 a 的低字节(如图 9-6 所示)。因为对于整型数据来说,低字节对应低地址,高字节对应高地址。

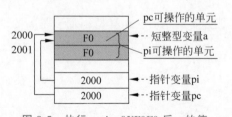

图 9-5 执行 * pi=0XF0F0 后 a 的值

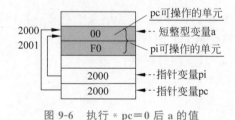

图 9-6 执行 * pc=0 后 a 的值

微课视频

❓【思考题 9-1】 如果要将例 9-1 中的变量 a 的高字节的值改变为 0XFF 该如何操作?

【例 9-2】 输入两个数,并使其从大到小输出。

```
1   #include <stdio.h>
2
3   int main( )
4   {
5     int *p1, *p2, *p, a, b;
6
7     scanf("%d,%d",&a,&b);
8     p1=&a;   p2=&b;                    //p1 指向变量 a,p2 指向变量 b
9     if( a < b )
10    {  p=p1;   p1=p2;   p2=p;  }       //将 p1、p2 所指向的变量地址交换
11    printf("a=%d, b=%d\n", a, b);
12    printf("max=%d, min=%d\n", *p1, *p2);
13    return 0;
14  }
```

运行结果(假设输入为：10，20↙)：

```
a=10, b=20
max=20, min=10
```

> ⚠ **注意**：指针变量的定义和引用的重点强调：
> - 指针变量必须先定义，后赋值，最后才能使用！没有赋值的指针变量是没有任何意义的，也绝对是不允许使用的。
> - 指针变量原则上只能指向定义时所规定类型的变量。
> - 指针变量也是变量，在内存中也要占用一定的内存单元，但所有类型的指针变量都占用同样大小的内存单元，如在 VC 和 CB 下均为 4 字节。

9.3 指针和地址运算

微课视频

1. 指针变量的加、减运算

指针是地址，地址是一种无符号的整数。但指针却不能像整数那样参与乘法和除法。因为对指针乘以或除以一个数没有任何意义。

指针可以参与加法和减法运算，但其加、减的含义绝对不同于一般数值的加减运算。如果指针 p 是这样定义的：ptype *p；并且 p 当前的值是 ADDR，那么：

$$p \pm n \text{ 的值} = \text{ADDR} \pm n * \text{sizeof(ptype)}$$

也就是说，p 将以 sizeof(ptype)为单位进行相加、减，而不是简单地将 p 的值加、减 n。例如：

```
short  * pi;
char   * pc;
long   * pl;

pi=(short *) 1000;
pc=(char *) 1000;
pl=(long *) 1000;
```

```
pi++;      //pi 的值将是 1002
pi -=2;    //pi 的值将是 998
pc++;      //pc 的值将是 1001
pc -=2;    //pc 的值将是 999
pl++;      //pl 的值将是 1004
pl -=2;    //pl 的值将是 996
```

⚠ **注意**：两个指针相加没有任何意义，但两个指针相减则有一定的意义，可表示两指针之间所相差的内存单元数或元素的个数，在后面的学习中就会体会到。

2. 指针变量的关系运算

两个指针变量进行关系运算可表示它们所指向的内存单元之间的关系。例如，假设 p1 和 p2 是两个指针变量。

- p1==p2 表示 p1 和 p2 指向同一内存单元。
- p1>p2 表示 p1 处于高地址位置。
- p1<p2 表示 p1 处于低地址位置。

指针变量还可以与 0 比较，如 9.2 节中所介绍的零指针(空指针)。

9.4 指针与数组

通过第 7 章数组的学习，读者已经知道数组在内存中是占用连续的一片存储单元，每个数组元素的数据类型和所占用的存储单元的大小是相同的，对数组元素的访问是通过数组名加下标来实现的。而指针其实就是内存的地址，它可以指向任何数据类型的存储单元，试想一想，如果把一个数组的起始地址或某个数组元素的地址赋给某一指针变量，再利用指针变量的地址运算功能不就可以对整个数组元素进行访问吗？本节主要讨论利用指针来实现对数组元素的引用以及指针与数组之间的相互关系。

微课视频

9.4.1 数组的指针和指向数组的指针变量

1. 数组的指针

数组的指针其实就是数组在内存中的起始地址。而数组在内存中的起始地址就是数组变量名，也就是数组第一个元素在内存中的地址。例如，int a[10]; 则数组名 a 就是该数组的起始地址，也就是数组的指针。因此可以用指针的间接引用运算和数组变量名来引用数组元素。例如，如图 9-7 所示的两个程序段是等价的。

假设数组变量 a 的值是 2000，也就是说，数组 a 的第一个单元 a[0]的地址是 2000(即 a 的值)，因为数组单元的数据类型是 int 型(占 4 字节)，第二个单元 a[1]的地址是 2004(即 a+1)，以此类推，a[2]地址是 2008(即 a+2)，…，a[k]的地址是 a+k*4(即 a+k)。所以 *(a+k)就是对 a[k]的引用。a[k]的地址与 a 的运算关系如图 9-8 所示。

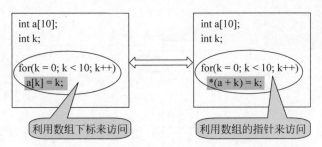

图 9-7　利用数组下标和数组指针来引用数组元素

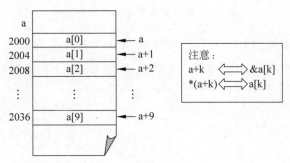

图 9-8　a[k]的地址与 a 的关系

2. 指向数组的指针变量

如果将数组的起始地址赋值给某个指针变量，那么该指针变量就是指向数组的指针变量。其定义方法与指向普通变量的指针变量的定义方法一样。例如：

int a[10],＊p＝a;(或＊p＝&a[0];)

或者

int a[10],＊p;
p＝a;(或 p＝&a[0];)

下面以上面所定义的指针变量为例看看如何利用指针变量来引用数组元素。
(1) p＋i 和 a＋i 都是数组元素 a[i]的地址。
(2) ＊(p＋i)和＊(a＋i)就是数组元素 a[i]。
(3) 指向数组的指针变量，也可将其看作数组名，因而可按下标法来使用。例如，p[i]等价于＊(p＋i)，也等价于 a[i]。

图 9-9 以图示的形式表示出了指向数组的指针变量与数组之间的关系。

⚠ **注意**：p＋1 指向数组的下一个元素，而不是简单地使指针变量 p 的值＋1。其实际变化为 p＋1＊size(size 为一个元素占用的字节数)。例如，假设指针变量 p 的当前值为 2000，则 p＋1 为 2000＋1×4＝2004，而不是 2001。

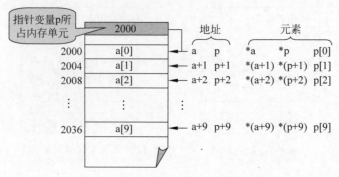

图 9-9　指针变量与数组之间的关系

下面是对数组元素赋值的几种方法，它们在功能上是等价的。

方　法　一	方　法　二	方　法　三

char str[10];
int k;
 	
for(k=0; k<10; k++)
　str[k]='A'+k;
　//也可写成*(str+k)='A'+k
	char str[10];
	int k;
	char *p;
	
	p=str;
	for(k=0; k<10; k++)
	　p[k]='A'+k;
	　//也可写成*(p+k)='A'+k
		char str[10];
		int k;
		char *p;
		
		p=str;
		for(k=0; k<10; k++)
		　*p++='A'+k;
		　//相当于 *p='A'+k;
		　//p++;

方法二和方法三尽管都是通过指针变量来对数组赋值，但程序执行完后，指针变量 p 的内容是不一样的。方法二执行完后，p 仍然指向数组 str 的首地址，但方法三执行后，p 指向了数组元素 str[9]的下一个内存单元。显然超出了数组所占用的内存区域，这就是数组越界现象，因为 C 语言不会进行越界检查，所以要防止数组越界操作必须由程序员负责。对于方法三，如果后面要想利用指针变量 p 来输出数组元素的值，则可在其后加上如下几条语句。

　　p=str;　　//将数组的首地址重新赋给 p,此行不可少
　　for(k=0; k<10; k++)
　　　printf("str[%d]=%d\n", k, *(p+k));

⚠ 注意：数组名是地址常量，切不可对其赋值，也不可做++或--运算。例如，int a[10];如果在程序中出现 a++或 a--则是错误的。

❓【思考题 9-2】　方法三中的 *p++='A'+k;语句能否改为 *str++='A'+k;或者(*p)++='A'+k;或者 *++p='A'+k;

第9章 指针

9.4.2 指向多维数组的指针——数组指针

微课视频

1. 利用一般指针变量来访问多维数组

前面已经讨论了用指针变量来引用一维数组的方法，那么指针变量能否用来引用一个多维数组呢？答案是肯定的。实际上，当指针指向多维数组的某个单元时，其引用该单元的方式同引用一维数组的方式是一样的。

【例 9-3】 利用一般指针变量对二维数组的引用。

```
1   #include<stdio.h>
2
3   int main( )
4   {
5      short int a[2][3]={{1, 2, 3}, {4, 5, 6}};
6      short int i, j, *p;
7      p=&a[0][0];           //也可写成 p=a[0]； p 指向二维数组 a 的第一个单元
8      for(i=0; i<2; i++)    //变量 i 控制行数
9      {
10        for(j=0; j<3;j++)  //变量 j 控制列数
11           printf("a[%d][%d]=%d  ", i, j, *(p+i*3+j));   //显示每个数组元素的值
12        printf("\n");       //数组的每一行元素输出后换行
13     }
14     return 0;
15  }
```

运行结果：

```
a[0][0]=1    a[0][1]=2    a[0][2]=3
a[1][0]=4    a[1][1]=5    a[1][2]=6
```

例 9-3 中二维数组 a 中数据单元在内存中的存放顺序是按行排列的，即先存放第一行的数据元素，再存放第二行的数据元素，以此类推，如图 9-10 所示（假设 a[0][0] 的地址为 2000）。

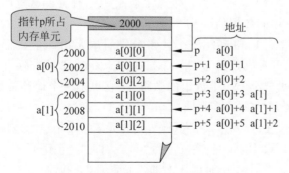

图 9-10 指针与二维数组元素的关系

当指针 p 指向这个二维数组时,其实 p 就相当于一个一维数组,因此访问二维数组中的元素可分别用 p[0],…,p[5] 或 *(p+0),…,*(p+5) 来表示。

> ⚠ **注意**:假设有一个 m 行 n 列的二维数组 a:
> - 当二维数组的首地址赋给指针变量 p 以后,则访问某个元素 a[i][j] 可用以下几种方式来代替:*(p+i*n+j)、p[i*n+j]、*(a[0]+i*n+j)。
> - 二维数组名 a 不可赋值给一般指针变量 p,只能赋值给指向二维数组的行指针变量(下面即将介绍)。例 9-3 中的第 7 行不可写成 p=a。

2. 利用行指针变量来访问多维数组

上面介绍了利用一般指针变量来访问二维数组元素的方法,下面再来看看如何利用行指针变量来访问二维数组的方法。为了说清楚指向多维数组的行指针,先回顾一下多维数组的性质,现以二维数组为例,首先搞清楚二维数组的行地址和列地址的概念,然后通过定义指向二维数组的行指针变量来访问二维数组。

1) 二维数组的行地址与列地址

在 C 语言中可将一个二维数组看成是由若干一维数组构成的。若有下面的定义语句:

int a[3][4];

则其二维数组的逻辑结构如图 9-11 所示。

	第 0 列	第 1 列	第 2 列	第 3 列
第 0 行	a[0][0]	a[0][1]	a[0][2]	a[0][3]
第 1 行	a[1][0]	a[1][1]	a[1][2]	a[1][3]
第 2 行	a[2][0]	a[2][1]	a[2][2]	a[2][3]

图 9-11 二维数组 a 的逻辑结构

首先,可以将二维数组 a 看成是由 a[0]、a[1]、a[2] 三个元素组成的一维数组(如图 9-12 所示),a 是该一维数组的数组名,代表该一维数组的首地址,即第一个元素 a[0] 的地址(&a[0])。根据一维数组与指针的关系可知,表达式 a+1 表示的是首地址所指元素后面的第一个元素的地址,即表示元素 a[1] 的地址(&a[1])。同理,表达式 a+2 表示元素 a[2] 的地址(&a[2])。于是,通过这些地址就可以引用各元素的值,如 *(a+0) 或 *a 即为元素 a[0],*(a+1) 即为元素 a[1],*(a+2) 即为元素 a[2]。注意:这里所谓的元素事实上仍然是一个地址,而不是具体的数据值。

其次,可以将 a[0]、a[1] 和 a[2] 三个元素分别看成是由四个整型元素组成的一维数组的数组名。例如,a[0] 可看成是由 a[0][0]、a[0][1]、a[0][2] 和 a[0][3] 这四个整型元素组成的一维数组。a[0] 就是这个一维数组的数组名,它也是一个地址常量,代表该一维数组的首地址,即第一个元素 a[0][0] 的地址(&a[0][0]),表达式 a[0]+1 则代表下一个元素 a[0][1] 的地址(&a[0][1]),表达式 a[0]+2 代表元素 a[0][2] 的地址(&a[0][2]),表达式 a[0]+3 代表元素 a[0][3] 的地址(&a[0][3])。因此,*(a[0]+0) 即为元素 a[0][0],*(a[0]+1) 即为元素 a[0][1],*(a[0]+2) 即为元素 a[0][2],*(a[0]+3) 即为元素 a[0][3]。

第9章 指针

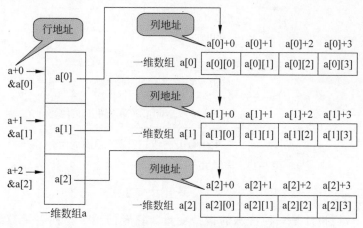

图 9-12　二维数组的行地址和列地址示意图

> ⚠ **注意**：由于 a[0] 可看成是由四个整型元素组成的一维数组的数组名，因此表达式 a[0]+1 中的数字 1 代表的是一个整型元素所占的存储单元字节数，即二维数组的一列占的字节数：1×sizeof(int)；而 a 可看成是由 a[0]、a[1]、a[2] 三个元素组成的一维数组的数组名，因此表达式 a+1 中的数字 1 代表的是一个由四个整型元素组成的一维数组所占存储单元的字节数，即二维数组中的一行所占的字节数：4×sizeof(int)。

根据上面的分析可归纳如下：

a[i] 即 *(a+i) 可以看成是一维数组 a 的下标为 i 的元素，同时，a[i] 即 *(a+i) 又可看成是由 a[i][0]、a[i][1]、a[i][2] 和 a[i][3] 四个元素组成的一维整型数组的数组名，代表这个一维数组的首地址，即第一个元素 a[i][0] 的地址（&a[i][0]）；而 a[i]+j 即 *(a+i)+j 代表这个数组中下标为 j 的元素的地址，即 &a[i][j]。*(a[i]+j) 即 *(*(a+i)+j) 就代表这个地址所指向的元素的值，即 a[i][j]。因此，以下四种表示元素 a[i][j] 的形式是等价的：

　　a[i][j]
　　*(a[i]+j)
　　((a+i)+j)
　　(*(a+i))[j]

如果将二维数组名 a 看成一个行地址（第 0 行的地址），则 a+i 代表二维数组 a 的第 i 行的地址，a[i] 可看成一个列地址，即第 i 行第 0 列的地址。行地址 a 每次加 1，表示指向下一行，而列地址 a[i] 每次加 1，表示指向下一列。可按如图 9-13 所示的方式来理解表达式 *(*(a+i)+j) 的含义。

打个比方来说，二维数组的行地址好比一个旅馆的房间号，二维数组的列地址好比一个房间的床位号，某人要想找房间号为 i 的房间中的第 j 号床，必须先从第 0 号房间开始找，找到第 i 号房间后，再从第 i 号房间的第 0 号床位开始找，然后找到第 j 号床位。

2）通过二维数组的行指针来访问二维数组

根据前面对二维数组的行地址和列地址的分析可知，二维数组中应有两种指针的概念。一种是行指针，它使用二维数组的行地址进行初始化；另一种是列指针，它使用二维数组的

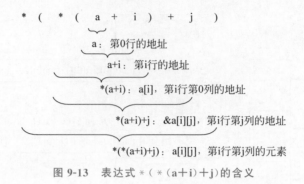

图 9-13 表达式 *（*（a+i）+j）的含义

列地址进行初始化。

在 C 语言中，行指针是一种特殊的指针变量。它专门用于指向一维数组，定义一个行指针变量的一般格式为：

数据类型符（*行指针变量名）[常量表达式]；

说明：
- 行指针变量名和 * 号一定要用小括号括起来。
- 常量表达式规定了行指针所指一维数组的长度，也就是二维数组的第二维的大小，它是不可省略的。
- 数据类型符则代表行指针所指一维数组的元素类型。

对于如图 9-11 所示的二维数组 a，因其每行有 4 个元素，所以可以定义如下的行指针。

int（*p）[4]； //不可写成 int * p[3]；更不可写成 int(*p)[2]；

它定义了一个可指向含有 4 个整型元素的一维数组的指针 p。其初始化方法如下。

p=a；

或

p=&a[0]；

通过行指针 p 引用二维数组 a 的元素 a[i][j]的方法有以下四种形式：

p[i][j]
*（p[i]+j）
（（p+i）+j）
（*（p+i））[j]

⚠ **注意**：在定义和使用二维数组的行指针时，必须指定其所指一维数组的长度（即二维数组的列数），且不能用变量指定列数。对该行指针增 1 或减 1 操作时，指针是沿着二维数组逻辑行的方向移动，每次操作移动的字节数为：二维数组的列数×数组的基类型所占的字节数。

由于列指针所指向的数据类型为二维数组的元素类型，因此列指针的定义方法和指向同类型简单变量的指针的定义方法是一样的(见例9-3中的指针变量p)。例如,对上面的例子,可定义列指针如下。

　　int * p;

其初始化方法为:

　　p=a[0];

或

　　p= * a;

或

　　p=&a[0][0];

定义列指针p后,为了能够通过p引用二维数组a的元素a[i][j],可将数组a看成一个由(m行×n列)个元素组成的一维数组,然后就可以像访问一维数组那样来访问二维数组(见例9-3)。但要注意,如果p是列指针,那么p[i][j]的写法是错误的,也不能表示a[i][j]。

【例9-4】 利用二维数组的行指针对二维数组的引用。

```
1    #include<stdio.h>
2
3    int main()
4    {
5        short int a[2][3]={{1, 2, 3}, {4, 5, 6}};
6        short int (*p)[3];
7        short int i, j;
8
9        p=a;                              // p指向二维数组a的第0行行地址
10       for(i=0; i<2; i++)                //变量i控制行数
11       {
12           for(j=0; j<3;j++)             //变量j控制列数
13               printf("a[%d][%d]=%d  ", i, j, p[i][j]);   //显示每个数组元素的值
14           printf("\n");                 //数组的每一行元素输出后换行
15       }
16       p++;                              // p指向二维数组a的第1行行地址
17       for(j=0; j<3; j++)
18           printf("%d  ", p[0][j]);      //显示数组中第1行的元素值
19       return 0;
20   }
```

运行结果:

```
a[0][0]=1   a[0][1]=2   a[0][2]=3
a[1][0]=4   a[1][1]=5   a[1][2]=6
4    5    6
```

程序解释:
- 当将二维数组名 a 赋值给行指针变量 p 后,p 其实是指向二维数组 a 的第 0 行所对应的一维数组 a[0],即 p 的值为 a[0](即 *p 为 a[0]),而不是指向数组的第一个元素 a[0][0],如图 9-14 所示。

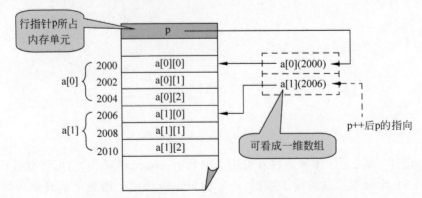

图 9-14 二维数组的行指针与二维数组元素的关系

- 第 13 行中的 p[i][j]也可写成:*(*p+i*3+j)或(*p+i*3)[j]。
- 第 16 行将 p 加 1,根据 p 的定义,p 所指向的每行(一维数组)有 3 个元素,因此 p 加 1 的结果是将 p 向后移动一行,即 p 指向第 1 行所对应的一维数组 a[1]。

⚠ 注意:
(1) 对二维数组的行指针变量 p 进行赋值的一般形式为:
- 二维数组名＋整型常数 n,例如:p＝a＋1;
- &.二维数组名[整型常量 n],例如:p＝&a[1];

(2) 不可用数组列地址对其赋值。例如:p＝a[0];或 p＝&a[0][0]都是错误的。

微课视频

9.4.3 元素为指针的数组——指针数组

当某个数组单元都是指针型数据时,这个数组被称为指针数组。其定义的一般格式为:

数据类型符　　　*变量名[常量表达式];

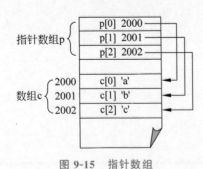

图 9-15 指针数组

例如,下面定义了一个指针数组,并且将这个指针数组的每个单元指向另一个数组的各个单元。如图 9-15 所示(假设 c[0]的地址为 2000)。

char c[3]＝{'a','b','c'};
char *p[3];

p[0]＝&c[0];
p[1]＝&c[1];
p[2]＝&c[2];

图 9-16 从格式的定义上来区分指针数组与指向二维数组行指针的结合顺序所表达的含义。

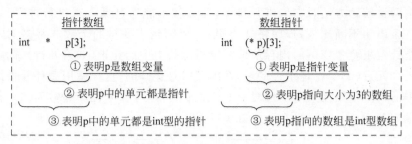

图 9-16 指针数组与数组指针定义的结合顺序

表 9-2 列出了指针数组和二维数组行指针的不同。

表 9-2 指针数组与二维数组行指针的区别

	指 针 数 组	二维数组行指针
变量定义	int　*p[20];	int　(*p)[20];
变量性质	p 是数组名,不是指针变量,不可对 p 赋值	p 是指针变量,不是数组名,可对 p 赋值

【例 9-5】 利用指针数组对键盘输入的 5 个整数进行从小到大排序。

```
1   #include <stdio.h>
2   int main( )
3   {
4     int i, j, t;
5     int a, b, c, d, e;
6     int *p[5]={&a, &b, &c, &d, &e};  //将a,b,c,d,e的内存地址分别赋给p[0],p[1],…,p[4]
7
8     scanf("%d,%d,%d,%d,%d", p[0], p[1], p[2], p[3], p[4]);  //对a,b,c,d,e赋值
9     for(i=0; i<4; i++)              //利用冒泡法排序
10      for(j=i+1; j<5; j++)
11        if(*p[i] > *p[j])           //交换p[i]、p[j]所指向的变量值
12        {
13          t=*p[i];
14          *p[i]=*p[j];
15          *p[j]=t;
16        }
17    for(i=0; i<5; i++)              //显示排序后的结果
18      printf("%d  ", *p[i]);
19    return 0;
20  }
```

运行结果(假设输入为:3,8,7,6,4↵):

```
3  4  6  7  8
```

程序解释：

- 由于整型变量 a、b、c、d、e 在内存中未必就是占用连续的存储单元，如果采用变量之间两两比较的方法对它们进行排序，那么就不能通过循环来进行排序，只能一条语句一条语句不断比较，程序将变得很长，特别是当变量的个数非常多的情况下。通过指针数组将各变量的内存地址赋给指针数组中的元素（如第 6 行），而指针数组中的每个元素（其实就是指针变量）在内存中是连续的，这样使用循环并借助于指针数组中的每个指针元素来实现对 a、b、c、d、e 的排序，整个程序非常简洁。指针数组与变量 a、b、c、d、e 之间的关系如图 9-17 所示。

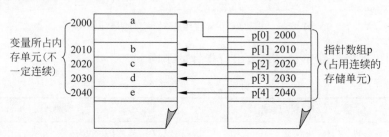

图 9-17 指针数组与变量 a、b、c、d、e 之间的关系

- 第 8 行将键盘输入的整数分别存放在 p[0]、p[1]、p[2]、p[3]、p[4] 所指向的内存单元中，因为 p[0]、p[1]、p[2]、p[3]、p[4] 所指向的内存单元分别是变量 a、b、c、d、e 的内存单元，所以键盘输入的值其实就分别存放在变量 a、b、c、d、e 所对应的各自的内存单元中。

- 第 9~16 行是采用冒泡排序法对 a、b、c、d、e 的值进行排序，其结果是最小的数放在变量 a 中，最大的数放在变量 e 中，数组指针中每个指针元素所指向的变量内存单元并未发生变化，即 p[0]、p[1]、p[2]、p[3]、p[4] 还是分别指向变量 a、b、c、d、e 的内存单元。

- 第 17~18 行是显示排序后 p[0]、p[1]、p[2]、p[3]、p[4] 所指向的内存单元的内容，即变量 a、b、c、d、e 的值。

> 【思考题 9-3】 假设定义了一指针变量：int * q；现将例 9-5 中的第 13~15 行换成：q=p[i]；p[i]= p[j]； p[j]=q；是否可行？结果是否相同？试比较两种方法对变量和指针数组有何变化？

微课视频

9.5 指针与字符串

字符串的本质其实就是以 '\0'（即数字 0）结尾的字符型数组。字符串在内存中的起始地址（即第一个字符的地址）称为**字符串的指针**，可以定义一个字符指针变量指向一个字符串。

第9章 指针

1. 字符串的表示

在 C 语言中,既可以用字符数组表示字符串,也可以用字符指针变量来表示字符串。例如,用字符数组 str 表示字符串"I Love China!"可以这样来定义：

char str[ ]="I Love China! ";

但对于用字符指针变量来表示字符串通常可使用下列两种形式,其结果是将字符串的首地址赋值给字符指针变量。

1）边定义边赋值

定义字符指针变量时对其赋初始值,其一般格式为：

```
char    *字符指针变量名＝字符串常量;
```

例如：

char ＊pstr＝"I Love China! ";

2）先定义后赋值

```
char    *字符指针变量名;
字符指针变量名＝字符串常量;
```

例如：

char ＊pstr;
pstr＝"I Love China!";   //将该字符串的首地址赋给 pstr

字符指针变量与字符串常量之间的关系如图 9-18 所示。

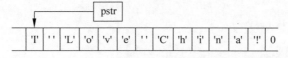

图 9-18　字符指针变量与字符串常量之间的关系

2. 字符串的引用

当利用字符指针变量来表示字符串时,对字符串的引用既可以逐个字符引用,也可以整体引用。

1）逐个字符引用

【例 9-6】 使用字符指针变量逐个引用字符串中的字符。

```
1    #include <stdio.h>
2
3    int main( )
4    {
```

```
5      char *pstr="I Love China!";
6
7      for(; *pstr!='\0'; pstr++)
8        printf("%c", *pstr);
9      return 0;
10   }
```

运行结果：

I Love China!

程序解释：

第 5 行语句定义并初始化字符指针变量 pstr：用字符串常量"I Love China!"的地址（由系统自动开辟、存储串常量的内存块的首地址）给 pstr 赋初值。该语句也可分成如下所示的两条语句。

char *pstr;
pstr="I Love China!";

⚠ 注意：字符指针变量 pstr 中，仅存储字符串常量的首地址，而字符串常量的内容（即字符串本身），是存储在由系统自动开辟的内存块中，并在串尾添加一个结束标志'\0'。

2）整体引用

【例 9-7】 使用字符指针变量整体引用字符串。

```
1    #include <stdio.h>
2
3    int main()
4    {
5      char *pstr="I Love China!";
6
7      printf("%s", pstr);
8      return 0;
9    }
```

运行结果：

I Love China!

程序解释：

第 7 行语句通过指向字符串的指针变量 pstr 整体引用它所指向的字符串的原理：系统首先输出 pstr 指向的第一个字符，然后使 pstr 自动加 1，使之指向下一个字符；重复上述过程，直至遇到字符串结束标志。

> ⚠ **注意**：其他类型的数组，是不能用数组名来一次性输出它的全部元素的，只能逐个元素输出。例如：
>
> ```
> int array[10]={...};
> ...
> printf("%d\n", array);      //这种用法是非法的
> ```

3. 字符指针变量与字符数组的比较

虽然用字符指针变量和字符数组都能实现字符串的存储和处理，但二者是有区别的，不能混为一谈。

1) 存储内容不同

字符指针变量中存储的是字符串的首地址，而字符数组中存储的是字符串本身（数组的每个元素存放一个字符）。

2) 赋值方式不同

对字符指针变量，可采用下面的赋值语句赋值。

```
char  * pointer;
pointer="This is a example.";
```

而字符数组，虽然可以在定义时初始化，但不能用赋值语句整体赋值。下面的用法是非法的。

```
char carray[20];
carray="This is a example.";    //非法用法,carray 是地址常量,不可赋值
```

3) 地址常量与地址变量的不同

指针变量的值是可以改变的，字符指针变量也不例外；而数组名代表数组的起始地址，是一个地址常量，而常量是不能被改变的。

4. 字符指针变量使用注意事项

当字符指针指向字符串时，除了可以被赋值之外，与包含字符串的字符数组没有什么区别。实际上，在数组一章中学习的字符串库函数的参数大多都是字符指针而不是字符数组。可以利用指向字符串的指针完成对字符串的操作。例如：

```
char str[10], * pstr;
pstr="12345";                //pstr 指向"12345"
strcpy(str, pstr);           //将 pstr 所指向的字符串复制到数组 str 中
pstr=str;
printf("The Length of str is: %d\n", strlen(pstr));   //输出 pstr 所指向的字符串的长度 5
```

由于字符指针变量本身不是字符数组，如果它不指向一个字符数组或其他有效内存，那么就不能将字符串复制给该指针。如果一个指针没有指向一个有效内存就被引用，则被称为**"野指针"操作或空指针赋值**。野指针操作尽管编译时不会出错，但很容易引起程序运行时表现异常，甚至导致系统崩溃。例如：

```
char * pstr;
char str[8];
scanf("%s", pstr);              //野指针操作,pstr没有指向有效内存
strcpy(pstr, "hello");          //野指针操作
pstr=str;                       //pstr指向数组str所对应内存单元的首地址
strcpy(pstr, "0123456789");    //不是野指针,但会造成数组越界
```

为什么"野指针"操作会给程序运行带来极大的不确定性,甚至造成系统崩溃呢?下面通过一个例子来对它进行分析以后,读者就会明白了。

假设定义了一个字符指针变量:char * pstr;系统会给指针变量pstr分配一定的内存单元(注意:这个内存单元是指针变量pstr本身所占的内存单元,用于存放它所指向的有效内存单元的地址),但是对于pstr所占用的内存单元来说肯定是有一个地址值,这个地址值是系统随机给定的,就像定义一个内存变量系统也会给该内存变量给出一个初始值一样。但是pstr中的这个地址值如果是用户正常使用的内存单元的地址,也许不会发生什么意外,甚至运行也很正常,但是如果该地址值是系统程序所占内存单元的地址,情况就不同了,如果这个时候再对pstr所对应的内存单元赋值,就意味着破坏了系统程序内存单元,这时候系统就可能出现难以预料的错误,甚至死机。图9-19给出了"野指针"操作的示意图。

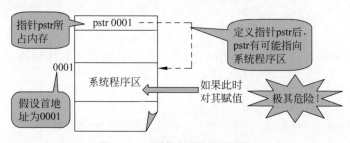

图9-19 "野指针"操作示意图

⚠ **注意**:指针变量只有与内存建立联系以后才可使用,否则将造成程序运行异常,甚至导致系统死机!

5. 字符指针变量的应用举例

【例9-8】 利用字符指针实现字符串的倒序排列。

```
1   #include <stdio.h>
2   #include <string.h>
3
4   int main( )
5   {
6     char str[200],ch;
7     char * p, * q;
8
9     gets(str);              //读取一个字符串
10    p=str;                  //p指向字符串的首地址
11    q=p+strlen(p)-1;        //q指向字符串的末地址
12    while(p < q)
```

```
13      {                    //交换 p 和 q 各自指向的字符
14          ch= * p;         //将 p 所指向的字符保存在 ch 中
15          * p++ = * q;     //先将 q 指向的字符赋给 p 指向的字符单元,p 再增 1
16          * q-- = ch;      //先将 ch 的值赋给 q 指向的字符单元,q 再减 1
17      }
18      printf("%s\n", str);
19      return 0;
20  }
```

运行结果(假设输入为：I Love China! ✓)：

!anihC evoL I

程序解释：
- 字符数组 str 用来存放输入的字符串。
- 程序一开始调用 gets 获取一个字符串(第 9 行)，并存放在 str 中，然后将 p 指向 str 的首字符，q 指向字符串的最后一个字符('\0'前的一个字符)。接下来进入 while 循环，如果 p 所指向的字符地址小于 q 所指向的字符地址，则执行循环体。在循环中，将 p 所指向的字符与 q 所指向的字符交换，然后 p 增 1，p 指向其后的字符地址，q 减 1，q 指向其前的字符地址。其示意图如图 9-20 所示。

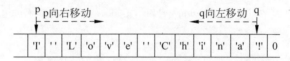

图 9-20　利用字符指针将字符串倒序排列

由于字符型指针可以指向字符串，因此字符指针数组也可以看作字符串数组，但是指向字符串的指针数组与存放字符串的二维字符数组有本质的区别。例如：

```
char str[3][10] = {"Wuhan", "Beijing", "Shanghai"};
char * pstr[3];
pstr[0] = str[0];
pstr[1] = str[1];
pstr[2] = str[2];
```

pstr 与 str 的内存映射如图 9-21 所示。字符指针数组 pstr 中的各个单元都是指针数据，分别指向二维字符数组的第 0 行、第 1 行和第 2 行，即三个字符串，但并没有存放字符串，而字符串实际存放在二维字符数组 str 中。

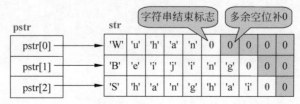

图 9-21　字符指针数组 pstr 与二维字符数组 str 内存映射

如果在定义字符指针数组时直接用字符串对其赋初始值,则可以这样来定义:

char * pstr[3]={"Wuhan", "Beijing", "Shanghai"};

pstr 与字符串之间的内存映射如图 9-22 所示。

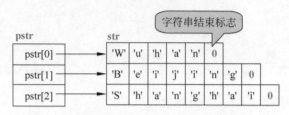

图 9-22　字符指针数组 pstr 与字符串之间的内存映射

利用字符指针数组的好处在于对字符串排序时,不需要移动字符串,只需要移动字符指针即可。

【例 9-9】　利用字符指针数组对一组城市名进行升序排列。

```
1    #include <stdio.h>
2    #include <string.h>
3
4    int main()
5    {
6      int i, j, k;
7      char * pcity[]={"Wuhan", "Beijing", "Shanghai", "Tianjin", "Guangzhou", ""};
8      char * ptemp;
9
10     for(i=0; strcmp(pcity[i], "") !=0; i++)      //采用选择排序
11     {
12       k=i;      //k 为指向当前最小字符串的字符指针数组元素的下标,初始假设为 i
13       for(j=i+1; strcmp(pcity[j], "") !=0; j++)  //找比 pcity[k]小的字符串的下标放入 k 中
14         if(strcmp(pcity[k], pcity[j]) > 0)
15           k=j;
16       if(k !=i)      //将最小字符串的地址 pcity[k]与 pcity[i]交换
17       {
18         ptemp=pcity[i];
19         pcity[i]=pcity[k];
20         pcity[k]=ptemp;
21       }
22     }
23
24     for(i=0; strcmp(pcity[i], "") !=0; i++)      //显示排序后的结果
25       printf("%s   ", pcity[i]);
26     printf("\n");
27     return 0;
28   }
```

运行结果:

Beijing Guangzhou Shanghai Tianjin Wuhan

程序解释:
- 第 7 行定义了一个字符指针数组 pcity,并以几个城市名的字符串对其赋初始值,则 pcity 中的元素(即字符指针)分别指向各自的字符串。注意:城市名字符串以空串""为结束标志。
- 排序算法是选择排序。排序时并不移动字符串本身,而是只交换 pcity 中相应单元的指针即可(第 10~22 行)。
- 因为不知道字符指针数组中到底有多少个元素(即字符指针的个数),所以在排序过程中循环的结束标志只能以空串""的比较来进行。

9.6 指针与动态内存分配

微课视频

1. 静态内存分配

在编写一个 C 语言程序的过程中,如果要使用变量或数组必须先进行定义,然后才可使用。当程序中定义变量或数组以后,系统就会给变量或数组按照其数据类型及大小来分配相应的内存单元,这种内存分配方式称为**静态内存分配**。也就是说,这些内存在程序运行前就分配好了,不可改变。例如:

```
int k;         //系统将给变量 k 分配 4 字节的内存单元
char ch[10];   //系统将给这个数组 ch 分配 10 字节的内存块,首地址就是 ch 的值
```

静态内存分配一般是在已知道数据量大小的情况下使用。例如,要对 10 个学生的成绩按降序输出,则可定义一个数组: int score[10]; 用于存放 10 个学生的成绩,然后再进行排序。

2. 动态内存分配

假设事先并不知道学生的具体人数,编写程序时,人数由用户输入,然后再输入学生的成绩。那又如何处理呢,能否像如下方式定义?

```
int n;
int score[n];
scanf("%d", &n);
```

这显然是错误的,因为数组定义时数组大小不能为变量,只能是整型常量(或符号常量)。也许可以这样来定义一个数组,将其定义得足够大。例如:

```
#define  N   1000
int score[N];
```

但这里又会存在一些问题,一是输入的学生数超过了 1000 怎么办?因为不知道到底输入的学生人数是多少;二是输入的学生数很小,假设是 10,那么系统分配的 1000 个整型单元只使用了 10 个,这就造成了内存单元的极大浪费。这就好像是吃饭分馒头,每人 5 个馒头,饭量大的不够吃,饭量小的造成浪费。那么有没有一种方法使得在程序运行时来决定数组的大小呢?C 语言提供了动态内存分配的方法来解决这个问题。

所谓动态内存分配是指在程序运行过程中,根据程序的实际需要来分配一块大小合适的连续的内存单元。程序可以动态分配一个数组,也可以动态分配其他类型的数据单元。动态分配的内存需要有一个指针变量记录内存的起始地址。下面介绍 ANSI C 中常用的几个动态内存分配函数。

1) 函数 malloc( )

函数 malloc( )用于分配若干字节的内存空间,返回一个指向该存储区地址的指针;若系统不能提供足够的内存单元,函数将返回空指针(NULL)。其函数原型为:

```
void * malloc(unsigned int size);
```

其中需要说明如下两点:

(1) size 这个参数的含义是分配的内存的大小(以字节为单位)。

(2) 用 malloc 分配内存不一定成功,如果分配内存失败,则返回值是 NULL(空指针)。如果成功,返回值则是一个指向空类型(void)的指针(即所分配内存块的首地址),说明返回的指针所指向的内存块可以是任何类型。

如前面根据学生人数来建立数组的问题可以通过调用函数 malloc( )进行动态内存分配来解决,其方法如下。

```
int n, * pscore;
scanf("%d", &n);
pscore=(int *) malloc(n * sizeof(int));   //分配 n 个连续的整型单元,首地址赋给 pscore
if(pscore==NULL)                           //分配内存失败,则给出错误信息后退出
{
  printf("Insufficient memory available! ");
  exit(0);
}
...                                         //可对 pscore 所指向的单元进行其他处理
```

如果动态内存分配成功,指针变量将指向所分配的内存块的首地址,其示意图如图 9-23 所示。

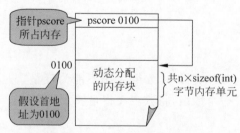

图 9-23 动态内存分配示意图

关于 malloc 的使用需强调以下几点:

(1) malloc 前面必须要加上一个指针类型转换符,如上面的(int *)。因为 malloc 的返回值是空类型的指针,一般应与左边的指针变量类型一致。

(2) malloc 所带的一个参数是指需分配的内存单元字节数,尽管可以直接用数字来表示,但一般写成如下形式:**分配数量×sizeof(内存单元类型符)**。

如上面的 n×sizeof(int)表示分配 n 个整型单元。如果把上面的动态分配内存的语句改成如下形式:

pscore=(int *) malloc(2 * n);

那么该语句在 16 位编译环境下(如 TC 2.0 或 BC 3.1)是没有任何问题的,与上面的动态分配语句是等价的,因为每个整型单元占 2 字节,总共需分配 2n 字节。但在 VC 6.0、VC 2010 和 CB 17.12 下则分配的内存单元就会少一半,因为每个 int 内存单元占 4 字节,因此总共需分配的内存单元数应为 4n 字节。为了能让编写的 C 语言程序在不同的环境下正确运行,所以写成 n×sizeof(int)更具有通用性。

(3) malloc 可能返回 NULL,表示分配内存失败,因此一定要检查分配的内存指针是否为空,如果是空指针,则不能引用这个指针,否则会造成系统崩溃。所以在动态内存分配的语句的后面一般紧跟一条 if 语句以判断分配是否成功。

2) 函数 calloc( )

函数 calloc( )用于给若干个同一类型的数据项分配连续的存储空间,其中每个数据项的长度单位为字节。通过调用函数 calloc( )所分配的存储单元,系统将其自动置初值 0。其函数原型为:

void * calloc(unsigned int num, unsigned int size);

其中需要说明如下两点:

(1) num 表示向系统申请的内存空间的数量,size 表示申请的每个内存空间的字节数。

(2) 同样用 calloc 分配内存不一定成功,如果分配内存失败,将返回空指针(NULL);如果成功,将返回一个 void 类型的连续存储空间的首地址。

如前面根据学生人数来建立数组的问题同样可以通过调用函数 calloc( )进行动态内存分配来解决,其方法如下:

```
int n, * pscore;
scanf("%d", &n);
pscore=(int *) calloc(n, sizeof(int));    //分配 n 个连续的整型单元,首地址赋给 pscore
if(pscore==NULL)                           //分配内存失败,则给出错误信息后退出
{
    printf("Insufficient memory available! ");
    exit(0);
}
...                                        //可对 pscore 所指向的单元进行其他处理
```

表示系统申请 n 个连续的 int 类型的存储单元,并用指针 pscore 指向该连续存储单元的首地址,系统申请的总的存储单元字节数为 n×sizeof(int)。

显然,用函数 calloc( )申请的存储单元相当于一个一维数组,函数 calloc( )的第一个参数决定了一维数组的大小,第二个参数决定了数组元素的类型,函数的返回值就是数组的首地址。

3) 函数 realloc( )

函数 realloc( )用于改变原来分配的存储空间的大小,其函数原型为:

```
void * realloc(void * p, unsigned int size);
```

该函数的功能是将指针 p 所指向的存储空间的大小改为 size 字节,如果分配内存失败,将返回空指针(NULL);如果成功,将返回新分配的存储空间的首地址,该首地址与原来分配的首地址不一定相同。

函数 realloc( )的主要应用场合是:当先前通过动态内存分配的存储空间因实际情况需要进行扩充或缩小时,就可以使用函数 realloc( )来解决,其好处是原存储空间中的数据值能保持不变。例如,有下列程序段:

```
char i, * p;
p=(char *) malloc(4 * sizeof(char));
for(i=0; i<4; i++)
    *(p+i)=i+1;
```

则执行 p=(char *) realloc(p, 6 * sizeof(char));后的结果示意图如图 9-24 所示。

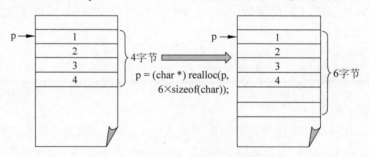

图 9-24　函数 realloc( )执行效果示意图

3. 动态内存释放

在 C 语言程序中,函数内部定义的非静态存储类型的局部变量在函数运行结束时,系统自动会将这些变量所占用的内存释放,但是在函数内部动态分配的内存,系统是不会自动释放的,必须使用释放内存的函数 free 来释放。如果程序只知道申请内存,用完了却不返还,很容易将内存耗尽,使程序最终无法运行。要知道计算机中最宝贵的资源就是内存。因此需要动态分配内存的程序一定要坚持"好借好还,再借不难"的原则,在动态内存使用完后,实时释放内存。

释放动态内存的函数 free 其原型为:

```
void free(void * block);
```

其中，block 是分配的动态内存的首地址，一般为指向该内存块首地址的指针变量。例如，前面由 pscore 指向的动态分配的内存单元处理完后，可由下面的语句来释放该内存块。

  free(pscore);

> ⚠ 注意：调用 malloc、calloc、realloc 和 free 函数的源程序中要包含 stdlib.h 或 malloc.h。malloc、calloc、realloc 与 free 一般成对出现！

【例 9-10】 编写程序先输入学生人数，然后输入学生成绩，最后输出学生的平均成绩、最高成绩和最低成绩。

解题思路：问题的关键是如何建立学生成绩数组，因为学生人数是通过键盘输入的，所以学生成绩数组应根据学生人数通过动态内存分配来生成，即根据学生人数来建立动态数组。

具体程序如下：

微课视频

```
1   #include <stdio.h>
2   #include <stdlib.h>
3   #include <malloc.h>
4
5   int main( )
6   {
7       int num, i;
8       int maxscore, minscore, sumscore;
9       int * pscore;
10      float averscore;
11
12      printf("input the number of student: ");    //输入学生人数
13      scanf("%d", &num);
14      if(num <= 0 )
15          return -1;
16
17      pscore = (int * ) malloc(num * sizeof(int));   //为存放学生成绩动态分配内存
18      if( pscore == NULL )
19      {
20          printf( "Insufficient memory available\n" );
21          exit(0);
22      }
23
24      printf("input the scores of students now: \n"); //输入学生成绩
25      for(i=0; i<num; i++)
26          scanf("%d", pscore+ i);
27
28      maxscore = pscore[0];                       //求最高分、最低分、总分
29      minscore = pscore[0];
30      sumscore = pscore[0];
31      for(i=1; i<num; i++)
32      {
33          if(pscore[i] > maxscore)
34              maxscore = pscore[i];
```

```
35          if(pscore[i] < minscore)
36              minscore=pscore[i];
37          sumscore=sumscore+pscore[i];
38      }
39
40      averscore=(float)sumscore / num;    //计算平均分
41
42      printf("-----------------\n");
43      printf("the average score of the students is %.1f\n", averscore); //保留1位小数
44      printf("the highest score of the students is %d\n", maxscore);
45      printf("the lowest score of the students is %d\n", minscore);
46
47      free(pscore);   //释放动态分配的内存
48      return 0;
49  }
```

运行结果(假设4名学生的成绩分别是45、76、88、94)：

```
input the number of student:4↙
input the scores of students now:
45   76   88   94↙
-----------------
the average score of the students is 75.8
the highest score of the students is 94
the lowest score of the students is 45
```

程序解释：

- 指针 pscore 将指向动态分配的一片连续的 int 型内存单元，这些内存单元用来存放学生的成绩。num 用来存放学生的数量，它决定了分配内存的大小。maxscore、minscore、sumscore 及 averscore 分别用于存放最高分、最低分、总分和平均分。
- 程序开始调用 scanf 函数获取学生人数并存入 num 中(第13行)，如果人数输入小于或等于 0，则返回。然后调用 malloc 函数分配内存，其内存大小为 num×sizeof(int) 字节。如果返回 NULL，则分配失败，并给出错误信息后返回(第18~22行)。如果分配成功，则利用 for 循环获取学生的成绩数据并存放在已分配的内存单元中(第25、26行)。
- 接下来就是利用 for 循环求得学生成绩的最高分、最低分、总分及平均分(第28~40行)，第42~45行输出平均分、最高分和最低分。
- 最后调用 free 释放 pscore 所指向的内存。

微课视频

在前面已经讨论了指针变量的定义及其应用，指针变量中主要存放目标变量的地址，这种指针称为一级指针。如果指针变量中存放的不是变量的地址，而是存放一级指针变量的

地址,则这种指针称为二级指针。一般来说,对于一个 n(n>1)级指针变量,其内容是存放一个 n-1 级指针变量的地址。下面以二级指针为例来介绍其定义和应用。

1. 二级指针的定义与引用

二级指针变量的定义格式为:

[存储类型]　　数据类型符　　**变量名;

定义格式说明如下:
- 存储类型是指二级指针变量本身的存储类型。
- 数据类型符可以是任何一种有效的数据类型标识符,是指针变量所指向的最终目标变量的数据类型。
- *号的个数表示指针的级数,**号表明后面的变量是二级指针变量。
- 变量名必须是合法的标识符。

例如:

```
int    a=3;
int   *p1;
int   **p2;

p1=&a;
p2=&p1;
**p2=5;
```

其最终变量 a 的值将变为 5,其内存映射方式如图 9-25 所示。对变量 a 的值的引用可采用三种方式。

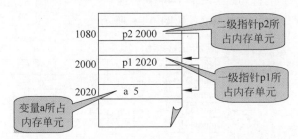

图 9-25　二级指针与一级指针、内存变量间的关系

方式一:直接引用,如 a。
方式二:通过一级指针引用,如 *p1。
方式三:通过二级指针引用,如 **p2。

⚠注意:对二级指针不能用变量的地址直接对其赋值。例如,int a,**p;p=&a;是错误的。

2. 二级指针的应用

【例 9-11】 利用二级指针来处理字符串。

```
1   #include <stdio.h>
2   #define   NULL   0
3
4   int main()
5   {
6       char **p;
7       char *name[]={"hello", "good", "world", "bye", ""};
8
9       p=name+1;
10      printf("%X: %s  ", *p, *p);
11      p+=2;
12      while(**p != NULL)
13          printf("%s\n", *p++);
14      return 0;
15  }
```

运行结果:

42003C: good bye

程序解释:

- 程序中首先定义了一个二级指针 p 和一个字符串指针数组 name, 在 name 中每个元素分别指向一个字符串(共 5 个字符串), 最后一个字符串是空串, 作为判断指针数组中指针元素个数的结束标志, 如图 9-26 所示。

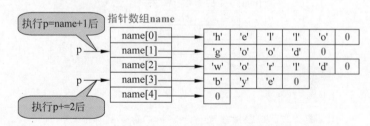

图 9-26 二级指针与指针数组之间的关系

- 第 9 行执行后, 二级指针 p 将指向指针 name[1], 即字符串"good"的地址。
- 第 10 行中的第一个 *p 是输出 p 所指向的指针的地址(以十六进制形式%X 输出), 即字符串"good"的首地址。第二个 *p 是输出 p 的内容(即 name[1])所指向的字符串(即"good")。
- 第 11 行执行后, 二级指针 p 将指向指针 name[3], 即字符串"bye"的地址。
- 第 12、13 行则输出字符串"bye", while 循环第一次执行后, p 因加 1 就指向了空串, **p 的值就是 0(空串中只有'\0'字符), 循环就结束了。

> ⚠ **注意**：二级指针与指针数组的关系。例如，int ＊＊p；与 int ＊q[10]；之间的关系。
> - 指针数组名是二级指针常量。
> - p＝q；p＋i 是 q[i]的地址。
> - 指针数组作形参时，int ＊q[]与 int ＊＊q 完全等价；但作为变量定义两者不同。
> - 系统只给 p 分配能保存一个指针值的内存区；而给 q 分配 10 块内存区，每块可保存一个指针值。

9.8 指针作为函数参数

微课视频

C 语言程序中，函数间的调用是以传送参数的方式进行信息交换的。通过第 8 章的学习，读者已经知道参数的几种传递方式；若传递的是值，则被调用函数的执行不会影响调用函数的实参；但如果传递的是地址，那么在被调函数中就可以对该地址所对应的内存单元进行引用，既可以读取该内存单元的值，也可以对该内存单元的值进行更改，因为被调函数此时操作的内存单元就是调用函数所定义的变量的内存单元，所以在被调函数执行完后是不会释放该地址所对应的内存单元的。这样一来就可以通过参数传址调用方式将被调函数修改的值带回给调用函数。要实现函数的传址调用，在定义函数形参时就必须使用指针型参数。

下面的程序是想通过调用一个函数来改变调用函数中变量的值，方法一是无效的，而方法二是有效的。

方法一（传值调用）	方法二（传址调用）

void func(int a)
{
  a＝5；
}
 	
int main( )
{
  int b＝0；
  func(b)；
  printf("b＝%d\n", b)；
  return 0；
}
	void func(int ＊p)
	{
	  ＊p＝5；
	}
	
	int main( )
	{
	  int b＝0；
	  func(&b)；
	  printf("b＝%d\n", b)；
	  return 0；
	}

运行结果： b＝0	运行结果： b＝5

为什么方法一调用函数 func 后并没有改变 main 中的变量 b 的值呢？这是因为 main 在调用函数 func 时，只把 b 所对应的内存单元的值（即 0）传送给了形参 a，而 a 和 b 是分别对应不同的内存单元的，在执行函数 func 的过程中，只把 a 所对应的内存单元的值更改为 5，并没有更改变量 b 所对应的内存单元的值，函数执行完后，a 所对应的内存单元就自动释

放掉了，所以 b 的值仍然是 0，没有任何改变，其示意图如图 9-27 所示。

那么为什么方法二调用函数 func 后能改变 main 中变量 b 的值呢？这是因为 main 在调用函数 func 时，是把变量 b 的地址(&b)传送给指针型参数 p，这样一来，指针 p 就指向了变量 b 所对应的内存单元，再对 p 所指向的内存单元赋值为 5，也就是对变量 b 所对应的内存单元赋值，所以 b 的值就发生了改变(即变为 5)，其示意图如图 9-28 所示。

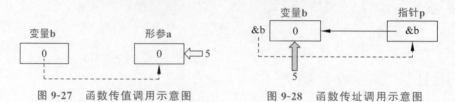

图 9-27　函数传值调用示意图　　　　图 9-28　函数传址调用示意图

从上面的程序可以知道，指针型参数是实现调用函数和被调函数之间双向数据传送的方法之一。在定义函数时，形参名前面有一个 * 号，就表明形参是指针型参数，如果有两个 * 号，就表明形参是指针的指针，即二级指针。

下面再来看一个例子，其意图就是实现两个变量之间的交换，swap1 函数不能实现交换，而函数 swap2 能实现交换。

```
void swap1(int a, int b)
{
    int t;
    t=a;
    a=b;
    b=t;
}
void swap2(int * a, int * b)
{
    int t;
    t= * a;
    * a= * b;
    * b=t;
}
int main( )
{
    int a=2, b=4;

    swap1(a, b);                    //执行后 a 的值仍是 2,b 的值仍是 4
    printf("a=%d, b=%d", a, b);     //输出 a=2, b=4
    swap2(&a, &b);                  //执行后 a 的值是 4,b 的值是 2
    printf("a=%d, b=%d", a, b);     //输出 a=4, b=2
    return 0;
}
```

⚠ **注意**：被调函数不能改变实参指针变量的值，但可以改变实参指针变量所指向的变量的值。

第9章 指针

【例9-12】 编写一函数alltrim用于去掉字符串的前导空格和后续空格。

设计思路：设置两个字符指针pstart、pend，让pstart指针指向字符串左边第一个非空格字符，pend指针指向右边第一个非空格字符，然后再将pstart到pend所指向的字符复制到一字符数组中即可。

微课视频

具体程序如下：

```
1   #include <stdio.h>
2   #include <string.h>
3
4   void alltrim(char *psstr, char *pdstr);
5
6   int main()
7   {
8       char *pstr, str[20];
9       pstr = "   Good Bye!   ";
10
11      printf("before alltrim: %s\n", pstr);
12      alltrim(pstr, str);
13      printf("after  alltrim: %s\n", str);
14      return 0;
15  }
16
17  void alltrim(char *psstr, char *pdstr)
18  {
19      char *pstart, *pend;
20
21      //将pstart指向左边第一个非空格字符的位置
22      pstart = psstr;
23      while(*pstart == ' ')
24          pstart++;
25
26      //将pend指向右边第一个非空格字符的位置
27      pend = pstart + strlen(pstart) - 1;
28      while(pend > pstart && *pend == ' ')
29          pend--;
30
31      //将pstart所指向的字符至pend所指向的字符复制到pdstr中
32      while(pstart <= pend)
33          *pdstr++ = *pstart++;
34      *pdstr = '\0';        //加字符串结束标志0
35  }
```

运行结果：

```
before alltrim:    Good Bye!   
after alltrim:Good Bye!
```

程序解释：
- 在函数 alltrim 中，形参 psstr 是一字符串指针，用于接收待处理的字符串的首地址，形参 pdstr 也是一字符串指针，处理后的字符串将放在 pdstr 所指向的内存单元中。
- 函数 alltrim 开始定义了两个字符串指针变量 pstart 和 pend；pstart 用于指向待处理的字符中左边第一个非空格字符（第 22～24 行），pend 用于指向待处理的字符中右边第一个非空格字符（第 27～29 行）。
- 最后将 pstart 所指向的字符至 pend 所指向的字符复制到 pdstr 中（第 32～34 行），同时在末尾加上 '\0'。其示意图如图 9-29 所示。

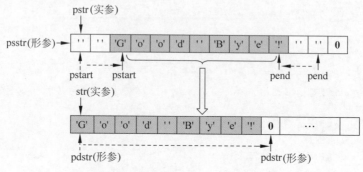

图 9-29　函数 alltrim 对字符串处理示意图

微课视频

【例 9-13】　求某矩阵中各行元素之和的最大值。

设计思路：存储一个矩阵很容易想到定义一个二维数组就能解决。但问题的关键是矩阵的行、列数不确定，而是由用户通过键盘输入，因此不能够简单地定义一个二维数组来存储矩阵。而应当根据输入的行、列数利用动态内存分配来动态建立一个二维数组，我们知道二维数组可以理解为一维数组的一维数组，因此可以先根据行数动态生成一个指针数组，然后再根据列数为指针数组中的每个元素（指针）动态生成一个一维数组（即二维数组的一行），这样动态二维数组就生成了。假设输入一个 3×4 的矩阵，其内存映像如图 9-30 所示。

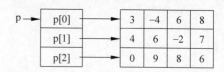

图 9-30　动态生成二维数组的内存映像

求矩阵中各行元素之和的最大值可以通过自定义函数 GetMaxRow 来完成，其思想是设定一变量 max 用于存储当前求得的行元素之和的最大值（初始值为数组的第 0 行元素之和），然后再逐一计算其他行元素之和，假设为 t，如果 t 大于 max，则将 t 赋值给 max，如此就可以求得各行元素之和的最大值 max。

具体程序如下：

```
1    #include <stdio.h>
2    #include <stdlib.h>
3    #include <malloc.h>
4
5    int GetSumRow(int *p, int num);
6    int GetMaxRow(int **p, int row, int col);
7
```

```c
8    int main( )
9    {
10     int row, col;
11     int i, j, ** p, maxrow;
12
13     printf("input row=");              //输入矩阵的行数
14     scanf("%d", &row);
15     printf("input col=");              //输入矩阵的列数
16     scanf("%d", &col);
17
18     //根据输入的矩阵的行数和列数来动态建立一个二维数组 p
19     p=(int **) malloc(row * sizeof(int *));
20     for(i=0; i < row; i++)
21       p[i]=(int *)malloc(col * sizeof(int));
22
23     //通过输入值对二维数组的元素赋值
24     printf("input the number:\n");
25     for(i=0; i < row; i++)
26       for(j=0; j < col; j++)
27         scanf("%d", p[i]+j);
28
29     //调用函数来计算矩阵中所有行元素之和的最大值
30     maxrow=GetMaxRow(p, row, col);
31     printf("-------------------\n");
32     printf("maxrow=%d\n", maxrow);
33
34     //释放动态分配的内存空间
35     for(i=0; i < row; i++)
36       free(p[i]);
37     free(p);
38     return 0;
39   }
40
41   //计算矩阵中所有行元素之和的最大值
42   int GetMaxRow(int ** p, int row, int col)
43   {
44     int i, max, t;
45
46     max=GetSumRow(p[0], col);
47     for(i=1; i < row; i++)
48     {
49       t=GetSumRow(p[i], col);
50       if(t > max)
51         max=t;
52     }
53     return(max);
54   }
55
56   //计算矩阵中某行元素之和
```

```
57    int GetSumRow(int *p, int num)
58    {
59        int i, sum=0;
60
61        for(i=0; i<num; i++)
62            sum+=p[i];
63        return(sum);
64    }
```

运行结果(假设输入如下):

input row=3✓
input col=4✓
input the number:
3 -4 6 8✓
4   6 -2 7✓
0   9 8 6✓

maxrow=23

程序解释:

- 第 19 行根据输入的行数 row 建立具有 row 个元素的指针数组 p(相当于二维数组)。
- 第 20、21 行则按照输入的列数 col 为指针数组 p 的每个元素(即指针)分配 col 个整型单元。
- 第 24～27 行是通过键盘输入对二维数组赋值。
- 第 30～32 行首先调用函数 GetMaxRow 求得行元素之和的最大值,然后输出结果。
- 第 35～37 行是释放分配的内存。注意:先释放指针数组中各单元指针所指向的内存,然后再释放指针数组所占的内存。
- 程序的主要求值部分是函数 GetMaxRow,它通过调用函数 GetSumRow 计算每一行的元素和,然后进行比较,最大值用变量 max 存放。

在前面已提到,为了避免程序员修改形参的值,可以将参数定义为常态形参。例如,下面的函数中,对形参赋值将引起编译错误。

```
void func(const int a)
{
    a=5;
}
```

对于指针型参数来说,常态有两种含义:一是指形参指针本身是常态,一是指形参指针所指向的内存单元是常态。这两种含义在定义时的格式是有差别的。例如,下面函数的参数指针所指向的内存单元是常态的,不能被赋值。

```
void func(const int *p)
{
```

```
   int a[10];
   *p=5;          //将引起编译错误
   p=a;           //正确
}
```

而下面的函数参数指针本身是常态的,不能被赋值。

```
void func(int * const p)
{
   int a[10];
   *p=5;          //正确
   p=a;           //将引起编译错误
}
```

如果程序想通过函数为指针变量分配内存,则形参必须是一个指针的指针(即二级指针)。例如,如果定义一个 getmem 函数,这个函数通过参数将分配的内存指针返回给调用者,那么,下面给出的方法一是错误的。

方法一(错误)	方法二(正确)

`void getmen(int * p, int num)`
`{`
`  p=(int *)malloc(num*sizeof(int));`
`  return;`
`}`
 	
`int main( )`
`{`
`  int *pint, k;`
`  getmen(pint, 10);`
`          //执行后,pint 的值不变`
`  for(k=0; k<10; k++)`
`    pint[k]=k;    //野指针操作`
`  ...`
`}`
	`void getmen(int ** p, int num)`
	`{`
	`  *p=(int *)malloc(num*sizeof(int));`
	`  return;`
	`}`
	
	`int main( )`
	`{`
	`  int *pint, k;`
	`  getmen(&pint, 10);`
	`          //执行后,pint 的值会变化`
	`  for(k=0; k<10; k++)`
	`    pint[k]=k;    //操作正确`
	`  ...`
	`}`

9.9 指针作为函数的返回值——指针函数

微课视频

一个函数可以返回一个 int 型、float 型、char 型的数据,也可以返回一个指针类型的数据。返回指针值的函数(简称指针函数)的定义格式如下:

```
函数类型  *函数名([形参1,形参2,…,形参n])
```

例如,对例 9-12 中的函数 alltrim 可写成指针函数的形式。

```c
char * alltrim(char * str)
{
    char * p, * pstart, * pend;
    int i, size;

    //将 pstart 指向左边第一个非空格字符的位置
    pstart=str;
    while( * pstart==' ')
        pstart++;

    //将 pend 指向右边第一个非空格字符的位置
    pend=pstart+ strlen(pstart)-1;
    while(pend > pstart && * pend==' ')
        pend--;

    //根据字符个数动态分配内存单元
    size= pend >=pstart ? pend-pstart+2 : 1;
    p=(char * ) malloc(size * sizeof(char));

    //将 pstart 所指向的字符至 pend 所指向的字符复制到 p 中
    for(i=0; pstart <=pend; i++)
        p[i] = * pstart++;
    p[i] = '\0';          //加字符串结束标志 0
    return(p);
}
```

> ⚠ **注意**：其他函数调用 alltrim 函数获取指针后，要在适当的时候，调用 free 函数释放这个指针所指向的内存块。

如果一个函数返回一个指针，请注意，不能返回 auto 型局部变量的地址，但可以返回 static 型变量的地址。例如，下面的程序中左边部分是错误的，而右边部分是正确的。

方法一（错误）	方法二（正确）
| ```c
int * getdata(int num)
{
    int a[100];
    int k;

    if(num > 100)   return(NULL);
    for(k=0; k < num; k++)
        scanf("%d", &a[k]);
    return(a);
}
``` | ```c
int * getdata(int num)
{
    static int a[100];
    int k;

    if(num > 100)   return(NULL);
    for(k=0; k < num; k++)
        scanf("%d", &a[k]);
    return(a);
}
``` |

因为 auto 型局部变量的生存期很短，当函数返回时，返回的指针所对应的内存单元将被释放掉，返回指针也就无效，成为野指针。但对于 static 型局部变量来说，因为其生存期等同于全局变量的生存期，故函数返回时，返回的指针所对应的内存单元不会被释放，返回指针则是有效的。

编写指针函数时最应当引起注意的一点就是其返回值（指针），总体原则是：**返回的指针所对应的内存空间不能因该指针函数的返回而被释放掉**。返回的指针通常有以下几种。

(1) 函数中动态分配的内存（通过 malloc 等实现）的首地址。

(2) 函数中的静态(static)变量或全局变量所对应的存储单元的首地址。

(3) 通过指针形参所获得的实参的有效地址。

9.10 指向函数的指针——函数指针

微课视频

1. 函数指针的概念

一个函数在编译时，被分配了一个入口地址，用函数名来表示，这个地址就称为该函数的指针。可以用一个指针变量指向一个函数，然后通过该指针变量调用此函数。

假设有一个函数 func，则其内存映射方式如图 9-31 所示。

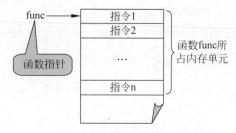

图 9-31 函数指针内存示意图

2. 函数指针变量

1) 定义格式

```
函数类型（*指针变量）（[形参类型1，形参类型2，…，形参类型n]）
```

其中应该说明如下几点：

- 函数类型为函数指针所指向的函数的返回值类型。
- 指针变量专门存放函数入口地址，可指向返回值类型相同的不同函数。
- "*指针变量"外的括号不能省略，否则成了返回指针值的函数（指针函数）。
- 形参类型是指函数指针所指向的函数的形参数据类型，如果函数有形参，则定义时带上形参类型，如果没有形参，则定义时可省略。

例如，int(*p)(int，int);定义了一个可指向带两个 int 型的形参，其返回值为 int 型的函数指针。如果写成 int *p(int，int);则表示是一个返回值为 int 型的指针函数。两者是完全不相同的，注意它们的区别。

2) 赋值

函数名代表该函数的入口地址。因此，可用函数名给指向函数的指针变量赋值。其赋值的一般格式为：

```
函数指针＝[&]函数名;
```

其中，函数名后不能带括号和参数，函数名前的"&"符号是可选的。

例如:

```
int max(int a, int b)
{
   return(a > b? a : b);
}

int( * p)(int, int);        //定义函数指针 p
p＝max;                     //将函数所对应的内存单元首地址(函数名 max)赋给函数指针 p
```

3) 调用格式

利用函数指针来调用函数的格式为:

> 函数指针变量([实参1,实参2,…,实参n]);
> 或
> (*函数指针变量)([实参1,实参2,…,实参n]);

例如,上面定义的函数指针 p 经赋值后,可以这样来调用函数 max:

p(2, 3);或(* p)(2, 3);   //等价于 max(2, 3)

3. 函数指针的应用

当存在多个函数,它们的功能不同,但参数列表和返回值相同时,为了提高程序的运行效率,可以采用函数指针。这种情况下,函数指针通常作为函数的参数。

【例 9-14】 用函数指针变量作参数,求最大值、最小值和两数之和。

```
1    #include <stdio.h>
2
3    int max(int, int);
4    int min(int, int);
5    int add(int, int);
6    void process(int, int, int( * fun)(int, int));
7
8    int main( )
9    {
10      int a, b;
11      scanf("%d%d", &a, &b);
12      process(a, b, max);
13      process(a, b, min);
14      process(a, b, add);
15   }
16
17   void process(int x, int y, int( * fun)(int, int))
17   {
19      int result;
20      result＝( * fun)(x, y);
21      printf("%d\n", result);
22   }
```

```
23
24   int max(int x, int y)
25   {
26      printf("max=");
27      return(x > y ? x : y);
28   }
29
30   int min(int x, int y)
31   {
32      printf("min=");
33      return(x < y ? x : y);
34   }
35
36   int add(int x, int y)
37   {
38      printf("sum=");
39      return(x+y);
40   }
```

运行结果(假设输入为 3 4↙)：

```
max=4
min=3
sum=7
```

【例 9-15】 用函数指针数组来实现对一系列函数的调用。

```
1    #include <stdio.h>
2
3    int add(int a, int b);
4    int sub(int a, int b);
5    int max(int a, int b);
6    int min(int a, int b);
7
8    int main( )
9    {
10      int a, b, i, k;
11      int( *func[4])(int, int)={add, sub, max, min};   //定义函数指针数组,并对其赋初始值
12
13      printf("select operator(0－add,1－sub,2－max,3－min): ");
14      scanf("%d", &i);
15      printf("input number(a,b): ");
16      scanf("%d%d", &a, &b);
17      k=func[i](a, b);        //根据用户操作选择来执行不同的函数
18      printf("the result: %d\n", k);
19      return 0;
20   }
```

```
21
22    int add(int a, int b)
23    {
24        return(a+b);
25    }
26
27    int sub(int a, int b)
28    {
29        return(a-b);
30    }
31
32    int max(int a, int b)
33    {
34        return(a > b? a : b);
35    }
36
37    int min(int a, int b)
38    {
39        return(a < b? a : b);
40    }
```

运行结果:

select operator(0-add,1-sub,2-max,3-min):0↙
input number(a,b):2 3↙

the result:5

微课视频

9.11 带参数的 main 函数

在以往的程序中,主函数 main()都使用其无参形式。实际上,主函数 main()也是可以指定形参的。为了说明带参数的 main 函数,先来了解一下有关命令行的概念。

在操作系统状态下,为执行某个程序而输入的一行字符称为**命令行**。命令行的一般形式为:

命令名　参数1　参数2　参数3　…　参数n

参数之间以一个或多个空格隔开。

例如,C:\>copy[.exe] source.cpp   c:\bak\prg.cpp 表示有 3 个字符串的命令行。其中,copy 是 DOS 下的复制命令,是执行文件名,其功能就是将 C 盘根目录下的文件 source.cpp 复制到 C 盘 bak 子目录下,并改名为 prg.cpp。

带参数的 main 函数形式为:

```
int main(int argc, char * argv[ ])
{
    ...
}
```

其中,argc 用于存放命令行中参数的个数(字符串的个数);argv 是一字符型指针数组,数组中的元素(即字符串指针)指向命令行参数中各字符串的首地址;argc 和 argv 这两个变量名可以由程序员随意命名。argc 和 argv 与命令行参数之间的对应关系如图 9-32 所示。

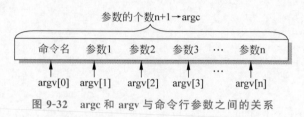

图 9-32　argc 和 argv 与命令行参数之间的关系

命令行参数的传递是在系统自动调用 main 函数时,由命令行实参来代替 main 中的形参,如图 9-33 所示。

图 9-33　命令行参数传递

> **注意**:第一个参数是 main 所在的可执行文件名。

例如,下面的程序(假设程序名为 test.cpp)是显示命令行参数。

```
int main(int argc, char * argv[ ])
{
    while( argc-- > 0)
        printf("%s\n", * argv++);
    return 0;
}
```

对 test.cpp 编译、链接后得到执行文件 test.exe,然后在 DOS 下运行,输入的命令行假设为:

C:\> test hello world↙

则运行的结果为:

```
test
hello
world
```

其内存映射方式如图 9-34 所示。

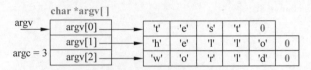

图 9-34 命令行参数传递实例

【例 9-16】 利用命令行参数输出 1 月份到 12 月份的英文名。

```
1    #include<stdio.h>
2    #include<stdlib.h>
3    #include<math.h>
4
5    int GetMonth(char * str);
6
7    char * month_str[]={ "January", "February", "March", "April", "May",
8                        "June", "July", "August", "September", "October",
9                        "November", "December" };
10
11   int main(int argc, char * argv[])
12   {
13       int k;
14
15       if( argc !=2)
16       {
17           printf("Use this program like this: example9-16 3");
18           exit(0);
19       }
20       k=GetMonth(argv[1]);
21       if(k==-1)
22       {
23           printf("command line argument must be in[1~12]\n");
24           exit(0);
25       }
26       printf("%s\n", month_str[k-1]);
27       return 0;
28   }
29
30   //判断输入的月份是否为1~12,正确返回1~12的整数,错误返回-1
31   int GetMonth(char * str)
32   {
33       int k, i=0;
34       while(str[i] !=0)           //是否为合法的数字串
35       {
36           if(str[i] < '0' || str[i] > '9')
37               return(-1);
38           else
39               i++;
```

```
40      }
41      k=atoi(str);
42      if(k < 0 || k > 12)    //月份是否为1～12
43          return(-1);
44      return(k);
45  }
```

运行结果(假设在 DOS 下输入的命令行如下):

example9-16 12↙

December

程序解释:
- 程序定义了一个指针数组 month_str,并按照顺序将数组的单元指针指向月份字符串常量。
- main 函数首先判断 argc 是否是 2,如果不是 2,说明用户没有按照正确的格式运行这个程序,程序输出提示信息:Use this program like this:example9-16 3。
- 如果 main 的参数 argc 是 2,则通过函数 GetMonth 来检查 argv[1]是否为合法的月份。在合法性检查时,首先判断 argv[1]是否为合法的数字串(第 34～40 行),如果不是,则返回-1,否则将 argv[1]转换成整数并赋给变量 k,再判断 k 是否为 1～12,如果不是,同样返回-1,否则返回月份的整数值 k(第 41～44 行)。
- main 函数对返回的 k 的值进行判断,如果为-1,则说明命令行参数中月份数值是非法的,提示正确输入的格式信息:command line argument must be in [1～12],否则输出 month_str[k-1]。

关于带命令行参数的执行文件的运行方法可通过下列方式来进行:

方式一,在 Windows 下,单击"开始",然后单击"运行",此时将弹出一个运行窗体,然后在输入命令框中输入执行文件名及参数(如例 9-16 的程序可输入:example9-16 12),输入完毕单击"确认"按钮即可。运行后其结果可能一闪而过,主要是因为程序中没有设置停顿操作,解决的方法就是在 C 语言源程序中的最后加上 getch();语句即可。

方式二,不同的编译环境下,其设置方法有所不同。

在 VC 6.0 下,可单击 Project 菜单,再单击 Settings 选项,此时弹出 Project Settings 窗体,然后在 Debug 多页框中的 Program arguments 文本框中输入命令行参数(执行文件名无须输入),最后单击 OK 按钮运行即可。

在 VC 2010 下,可单击 Project 菜单,再单击 Properties 选项,此时弹出 Property Pages 窗体,然后在左边 Configuration Properties 下选择 Debugging,在右侧上面的下拉框中选择 Local Windows Debugger,然后在下面的 Command Arguments 右边文本框中输入命令行参数(执行文件名无须输入),最后单击 OK 按钮运行即可。

在 CB 17.12 下,可单击 Project 菜单,再单击 Set program's arguments 选项,此时弹出 Select target 窗体,选择 Debug,在 Program arguments 文本框中输入命令行参数(执行文件

名无须输入),最后单击 OK 按钮运行即可:

9.12 本章小结及常见错误列举

1. 本章内容小结

(1) 指针是 C 语言中一个重要的组成部分,使用指针编程具有以下优点:

① 提高程序的编译效率和执行速度。

② 通过指针可使主调函数和被调函数之间共享变量或数据结构,便于实现双向数据通信。

③ 可以实现动态的存储分配。

④ 便于表示各种数据结构,编写高质量的程序。

(2) 指针的运算。

① 取地址运算符 &:求变量的地址。

② 取内容运算符 *:表示指针所指的变量。

③ 赋值运算。

- 把变量地址赋予指针变量。
- 同类型指针变量相互赋值。
- 把数组、字符串的首地址赋予指针变量。
- 把函数入口地址赋予指针变量。

④ 加减运算。对指向数组、字符串的指针变量可以进行加减运算,如 p+n、p-n、p++、p--等。对指向同一数组的两个指针变量可以相减。对指向其他类型的指针变量作加减运算是无意义的。

⑤ 关系运算。指向同一数组的两个指针变量之间可以进行大于、小于、等于比较运算。指针可与 0 比较,p==0 表示 p 为空指针。

(3) 与指针有关的各种说明见表 9-3。

表 9-3　常见的与指针相关的变量定义

定　义	含　义
int　i;	定义整型变量 i
int　*p;	p 为指向整型数据的指针变量
int　a[n];	定义含 n 个元素的整型数组 a
int　*p[n];	n 个指向整型数据的指针变量组成的指针数组 p
int　(*p)[n];	p 为指向含 n 个元素的一维整型数组的指针变量
int　f();	f 为返回整型数的函数
int　*p();	p 为返回指针的函数,该指针指向一个整型数据
int　(*p)();	p 为指向函数的指针变量,该函数返回整型数
int　**p;	p 为指针变量,它指向一个指向整型数据的指针变量

与指针有关的定义的含义列举如下：

① int * p[3];   //指针数组
② int (* p)[3];   //指向一维数组的指针
③ int * p(int);   //返回指针的函数
④ int (* p)(int);   //指向函数的指针,函数返回 int 型变量
⑤ int * (* p)(int);   //指向函数的指针,函数返回 int 型指针
⑥ int (* p[3])(int);   //函数指针数组,函数返回 int 型变量
⑦ int * (* p[3])(int); //函数指针数组,函数返回 int 型指针

(4) 有关指针的说明很多是由指针、数组、函数说明组合而成的。

但并不是可以任意组合,例如,数组不能由函数组成,即数组元素不能是一个函数；函数也不能返回一个数组或返回另一个函数。例如 int a[5]()；就是错误的。

(5) 关于括号。

在解释组合说明符时,标识符右边的方括号和圆括号优先于标识符左边的"*"号,而方括号和圆括号以相同的优先级从左到右结合。但可以用圆括号改变约定的结合顺序。

(6) 阅读组合说明符的规则是"从里向外"。

从标识符开始,先看它右边有无方括号或圆括号,如有则先进行解释,再看左边有无 * 号。任何时候遇到了括号,必须用相同的规则处理括号内的内容。例如：

int * (* (* a)( ))[10]

上面给出了由内向外的阅读顺序,下面来进行解释。

① 标识符 a 被说明为
② 一个指针变量,它指向
③ 一个函数,它返回
④ 一个指针,该指针指向
⑤ 一个有 10 个元素的数组,其类型为
⑥ 指针型,它指向
⑦ int 型数据

因此 a 是一个函数指针变量,该函数返回的一个指针值又指向一个指针数组,该指针数组的元素指向整型量。

2. 常见错误列举

指针的正确使用是程序员最难过的一关。下面给出一些关于指针的使用常见的错误。

(1) 定义多个指针变量时,只在第一个变量名前面使用 * 号。

例如：

int * p1, * p2, * p3;   //定义了 3 个指针变量 p1、p2、p3
int * p1, p2, p3;   //定义了 1 个指针变量 p1,2 个整型变量 p2、p3

(2) 指针变量未正确赋值之前就引用。

未正确赋值的指针称为野指针,引用野指针是非常危险的,常常导致系统崩溃。表 9-4 列举了一些这样的例子。

表 9-4 指针的错误用法与正确用法对比

错误的用法	正确的用法

int a, * p;
scanf("%d", p);   //p 是野指针
	int a, * p;
	p = &a;
	scanf("%d", p);

int a, * p; * p=33; //p 是野指针	int a, * p; p=&a; * p=33;
char * str; scanf("%s", str); //str 是野指针	char str[80]; scanf("%s", str);

char * str;
strcpy(str, "abc");   //str 是野指针
	char * str;
	char a[80];
	str=a;
	strcpy(str, "abc");

(3) 利用指针造成数组越界操作。

利用指针遍历数组元素时，容易忘记将指针指回数组的首元素，由此将造成数组越界操作。例如：

```
int a[10], k;
int * p;
p=a;                    //指向 a 的第一个元素
for(k=0; k < 10; k++)
    scanf("%d", p++);
for(k=0; k < 10; k++)   //忘记了将 p 指向 a[0]，应该在这个 for 语句前增加 p=a;
    printf("%d", p[k]);
```

(4) 指针函数中以 auto 型局部变量的地址作为返回值。

当函数返回时，auto 型局部变量便消失了。如果返回了 auto 型局部变量的地址，则返回的指针将是一个野指针。例如：

```
int * getdata( )
{
    int a[10], k;
    for(k=0; k < 10; k++)
        scanf("%d", &a[k]);
    return(a);
}

int main( )
{
    int * p, k;
    p=getdata( );            //p 将是野指针
    for(k=0; k < 10; k++)
        printf("%d", p[k]);  //引用野指针
    return 0;
}
```

(5) 利用＝＝比较字符型指针与某字符串是否相等。

指向字符串的字符指针是字符串首字符的地址,本身不是字符串的内容。因此,即使两个字符串相同,但如果存放在不同的内存区域中,指向它们的指针也不会相等。例如:

```
char str1[10], str2[10];
char * pstr1, * pstr2;
pstr1=str1;
pstr2=str2;
strcpy(str1, "abcd");
strcpy(str2, "abcd");
if(pstr1==pstr2)
    printf("%s==%s", pstr1, pstr2);
else
    printf("%s!=%s", pstr1, pstr2);
```

上面的程序将输出:

abcd != abcd

要想比较两个指针所指向的字符串是否相等,应该调用 strcmp 函数,例如,上例中的 if 语句应改为:

```
if(strcmp(pstr1, pstr2)==0)
    printf("%s==%s", pstr1, pstr2);
else
    printf("%s!=%s", pstr1, pstr2);
```

(6) 利用指针变量输入数据时多了 &。

如果指针指向一个变量,用这个指针作为参数调用 scanf 时,指针本身就是变量的地址,因此不能再使用 & 运算符。例如:

```
int a;
int * p=&a;
scanf("%d", &p);              //应改为: scanf("%d", p);
```

(7) 对 void * 类型的指针不进行类型转换就直接引用指针所指向的单元。

例如:

```
void * p;
int a;
p=&a;
p=33;                         //错误,因为编译器不知道 * p 的数据类型
* (int * )p=33;               //正确
```

(8) 指针被释放后仍被引用。

调用 free 函数释放指针 p 后,p 就成为野指针了。虽然 p 的值并没有变,但它所指向的内存已被系统收回了,不能再使用。下面程序的错误之处就是释放 p 后,仍然使用 p 所指向的内存。

```
int * p;
int k;
```

```
p=(int * ) malloc(sizeof(int));
scanf("%d", p);
k= * p;
free(p);
* p=k+30;                    //错误,引用了释放的指针
```

(9) 利用 malloc 函数进行动态内存分配时,忘记在 malloc 前加强制类型转换符。

因为 malloc 函数的返回值为空类型的指针,在实际调用时,应在 malloc 前加上强制类型转换符以保持与等号左边的指针类型一致,否则编译出错。例如:

```
int * p;
p=malloc(10 * sizeof(int));    //应改为: p=(int * ) malloc(10 * sizeof(int));
```

(10) 将二维数组的行指针赋值给一般指针变量或将列指针赋值给行指针变量。
例如:

```
int a[3][4];
int * p;                   //一般指针变量
int( * q)[4];              //行指针变量
p=a;                       //应该为: p= * a; 或 p=a[0];
q=a[0];                    //应改为: q=a; 或 q=&a[0];
```

自测题

1. 选择题

(1) 下面能正确进行字符串赋值操作的是(   )。
    A. char s[5]={"ABCDE"};
    B. char s[5]={'A', 'B', 'C', 'D', 'E'};
    C. char * s;   s="ABCDE";
    D. char * s;   scanf("%s", s);

(2) 对于基类型相同的两个指针变量之间,不能进行的运算是(   )。
    A. <   B. =   C. +   D. -

(3) 下面说明不正确的是(   )。
    A. char a[10]="china";   B. char a[10], * p=a; p="china";
    C. char * a; a="china";   D. char a[10], * p; p=a="china";

(4) 若有下面的程序段,则下列叙述正确的是(   )。

`char s[]="china"; char * p; p=s;`

    A. s 和 p 完全相同
    B. 数组 s 中的内容和指针变量 p 中的内容相等
    C. s 数组长度和 p 所指向的字符串长度相等
    D. * p 与 s[0]相等

(5) 若有说明：int *p, m=5, n;, 以下正确的程序段是(　　)。

　　A. p=&n;scanf("%d", &p);　　　　B. p=&n; scanf("%d", *p)

　　C. scanf("%d", &n); *p=n;　　　　D. p=&n; *p=m;

(6) 若有语句 int *point, a=4; 和 point=&a;, 下面均代表地址的一组选项是(　　)。

　　A. a, point, *&a　　　　　　　　B. &*a, &a, *point

　　C. *&point, *point, &a　　　　　D. &a, &*point, point

(7) 变量的指针，其含义是指该变量的(　　)。

　　A. 值　　　　　　B. 地址　　　　　　C. 名　　　　　　D. 一个标志

(8) 已有定义 int k=2; int *ptr1, *ptr2;, 且 ptr1 和 ptr2 均已指向变量 k, 下面不能正确执行的赋值语句是(　　)。

　　A. k=*ptr1+*ptr2;　　　　　　　 B. ptr2=k;

　　C. ptr1=ptr2;　　　　　　　　　 D. k=*ptr1*(*ptr2);

(9) 若有说明：int i, j=2, *p=&i;, 则能完成 i=j 赋值功能的语句是(　　)。

　　A. i=*p;　　　B. *p=*&j;　　　C. i=&j;　　　D. i=**p;

(10) 若有定义：int a[8];, 则以下表达式中不能代表数组元素 a[1] 的地址的是(　　)。

　　A. &a[0]+1　　　B. &a[1]　　　C. &a[0]++　　　D. a+1

(11) 若有以下语句且 0<=k<6, 则正确表示数组元素地址的语句是(　　)。

static int x[]={1, 3, 5, 7, 9, 11}, *ptr=x, k;

　　A. x++　　　　B. &ptr　　　　C. &ptr[k]　　　D. &(x+1)

(12) 设已有定义：char *st="how are you";, 下列程序段中正确的是(　　)。

　　A. char a[11], *p;strcpy(p=a+1, &st[4]);

　　B. char a[11]; strcpy(++a, st);

　　C. char a[11];strcpy(a, st);

　　D. char a[], *p; strcpy(p=a[1], st+2);

(13) 下面程序段的运行结果是(　　)。

char s[]="abcdefgh", *p=s;
p+=3;
printf("%d\n", strlen(strcpy(p, "ABCD")));

　　A. 8　　　　B. 12　　　　C. 4　　　　D. 7

(14) 下面程序段中,for 循环的执行次数是(　　)。

char *s="\ta\018bc";
for(; *s != '\0'; s++)　printf("*");

　　A. 9　　　　B. 5　　　　C. 6　　　　D. 7

(15) 以下程序的输出结果是(　　)。

int main( )
{
　char *p="abcdefgh", *r;
　long *q;

```
    q=(long * )p;
    q++;
    r=(char * )q;
    printf("%s\n", r);
    return 0;
}
```

   A. bcdefgh   B. cdefgh   C. defgh   D. efgh

(16) 设有语句 int array[3][4];则在下面几种引用下标为 i 和 j 的数组元素的方法中，不正确的引用方式是(　　)。

   A. array[i][j]   B. *(*(array+i)+j)
   C. *(array[i]+j)   D. *(array+i*4+j)

(17) 以下程序的运行结果是(　　)。

```
void sub(int x, int y, int * z)
{   * z=y-x;   }
int main( )
{
    int a, b, c;
    sub(10, 5, &a);
    sub(7, a, &b);
    sub(a, b, &c);
    printf("%d, %d, %d\n", a, b, c);
    return 0;
}
```

   A. 5, 2, 3   B. -5, -12, -7
   C. -5, -12, -17   D. 5, -2, -7

(18) 在说明语句 int * f( );中,标识符 f 代表的是(　　)。

   A. 一个用于指向整型数据的指针变量
   B. 一个用于指向一维数组的行指针
   C. 一个用于指向函数的指针变量
   D. 一个返回值为指针型的函数名

(19) 若有以下说明和定义,在必要的赋值之后,对 fun 函数的正确调用语句是(　　)。

```
int fun(int * c)   {  ...  }
int main( )
{
    int( * a)(int * )=fun, * b( ), w[10], c;
    ...
}
```

   A. a=a(w);   B. (*a)(&c);   C. b=*b(w);   D. fun(b);

(20) 若指针 p 已正确定义,要使 p 指向两个连续的短整型动态存储单元,不正确的语句是(　　)。

   A. p=2*(short *) malloc(sizeof(short));
   B. p=(short *) malloc(2 * sizeof(short));

C. p=(short *) malloc(2*2);

D. p=(short *)calloc(2, sizeof(short));

(21) 若有以下定义和语句,则对 s 数组元素的正确引用形式是(   )。

int s[4][5],(*ps)[5];
ps=s;

    A. ps+1　　　　　B. *(ps+3)　　　　C. ps[0][2]　　　　D. *(ps+1)+3

(22) 有以下程序,若从键盘输入:abc def↙,则输出结果是(   )。

```
int main( )
{
   char *p, *q;
   p=(char *) malloc(sizeof(char)*20);   q=p;
   scanf("%s%s", p, q);   printf("%s %s\n", p, q);
   return 0;
}
```

    A. def def　　　　B. abc def　　　　C. abc abc　　　　D. def abc

(23) 有以下程序,程序运行后的输出结果是(   )。

```
void ss(char *s, char t)
{
   while(*s)
   {
      if(*s==t)  *s=t-'a'+'A';
      s++;
   }
}
int main( )
{
   char str1[100]="abcddfefdbd", c='d';
   ss(str1, c);   printf("%s\n", str1);
   return 0;
}
```

    A. ABCDDEFEDBD　　　　　　　　B. abcDDfefDbD

    C. abcAAfefAbA　　　　　　　　D. Abcddfefdbd

(24) 若定义了以下函数:

```
void f( )
{
   *p=(double *) malloc(10*sizeof(double));
   …
}
```

p 是该函数的形参,要求通过 p 把动态分配存储单元的地址传回主调函数,则形参 p 的正确定义应当是(   )。

    A. double *p　　　B. float **p　　　C. double **p　　　D. float *p

(25) 阅读程序,下面程序的输出结果是(   )。

假设可执行文件的文件名为 prog.exe，运行时输入的命令行为：prog -386 net↙。

```
#include <stdio.h>
int main(int argc, char *argv[])
{
  int i;
  for(i=0; i<argc; i++)
    printf("%s ", argv[i]);
}
```

  A. -386 net   B. prog.exe -386 net

  C. prog.exe -386 net   D. prog -386 net

(26) 以下程序的输出结果为(　　)。

```
#include <stdio.h>
void move(int array[6], int n, int m)
{
  int *p, array_end;
  array_end = *(array+n-1);
  for(p=array+n-1; p>array; p--) *p = *(p-1);
  *array = array_end; m--;
  if(m>0) move(array, n, m);
}
int main()
{
  int number[6]={1, 2, 3, 4, 5, 6}, m=4, j;
  move(number, 6, m);
  for(j=0; j<5; j++) printf("%d,", number[j]);
  printf("%d\n", number[5]);
  return 0;
}
```

  A. 1,2,3,4,5,6   B. 6,5,4,3,2,1   C. 3,4,5,6,1,2   D. 6,1,2,3,4,5

(27) 在下列语句中，其含义为"p 为带回一个指针的函数，该指针指向整型数据"的定义语句是(　　)。

  A. int *p();   B. int **p;   C. int(*p)();   D. int *p;

(28) 下面函数的功能是(　　)。

```
sss(char *s, char *t)
{
  while((*s) && (*t) && (*t==*s))  s++, t++;
  return(*s - *t);
}
```

  A. 求字符串的长度   B. 比较两个字符串的大小

  C. 将字符串 s 复制到字符串 t 中   D. 将字符串 s 连接到字符串 t 中

(29) 假定以下程序经编译和连接后生成可执行文件 prog.exe，如果在此可执行文件所在目录的 DOS 提示符下输入：PROG　ABCD　EFGH　IJKL↙，则输出结果为(　　)。

```
int main(int argc, char *argv[])
```

```
{
    while(--argc>0) printf("%s", argv[argc]);
    printf("\n");
    return 0;
}
```

  A. ABCDEFGH   B. IJHL
  C. ABCDEFGHIJKL   D. IJKLEFGHABCD

（30）以下程序的输出结果为(　　)。

```
#include<string.h>
int main()
{
    char *p1, *p2, str[50]="ABCDEFG";
    p1="abcd";   p2="efgh";
    strcpy(str+1, p2+1);   strcpy(str+3, p1+3);
    printf("%s", str);
    return 0;
}
```

  A. AfghdEFG   B. Abfhd   C. Afghd   D. Afgd

2．程序填空题

（1）mystrlen 函数的功能是计算 str 所指字符串的长度，并作为函数值返回，请填空。

```
int mystrlen(char *str)
{
    int i;
    for(i=0;_____;i++);
    return(_____);
}
```

（2）函数 sstrcmp( )的功能是对两个字符串进行比较。当 s 所指字符串和 t 所指字符串相等时，返回值为 0；当 s 所指字符串大于 t 所指字符串时，返回值大于 0；当 s 所指字符串小于 t 所指字符串时，返回值小于 0(功能等同于库函数 strcmp())，请填空。

```
#include<stdio.h>
int sstrcmp(char *s, char *t)
{
    while(*s && *t && *s==_____)
    {  s++;   t++;  }
    return _____;
}
```

（3）以下函数把 b 字符串连接到 a 字符串的后面，并返回 a 中新字符串的长度，请填空。

```
int Strcen(char a[], char b[])
{
    int num=0,   n=0;
```

```
    while( * (a+num) !=_____) num++;
    while(b[n]){ * (a+num)=b[n]; num++; _____; }
    _____;
    return(num);
}
```

(4) 函数 expand(char * s，* t)在将字符串 s 复制到字符串 t 时，将其中的换行符和制表符转换为可见的转义字符，即用"\n"表示换行符，用"\t"表示制表符，请填空。

```
void expand( char * s, char * t)
{
  Int i, j;
  for(i=j=0; s[i] != '\0'; i++)
    switch(s[i])
    {
      case '\n':t[_____]=_____;
                t[j++]='n';
                _____;
      case '\t':t[_____]=_____;
                t[j++]='t';
                break;
      default:t[_____]=s[i];
              break;
    }
  t[j]=_____;
}
```

(5) 以下程序利用指针法将两个数按从小到大的顺序输出，请填空。

```
int main( )
{
  int a, b,_____;
  printf("input a, b: ");
  scanf("%d%d", &a, &b);
  _____;
  p2=&b;
  if(a < b)
  { p=p1;  p1=p2;  p2=p; }
  printf("a=%d b=%d\n", a, b);
  printf("max=%d min=%d\n",_____);
}
```

(6) 若输入：this test terminal，以下程序的输出结果为 terminal test this，填空补充以下程序。

```
#include <string.h>
#define MAXLINE 20
_____
{
  int i;
  char * pstr[3], str[3][MAXLINE];
  for(i=0; i<3; i++)  pstr[i]=str[i];
```

```
    for(i=0; i<3; i++)    scanf("%s", pstr[i]);
    sort(pstr);
    for(i=0; i<3; i++)    printf("%s\n", pstr[i]);
}
sort(_____)
{
    int i,j;
    char  * p;
    for(i=0; i<3; i++) {
        for(j=i+1; j<3; j++) {
            if(strcmp( * (pstr+i), * (pstr+j))>0)
            {
                p= * (pstr+i);
                * (pstr+i)=_____;
                * (pstr+j)=p;
            }
        }
    }
}
```

(7) 函数 func1、func2、func3、func4 分别用于计算两个整型数 x 和 y 的和、差、积、商，函数 execute( )是可完成这些计算的通用函数，请填空。

```
#include <stdio.h>
int main( )
{
    int func1( ), func2( ), func3( ), func4( );
    int( * function[4])( );   int a=10, b=5, i;
    function[0]=func1;
    function[1]=func2;
    function[2]=func3;
    function[3]=func4;
    for(i=0; i<4; i++)
        printf("func No.%d--->%d\n", i+1, execute(a, b, _____));
    return 0;
}
int execute(_____)
{   return(( * func)(x, y));   }
```

(8) 下面程序可以逐行输出由 language 数组元素所指向的 5 个字符串，请填空。

```
#include <stdio.h>
int main( )
{
    char * language[ ]={"BASIC", "FORTRAN", "PROLOG", "JAVA", "C++"};
    char _____;
    int k;
    for(k=0; k<5; k++)
    {
        q=_____;
        printf("%s\n", * q);
```

    }
    return 0;
}

3. 编程题

(1) 编写一个交换变量值的函数,利用该函数交换数组 a 和数组 b 中的对应元素值。

(2) 不用 strcat 函数,编程实现字符串连接函数 strcat 的功能,将字符串 t 连接到字符串 s 的尾部。

(3) 编程判断输入的一串字符是否为"回文"。所谓"回文"是指顺读和倒读都一样的字符串。例如,"level"、"ABCCBA"都是回文。

(4) 编写一取某字符串子串的函数 char * substr(char * s, int startloc, int len),其中,s 为字符串,startloc 为起始位置(0 表示第一个字符的位置),len 为子串的长度。要求返回值为求得的子串。例如,调用 substr("12345678", 0, 4),求得的子串为"1234"。

(5) 编写一函数 strlshif(char * s, int n),其功能是把字符串 s 中的所有字符左移 n 个位置,串中的前 n 个字符移到最后。

(6) 编写一个函数 fun,它的功能是:删除字符串中的数字字符。例如,输入字符串 48CTYP9E6,则输出:CTYPE。

(7) 编写一个函数 totsubstrnum(char * str, char * substr),它的功能是:统计子字符串 substr 在字符串 str 中出现的次数。

(8) 编写一带命令行参数的程序输出星期一到星期日的英文名。

(9) 编写一程序用于计算任意大的两整数之差(提示:大整数用字符串来表示)。

(10) 通过指针数组 p 和一维数组 a 构成一个 3×2 的二维数组,并为 a 数组赋初值 2,4,6,8,…。要求先按行的顺序输出此二维数组,然后再按列的顺序输出它,试编程。

(11) 有 n 个整数,使前面各数顺序向后移 m 个位置,最后 m 个数变成最前面 m 个数,见图 9-35。编写一函数实现以上功能,在主函数中输入 n 个整数和输出调整后的 n 个整数。

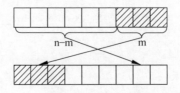

图 9-35 n 个整数向后移 m 个位置示意图

(12) 用指向指针的方法对 n 个整数排序并输出。要求将排序单独写成一个函数。n 个整数在主函数中输入,最后在主函数中输出。

第10章 预处理命令

◇ 学习意义

C语言的一个重要特征是它的预处理功能。一个高级语言源程序在计算机上运行,必须先用编译程序将其翻译为机器语言。编译包括词法分析、语法分析、代码生成、代码优化等步骤,有时在编译之前还要做某些预处理工作,如去掉注释、变换格式等。C语言允许在源程序中包含预处理命令,在正式编译之前(词法分析之前),系统先对这些命令进行"预处理",然后整个源程序再进行通常的编译处理。从语法上讲,这些预处理命令不是C语言的一部分,但使用它们却扩展了C语言程序设计的环境,可以简化程序开发过程,提高程序的可读性,也更有利于移植和调试C语言程序。本章主要介绍宏定义、文件包含和条件编译等预处理命令。

◇ 学习目标

(1) 掌握♯include、♯define、♯if、♯ifdef、♯else、♯ifndef 和 ♯endif 等命令的用法;

(2) 掌握宏定义和宏替换的一般方法;

(3) 掌握包含文件的处理方法;

(4) 了解条件编译的作用和实现方法。

◇ 难点提示

(1) 带参数的宏定义的理解;

(2) 条件编译的使用及意义。

10.1 预处理命令简介

微课视频

C语言源程序中以♯开头、以换行符结尾的行称为预处理指令。预处理指令不是C语言的语法成分,而是传给编译程序的各种指令。C语言的预处理命令如下。

(1) 宏定义。

#define
#undef

(2) 文件包含。

#include

(3) 条件编译。

#if
#ifdef
#else
#elif
#endif

(4) 其他。

#line
#error
#pragma

本章主要介绍前三种预处理命令的用法。

 宏定义

宏定义分为两种：不带参数的宏定义和带参数的宏定义。

■ 10.2.1 不带参数的宏定义

#define 指令定义一个标识符来代表一个字符串，在源程序中发现该标识符时，都用该字符串替换，以形成新的源程序。这种标识符称为**宏名**，将程序中出现与宏名相同的标识符替换为字符串的过程称为**宏替换**。宏替换的操作是在预编译时进行的。

不带参数的宏定义的一般格式为：

> #define 标识符 单词串

其中：
- #define 是宏定义的指令名称。
- 标识符就是宏名，它被定义代表后面的单词串。
- 单词串是宏的内容文本，也称为宏体，可以是任意以回车换行结尾的文字。
- 宏一般不能用分号结尾，除非程序员故意这样做。

请看下面的例子：

第10章 预处理命令

程序员输入的源程序	预编译处理(宏替换)后的新源程序

♯define　SIZE　　　10
♯define　INT_STR　　"%d"
 	
int main( )
{
　int　a[SIZE], i;
 	
　for(i=0; i < SIZE; i++)
　　scanf(INT_STR, &a[i]);
　for(i=SIZE-1; i>=0; i--)
　　printf(INT_STR, a[i]);
　return 0;
}
	int main( )
	{
	　int　a[10], i;
	
	　for(i=0; i < 10; i++)
	　　scanf("%d", &a[i]);
	　for(i=10-1; i>=0; i--)
	　　printf("%d", a[i]);
	　return 0;
	}

　　预编译器在处理上面左边的程序时,将源程序中的 SIZE 都替换为 10,将所有的 INT_STR 都替换为"%d",最后形成了右边的新源程序送给编译器编译。程序中多处用到宏 SIZE,如果需要修改 SIZE 的值,无须修改程序中所有出现该数据的位置,只需要修改宏定义即可。所以宏定义可以提高程序的可读性,便于调试,并且也提高了程序的可移植性。

> ⚠ **注意**：宏替换时仅仅是将源程序中与宏名相同的标识符替换成宏的内容文本,并不对宏的内容文本进行任何处理。

宏定义时,要注意以下几点：

　　(1) C 程序员通常用大写字母来定义宏名,以便与变量名区别。这种习惯帮助读者迅速识别发生宏替换的位置。同时最好把所有宏定义放在文件的最前面或另一个单独的文件中,不要把宏定义分散在文件的多个位置。

　　(2) 宏定义时,如果单词串太长,需要写多行时,可以在行尾使用反斜线"\"续行符。例如：

　　　♯define　LONG_STRING　　"this is a very long string that is\
　　used as an example"

　　注意,双引号包括在替代的内容之内。

　　(3) 宏名的作用域是从 ♯define 定义之后直到该宏定义所在文件结束,但通常把 ♯define 宏定义放在源程序文件的开头部分。如果需要终止宏的作用域,可以使用 ♯undef 命令,其一般格式为：

　　　♯undef　　标识符

　　例如,下面的程序中宏 N 的作用域为第 1～11 行。

```
1    #define  N  100              //宏定义
2
3    int sum( )
4    {
5      int i, s=0;
6      for(i=1; i<=N; i++)
7        s+=i;
8      return(s);
9    }
10
11   #undef N                      //宏取消
12
13   int main( )
14   {
15     int a;
16     a=sum( );
17     printf("%d\n", a);
18     return 0;
19   }
```
N 的作用域(有效范围)

（4）宏定义可以嵌套定义，但不能递归定义。例如，下列嵌套定义是正确的。

```
#define  R   2.0
#define  PI  3.14159
#define  L   2*PI*R
#define  S   PI*R*R
```

在编译预处理时，宏 L 被 2*3.14159*2.0 替换，宏 S 被 3.14159*2.0*2.0 替换。但下面的宏定义是错误的：

```
#define  M  M+10    //不可递归定义宏
```

（5）程序中字符串常量即双引号中的字符，不作为宏进行宏替换操作。例如：

```
#define  XYZ   this is a test
printf("XYZ");
```

此时输出的将是 XYZ，而不是 this is a test。

（6）宏定义一般以换行结束，不要用分号结束，以免引起不必要的错误。例如：

```
#define  PI  3.14;
```

则 a=PI*2*2；经替换后变成了：a=3.14;*2*2;一看就知道是错误的。

（7）宏可以被重复定义。例如：

```
#define  N  10           //第一次宏定义
int f( )
{
  return(N*N);
}
```
N 的内容是 10

```
#define  N   20              //第二次宏定义
int main( )
{
  printf("%d\n", N+ f( ));
  return 0;
}
```

N 的内容是 20

（8）在定义宏时，如果宏是一个表达式，那么一定要将这个表达式用()括起来，否则可能会引起非预期的结果。例如，下面这个例子中左边的程序在定义宏时，没有将宏表达式括起来。

程序员输入的源程序	预编译处理（宏替换）后的新源程序

`#define  NUM1   10`
`#define  NUM2   20`
`#define  NUM    NUM1+ NUM2`
 	
`int main( )`
`{`
`  int   a=2, b=2;`
 	
`  a * =NUM;`
`  b=b * NUM;`
`  printf("a=%d, b=%d\n", a, b);`
`  return 0;`
`}`
	`int main( )`
	`{`
	`  int   a=2, b=2;`
	
	`  a * =10+ 20;`
	`  b=b * 10+ 20;`
	`  printf("a=%d, b=%d\n", a, b);`
	`  return 0;`
	`}`

输出结果：a=60, b=40	

如果不查看 NUM 的宏定义，仅从 main 函数自身的语句来看，a 和 b 的值应该是相同的，但实际上运行的结果是：a=60,b=40，因为 b=b * NUM;实际上是 b=b * 10+20; 而不是 b=b * (10+20);。如果将 NUM 的定义改成：#define NUM （NUM1+NUM2）就可以避免上述错误了。

10.2.2 带参数的宏定义

微课视频

#define 还有一个重要的功能：定义带参数的宏。这样的宏因为定义成一个函数调用的形式，也被称为类函数宏。带参数的宏定义的一般格式为：

`#define    标识符(参数列表)     单词串`

其中：
- #define 是宏定义的指令名称。
- 标识符就是宏名，一般也是用大写字母来命名。

- 参数表由一个或多个参数构成，参数只有参数名，没有数据类型符，参数之间用逗号隔开，参数名必须是合法的标识符。
- 单词串是宏的内容文本，也称为宏体，其中通常会引用宏的参数。

预编译器是这样来处理带参数的宏的：首先将宏内容文本中的宏参数替换成实参文本，这样形成了宏的实际内容文本，再将这个宏的实际内容文本替换源程序中的宏标识符。请看下面的例子。

程序员输入的源程序	预编译处理（宏替换）后的新源程序

```#define   SQRT(x)   ((x) * (x))```
```#define   MAX(x,y)   (((x)>(y))?(x):(y))```
 	
```int main( )```
```{```
``` float   a=-2.5, b=-3.2;```
 	
``` a=MAX(a,b)+3;```
``` printf("sqrt=%f\n", SQRT(a));```
``` return 0;```
```}```
	
	```int main( )```
	```{```
	``` float a=2.5, b=-3.2;```
	
	``` a=(((a)>(b))?(a):(b))+3;```
	``` printf("sqrt=%f\n", ((a) * (a)));```
	``` return 0;```
	```}```

预编译器在处理上面源程序中的 MAX(a,b)时，首先将 MAX(x,y)的宏内容文本中的 x 替换成 a，将 y 替换成 b，形成新的宏内容是(((a)>(b))?(a):(b))，然后将 MAX(a,b)替换成(((a)>(b))?(a):(b))。在处理 SQRT(a)时，首先将 SQRT(x)的宏内容文本中的 x 替换成 a，形成新的宏内容是((a)*(a))，然后将 SQRT(a)替换成((a)*(a))。

由于带参数的宏在使用时，参数大多是表达式，宏内容本身也是表达式，因此，不但需要将整个宏内容括起来，而且还要将宏参数用( )括起来，否则可能引起非预期的结果。例如：

```
#define   SQRT(x)    (x*x)
```

如果程序中有某语句为：

```
a=SQRT(2+3);
```

则预编译后该语句为：

```
a=(2+3*2+3);
```

a 的值将是 11，而不是我们所希望的 25。将 SQRT 宏的定义改成下面的形式就可以避免上述错误：

```
#define   SQRT(x)    ((x)*(x))
```

宏定义语句一般位于函数外部，必须单独占一行，程序中定义宏时，必须在#define 命令的最后按回车键，否则会引起编译错误。

> ⚠ 注意：在定义带参数的宏时，宏名与圆括号之间不能有空白符，否则就会变成定义一个不带参数的宏，而要替换的内容是空白符之后的所有字符，从而出错。例如：
>
> 　#define　S(r)　PI*r*r
>
> 相当于定义了不带参数的宏 S，代表字符串"(r)　PI*r*r"。

带参数的宏与函数看起来非常相似，但二者之间不能混为一谈，表 10-1 给出了它们之间的区别。

表 10-1　带参数的宏与函数之间的区别

	带　参　宏	函　　数
处理时间	编译时	程序运行时
参数类型	无类型问题	定义实参、形参类型
处理过程	不分配内存，简单的字符置换	分配内存，先求实参值，再代入形参
程序长度	变长	不变
运行速度	不占运行时间	调用和返回占时间

10.3　文件包含

微课视频

文件包含是指，一个 C 语言源程序通过#include 命令将另一个文件（通常是.c、.cpp或.h 文件）的全部内容包含进来。文件包含处理命令的一般格式为：

　#include <包含文件名>　　或　　#include "包含文件名"

预编译器是这样来处理#include 命令的：将被包含文件的内容插入到源程序中#include 命令的位置，以形成新的源程序。图 10-1 给出了文件包含#include 命令预编译示意图。

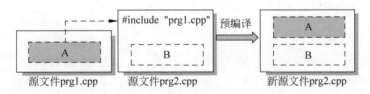

图 10-1　文件包含#include 命令预编译示意图

下面来看一个例子，如果有文件 head.h 和 func.cpp，它们的内容如下。

head.h
#include <stdio.h>
#define　NUM　10

func.cpp
int max(int x, int y)

```
{
    return(x > y ? x : y);
}

int getnum( )
{
    int a;
    scanf("%d", &a);
    return(a);
}
```

现在源程序文件 prg.cpp 用♯include 命令包含 head.h 文件和 func.cpp 文件,经预处理后的源程序见下面例子(阴影部分分别是 head.h 和 func.cpp 的内容)。

程序员输入的源程序 prg.cpp	预编译后的新源程序 prg.cpp

♯include "head.h"
♯include "func.cpp"
 	
int main( )
{
    int   a, b, c;
 	
    a=getnum( );
    b=getnum( );
    c=max(max(a, b), NUM);
    printf("MAX=%d\n", c);
    return 0;
}
	(stdio.h 文件中的内容)
	♯define NUM 10
	
	int max(int x, int y)
	{
	    return(x > y ? x : y);
	}
	
	int getnum( )
	{
	    int a;
	    scanf("%d", &a);
	    return(a);
	}
	
	int main( )
	{
	    int a, b, c;
	
	    a=getnum( );
	    b=getnum( );
	    c=max(max(a, b), NUM);
	    printf("MAX=%d\n", c);
	    return 0;
	}

文件包含的优点:

一个大程序通常分为多个模块,并由多个程序员分别编程。有了文件包含处理功能,就可以将多个模块共用的数据(如符号常量和数据结构)或函数,集中到一个单独的文件中(如上例中的文件 head.h 和 func.cpp)。这样,凡是要使用其中数据或调用其中函数的程序员,只要使用文件包含处理功能,将所需文件包含进来即可,不必再重复定义它们,从而减少重复劳动。

文件包含两种格式的区别如下：

- 使用尖括号< >：直接到系统指定的"文件包含目录"去查找被包含的文件。在 VC 6.0 下，可以激活 Tools 菜单，选择 Options 命令，在多页框中选择 Directories，再在 Show directories for 组合框中选择 include files，那么就会看到 VC 系统的文件包含目录写在 Directories 文本框中。
- 使用双引号" "：系统首先到当前目录下查找被包含文件，如果没找到，再到系统指定的"文件包含目录"去查找。一般使用双引号比较保险，注意双引号之间可以指定包含文件的路径。例如，♯include "C:\\prg\\p1.h" 表示将把 C 盘 prg 目录下的文件 p1.h 的内容插入到此处（字符串中要表示'\'，必须使用'\\'表示法）。

文件包含的几点说明：

- 常用在文件头部的被包含文件，称为"标题文件"或"头部文件"，常以.h(head)作为后缀，简称头文件。在头文件中，除可包含宏定义外，还可包含外部变量定义、结构类型定义等。
- 一条包含命令，只能指定一个被包含文件。如果要包含 n 个文件，则要用 n 条包含命令。
- 文件包含可以嵌套，即被包含文件中又包含另一个文件。

10.4 条件编译

微课视频

一般情况下，源程序中所有的语句都参加编译，但有时也希望根据一定的条件去编译源文件的不同部分，这就是条件编译。条件编译使得同一源程序在不同的编译条件下得到不同的目标代码。商业软件公司往往是使用条件编译来提供和维护某一程序的多个软件版本。

条件编译有几种常用的形式，现分别进行介绍。

1. ♯if…♯endif 形式

♯if…♯endif 形式的条件编译的格式如下：

```
♯if      条件 1
         程序段 1
♯elif    条件 2
         程序段 2
            ⋮
♯else
         程序段 n
♯endif
```

其中需说明以下几点：

- elif 是 else if 的缩写，但不可写成 else if。

- #elif 和#else 可以没有,但#endif 必须存在,它是#if 命令的结尾。
- #elif 命令可以有多个。
- if 后面的条件必须是一个常量表达式,通常会用到宏名,条件可以不加括号"()"。
- 每个命令独占一行。

其作用是:如果条件 1 为真就编译程序段 1,否则如果条件 2 为真就编译程序段 2,…,如果各条件都不为真就编译程序段 n。

例如,下面的程序利用 ACTIVE_COUNTRY 定义货币的名称。

程序员输入的源程序	预编译处理后的新源程序

#define USA 0
#define ENGLAND 1
#define FRANCE 2
#define ACTIVE_COUNTRY USA
 	
#if ACTIVE_COUNTRY==USA
   char * currency="**dollar**"; //有效
#elif ACTIVE_COUNTRY==ENGLAND
   char * currency="pound";
#else
   char * currency="france";
#endif
 	
int main( )
{
  float price1, price2, sumprice;
  scanf("%f%f", &price1, &price2);
  sumprice=price1+price2;
  printf("sum=%.2f%s", sumprice,
     currency);
  return 0;
}
	char * currency="**dollar**";
	
	int main( )
	{
	  float price1, price2, sumprice;
	  scanf("%f%f", &price1, &price2);
	  sumprice=price1+price2;
	  printf("sum=%.2f%s", sumprice,
	     currency);
	  return 0;
	}

#if 和#elif 常常与 defined 命令配合使用,defined 命令的格式为:

```
defined(宏名)    或    defined  宏名
```

其功能是判断某个宏是否已经定义,如果已经定义,defined 命令返回 1,否则返回 0。defined 命令只能与#if 或#elif 配合使用,不能单独使用。例如,#if defined(USA)的含义是"如果定义了宏 USA"。

2. #ifdef…#endif

#ifdef…#endif 形式的条件编译的格式如下:

第10章 预处理命令

```
#ifdef    宏名
          程序段1
#else
          程序段2
#endif
```

其中：
- #else 可以没有，但 #endif 必须存在，它是 #if 命令的结尾。
- 在 #ifdef 和 #else 之间可以加多个 #elif 命令。
- "#ifdef 宏名"的含义是判断是否定义了宏，它等价于"#if defined(宏名)"。
- 每个命令独占一行。

其作用是：如果宏名已被 #define 行定义，则编译程序段1，否则编译程序段2。
例如：

程序员输入的源程序	预编译处理后的新源程序

`#define   INTEGER`
 	
`#ifdef   INTEGER`
`    int add(int x, int y)//有效`
`    {`
`        return(x+y);`
`    }`
`#else`
`    float add(float x, float y)`
`    {`
`        return(x+y);`
`    }`
`#endif`
 	
`int main( )`
`{`
`  #ifdef   INTEGER`
`    int a, b, c;        //有效`
`    scanf("%d%d", a, b);`
`    printf("a+b=%d\n",add(a, b));`
`  #else`
`    float a, b, c;`
`    scanf("%f%f", a, b);`
`    printf("a+b=%f\n",add(a, b));`
`  #endif`
`  return 0;`
`}`
	`int add(int x, int y)`
	`{`
	`  return(x+y);`
	`}`
	`int main( )`
	`{`
	`  int a, b, c;`
	`  scanf("%d%d", a, b);`
	`  printf("a+b=%d\n", add(a, b));`
	`  return 0;`
	`}`

3. #ifndef…#endif

#ifndef…#endif 形式的条件编译的格式如下:

```
#ifndef   宏名
          程序段 1
#else
          程序段 2
#endif
```

与第二种形式的区别仅在于:如果宏名没有被#define 行定义,则编译程序段 1,否则编译程序段 2。

条件编译与分支语句不能混为一谈,下面给出了二者之间的差别:

(1) 条件编译是在预编译时处理,而条件语句则是在程序运行时处理。

(2) 条件编译中的条件不可以包含变量名,只能是常量表达式(通常包含宏名),可以不加括号;而条件语句中的条件是条件表达式,可以包含变量或函数等,并且必须加括号。例如:

```
#define   N    10
int    NUM=10;
#if    NUM==10        //错误,NUM 是变量,可改为: #if   N==10
   ...
#endif
```

(3) 条件编译是将满足编译条件的程序代码进行编译生成目标代码,不满足编译条件的程序代码将不进行编译;而分支语句则是不管满足条件的代码,还是不满足条件的代码,都要编译生成目标代码(包括分支语句本身),所以如果用条件语句来代替条件编译命令,程序的目标代码将变长。例如:

	使用条件编译的源程序	使用分支语句的源程序

程序代码	`#include <stdio.h>`
	`#define  NUM  10`
	`int main( )`
	`{`
	`  #if  NUM==10`
	`    printf("NUM is 10\n");`
	`  #else`
	`    printf("NUM not is 10\n");`
	`  #endif`
	`  return 0;`
	`}`
		`#include <stdio.h>`
		`#define  NUM  10`
		`int main( )`
		`{`
		`  if  (NUM==10)`
		`    printf("NUM is 10\n");`
		`  else`
		`    printf("NUM not is 10\n");`
		`  return 0`
		`}`

运行结果	NUM is 10	NUM is 10
编译代码	上面绿色部分	上面绿色部分
目标文件大小（VC 6.0 下）	1941 字节	2168 字节

(4)条件编译命令可以放在所有函数的外部,也可以放在某函数的内部;但分支语句只能出现在某函数内部。

为什么要用条件编译呢? 主要有以下几方面的原因:

(1)使用条件编译便于程序的移植。如在 PC 上,常用的 C 语言有 VC 6.0、VC 2010、CB 17.12,三者在实现上有一些不同之处,如果希望自己的源程序能够适应这种差异,可以在它们形式不同的地方写上:

```
#ifdef    VC 60
    …        //VC 6.0 独有的内容
#endif
#ifdef    VC 2010
    …        //VC 2010 独有的内容
#endif
#ifdef    CB 1712
    …        //CB 17.12 独有的内容
#endif
```

如果希望这个程序在 VC 2010 环境下编译运行,可在程序的前面写上:

```
#define   VC 2010
```

如果希望生成 CB 17.12 版本,就在程序前面写上:

```
#define   CB 1712
```

这样一个源程序只要修改一句就可以适应三种 C 语言编译,商业软件经常就是这样编写的。再例如商业软件的版本中经常出现的单机版、网络版,其实网络版只是在单机版的基础上增加了相应的一些网络功能,功能上大体相同,所以在同一软件程序中将单机版的功能和网络版的功能通过条件编译就可得到相应的版本。

(2)使用条件编译便于调试程序。写一个程序时难免出错,为了便于检查错误,通常加一些输出来跟踪中间结果。当然可以先写一些 printf(或其他函数)语句,在程序调试完毕后再删除这些 printf 语句,但一个更好的办法是把它们写到条件编译部分中,例如:

```
#define   DEBUG
    …
#ifdef    DEBUG
    printf(…);        //临时结果
#endif
```

在调试时,由于定义了 DEBUG,因此临时结果被输出,这有利于显示程序是否正确,一旦程序调试完毕,这些输出就变得多余了,这时可以从程序中去掉 #define DEBUG,然后再编译,临时结果就不再输出。一般有经验的程序员总是用这种方法来书写和调试程序。

10.5 本章小结及常见错误列举

本章内容包含以下几方面:

(1)C 语言的预处理命令都是以"#"开头,它们都不是 C 语言的语句,是在预编译时处理的。

(2) 宏定义分为两种：不带参数的宏定义和带参数的宏定义。进行宏替换时，如果是不带参数的宏，则只将与宏名相同的标识符都替换成宏的内容文本；如果是带参数的宏，则首先将宏内容文本中的宏参数替换成实参文本，再将这样所得到的宏的实际内容文本替换源程序中的宏标识符。这样就形成了新的源程序，并且预编译器不对宏的内容文本做任何处理。

(3) 宏定义时，末尾一般不要加分号。

(4) 宏扩展的整体或参数一般要用括号"()"括起来。

(5) 文件包含的使用是编写 C 语言程序中不可缺少的，在引用 C 语言库函数时要使用它；另外，也可以将平时积累的一些有用的自定义函数构成一个自定义函数库文件，要使用它们时只需采用文件包含将它们引用过来使用就行，这样就减少了编程的工作量。

(6) 使用条件编译的主要原因：一是便于程序移植，二是方便程序调试。

预处理命令几乎在所有的 C 语言程序中都会用到。下面列举了一些初学者常犯的错误。

(1) 定义宏时在末尾加分号。

C 语言中，在定义宏时，一般在末尾不要加分号，否则会在编译时产生错误。例如：

```
#define   PI    3.1415926
#define   RADIUS   2.0
#define   AREA   PI * RADIUS * RADIUS;
```

这种错误往往发生在宏比较长的情况下，特别是以表达式的形式出现或带参数时发生得较多，这是因为习惯了在语句的后面写分号所致，不过应当清楚，宏定义不是语句，而是预处理命令，它用回车换行符结束，如果写了分号，在宏替换时，将连同分号一起被替换。例如：

```
return(AREA);
```

将变成

```
return(3.1415926 * 2.0 * 2.0;);
```

这就造成了错误。

(2) 使用预处理命令时，丢失"#"。

C 语言中的预处理命令都是以#开头的，这样预处理程序能很方便地找到它们。丢失"#"将引起错误。例如：

```
include "stdio.h"    //错误，应改为：#include "stdio.h"
```

(3) 在用宏来定义字符串常量时，没有用引号。

下面的宏定义是错误的。

```
#define   HELLO   how are you
int main()
{
  printf(HELLO);
  return 0;
}
```

这在编译时将会指出 how 没定义一类的错误。由于宏替换时只是把字符串原样照搬过来，这样一来 printf(HELLO);就变成了 printf(how are you);，当然是错误的。所以，如果是定义一个字符串常量，就应该按照字符串常量的形式用双引号括起字符序列。上面的宏定义可改为：

＃define　HELLO　"how are you"

（4）宏扩展的整体或参数没用括号"()"括起来。

例如：

＃define　SQUARE(x)　x * x

或

＃define　SQUARE(x)　(x) * (x)

这在语句为：

k＝i/SQUARE(j+1);

时被替换为：

k＝i/j+1 * j+1;　或　k＝i/(j+1) * (j+1);

正确的写法是：

＃define　SQUARE(x)　((x) * (x))

（5）文件包含中指明包含文件的路径时使用单\字符。
下面的文件包含是错误的。

＃include "c:\include\stdio.h"

字符串中要包含'\'字符必须使用双\，所以上面的文件包含可改为：

＃include "c:\\include\\stdio.h"

（6）在使用条件编译时，条件中使用变量。
C 语言规定，条件编译中的条件不可以包含变量名，只能是常量表达式（通常包含宏名）。下面使用条件编译是错误的。

＃define　NUM　10
int　N＝10;
＃if　N＝＝10　　//错误,可改为：＃if　NUM＝＝10
　...
＃endif

习题 10

自测题

（1）以下叙述中不正确的是（　　）。

A．预处理命令行都必须以＃开始

B．在程序中凡是以＃开始的语句行都是预处理命令行

C. C程序在执行过程中对预处理命令行进行处理
D. 以下是正确的宏定义：#define IBM_PC

(2) 以下程序的运行结果是( )。

```
#define MIN(x, y)    (x)<(y)?(x):(y)
int main( )
{
  int i=10, j=15, k;
  k=10 * MIN(i, j);
  printf("%d\n", k);
  return 0;
}
```

A. 10　　　　　B. 15　　　　　C. 100　　　　　D. 150

(3) 以下叙述中正确的是( )。

A. 在程序的一行上可以出现多个有效的预处理命令行
B. 使用带参数的宏时，参数的类型应与宏定义时的一致
C. 宏替换不占用运行时间，只占编译时间
D. 在以下定义中 C　R 是称为"宏名"的标识符

```
#define C  R   045
```

(4) 以下程序运行的结果是( )。

```
#define ADD(x)    x+x
int main( )
{
  int m=1, n=2, k=3;
  int sum=ADD(m+n) * k;
  printf("sum=%d", sum);
  return 0;
}
```

A. sum=9　　　　B. sum=10　　　　C. sum=12　　　　D. sum=18

(5) 程序中头文件 type1.h 的内容是：

```
#define N 5
#define M1  N*3
```

程序如下：

```
#include "type1.h"
#define M2   N*2
int main( )
{
  int i;
  i=M1+ M2;
  printf("%d\n", i);
  return 0;
}
```

程序编译后运行的输出结果是( )。

A. 10　　　　　B. 20　　　　　C. 25　　　　　D. 30

(6) 以下叙述正确的是(　　)。

A. 可以把 define 和 if 定义为用户标识符

B. 可以把 define 定义为用户标识符,但不能把 if 定义为用户标识符

C. 可以把 if 定义为用户标识符,但不能把 define 定义为用户标识符

D. define 和 if 都不能定义为用户标识符

(7) 若有以下说明和定义,则叙述正确的是(　　)。

```
typedef int * INTEGER;
INTEGER p, * q;
```

A. p 是 int 型变量

B. p 是基类型为 int 的指针变量

C. q 是基类型为 int 的指针变量

D. 程序中可用 INTEGER 代替 int 类型名

(8) 从下列选项中选择不会引起二义性的宏定义是(　　)。

A. #define POWER(x)　x * x

B. #define POWER(x)　(x) * (x)

C. #define POWER(x)　(x * x)

D. #define POWER(x)　((x) * (x))

(9) 以下程序运行的结果是(　　)。

```
#define X  5
#define Y  X+1
#define Z  Y*X/2
int main( )
{
  int a=Y;
  printf("%d, %d", Z, ——a);
  return 0;
}
```

A. 7, 6　　　　　B. 12,6　　　　　C. 12, 5　　　　　D. 7, 5

(10) C 语言提供的预处理功能包括条件编译,其基本形式是:

```
#XXX   标识符
  程序段 1
#else
  程序段 2
#endif
```

这里 XXX 可以是(　　)。

A. define 或 include　　　　　　　　B. ifdef 或 include

C. ifdef 或 ifndef 或 define　　　　　D. ifdef 或 ifndef 或 if

(11) 在宏定义#define PI 3.141592 中,用宏名 PI 代替一个(　　)。

A. 常量　　　　B. 单精度数　　　　C. 双精度数　　　　D. 字符串

(12) 以下关于宏的叙述中正确的是(   )。

    A. 宏名必须用大写字母表示

    B. 宏替换时要进行语法检查

    C. 宏替换不占用运行时间

    D. 宏定义中不允许引用已有的宏名

(13) 以下程序的运行结果是(   )。

```
#define MAX(A,B)  (A)>(B)?(A):(B)
#define PRINT(Y)  printf("Y=%d\t",Y)
int main( )
{
    int a=1,b=2,c=3,d=4,t;
    t=MAX(a+b,c+d);
    PRINT(t);
    return 0;
}
```

    A. Y=3   B. 存在语法错误

    C. Y=7   D. Y=0

(14) 有以下程序：

```
#include <stdio.h>
#define M(x,y,z)  x*y+z
int main( )
{
    int a=1,b=2,c=3;
    printf("%d\n",M(a+b,b+c,c+a));
    return 0;
}
```

程序执行后的输出结果是(   )。

    A. 19   B. 17   C. 15   D. 12

(15) #define 能做简单的替代,用宏替代计算多项式 $4*x*x+3*x+2$ 之值的函数 f,正确的宏定义是(   )。

    A. #define f(x) 4*x*x+3*x+2

    B. #define f   4*x*x+3*x+2

    C. #define f(a) (4*a*a+3*a+2)

    D. #define(4*a*a+3*a+2) f(a)

第11章 复杂数据类型

◇ 学习意义

前面学习的简单数据类型只能定义一些简单的数据信息,如学生的成绩可以用一个整型或浮点型来定义;而对于复杂的数据信息是无法用前面所学的某个单一数据类型来定义的,必须使用C语言中提供的复杂数据类型来定义。复杂数据类型是C语言提供的不同于简单数据类型的又一数据类型,它丰富了C语言对数据信息的处理能力,也为用户编程提供了极大的方便。每一个C语言程序员必须了解和掌握复杂数据类型,否则很多信息的描述无法进行定义,更无法进行处理。其实计算机中的信息表示更多是由复杂数据类型来定义的,像"数据结构"课程中的链表、树、图等都是用复杂数据类型来定义的;而且了解了C语言中的复杂数据类型以后,就可以更好地理解数据库中的记录的含义,也为C++语言中类的概念的理解提供了帮助。

微课视频

◇ 学习目标

(1) 熟练掌握结构体、共用体和枚举数据类型的定义方法;
(2) 熟练掌握结构体、共用体和枚举变量的定义和引用方法;
(3) 掌握结构数组的定义及其应用;
(4) 掌握指向结构的指针的概念及其应用;
(5) 了解线性链表的创建、插入结点、删除结点和撤销结点的算法;
(6) 掌握利用复杂数据类型作为函数参数和返回值的函数定义方法。

◇ 难点提示

(1) 嵌套结构体的成员引用,结构体指针指向的结构体变量成员的引用;
(2) 向函数传递结构体指针的方法;
(3) 结构体、联合体占用内存字节数的理解;
(4) 动态链表的建立、插入、删除等操作的实现。

11.1 复杂数据类型概述

C语言提供的数据类型是比较丰富的,包括整型、浮点型、字符型、数组、指针、空类型等。但这些数据类型只能定义一些简单的数据信息,远远不能满足程序设计的需要。因为有些复杂的数据信息仅靠这些数据类型是无法完整描述的。例如，一个学生的信息包括学号、姓名、性别、年龄、班级、成绩等。原有的数据类型都无法单独描述"学生信息"这种数据类型。

为了增强 C 语言的数据描述能力，C 语言允许程序员定义自己的数据类型。这些数据类型称为复杂数据类型。C 语言对程序员定义的数据类型的复杂度没有限制。

C 语言允许程序员定义的数据类型主要包括结构体、联合体以及枚举类型。本章主要介绍如何定义以及如何使用这三种数据类型。

微课视频

11.2 结构体

在现实生活中，经常会遇到这样的问题，几个数据之间有着密切的联系，它们用来描述一个事物的几方面，但它们并不属于同一数据类型。例如，学生记录可由学号、姓名、性别、年龄、班级、成绩等数据项组成。这些数据项描述了一个学生的几个不同侧面。如果像图 11-1 分开来用独立的变量来表示，很难看出这些数据项之间有什么联系，处理起来也不方便。C 语言提供了一种数据结构，它可以把不同类型数据项（当然也可以是相同类型数据项）组织成一个整体，这就是结构类型。学生记录可用结构类型表示，如图 11-2 所示。

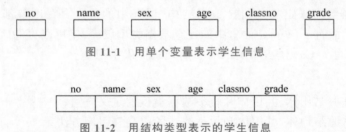

图 11-1　用单个变量表示学生信息

图 11-2　用结构类型表示的学生信息

微课视频

11.2.1 结构体类型的定义

前面讨论的学生信息，可以用一个结构类型来描述。

```c
struct Student_Info
{
    char         no[9];          //学号
    char         name[20];       //姓名
    char         sex;            //性别
    unsigned int age;            //年龄
    unsigned int classno;        //班级
    float        grade;          //成绩
};
```

这里定义了一个结构类型 struct Student_Info，其中，struct 是关键字，用它来表示定义一个结构类型，Student_Info 是结构名。结构体允许把不同类型的数据组织成一个整体。结构体类型的定义格式为：

```
struct [结构体类型名]
{
    数据类型名 1      成员名 1;
    数据类型名 2      成员名 2;
    ...
    数据类型名 n      成员名 n;
};
```

其中:

- struct 是关键字,表示定义一个结构类型,不能省略。
- 结构体类型名必须是合法标识符,不能是关键字;当然也可以省略,表示无名结构体。
- 成员的数量和类型不限,类型可以是基本型,也可以是复杂数据类型,成员间的顺序也不限。
- 整个结构体的定义必须以分号结尾。

例如,下面定义了一个日期的结构体类型。

```
struct Date
{
    int year;         //年
    int month;        //月
    int day;          //日
};
```

在结构体中数据类型相同的成员,既可逐个、逐行分别定义,也可合并成一行定义,就像一次定义多个变量一样。前面的 Student_Info 和 Date 的结构体类型也可以写成下面的形式。

```
struct Student_Info
{
    char         no[9], name[20], sex;       //学号,姓名,性别
    unsigned int age, classno;               //年龄,班级
    float        grade;                      //成绩
};
struct Date
{
    int year, month, day;
};
```

结构体类型是一种构造类型,它由多个其他类型的成员组合而成。与 int、char、float、double 一样只是数据类型的标识符,不过它是由用户自己定义的一种类型标识符。

⚠注意:结构体类型既然是一种数据类型标识符,那么它同前面所介绍的简单数据类型一样,它本身是不需要占用内存单元的,只有用它来定义某个变量时,才会为该变量分配结构类型所需要大小的内存单元。

11.2.2 结构体变量的定义和引用

1. 结构体变量的定义

上面所介绍的仅仅是结构体类型的定义,是一种数据类型的定义,不是变量的定义。与系统定义的基本类型(如 int、char、float 等)一样,结构体类型也可以用来定义变量,这种变量称为结构体变量。定义结构体变量的方法可概括为以下两种。

1) 间接定义法

所谓间接定义法就是先定义结构体类型,再定义结构体变量,其定义的一般格式为:

```
struct 结构体类型名
{
    数据类型名 1      成员名 1;
    ...
    数据类型名 n      成员名 n;
};
struct 结构体类型名 变量名列表;
```

利用前面定义的学生信息结构体类型 Student_Info,可以定义一个相应的结构体变量 student:

struct Student_Info student;

定义这个结构体变量时,系统将为这个变量分配 sizeof(struct Student_Info)字节大小的内存空间,并且按照结构体类型定义中成员的顺序为各个成员安排内存空间,如图 11-3 所示。

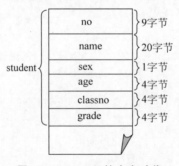

图 11-3　student 的内存映像

> ⚠ **注意**:图 11-3 中结构体变量 student 所占内存空间的大小是否等于各个成员所占内存空间的大小之和与不同的编译环境有关,详细讨论见 11.2.4 节。

程序员也可以一次定义多个结构体类型变量,变量间用逗号分隔。

struct Student_Info student1, student2;

另外,也可以定义指向结构体类型的指针变量,例如:

```
struct Student_Info  * pstu;
```

表示指针变量 pstu 所指向的内存单元的数据类型是 Student_Info 结构体类型。

表 11-1 列出了间接定义法中几种错误的结构体变量的定义方法。

表 11-1　间接定义法中几种错误的结构体变量的定义方法

错误方法一	错误方法二	错误方法三

struct student;	Student_Info student;	struct Point p;
		struct Point
		{
		　　int x, y;
		};

没有结构体类型名	省略 struct 关键字	结构体类型 Point 定义在后

2）直接定义法

所谓直接定义法就是在定义结构体类型的同时，定义结构体变量。其定义的一般格式为：

```
struct [结构体类型名]
{
  数据类型名 1     成员名 1;
  ...
  数据类型名 n     成员名 n;
} 变量名列表;
```

例如，可以按下面的方法直接定义结构体变量 student1 和 student2。

```
struct   Student_Info
{
    char          no[9];
    char          name[20];
    char          sex;
    unsigned int  age;
    unsigned int  classno;
    float         grade;
} student1, student2;
```

或

```
struct            //无名结构体定义变量只能一次
{
    char          no[9];
    char          name[20];
    char          sex;
    unsigned int  age;
    unsigned int  classno;
    float         grade;
} student1, student2;
```

说明：

(1) 结构体类型与结构体变量是两个不同的概念，其区别如同 int 类型与 int 型变量的区别一样。结构体类型不分配内存，而结构体变量分配内存；结构体类型不能赋值、存取和运算，而结构体变量则可以。

(2) 结构体可以嵌套。即结构体中的成员可以是另一结构体类型的变量，也可以是自身类型的指针，但不能是自身类型的变量。

例如，在前面的学生信息中如果将年龄改为生日，则可以用下面的结构类型 Stu_Info 来定义学生信息。

```
struct Stu_Info
{
    char         no[9];          //学号
    char         name[20];       //姓名
    char         sex;            //性别
    struct Date  birthday;       //生日,结构类型 Date 在前面已定义(包含年、月、日)
    unsigned int classno;        //班级
    float        grade;          //成绩
};
```

又如：

```
struct Point
{
    int x, y;
};
struct Img
{
    int tag;
    struct Img * pimg;      //正确,可以包含自身类型的指针
    struct Img img;         //错误,不能包含自身类型的变量
};
```

(3) 结构类型中的成员名，可以与程序中的变量同名，它们代表不同的对象，互不干扰。例如，在程序中可以这样来定义下面的变量，尽管结构体类型 Student_Info 中的成员有 name，但二者不会出现变量重定义。

```
struct Student_Info student;
char name[20];
```

(4) 结构体类型及变量的作用域和生存期与基本类型变量相同。

2. 结构体变量的引用

对于非指针型结构体变量，要通过成员运算符"."逐个访问其成员，其访问的一般格式为：

结构体变量名.成员名

而对于指针型结构体变量来说，一般是通过"->"运算符来访问其成员，当然也可以用"."运算符来访问，其访问的一般格式为：

结构体指针->成员名　或　（*结构体指针）.成员名

其中，"."和"->"是结构体成员引用运算符，是优先级最高的运算符之一，它们与下标运算符"[ ]"和圆括号"( )"是同一个优先级，具有左结合性。

例如：

```
struct Student_Info stu;
struct Student_Info * pstu;
pstu=&stu;                              //指针 pstu 指向 stu
strcpy(stu.name,"zhangMing");           //将"zhangMing"复制到 stu 的 name 成员中
stu.grade=80;                           //对 stu 的成员 grade 赋值为 80
pstu->grade+=10;                        //将 stu 的成员 grade 的值增加 10
printf("%s %f", stu.name,(*pstu).grade);//输出 stu 的成员 name 和 grade 的值
```

⚠ 注意：在利用指针引用结构体成员时，-和>之间不能有空格。

如果某结构体成员本身又是一个结构体类型，则只能通过多级的分量运算，对最低一级的成员进行引用。此时的引用格式扩展为：

结构体变量名.成员名.子成员名.….最低级子成员名

例如：

```
struct Stu_Info stu;
struct Stu_Info * pstu=&stu;
stu.birthday.year=1986;       //对 stu 的结构体类型成员 birthday 的成员 year 赋值
stu.birthday.month=10;        //对 stu 的结构类型成员 birthday 的成员 month 赋值
pstu->birthday.day=12;        //对 stu 的结构类型成员 birthday 的成员 day 赋值
```

几点说明：

（1）结构体变量不能整体引用，只能引用其变量成员。

例如，下面对结构体变量的整体引用都是错误的。

```
struct Student_Info stu1, stu2;
printf("%s %s %c %d %d %f ", stu1);
stu1={"20020306", "ZhangMing", 'M', 18, 1, 90};
if(stu1==stu2)
{
    ...
}
```

（2）可以将一个结构体变量赋值给另一个结构体变量。例如，stu1=stu2;是合法的。

（3）既可引用结构体变量成员的地址，也可引用结构体变量的地址。

例如，可以这样来引用变量的地址：

```
&stu1              //表示结构体变量 stu1 所占内存单元的首地址
&stu1.grade        //表示结构体变量 stu1 的成员 grade 所占内存单元的地址
```

11.2.3 结构体变量的赋值

1. 结构体变量初始化赋值

定义结构体类型时不能对成员赋初始值,但定义结构体变量时可以对变量赋初始值。与结构体变量定义的两种方式相对应,对结构体变量赋初始值也有两种方法。

(1) 先定义结构体类型,再定义结构体变量时赋初始值。其一般格式为:

```
struct 结构体类型名
{ … };
                                    初值表
struct 结构体类型名  变量名={成员1的值,成员2的值,…,成员n的值};
```

⚠️ **注意**:赋初始值时,{ }中间的数据顺序必须与结构体成员的定义顺序一致,否则就会出现混乱。

例如:

```
struct Student_Info stu={"20020306", "ZhangMing", 'M', 18,   1,    90};  //正确
                            ↓            ↓         ↓    ↓    ↓     ↓
                           no          name       sex  age classno grade
struct Student_Info stu={18, "ZhangMing", 'M', "20020306", 1, 90};        //错误
```

从结构体变量初始化的格式可以看出,其初始化与一维数组相似,所不同的是如果某成员本身又是结构体类型,则该成员的初始值必须为一个初值表。例如:

```
struct Stu_Info stu={"20020306", "ZhangMing", 'M', {1986, 12, 10}, 1, 90};
```

(2) 定义结构体类型的同时,定义结构体变量并赋初始值。其一般格式为:

```
struct [结构体类型名]
{
   …
                      初值表
} 变量名={成员1的值,成员2的值,…,成员n的值};
```

例如:

```
struct Date
{
   int year, month, day;
} birthday={1986, 12, 10};
```

或

```
struct
{
    int year, month, day;
} birthday={1986, 12, 10};
```

2. 结构体变量在程序中赋值

如果在定义结构体变量时并未对其赋初始值,那么在程序中要对它赋值的话,就只能一个一个地对其成员逐一赋值,或者用已赋值的同类型的结构体变量对它赋值。

例如:

```
struct Student_Info stu;        //只定义了结构体变量 stu,并未对其赋初始值
//以下通过语句对 stu 的各个成员逐一赋值
strcpy(stu.no, "20020306");
strcpy(stu.name, "ZhangMing");
stu.sex='M';
stu.age=18;
stu.classno=1;
stu.grade=90;
```

如果再定义一个结构体变量 stu1,那么也可以将上面赋值后的 stu 赋值给 stu1。

```
struct Student_Info stu1;
stu1=stu;
```

执行后的结果将是把 stu 的各个成员的值复制给 stu1 对应的成员,相当于执行下列语句:

```
strcpy(stu1.no, stu.no);
strcpy(stu1.name, stu.name);
stu1.sex=stu.sex;
stu1.age=stu.age;
stu1.classno=stu.classno;
stu1.grade=stu.grade;
```

当然也可以用 memcpy 函数来替代,其具体写法为:

```
memcpy(&stu1, &stu, sizeof(struct Student_Info));
```

> ⚠ **注意**:
> - 对结构体变量不可整体赋值。stu1={"20020306","ZhangMing",'M',18,1,90};是错误的语句。
> - 不同结构体类型的结构体变量之间不可用"="号赋值。例如,struct Student_Info stu; struct Date date;则 stu=date;是错误的。

【例 11-1】 计算学生 5 门课的平均成绩、最高分和最低分。

```
1    #include <stdio.h>
2
3    struct score
```

微课视频

```c
4    {
5        float grade[5];
6        float avegrade, maxgrade, mingrade;
7    };
8
9    int main( )
10   {
11       int i;
12       struct score m;
13
14       printf("input the grade of five course:\n");
15       for(i=0; i<5; i++)           //输入5门课的成绩
16         scanf("%f", &m.grade[i]);
17
18       m.avegrade=0;
19       m.maxgrade=m.grade[0];
20       m.mingrade=m.grade[0];
21       for(i=0; i<5; i++)           //求平均分、最高分、最低分
22       {
23         m.avegrade+=m.grade[i];
24         m.maxgrade=(m.grade[i] > m.maxgrade) ? m.grade[i] : m.maxgrade;
25         m.mingrade=(m.grade[i] < m.mingrade) ? m.grade[i] : m.mingrade;
26       }
27       m.avegrade /=5;
28       printf("avegrade=%5.1f maxgrade=%5.1f mingrade=%5.1f\n",
29             m.avegrade, m.maxgrade, m.mingrade);
30       return 0;
31   }
```

运行结果（假设输入5门课的成绩为：75 80 86 90 68）：

avegrade = 79.8   maxgrade = 90.0   mingrade = 68.0

程序解释：

- 程序中定义的结构体类型 score 包含 4 个成员，数组成员 grade 用于存放 5 门课的成绩，成员 avegrade、maxgrade 和 mingrade 分别用于存放平均分、最高分和最低分（第 3～7 行）。

- 第 15 行的 for 循环用于获取 5 门课的成绩，并放在 m 的 grade 成员中。&m.grade[i] 表示取 m 中数组成员 grade 的第 i+1 元素的地址，这里有 3 个运算符（&、. 和 []），其中，. 和 [] 的优先级最高，它们是同等优先级，并且具有左结合性。因此先运算 m.grade，接下来进行下标运算，即 m.grade[i]，最后才进行 & 运算。它们的先后关系如图 11-4 所示。其实只要把 m.grade 看成是数组名，理解起来就不难了。

图 11-4　&m.grade[i] 的运算顺序

11.2.4 结构体变量内存分配问题透析

结构体变量定义以后，系统会为其分配一定大小的内存空间，但分配内存空间的大小与 C 语言程序所处的编译环境有密切的关系。下面就不同编译环境下结构体变量内存分配问题进行详细的介绍。

1. 基于 TC 或 BC 环境下的结构体变量内存分配

请看下面定义的结构体变量。

```
struct MyStruct
{
    double   x;
    char     y;
    int      z;
} a;
```

对结构体变量 a 系统该分配多大的内存空间呢？**在 TC 或 BC 编译环境下，结构体变量所占内存空间的大小等于它所包含的每个成员所占内存空间大小之和**。因此，对于结构体变量 a 来说，其所占内存空间的字节数为：

sizeof(a)＝sizeof(a.x)＋sizeof(a.y)＋sizeof(a.z)＝8＋1＋2＝11(字节)

或

sizeof(struct MyStruct)＝sizeof(double)＋sizeof(char)＋sizeof(int)＝8＋1＋2＝11(字节)

结构体成员内存分配的顺序按照结构体定义中成员定义的顺序来进行，成员之间所占内存空间的地址是连续的。结构体变量 a 的内存分配及大小如图 11-5 所示。

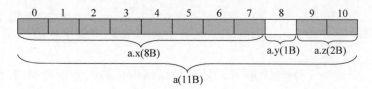

图 11-5　TC 或 BC 下结构体变量 a 的内存分配示意图

> **【思考题 11-1】** 问在 BC 下用 struct Student_Info 定义的变量所占用的内存大小是多少字节？

2. 基于 VC 或 CB 环境下的结构体变量内存分配

在 VC、CB 环境下，结构体变量分配内存的方式与 TC、BC 是不同的，其所占内存空间的大小不一定等于结构体变量所包含的每个成员所占内存空间大小之和。测试上面结构变量 a 的大小时，发现 sizeof(a) 为 16。为什么在 VC、CB 下会得出这样一个结果呢？

其实，这是 VC、CB 对变量存储的一个特殊处理。为了提高 CPU 的存储速度，VC、CB

对结构体中的成员变量的起始地址做了"对齐"处理。在默认情况下,VC、CB 规定各成员变量存放的起始地址相对于结构体的起始地址的偏移量必须为该成员变量类型所占用的字节数的倍数。表 11-2 列出常用类型的对齐方式(VC 6.0、VC 2010、CB 17.12,32 位系统)。

表 11-2　VC、CB 下常用数据类型的对齐方式

类型	对齐方式(变量存放的起始地址相对于结构体的起始地址的偏移量)
char	偏移量必须为 sizeof(char),即 1 的倍数
short	偏移量必须为 sizeof(short),即 2 的倍数
int	偏移量必须为 sizeof(int),即 4 的倍数
long	偏移量必须为 sizeof(long),即 4 的倍数
float	偏移量必须为 sizeof(float),即 4 的倍数
double	偏移量必须为 sizeof(double),即 8 的倍数

在 VC、CB 编译环境下,结构体变量内存分配方式如下:

(1) 结构体变量中各成员变量在存放的时候根据在结构体中出现的顺序依次申请空间,同时按照表 11-2 的对齐方式调整位置,VC、CB 会自动填充空缺的字节。

(2) 为了确保结构体变量所占内存空间的大小为结构体的字节边界数(即该结构体中占用最大空间的类型所占用的字节数)的倍数,所以在为最后一个成员变量申请空间后,还会根据需要自动填充空缺的字节。

下面以前面定义的结构体变量 a 为例来说明 VC、CB 中到底是怎么样来进行结构体变量的内存分配的。

```
struct MyStruct
{
    double  x;
    char    y;
    int     z;
} a;
```

给结构体变量 a 分配空间的时候,VC、CB 会根据成员变量出现的顺序和对齐方式来进行。

首先为第一个成员 x 分配空间,其起始地址跟结构体的起始地址相同(偏移量 0,刚好为 sizeof(double)的倍数),该成员变量占用 sizeof(double)=8 字节。

接下来为第二个成员 y 分配空间,这时下一个可以分配的地址对于结构体的起始地址的偏移量为 8,是 sizeof(char)的倍数,所以把 y 存放在偏移量为 8 的地方满足对齐方式,该成员变量占用 sizeof(char)=1 字节。

再接下来为第三个成员 z 分配空间,这时下一个可以分配的地址对于结构体的起始地址的偏移量为 9,不是 sizeof(int)=4 的倍数,为了满足对齐方式对偏移量的约束问题,VC、CB 自动填充 3 字节(这 3 字节没有放什么东西),这时下一个可以分配的地址对于结构体的起始地址的偏移量为 12,刚好是 sizeof(int)=4 的倍数,所以把 z 存放在偏移量为 12 的地方,该成员变量占用 sizeof(int)=4 字节。

这时整个结构的成员变量都已经分配了空间,总的占用的空间大小为 8+1+3+4=16 字节,刚好为结构体的字节边界数,即结构体中占用最大空间的类型所占用的字节数

sizeof(double)=8 的倍数,所以没有空缺的字节需要填充。整个结构体变量占用内存空间的大小为:sizeof(a)=8+1+3+4=16 字节,其中有 3 字节是 VC、CB 自动填充的,没有放任何有意义的东西。结构体变量 a 的内存分配及大小如图 11-6 所示。

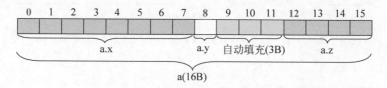

图 11-6 VC、CB 下结构体变量 a 的内存分配示意图

下面再举个例子,交换一下上面的 MyStruct 的成员变量的位置,使它变成下面的情况。

```
struct MyStruct
{
    char    y;
    double  x;
    int     z;
} b;
```

这个结构体占用的空间为多大呢?在 VC、CB 环境下,可以得到 sizeof(b) 为 24。结合上面提到的分配空间的一些原则,分析 VC、CB 是如何为上面的结构体变量 b 分配空间的。

结构体变量定义	内存分配说明
struct MyStruct { char y;	偏移量为 0,满足对齐方式,y 占用 1 字节
double x;	下一个可用的地址的偏移量为 1,不是 sizeof(double)=8 的倍数,需要补足 7 字节才能使偏移量变为 8(满足对齐方式),因此 VC、CB 自动填充 7 字节,x 存放在偏移量为 8 的地址上,它占用 8 字节
int z; } b;	下一个可用的地址的偏移量为 16,是 sizeof(int)=4 的倍数,满足 int 的对齐方式,所以不需要 VC、CB 自动填充,z 存放在偏移量为 16 的地址上,它占用 4 字节

所有成员变量都分配了空间,空间总的大小为 1+7+8+4=20 字节,不是结构体的字节边界数(即结构体中占用最大空间的类型所占用的字节数(sizeof(double)=8)的倍数,所以需要填充 4 字节,以满足结构体变量 b 所占内存空间的大小为 sizeof(double)=8 的倍数。

所以结构体变量 b 所占内存空间总的大小 sizeof(b) 为 1+7+8+4+4=24 字节。其中总的有 7+4=11 字节是 VC、CB 自动填充的,没有放任何有意义的东西。结构体变量 b 的内存分配及大小如图 11-7 所示。

【思考题 11-2】 问在 VC、CB 下用 struct Student_Info 定义的变量所占用的内存大小是多少字节?

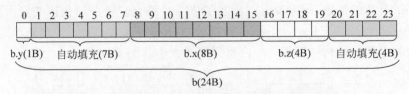

图 11-7 VC、CB 下结构体变量 b 的内存分配示意图

微课视频

11.2.5 简化结构体类型名

一般情况下,在定义结构体类型变量时,结构体类型名前必须有 struct 关键字。这样显得略微有些烦琐,程序员可以利用 typedef 语句为结构体类型起别名,这样可使定义结构体类型的变量显得更为简洁,同时也增加了程序的易读性。

typedef 语句的格式为:

```
typedef   类型名   类型名的别名;
```

其中:
- 类型名必须是已经定义的数据类型名或 C 语言提供的基本类型名。
- 类型名的别名必须是合法的标识符,通常用大写字母来表示。
- typedef 语句要以分号结尾。
- 可以用类型名的别名代替类型名来定义变量。

例如:

```
typedef   int   INTEGER;           //INTEGER 是别名
typedef   char * STRING            //STRING 是别名
struct teacher_info
{
    char name[20], char sex, unit[30];
    unsigned int age, workyears;
    float salary;
};
typedef   struct teacher_info   TEACHER;   //TEACHER 是别名
INTEGER   a;                //相当于 int a;
STRING str;                 //相当于 char * str;
TEACHER t;                  //相当于 struct teacher_info t;
```

如果要为数组取别名,必须在 typedef 语句中将数组的大小写在别名的后面。例如:

```
typedef   char   ARRAY[81];    //ARRAY 是别名
ARRAY str;                     //相当于 char str[81];
```

微课视频

11.2.6 结构体数组

数组元素可以是任意类型的数据。如果数组元素是结构体类型的数据,那么这种数组就是结构体数组。结构体数组的每一个元素都是具有相同结构体类型的下标结构变量。在实际应用中,经常用结构体数组来表示具有相同数据结构的一个群体,如某个年级的学生信息、某个单位的职工信息等。

其实,从某种意义上来讲,结构体数组就相当于一张二维表,一个表的框架对应的就是某种结构体类型,表中的每一列对应该结构体的成员,表中每一行信息对应该结构体数组元素各成员的具体值,表中的行数对应结构体数组的大小。

1. 结构体数组的定义

与结构体变量的定义相似,结构体数组的定义也分为直接定义和间接定义两种方法,只需说明为数组即可。

例如,定义一个结构体数组可使用下面两种形式:

```
struct Student_Info
{
    char         no[9], name[20], sex;      //学号,姓名,性别
    unsigned int age, classno;              //年龄,班级
    float        grade;                     //成绩
} stu[10];                                  //直接定义结构体数组 stu
```

或

```
struct Student_Info stu[10];                //间接定义结构体数组 stu
```

结构体数组 stu 的每个元素所占内存大小为 sizeof(struct Student_Info),其所对应的二维表和内存映射如图 11-8 和图 11-9 所示。

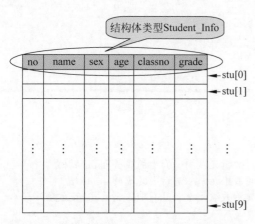
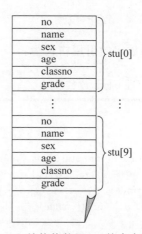

图 11-8　结构体数组 stu 所对应的二维表形式　　图 11-9　结构体数组 stu 的内存映射

2. 结构体数组的初始化

与普通数组一样,结构体数组也可在定义时进行初始化。初始化的格式为:

```
struct 结构体类型名
{  …  };
struct 结构体类型名  结构体数组[size]={{初值表1},{初值表2},…,{初值表n}};
```

或

```
struct [结构体类型名]
{
   …
} 结构体数组[size]={{初值表1},{初值表2},…,{初值表n}};
```

当对结构体数组元素全部初始化时，数组的大小可省略。

例如：

struct Student_Info stu[3]={{"20020306", "ZhangMing", 'M', 18, 1, 90},
                            {"20020307", "WangHai", 'M', 17, 1, 85},
                            {"20020308", "LiHong", 'F', 18, 2, 95}};

又如：

struct Man_Info   //Man_Info 也可省略
{
   char name[20];
   struct Date {int year, int month, int day} birthday;
} man[ ]={ {"ZhangXiang", {1986, 10, 29}}, {"WangFei", {1987, 12, 10}} };

3. 结构体数组的引用

结构体数组的引用格式为：

```
结构体数组名[下标].成员名;
```

例如：

struct Student_Info stu[3];
strcpy(stu[0].name, "WangFei");   //对数组元素 stu[0]中的成员 name 赋值
stu[1].grade++;   //对数组元素 stu[1]中的成员 grade 增1
printf("%s", stu[0].name);   //显示数组元素 stu[0]中的成员 name 的值

4. 结构体数组的应用

【例 11-2】 统计候选人选票。

```
1    #include <stdio.h>
2    #include <string.h>
3
4    struct person
```

```
5    {
6        char name[20];                              //候选人姓名
7        int  count;                                 //得票数
8    } leader[3]={"Li", 0, "Zhang", 0, "Wang", 0};
9
10   int main( )
11   {
12       int  i, j;
13       char leader_name[20];
14
15       while(1)                                    //统计候选人得票数
16       {
17         scanf("%s", leader_name);                 //输入候选人姓名
18         if(strcmp(leader_name, "0")==0)           //输入为"0"结束
19           break;
20         for(j=0; j<3;j++)                         //比较是否为合法候选人
21           if(strcmp(leader_name,leader[j].name)==0)    //合法
22             leader[j].count++;                    //得票数加1
23       }
24
25       for(i=0; i<3; i++)                          //显示候选人得票数
26         printf("%5s : %d\n", leader[i].name, leader[i].count);
27       return 0;
28   }
```

程序解释：

- 程序定义了一个结构体类型 person，其包含两个成员：候选人姓名 name 和得票数 count；以此结构体类型定义了候选人数组 leader，并对它赋了初值（第 4～8 行）。
- main 函数中的第 15～23 行主要是根据输入的候选人的姓名来统计其得票数，其方法是将输入的姓名与结构体数组 leader 中的三个候选人进行比较，如果比较相等，则将其对应的得票数增 1；如果输入的候选人为"0"，则表示输入完毕，这时候退出 while 循环。
- 最后，显示三位候选人的得票情况（第 25～26 行）。

11.3 线性链表

微课视频

1. 线性链表概述及其结构

当一组数据元素形成了"前后"关系时，称为**线性表**。线性表在内存中的存放形式有两种：一种是以数组的形式存放，数组元素在内存中是连续存放的，称为**顺序表**。对于顺序表来说，它的存放形式需要提供地址连续的内存块，当插入或删除一个数据元素时，需要移动其他数据元素；另一种是以线性链表的形式存放。**线性链表**中的数据元素在内存中不需要连续存放，而是通过指针将各数据单元链接起来，就像一条"链子"一样将数据单元前后元素

链接起来。对于线性链表来说,它的存放形式不需要提供连续的内存块,当插入或删除一个数据元素时,不需要移动其他数据元素,因而其实用性更广,具体用途在"数据结构"课程中有详细的介绍。本节主要是从结构和指针的关系出发,来介绍线性链表的建立、检索、插入、删除等基本操作,让读者对结构和指针的应用有一个进一步的认识。

线性链表的逻辑结构如图 11-10 所示。

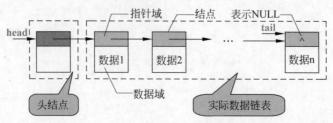

图 11-10　线性链表逻辑结构图

从线性链表的逻辑结构图中可以看出,线性链表的数据单元(又称为结点)包含两个部分:指针域和数据域。数据域用于存放数据,可以是任意数据类型;指针域用于指向下一个数据单元。链表的头结点的数据域不存放有效数据,它的指针域存放实际数据链表的第一个数据单元的地址。尾结点的指针域置为"NULL(空)",作为链表结束的标志。在线性链表中,一般设置一个头指针(head)用于指向头结点和一个尾指针(tail)用于指向链表中最后一个结点。实际数据链表建立之初,head=tail 表示实际数据链表为空,即链表中没有任何有效数据。

线性链表中的结点可以用一个结构体类型来定义,它包含两个域:一个是数据域,用于存放结点的数据;另一个是指针域,用于存放后继结点的地址。其中包含的指针一定是指向自身结构体类型的指针,并且链表中每个结点对应的内存单元通常需要动态内存分配。链表中定义结点的结构体类型的一般格式为:

```
struct 结点结构体类型名
{
  数据成员定义;
  struct 结点结构体类型名 *指针变量名;
};
```

例如,下面定义了一个有关学生成绩的线性链表中结点的结构体类型 Grade_Info,其数据域只包含一个学生成绩的数据成员。

```
struct Grade_Info
{
  int score;
  struct Grade_Info * next;
};
typedef struct Grade_Info NODE;
```

下面将以此结构体类型为例来具体讨论有关线性链表的一些基本操作。

2. 线性链表的基本操作

对链表的基本操作有创建、插入、删除、输出和销毁等。

1) 链表的创建操作

链表创建是指从无到有地建立起一个链表,即往空链表中依次插入若干结点,并保持结点之间的前驱和后继关系。

基本思想:首先创建一个头结点,让头指针 head 和尾指针 tail 都指向该结点,并设置该结点的指针域为 NULL(链尾标志);然后创建一个数据结点,用指针 pnew 指向它,并将实际数据放在该结点的数据域,其指针域置为 NULL;最后将该结点插入到 tail 所指向结点的后面,同时使 tail 指向 pnew 所指向的结点。其具体操作见下面的函数 Create_LinkList,该函数为一指针函数,其返回值为所创建的链表的头指针。

【例 11-3】 链表创建操作函数 Create_LinkList。

微课视频

```
1   NODE * Create_LinkList( )
2   {
3     NODE * head, * tail, * pnew;
4     int score;
5   
6     head=(NODE * )malloc(sizeof(NODE));      //创建头结点
7     if(head==NULL)                            //创建失败,则返回
8     {
9       printf("no enough memory!\n");
10      return(NULL);
11    }
12    head->next=NULL;                          //头结点的指针域置 NULL
13    tail=head;                                //开始时尾指针指向头结点
14  
15    printf("input the score of students:\n");
16    while(1)                                  //创建学生成绩线性链表
17    {
18      scanf("%d", &score);                    //输入成绩
19      if(score < 0)                           //成绩为负,循环退出
20        break;
21      pnew=(NODE * )malloc(sizeof(NODE));     //创建一新的数据结点
22      if(pnew==NULL)                          //创建新结点失败,则返回
23      {
24        printf("no enough memory!\n");
25        return(NULL);
26      }
27      pnew->score=score;                      //新结点数据域放输入的成绩
28      pnew->next=NULL;                        //新结点指针域置 NULL
29  
30      tail->next=pnew;                        //新结点插入到链表尾
31      tail=pnew;                              //尾指针指向当前的尾结点
32    }
33    return(head);                             //返回创建的链表的头指针
34  }
```

线性链表的创建过程如图 11-11 所示(假设输入的成绩为：70 65 78 90 95 85 －1)。

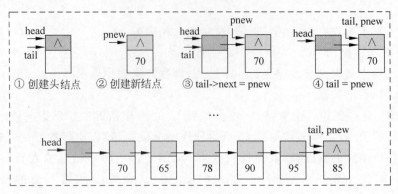

图 11-11　线性链表的创建过程

2) 链表的插入操作

插入操作是指在第 i 个结点 N_i 与第 i+1 结点 N_{i+1} 之间插入一个新的结点 N,使线性表的长度增 1,且 N_i 与 N_{i+1} 的逻辑关系发生如下变化：插入前,N_i 是 N_{i+1} 的前驱,N_{i+1} 是 N_i 的后继；插入后,新插入的结点 N 成为 N_i 的后继、N_{i+1} 的前驱。

基本思想：通过单链表的头指针 head,首先找到链表的第一个结点；然后顺着结点的指针域找到第 i 个结点,最后将 pnew 指向的新结点插入到第 i 个结点之后。插入时首先将新结点的指针域指向第 i 个结点的后继结点,然后再将第 i 个结点的指针域指向新结点。注意顺序不可颠倒。当 i＝0 时,表示头结点。

【例 11-4】　链表插入操作函数 Insert_LinkList。

```
1    //将 pnew 所指向的结点插入到以 head 为头指针的链表的第 i 个结点之后
2    void Insert_LinkList(NODE * head, NODE * pnew, int i)
3    {
4       NODE * p;
5       int j;
6
7       p＝head;
8       for(j＝0; j＜i && p !＝NULL; j＋＋)    //将 p 指向要插入的第 i 个结点
9          p＝p－＞next;
10      if(p＝＝NULL)                          //表明链表中第 i 个结点不存在
11      {
12         printf("the %d node not foundt!\n", i);
13         return;
14      }
15
16      pnew-＞ next＝p-＞ next;                //将插入结点的指针域指向第 i 个结点的后继结点
17      p-＞ next＝pnew;                       //将第 i 个结点的指针域指向插入结点
18   }
```

对于图 11-11 最后所建立的链表,如果要插入一个成绩为 80 的新结点(假设 pnew 指向它)到第 3 个结点后面,则其插入的过程如图 11-12 所示。

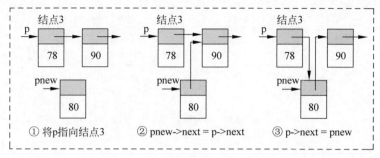

图 11-12　线性链表的插入过程

3）链表的删除操作

删除操作是指删除链表中的第 i 个结点 N_i，使线性表的长度减 1。删除前，结点 N_{i-1} 是 N_i 的前驱，N_{i+1} 是 N_i 的后继；删除后，结点 N_{i+1} 成为 N_{i-1} 的后继。

基本思想：通过单链表的头指针 head，首先找到链表中指向第 i 个结点的前驱结点的指针 p 和指向第 i 个结点的指针 q；然后删除第 i 个结点。删除时只需执行 p->next=q->next 即可，当然不要忘了释放结点 i 的内存单元。注意当 i=0 时，表示头结点，是不可删除的。

【例 11-5】 链表删除操作函数 Delete_LinkList。

```
1    //删除以 head 为头指针的链表的第 i 个结点
2    void Delete_LinkList(NODE * head, int i)
3    {
4      NODE * p, * q;
5      int j;
6
7      if(i==0)                //删除的是头指针,则返回
8        return;
9
10     p=head;
11     for(j=1; j<i && p->next!=NULL; j++)
12       p=p->next;            //将 p 指向要删除的第 i 个结点的前驱结点
13     if(p->next==NULL)       //表明链表中第 i 个结点不存在
14     {
15       printf("the %d node not found!\n", i);
16       return;
17     }
18
19     q=p->next;              //q 指向待删除的结点 i
20     p->next=q->next;        //删除结点 i,也可写成 p->next=p->next->next;
21     free(q);                //释放结点 i 的内存单元
22   }
```

对于图 11-11 最后所建立的链表，如果要删除第 3 个结点，则其删除的过程如图 11-13 所示。

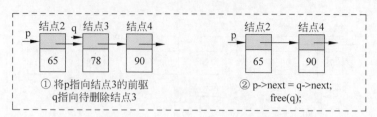

图 11-13 线性链表的删除过程

4) 链表的输出操作

输出操作是指将链表中结点的数据域的值显示出来。如果在输出过程中,对数据进行相应的比较,则可实现对链表的检索操作。

基本思想:通过单链表的头指针 head,使指针 p 指向链表的第一个数据结点,输出其数据值,接着指针 p 又指向下一个结点,输出其数据值,如此进行下去,直到尾结点的数据项输出完为止,即指针 p 为 NULL 为止。

【例 11-6】 链表输出操作函数 Display_LinkList。

微课视频

```
1    void Display_LinkList(NODE * head)
2    {
3        NODE * p;
4
5        for(p=head->next; p!=NULL; p=p->next)
6            printf("%d ", p->score);
7        printf("\n");
8    }
```

5) 链表的销毁操作

销毁操作是将创建的链表从内存中释放掉,达到销毁的目的。

基本思想:每次删除头结点的后继结点,最后删除头结点。注意,不要以为只要删除了头结点就可以删除整个链表,要知道链表是一个结点一个结点建立起来的,所以要销毁它也必须一个一个结点删除才行。

【例 11-7】 链表销毁操作函数 Free_LinkList。

```
1    void Free_LinkList(NODE * head)
2    {
3        NODE * p, * q;
4
5        p=head;
6        while(p->next!=NULL)
7        {
8            q=p->next;
9            p->next=q->next;
10           free(q);
11       }
12       free(head);
13   }
```

3. 线性链表应用举例

前面已经讨论了线性链表的一些基本操作,现在把这些操作组织在一起形成一个完整的程序,读者就可以领略到链表操作所带来的输出结果。

【例 11-8】 建立一个学生成绩的线性链表,然后对其进行插入、删除、显示,最后销毁该链表。

微课视频

```
1   #include <stdio.h>
2   #include <stdlib.h>
3
4   struct Grade_Info
5   {
6     int score;
7     struct Grade_Info * next;
8   }
9   typedef struct Grade_Info NODE;
10
11  NODE * Create_LinkList( );
12  void Insert_LinkList(NODE * head, NODE * pnew, int i);
13  void Delete_LinkList(NODE * head, int i);
14  void Display_LinkList(NODE * head);
15  void Free_LinkList(NODE * head);
16
17  int main( )
18  {
19    NODE * head, * pnew;
20    head=Create_LinkList( );              //创建链表
21    if(head==NULL)                        //创建失败
22      return -1;
23    printf("after create: ");
24    Display_LinkList(head);               //输出链表中的值
25
26    pnew=(NODE *)malloc(sizeof(NODE));    //新建一插入的结点
27    if(pnew==NULL)                        //创建失败,则返回
28    {
29      printf("no enough memory!\n");
30      return -1;
31    }
32    pnew->score=88;
33    Insert_LinkList(head, pnew, 3);       //将新结点插入结点3的后面
34    printf("after insert: ");
35    Display_LinkList(head);               //输出链表中的值
36
37    Delete_LinkList(head, 3);             //删除链表中结点3
38    printf("after delete: ");
39    Display_LinkList(head);               //输出链表中的值
40
41    Free_LinkList(head);                  //销毁链表
42  }
```

运行结果(假设输入的成绩为：70 65 78 90 95 85 —1)：

```
after create: 70 65 78 90 95 85
after insert: 70 65 78 88 90 95 85
after delete: 70 65 88 90 95 85
```

微课视频

【例 11-9】 用线性链表来存储从键盘输入的 num 个整数,要求降序排列。然后删除重复的整数使其只保留一个。例如,输入 8 个整数 9 6 8 9 7 6 5 9,则降序排列为 9 9 9 8 7 6 6 5,删除重复整数后为 9 8 7 6 5。

设计思想：根据题目要求,关键问题有以下两个。

(1) 建立含有 num 个数据结点的有序链表。

可以借鉴插入排序的思想,将每次输入的整数插入到链表正确的位置,以保持降序排列。这里的关键就是如何找到插入的正确位置,我们知道如果在链表中某个结点 N_i 的后面插入一个新的结点,那么就必须找到指向结点 N_i 的指针,其具体方法如下。

① 定义三个指针变量 pf、p、pnew。其中,p 用于指向当前比较的结点,pf 用于指向 p 所指结点的前驱结点,pnew 用于指向新建的数据结点。

② 对每次输入的整数 data 建立一个由指针 pnew 指向的新数据结点。

③ 找新数据结点要插入的位置。让 pf 指向链表的头结点,p 指向第一个数据结点(见图 11-14 中的①),如果 p 不为 NULL 并且其所指结点的值大于 data,则让 pf 指向 p 所指的结点,p 指向 p 所指结点的后继结点(见图 11-14 中的②),继续比较,直到 p 为 NULL 或其所指结点的值不大于 data 时则找到了插入位置,即将 pnew 所指的新数据结点插入到 pf 所指结点的后面(见图 11-14 中的③)。图 11-14 给出了将 pnew 所指向值为 8 的数据结点插入到有序链表的过程。

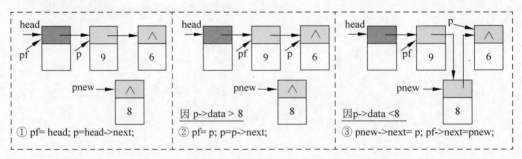

图 11-14 将值为 8 的数据结点插入到有序链表的过程

(2) 删除链表中重复结点。

因为是有序链表,值相同的数据结点一定是连续的,因此可以定义两个指针 p 和 q,p 指向值相同的第一个数据结点,q 指向 p 的后继结点,反复比较 q 所指结点的值与 p 所指结点值是否相等,如果相等,则删除 q 所指的数据结点,然后 q 指向下一个结点,继续与 p 所指结点的值比较,直到 q 为空或 q 所指结点的值不等于 p 所指结点的值为止。接下来 p 指向下一个数据结点,重复上述操作,直到 p 为空为止。图 11-15 给出了在有序链表中删除值为 9 的重复结点的过程。

第11章 复杂数据类型

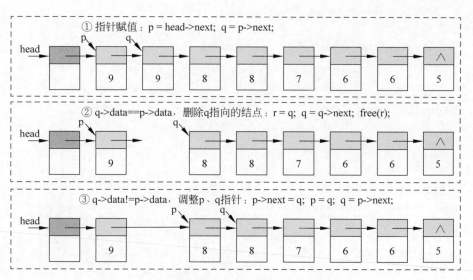

图 11-15　有序链表中删除值为 9 的数据结点过程

具体程序如下：

```
1    #include <stdio.h>
2    #include <malloc.h>
3
4    struct LNode                                    //定义链表结点结构体类型
5    {
6      int data;
7      struct LNode *next;
8    };
9    typedef struct LNode NODE;
10
11   NODE *Create_LinkList_Order();
12   void Delete_LinkList_Order(NODE *head);
13   void Display_LinkList_order(NODE *head);
14   void Free_LinkList_order(NODE *head);
15
16   int main()
17   {
18     NODE *head;
19
20     head=Create_LinkList_Order();                 //创建有序链表,头指针为 head
21     if(head==NULL)                                //创建失败,则返回
22       return -1;
23     printf("Created ordered linked list: ");      //输出创建后有序链表中的值
24     Display_LinkList_order(head);
25
26     Delete_LinkList_Order(head);                  //删除有序链表中重复结点
27     printf("After deleting duplicate nodes: ");   //输出删除重复结点后有序链表中的值
28     Display_LinkList_order(head);
```

```
29
30      Free_LinkList_order(head);              //销毁链表
31      return 0;
32  }
33
34  NODE * Create_LinkList_Order( )             //创建降序排列的有序链表
35  {
36      NODE * head, * pf, * p, * pnew;
37      int i, num, data;
38
39      //创建头结点
40      head=(NODE * )malloc(sizeof(NODE));
41      if(head==NULL)                          //创建失败,则返回
42      {
43        printf("no enough memory!\n");
44        return(NULL);
45      }
46      head->next=NULL;                        //头结点的指针域置 NULL
47
48      printf("input the number of integers: ");//提示输入整数个数
49      scanf("%d", &num);
50      printf("input %d integers: ", num);      //提示输入 num 个整数
51
52      //将每次输入的数据插入到有序链表中
53      for(i=0; i < num; i++)
54      {
55        //为输入的整数创建一个由 pnew 指向的新数据结点
56        scanf("%d", &data);                   //输入整数
57        pnew=(NODE * )malloc(sizeof(NODE));    //创建一新数据结点
58        if(pnew==NULL)                        //创建新结点失败,则返回
59        {
60          printf("no enough memory!\n");
61          return(NULL);
62        }
63        pnew->data=data;
64        pnew->next=NULL;
65
66        //找新数据结点要插入的位置(即前驱结点的指针 pf)
67        pf=head;                              //pf 为前驱结点指针
68        p=head->next;                         //p 为当前结点指针
69        while(p !=NULL && p->data > data)
70        {
71          pf=p;
72          p=p->next;
73        }
74
75        //将 pnew 所指的新结点插入到 pf 所指结点的后面
76        pnew->next=p;
```

```
77        pf->next=pnew;
78     }
79     return(head);      //返回创建的链表的头指针
80  }
81
82  void Delete_LinkList_Order(NODE *head)    //删除有序链表中的重复结点
83  {
84     NODE *p, *q, *r;
85
86     p=head->next;  //p指向第一个数据结点
87     while(p!=NULL)
88     {
89        //删除与p所指结点数据值相同的后继结点
90        for(q=p->next; q!=NULL && q->data==p->data; )
91        {
92           r=q;                              //r指向重复结点
93           q=q->next;                        //q指向下一个后继结点
94           free(r);                          //删除重复结点
95        }
96        p->next=q;                           //调整p所指结点的后继
97        p=q;                                 //p指向下一个结点
98     }
99  }
100
101 void Display_LinkList_order(NODE *head)    //显示链表中的数据域的值
102 {
103    NODE *p;
104
105    for(p=head->next; p!=NULL; p=p->next)
106       printf("%d ",p->data);
107    printf("\n");
108 }
109
110 void Free_LinkList_order(NODE *head)       //销毁链表
111 {
112    NODE *p, *q;
113
114    p=head;
115    while(p->next!=NULL)
116    {
117       q=p->next;
118       p->next=q->next;
119       free(q);
120    }
121    free(head);
122 }
```

运行结果：

```
input the number of integers: 8↙
input 8 integers: 9 6 8 9 7 6 5 9↙
Created ordered linked list: 9 9 9 8 7 6 6 5
After deleting duplicate nodes: 9 8 7 6 5
```

程序解释：

- 程序的开头定义了链表结点结构体类型 NODE(第 4～9 行)。在 main 函数中首先通过调用自定义函数 Create_LinkList_Order()创建了头指针为 head 的有序链表，然后将新创建的链表中结点的值显示出来(第 20～24 行)，接着再通过调用自定义函数 Delete_LinkList_Order()删除链表中的重复结点，最后将已删除重复结点的链表中结点的值显示出来(第 26～28 行)。最后将链表进行销毁。

- 自定义函数 Create_LinkList_Order( )其功能是创建降序排列的有序链表。首先创建头结点，如果创建失败，则返回(第 40～46 行)，对于输入的每一个整数均创建一个 pnew 指向的新数据结点(第 55～64 行)，然后找新数据结点要插入的位置(即前驱结点的指针 pf)(第 67～73 行)，最后将 pnew 所指的新结点插入到 pf 所指结点的后面(第 76～77 行)。

- 自定义函数 Delete_LinkList_Order()的功能是删除有序链表中的重复结点。因为有序链表中结点值相同的结点一定是连续的，删除结点值相同的连续结点的方法是：让指针 p 指向第一个数据结点，指针 q 指向其后继结点，只要 q 指向结点的值与 p 指向结点的值相等，则为重复结点，删除 q 所指结点，q 指向下一个结点，如此循环下去，直到 q 为空或其结点的值与 p 所指结点的值不等为止(第 87～98 行)。

- 自定义函数 Display_LinkList_order()的功能是对通过指针 p 对链表进行遍历，显示链表中结点的值(第 101～108 行)。

- 自定义函数 Free_LinkList_order()的功能是将动态生成的链表进行销毁。其结点释放的顺序是从左到右先释放数据结点，最后释放头结点(第 110～121 行)。

11.4 联合体

联合体也是一种构造数据类型。它提供了一种可以把几种不同类型的数据存放于同一段内存的机制。这种使几个不同的变量占用同一段内存空间的结构称为**联合体**。联合体的各成员相互覆盖，不能同时引用。

微课视频

11.4.1 联合体类型的定义

联合体类型的定义格式与结构体类型的定义格式基本相同，仅是关键字不同。结构体用 struct，联合体用 union。联合体类型的定义格式为：

```
union [联合体类型名]
{
    数据类型名 1      成员名 1;
    数据类型名 2      成员名 2;
    ...
    数据类型名 n      成员名 n;
};
```

例如,下面定义了一个联合体类型。

```
union UData
{
    short i;
    char ch;
    float f;
};
```

联合体 UData 包含三个成员,它们使用同一地址的内存,如图 11-16 所示。联合体的内存空间的大小由占据最大内存空间成员所占的空间数决定。UData 的成员中,f 所占内存空间最大,占 4 字节的内存,因此,UData 的大小也是 4,即 sizeof(union UData)＝sizeof(f)。

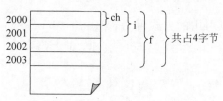

图 11-16　UData 的内存映射

⚠ **注意**：像结构体类型定义一样,联合体类型定义时是不分配内存单元的,只有在定义联合体类型变量时才分配内存单元。

与结构体类型相比较,结构体类型中的每一个成员都占有各自的内存单元,而联合体类型中的成员则共享同一内存单元。如前面定义的联合体类型,如果定义为结构体,则其内存映射方式如图 11-17 所示(在 VC、CB 下)。

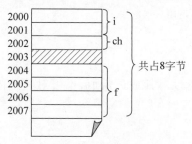

```
struct SData
{
    short i;
    char ch;
    float f;
};
```

图 11-17　SData 的内存映射

可见结构体 SData 的大小为 8 字节。

11.4.2　联合体变量的定义和引用

1. 联合体变量的定义

像结构体变量的定义一样,联合体变量的定义也有间接定义和直接定义两种方式。表 11-3 通过实例说明了联合体变量定义的几种方法。

表 11-3　联合体变量定义的几种形式

间 接 定 义	直 接 定 义	

union UData
{
　short i;
　char ch;
　float f;
};
union UData data, d[10];
	union UData
	{
	　short i;
	　char ch;
	　float f;
	} data, d[10];
		union
		{
		　short i;
		　char ch;
		　float f;
		} data, d[10];

2. 联合体变量的引用

对联合体成员的引用格式与对结构体成员的引用格式相同，如果通过联合体变量来引用成员，则要使用"."，如果是通过联合体指针来引用成员，则要使用"->"。例如：

　　union UData data, * p, d[10];

则其引用的方式可为：data.i，data.ch，data.f，p->i，p->ch，p->f，(*p).i，(*p).ch，(*p).f，d[0].i，d[0].ch，d[0].f 等。

微课视频

11.4.3　联合体变量的赋值

1. 联合体变量的赋初始值

定义联合体变量时可以对变量赋初始值，但只能对变量的第一个成员赋初始值，不可像结构体变量那样对所有的成员赋初始值。例如：

```
union UData data={10};              //10 赋给成员 i
union UData data={'A'};             //'A'赋给成员 i,即 i 的值为 65('A'的 ASCII 码)
union UData data={10,'A',12.5};     //错误,{}中只能有一个值
union UData data=10;                //错误,初始值必须用{}括起来
```

2. 联合体变量在程序中赋值

定义了联合体变量以后，如果要对其赋值，则只能通过对其成员赋值，不可对其整体赋值。例如：

```
union UData data, * p, d[10];
data={10};                //错误
data=10;                  //错误
data.i=10;                //正确,将 10 赋给 data 的成员 i
p=&data;                  //p 指向 data
p->f=12.5;                //正确,将 12.5 赋给 data 的成员 f
d[0].ch='A';              //正确,将'A'赋给 d[0]的成员 ch
```

像相同结构体类型的变量之间可以彼此赋值一样，具有相同联合体类型的变量之间也可以相互赋值。例如：

```
union UData data1={10}, data2;
data2=data1;                    //正确
```

几点说明：

（1）由于联合体变量的各成员共享同一地址的内存单元，所以在对其成员赋值的某一时刻，存放的和起作用的将是最后一次存入的成员值。例如：

```
union UData data;
data.i=10;  data.ch='A';  data.f=12.5;
```

则 data.f 的值才是有效的成员的值。

（2）对联合体变量的某个成员赋值时，也改变了其他成员的值，因为它们共享一个内存地址。例如：

```
union UData data;
data.i=10;  data.ch='A';
```

则 data 的成员 i 的值将变为 65（'A'的 ASCII 码值）。

（3）由于联合体变量所有成员共享同一内存空间，因此联合体变量与其各成员的地址相同。例如：

```
union UData data;
```

则 &data 与 &data.i、&data.ch、&data.f 均相同。

【例 11-10】 共用体成员间的相互影响。

微课视频

```
1   #include <stdio.h>
2
3   int main( )
4   {
5       union
6       {
7           long  L;
8           short a;
9           char ch;
10      } d={0xFFF11241};
11
12      printf("d.ch=%c   d.a=%X   d.L=%X\n", d.ch, d.a, d.L);
13      d.a++;
14      printf("d.ch=%c   d.a=%X   d.L=%X\n", d.ch, d.a, d.L);
15      return 0;
16  }
```

运行结果：

```
d.ch=A   d.a=1241   d.L=FFF11241
d.ch=B   d.a=1242   d.L=FFF11242
```

程序解释：

- 程序中定义了联合体变量 d，它包含 3 个成员，分别是 long 型、short 型和 char 型数据，并对其成员 L 赋了初始值 0XFFF11241。注意，long 型数据的低字节存放在低地址位置，int 型数据的低字节也是放在低地址位置。变量 d 的内存映射如图 11-18 所示。
- 从图 11-18 可以看出，当 d.L 的值是 0XFFF11241 时，d.a 值是 0X1241，d.ch 的值是 0X41（即 'A' 字符）。
- 程序的第 13 行，对 d.a 加 1，d.a 的值就为 0X1242。这时 d.ch 的值是 0X42（即 'B' 字符），d.L 的值是 0xFFF11242。

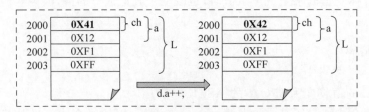

图 11-18　联合体变量 d 的内存映射

微课视频

【例 11-11】　设有一个教师与学生通用的表格，教师数据有姓名、年龄、身份、教研室四项。学生有姓名、年龄、身份、班级四项。编程输入人员数据，再以表格输出。

```
1    #include <stdio.h>
2
3    struct Stu_Tea
4    {
5       char   name[10];              //姓名
6       int    age;                   //年龄
7       char   job;                   //身份 s--表示学生，t--表示教师
8       union
9       {
10          int classno;              //学生班级号
11          char office[10];          //教师教研室名
12      } depart;
13   };
14
15   int main( )
16   {
17      struct Stu_Tea body[2];
18      int i;
19
20      for(i=0; i<2; i++)            //输入学生或教师信息
21      {
22         printf("input name,age,job and department\n");
23         scanf("%s %d %c", body[i].name, &body[i].age, &body[i].job);
24         if(body[i].job=='s')       //是学生，输入班级号
25             scanf("%d", &body[i].depart.classno);
```

```
26        else       //是教师,输入教研室名
27            scanf("%s", body[i].depart.office);
28      }
29
30      printf("name\tage job class/office\n");   //显示输入的学生、教师信息
31      for(i=0; i<2; i++)
32      {
33        if(body[i].job=='s')
34            printf("%s\t%3d %3c%d\n", body[i].name, body[i].age, body[i].job,
35                                                body[i].depart.classno);
36        else
37            printf("%s\t%3d %3c %s\n", body[i].name, body[i].age, body[i].job,
38                                                body[i].depart.office);
39      }
40      return 0;
41  }
```

程序解释:

- 程序开始定义了一个结构体类型 Stu_Tea,共有四个成员,其中成员项 depart 是一个联合体类型,这个联合体又由两个成员组成,一个为整型量 classno,一个为字符数组 office(第 3~13 行)。
- 在 main 函数中,定义了一个结构体数组 body,用于存放学生或教师信息(第 17 行)。
- 在程序的第一个 for 语句中,输入人员的各项数据,先输入结构体前三个成员 name、age 和 job,然后判别 job 成员项,如为"s"则对联合体成员 depart.class 输入(对学生赋班级编号),否则对 depart.office 输入(对教师赋教研组名)(第 20~28 行)。
- 在用 scanf 语句输入时要注意,凡为数组类型的成员,无论是结构体成员还是联合体成员,在该项前不能再加"&"运算符。如程序第 23 行中 body[i].name 是一个数组类型,第 27 行中的 body[i].depart.office 也是数组类型,因此在这两项之间不能加"&"运算符。
- 程序中的第二个 for 语句用于输出各成员项的值(第 30~39 行)。

11.5 位域

微课视频

对结构体或联合体中的成员访问只能是该成员所对应的整个内存单元。但是,如果要访问结构体或联合体中的成员所对应内存单元的若干位,则必须要将结构体或联合体中的成员定义成位域成员。所谓**位域成员**就是只占有有限几位的结构体或联合体成员。位域成员是特殊的成员,它必须是整型或字符型变量(char、short、int、long),但它可以只占有一个整型数据的某几位。

在定义结构体或联合体类型时,只要在成员后面加上":位数",就将这个成员定义成为位域成员。例如:

```
struct BitStruct
{
    char    a : 4;
    short   b : 4;
    unsigned long c : 7;
    short d : 1;
} word;
```

那么变量 word 可用单元的大小是 16 位,即 2 字节,而不是 12 字节(sizeof(word)为 12),因为它的成员 a、b、c、d 都是位域成员。计算机将按这些位域成员的先后顺序在内存中从低位到高位分配在 2 字节中。word 的内存映射如图 11-19 所示。

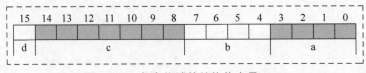

图 11-19　包含位域的结构体变量 word

如果在定义结构体或联合体时,不提供位域成员的成员名,这种位域称为匿名位域。匿名位域仍占有相应的位数,但程序无法访问这个位域。例如:

```
struct BitStruct
{
    char  a : 4;
    short : 4;           //匿名位域
    unsigned long c : 7;
    short d : 1;
} word;
```

变量 word 中包含一个占 4 位的匿名位域,这时 word 的内存映射如图 11-20 所示。

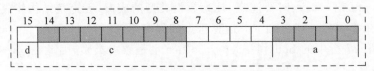

图 11-20　包含匿名位域的结构体变量 word

对位域成员的引用方法与结构体或联合体成员引用方法一样,用"."或"->"来引用这些成员。

> ⚠ **注意**:位域在本质上就是一种结构类型,不过其成员是按二进位分配的。不能对位域成员取地址。例如,&word.a 是错误的。

【例 11-12】　位域的应用。

```
1    #include <stdio.h>
2
3    struct MyStruct
4    {
```

```
5       unsigned char a : 1;
6       unsigned char b : 5;
7       unsigned short c : 10;
8    };
9
10   union MyUnion
11   {
12      unsigned short   x;
13      struct MyStruct y;
14   };
15
16   int main( )
17   {
18      union MyUnion m={(unsigned short)0XFFF1};
19
20      printf("m.y.a=%u\n", m.y.a);
21      printf("m.y.b=%u\n", m.y.b);
22      printf("m.y.c=%u\n", m.y.c);
23      m.y.b=0;
24      printf("m.x=%X\n", m.x);
25      return 0;
26   }
```

运行结果：

m.y.a = 1
m.y.b = 24
m.y.c = 0
m.x = FFC1

程序解释：

- 程序中定义了两个复杂数据类型，一个是结构体 MyStruct(第 3～8 行)，一个是联合体 MyUnion(第 10～14 行)。结构体 MyStruct 的三个成员均为位域成员，它们共占 16 位。MyUnion 包含两个成员，一个是短整型变量 x，另一个是 MyStruct 型变量 y。MyUnion 中的 x 和 y 共用 2 字节的内存。

- main 函数定义了一个 MyUnion 型的变量 m，并对 m 赋初值为 0XFFF1，这样 m.x 的初值就是 0XFFF1。

- 由于成员 x 和 y 共用 2 字节的内存，a 可存取这 16 位的最低 1 位数据，因此，m.y.a 的值是 1，b 可存取这 16 位的第 1～5 位的数据，因此 m.y.b 的值是 24，而对于 c 来说，**在 VC、CB 下因为 c 的数据类型是 short，与 a 和 b 的数据类型 char 不一致，所以 c 不可存取这 16 位的第 6～15 位的数据，而是其默认值为 0**。m 的内存映射如图 11-21 所示。

- 程序中的第 23 行对 m.y.b 赋值为 0，则 m.x 第 1～5 位为 0，所以 m.x 的值是 0XFFC1。

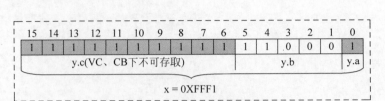

图 11-21 联合体 m 的内存映射

> ⚠️ **注意：**
> - 在 VC、CB 下，y.c 不可读取 x 的高 10 位数据，如果对 y.c 进行了改变，也不会影响 x 的值，就好像 y.c 与 x 无关一样。
> - 为了避免某些位域字段不可读取现象，一般将位域成员的数据类型定义为同一数据类型。例如，将程序中的第 5、6 行 a 和 b 的数据类型改为 unsigned short，则 22 行执行结果为：m.y.c=1023。

❓【思考题 11-3】 如果将例 11-12 中的第 6 行改为 unsigned int b : 5;问程序运行的结果有何不同？写出运行结果。

微课视频

11.6 枚举类型变量的定义和引用

如果一个变量只有几种可能的值，可以把它定义成枚举类型。所谓"枚举"，顾名思义，就是把这种类型数据可取的值一一列举出来。一个枚举型变量取值仅限于列出值的范围。枚举数据类型通常的定义形式为：

```
enum  枚举类型名
{
    枚举元素表
};
```

其中：
- enum 是关键字。
- 枚举类型名必须是合法的标识符。
- 枚举元素表由多个标识符组成，标识符之间用逗号分隔。这些标识符通常是枚举型数据的值的名字。为了与符号常量相区别，值名通常用小写字母命名。
- 最后要用分号结尾。

例如，可以定义表示日期的枚举类型 weekday：

enum weekday {sun, mon, tue, wed, thu, fri, sat};

接下来可以用 enum weekday 来定义变量，例如：

enum weekday today, nextday;

第11章 复杂数据类型

C语言也允许在定义枚举类型的同时定义枚举变量，例如：

enum weekday {sun, mon, tue, wed, thu, fri, sat} today, nextday;

这样，变量 today 和 nextday 就具有 enum weekday 类型，它们的取值只能是 sun、mon、……、sat 这 7 种可能，而不能是其他的值。例如，下面的用法都是正确的。

today＝sun；
nextday＝mon；
if(today＝＝sat)
　　nextday＝sun；

但 today＝100；则是错误的。

C语言编译时对枚举元素实际上按整型常量处理，当遇到枚举元素列表时，编译程序就把其中第 1 个标识符赋 0 值，第 2 个、第 3 个、……、第 n 个标识符依次赋 1,2,…,n−1。因此当枚举值赋给枚举变量时，该变量实际得到一个整数值。例如：

today＝sun；

是将值 0 赋给 today，而不是将字符串"sun"赋给 today，赋值后

printf("today＝%d", today)；

的输出结果将是：today＝0。

程序员也可以在枚举类型定义时指定枚举元素的值，例如：

enum weekday {sun＝7, mon＝1, tue, wed, thu, fri, sat}；

这时 sun 的值是 7，mon 的值是 1，而 tue 以后各元素的值，从 mon 开始，每次递增 1，即 tue 的值为 2，wed 的值为 3……如果不写 mon＝1，则 mon 的值为 8，tue 的值为 9，以此类推。

⚠️ **注意**：枚举元素是常量，在程序中不可对它赋值。例如，sun＝0；mon＝1；将产生错误。

既然枚举值就是整型值，那么它有什么存在的必要呢？至少有两个原因，一个是用标识符表示数值增加了程序的可读性，例如：

if(today＝＝sat)
　　nextday＝sun；

就比

if(today＝＝6)
　　nextday＝0；

清楚多了。另一个更重要的原因是它限制了变量的取值范围。如现在 today 只能取 sun～sat 中的值。

【例 11-13】 荷兰国旗问题。这是荷兰人 Dijkstra 提出的问题，荷兰国旗由红、白、蓝三色组成，现有 N 个桶，每个桶中放一个小球，小球是红的或白的或蓝的，要求把这些小球重新排列，使红的排在前面，然后是白的，最后是蓝的，并且规定每个桶只能看一次，当然要允许两个球交换。

微课视频

设计思想：用一个具有 N 个元素的数组来表示 N 个桶，数组中每个元素的值表示小球的颜色，则其取值只能是红、白、蓝三种。下面通过图来分析这个问题的解法。图 11-22 给出了一般数组的情况。

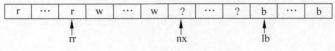

图 11-22　荷兰国旗问题

这时数组元素已分成为四部分：已知红色(r)、已知白色(w)、已知蓝色(b)和未检查(?)四类。三个指针表示最右边的红色(rr)、最左边的蓝色(lb)和要检查的下一个元素(nx)。

程序执行时，每次检查 nx 所指的值，如是白色(w)只需将 nx 加 1，如是红色(r)，可把它与 rr 的下一个元素互换，可先使 rr 加 1，然后互换 rr 和 nx 所指的元素，最后把 nx 加 1，因为换过来的是白色。如果 nx 指的是蓝色，可以先把 lb 减 1，然后互换 nx 与 lb 位置的元素，这个蓝色值放到新的 lb 处。

由于是用数组来处理这个问题，所以 rr、lb、nx 都表示为下标。很明显，在没有排序之前，rr 应在数组元素之前，lb 应在数组元素之后，可以表示为 -1 和 n。

由于运算元素只有红、白、蓝三种值，因此可以用枚举类型来实现它，程序如下：

```
1    #include<stdio.h>
2
3    enum color {red, white, blue};
4
5    int main( )
6    {
7      static enum color flag[20]=
8              {white, red, red, blue, white, red, blue, blue, white, blue,
9               red, red, white, red, blue, white, blue, red, blue, white};
10     enum color temp;
11     int rr, lb, nx, i;
12
13     rr=-1;
14     lb=20;
15     nx=0;
16     while(nx!=lb)
17       switch(flag[nx])
18       {
19         case red:    rr++;
20                      temp=flag[nx];
21                      flag[nx]=flag[rr];
22                      flag[rr]=temp;
23                      nx++;
24                      break;
25         case white:  nx++;
26                      break;
```

```
27        case blue:   lb--;
28                     temp=flag[nx];
29                     flag[nx]=flag[lb];
30                     flag[lb]=temp;
31                     break;
32        }     //switch
33
34   for(i=0; i<20; i++)         //显示结果
35     switch(flag[i])
36     {
37        case red:    putchar('r');
38                     break;
39        case white:  putchar('w');
40                     break;
41        case blue:   putchar('b');
42                     break;
43     }
44   return 0;
45 }
```

11.7 复杂数据类型应用综合举例

微课视频

复杂数据类型的应用非常广泛,结构体类型的应用更是如此。因为现实世界中很多信息都是一些基本信息的综合体,要表示这类信息,必须要用到结构体类型,否则对这类信息的处理将变得非常复杂,甚至无法进行处理。下面的实例是一个非常有代表性的程序,它所包含的知识从某种意义上来说是对前面所学的核心内容的集中体现,主要知识包括:

- 结构体类型的定义及应用;
- 枚举类型的定义及应用;
- 结构体指针(或结构体数组)的应用;
- 二级指针的应用;
- 结构体指针作为函数参数;
- 返回结构体指针的函数;
- 二级指针与动态内存分配;
- 动态内存的释放;
- 结构体数组的排序方法等。

读者通过认真阅读,一定会领悟到 C 语言编程的一些方法和技巧。

【例 11-14】 输入 n 个学生的基本信息,然后对学生信息按成绩从高到低进行排序,并将排序后的结果输出。

设计思想:问题的关键是如何定义存储结构来存放 n 个学生的基本信息。可以这样来定义,先根据输入的学生人数 n,来动态生成一个结构体指针数组 pstu,然后分别为结构体数组的每一个元素 pstu[i]（即指向学生结构体的指针）动态建立一个学生的结构体信息。对学生信息按照成绩从高到低进行排序可通过选择排序来完成，交换时只需交换指针数组中的元素（即地址交换）来完成，排序完毕 pstu[0] 指向的学生成绩最高，pstu[1] 指向的学生成绩次高，…，pstu[n−1] 指向的学生成绩最低。结构体指针数组与学生基本信息关系图如图 11-23 所示。

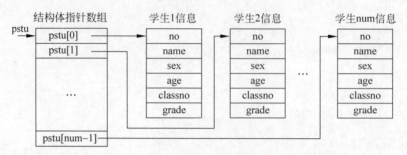

图 11-23　结构体指针数组与学生基本信息关系图

具体程序如下：

```
1    #include <stdio.h>
2    #include <stdlib.h>
3
4    enum SEX {man,female};
5    struct Student_Info
6    {
7       char         no[9];              //学号
8       char         name[20];           //姓名
9       enum SEX     sex;                //性别
10      unsigned int age;                //年龄
11      unsigned int classno;            //班级
12      float        grade;              //成绩
13    };
14    typedef struct Student_Info STUDENT;
15
16    STUDENT * GetStuInfo(int i);
17    void SortStuInfo(STUDENT ** pstu, int num);
18    void FreeMemory(STUDENT ** pstu, int num);
19
20    int main( )
21    {
22       STUDENT ** pstu;
23       int i, num;
24
25       printf("input the number of the students: ");    //输入学生人数
26       scanf("%d", &num);
27       if(num <=0)                                       //人数小于或等于零，返回
28          return −1;
29       //动态建立结构体指针数组
```

```
30      pstu=(STUDENT **)malloc(num * sizeof(STUDENT *));
31      if(pstu==NULL)            //分配失败,返回
32      {
33        printf("not enough memory!\n");
34        return -1;
35      }
36
37      //建立每个学生信息的记录
38      for(i=0; i < num; i++)
39      {
40        pstu[i]=GetStuInfo(i);
41        if(pstu[i]==NULL)        //分配内存失败
42        {
43          printf("not enough memory!\n");
44          FreeMemory(pstu, i);   //释放前面分配的内存
45          return -1;
46        }
47      }
48
49      SortStuInfo(pstu, num);     //对学生信息按分数从高到低排序
50
51      printf("\n============sort result===============\n");
52      for(i=0; i < num; i++)      //显示排序后的结果
53        printf("%12s%20s%9s%5d%5d%8.1f\n", pstu[i]->no, pstu[i]->name,
54              (pstu[i]-> sex==man) ? "man" : "female",pstu[i]-> age,
55                    pstu[i]-> classno, pstu[i]-> grade);
56
57      FreeMemory(pstu, num);      //释放动态分配的内存
58      return 0;
59  }
60
61  //输入学生信息
62  STUDENT * GetStuInfo(int i)
63  {
64      STUDENT * p;
65      char sex;
66
67      p=(STUDENT *)malloc(sizeof(STUDENT));
68      if(p==NULL)
69        return NULL;
70      printf("\n====input %dth student's information====\n", i+1);
71      printf("no: ");
72      scanf("%s", p-> no);
73      printf("name: ");
74      scanf("%s", p-> name);
75      fflush(stdin);              //清除键盘缓冲区
76      while(1)
77      {
78        printf("sex(M,F): ");
```

```
79          scanf("%c", &sex);
80          if(sex=='M' || sex=='F')
81             break;
82          fflush(stdin);
83       }
84       p->sex=(sex=='M') ? man : female;
85       printf("age: ");
86       scanf("%d", &p->age);
87       printf("classno: ");
88       scanf("%d", &p->classno);
89       printf("grade: ");
90       scanf("%f", &p->grade);
91       return(p);
92   }
93
94   //对学生信息按分数从高到低排序
95   void SortStuInfo(STUDENT ** pstu, int num)
96   {
97       STUDENT * p;
98       int i, j, k;
99       for(i=0; i < num-1; i++)
100      {
101         k=i;
102         for(j=i+1; j < num; j++)
103            if(pstu[j]->grade > pstu[k]->grade)
104               k=j;
105         if( k !=i)
106         {
107            p=pstu[i];
108            pstu[i]=pstu[k];
109            pstu[k]=p;
110         }
111      }
112  }
113
114  //释放动态分配的内存
115  void FreeMemory(STUDENT ** pstu, int num)
116  {
117      int i;
118      for(i=0; i < num; i++)   //先释放每个数组元素所指向的内存块
119         free(pstu[i]);
120      free(pstu);               //最后释放结构体指针数组
121  }
```

程序解释：
- 程序开始定义了一个枚举类型 SEX，用于定义学生的性别，又定义了表示学生信息的结构体类型 Student_Info，并利用 typedef 语句为它起了个别名 STUDENT，结构体中每个成员的含义见程序中的注释（第4~14行）。
- 在 main 函数中，首先要求输入学生的人数 num，然后根据人数来动态建立一个结构体指针数组 pstu，该数组的每个元素都是一个指向学生结构体的指针，如果建立失败，则返回（第25~35行）。
- 接下来通过 for 循环反复调用自定义函数 GetStuInfo 来为结构体指针数组 pstu 的每一个数组元素赋值（其实就是一个学生信息的结构体的指针），如果赋值为 NULL，则说明建立的学生信息失败，则释放先前动态分配的内存，然后返回（第37~47行）。
- 再下来就是通过调用自定义函数 SortStuInfo 对输入的学生信息按照成绩从高到低排序，然后输出排序后的学生信息，最后调用 FreeMemory 函数释放动态分配的内存（第49~58行）。
- 自定义函数 GetStuInfo 是一个返回值为结构体指针的函数。它首先通过动态内存分配建立第 i+1 个学生的结构体信息的内存块，其首地址给结构体指针 p，然后通过键盘输入该学生的基本信息，最后将指针 p 返回（第61~92行）。
- 自定义函数 SortStuInfo 是对学生信息按成绩从高到低排序。函数的形参一个是结构体指针数组（结构体二级指针），用于接收学生信息的结构体指针数组的首地址 pstu，另一个是结构体指针数组的元素个数（即学生人数），排序的方法是选择排序法。排序时只是交换指向学生信息的指针，而不是交换学生信息（第94~112行）。
- 自定义函数 FreeMemory 是用于释放动态分配的内存，释放内存时，首先释放结构体指针数组每个元素所指向的学生信息内存块，然后再释放结构体指针数组所占内存块。顺序不可颠倒（第114~121行）。

11.8 本章小结及常见错误列举

微课视频

本章内容小结如下：

（1）结构体、联合体及枚举类型都是用户自定义的数据类型，它们均属于构造数据类型，是用户定义新数据类型的重要手段。结构体和联合体之间有很多的相似之处：它们都由成员组成；成员可以具有不同的数据类型；成员的表示方法相同；都可用间接和直接两种方式进行变量说明。

（2）在结构体中，各成员都占有自己的内存空间，它们是同时存在的。在 TC 或 BC 下，一个结构体变量所占内存空间的大小等于其每个成员占用内存空间大小之和，而在 VC、CB 下，一个结构体变量所占内存空间的大小既要考虑其成员的数据类型还要考虑数据类型的对齐处理。在联合体中，所有成员不能同时占用它的内存空间，它们不能同时存在。联合体变量所占内存空间的大小由占据最大内存空间成员所占的空间数决定。

（3）"."是成员运算符，可用它引用成员项，而对于结构体或联合体指针变量可用"->"运算符来引用其成员项。

（4）结构体变量可以作为函数参数，函数也可返回指向结构体的指针变量。而联合体变量不能作为函数参数，函数也不能返回指向联合体的指针变量。但可以使用指向联合体变量的指针,也可使用联合体数组。

(5) 结构定义允许嵌套,结构体中也可用联合体作为成员,形成结构体和联合体的嵌套。

(6) 链表是一种重要的数据结构,它便于实现动态的存储分配。本章介绍的链表是单向链表,它还可组成双向链表、循环链表等。

初学者在学习复杂数据类型时,由于受简单数据类型使用习惯的影响,常常会犯错。下面列举了一些常见的错误。

(1) 在定义结构体、联合体或枚举类型时,往往在右花括号"}"后面漏掉了分号";"。

C 语言规定,在定义结构体、联合体或枚举类型时,要用分号结尾。如果漏掉分号,就会出现编译错误。例如:

```
struct Date
{
    int year, month, day;
}//这里漏掉了分号
```

(2) 把复杂数据类型名当作变量名。

下面的做法是错误的:

```
struct Date
{
    int year, month, day;
};
Date.year=2004;
Date.month=10;
Date.day=18;
```

因为 Date 是结构体类型名,而不是变量名。只有变量才能赋值,而类型名只表示一种具体的类型,它不是变量,也没有自己的存储空间。对于上面的问题可以先定义一个结构体变量,然后再对其成员赋值。例如:

```
struct Date d;
d.year=2004;
d.month=10;
d.day=18;
```

(3) 定义复杂数据类型时为成员变量赋初始值。

下面的做法是错误的:

```
struct Date
{
    int year;
    int month=10;    //错误,定义数据类型时,不能对成员赋初始值,因为类型定义时并未分配内存
    int day;
};
```

(4) 结构体中含有自身类型的成员。

下面的做法是错误的:

```
struct Date
{
    int year, month, day;
    struct Date nextdate;      //错误,非指针成员的数据类型不能是自身结构体类型
};
```

但结构体中可以包含自身类型的指针。例如:

```
struct Date
{
    int year, month, day;
    struct Date * nextdate;    //正确
};
```

> ⚠ **注意**:结构体类型定义时其表示的内存空间的大小必须是确定的,如果定义自身类型的成员,就成了递归定义,其大小是不可预知的,而对于指针其大小是固定的,所以在结构体中可以定义包含自身类型的指针成员。

(5) 对结构体变量进行整体赋值。

下面的做法是错误的:

```
struct Date
{
    int year, month, day;
};
struct Date d;
d={2004, 10, 18};          //错误,{2004, 10, 18}是非法表达式
```

(6) 定义结构体变量时丢掉了关键字 struct。

下面的做法是错误的:

```
struct Date
{
    int year, month, day;
};
Date d;        //错误,少了 struct
```

(7) 定义结构体变量时只写 struct。

```
struct d1, d2;
```

是错误的。C 语言中的结构体并不是只有一种类型,而是可以定义成各种结构体类型,struct 只表明是结构类型,并没有指出具体是哪一种的结构类型。

(8) 结构体类型定义在一个函数内,而其他函数中用其定义结构体变量。

下面的做法是错误的:

```
int main( )
{
    struct Date
    {
```

```
        int year, month, day;
    };
    ...
}
void func( )
{
    struct Date d;        //错误,Date 没有定义
}
```

这在编译时会指出 func 中的 Date 没有定义。要注意,结构体类型名也是标识符,函数中定义的标识符的作用域是它所处的函数,在这个函数外是不可见的,所以 func 中的 Date 没有定义。一般倾向于把结构体类型的定义写在程序开始,所有函数之外,这样在每个函数中就都可以用其定义结构体变量了。例如:

```
struct Date
{
    int year, month, day;
};
int main( )
{
    ...
}
void func( )
{
    struct Date d;
}
```

(9) typedef 语句漏掉分号。

typede 是 C 语句,不是预处理命令,因此 typedef 必须用分号结尾。下面的做法是错误的:

```
typedef struct Student_Info STUDENT    //结尾漏掉了分号
```

(10) 把一种类型的结构体变量赋值给另一种类型的结构体变量。

不同复杂数据类型变量相互赋值时,由于 C 语言不会进行数据类型的转换,因而这样做是错误的。如果进行强制类型转换,赋值的结果是不可预料的。例如:

```
struct Student_Info stu, stu1;
struct Date d;
d=stu;        //错误
```

但要注意,同类型的结构体变量之间是可以相互赋值的。例如:

```
stu1=stu;    //正确
```

(11) 直接用结构体或联合体变量来比较大小。

结构体和联合体类型数据,不能参加算术运算和关系运算。下面的做法是错误的:

```
struct Date d1, d2;
if(d1 > d2)      //错误
{
```

…
}

（12）在->的中间插入空格。

"->"作为运算符是一个整体,中间不能有空格。

（13）试图只用成员名引用结构的成员。

必须通过结构体或联合体变量或指针来引用结构体成员,结构体成员不能单独使用。下面的做法是错误的:

```
struct Date
{
    int year, month, day;
};
void main( )
{
    struct Date d;
    year=2004;          //错误,编译会认为year没有定义
}
```

（14）在定义联合体变量时,赋初始值的类型与联合体的第一个成员类型不符。

在定义联合体变量时可以赋初始值,但初始值会赋给联合体的第一个成员。如果初始值类型与第一个成员的数据类型不兼容,结果将是不可预料的。下面的做法是错误的:

```
union uword
{
    char ch[2];
    short a;
};
union uword u={2.5};    //错误
```

习题 11

自测题

1. 选择题

（1）设有如下定义:

```
struct sk { int a;   float b; } data, *p;
```

若有p=&data,则对data中的成员a的正确引用是(　　)。

　　A.（*p).data.a　　B.（*p).a　　C. p->data.a　　D. p.data.a

（2）设有以下说明语句,则下面的叙述不正确的是(　　)。

```
struct stu
{
    int a;
    float b;
}stutype;
```

A. struct 是结构体类型的关键字

B. struct stu 是用户定义的结构体类型

C. stutype 是用户定义的结构体类型名

D. a 和 b 都是结构体成员名

(3) C 语言结构体类型变量在程序执行期间(　　)。

A. 所有成员一直驻留在内存中　　　　B. 只有一个成员驻留在内存中

C. 部分成员驻留在内存中　　　　　　D. 没有成员驻留在内存中

(4) 在 VC 或 CB 编译环境下，若有如下定义：

```
struct data
{
  int i;
  char ch;
  double f;
} b;
```

则结构体变量 b 占用内存的字节数是(　　)。

A. 1　　　　　　B. 2　　　　　　C. 11　　　　　　D. 16

(5) 根据下面的定义，能打印出字母 M 的语句是(　　)。

```
struct person
{
  char name[9];
  int age;
};
struct person class[10]={"John", 17, "Paul", 19, "Mary", 18, "adam", 16};
```

A. printf("%c\n", class[3].name);

B. printf("%c\n", class[3].name[1]);

C. printf("%c\n", class[2].name[1]);

D. printf("%c\n", class[2].name[0]);

(6) 以下对结构体类型变量的定义中，不正确的是(　　)。

A. typedef struct aa
   {
    int n;
    float m;
   } AA;
  AA td1;

B. #define AA struct aa
  AA {
   int n;
   float m;
  } td1;

C. struct
  {
   int n;
   float m;
  } aa;
  struct aa td1;

D. struct
  {
   int n;
   float m;
  } td1;

(7) 设有如下定义：

```
struck sk
{
  int a;
  float b;
} data;
int *p;
```

若要使 p 指向 data 中的 a 域，正确的赋值语句是(　　)。

  A. p=&a; B. p=data.a; C. p=&data.a; D. *p=data.a;

(8) 有以下结构体说明和变量的定义，且指针 p 指向变量 a，指针 q 指向变量 b，则不能把结点 b 连接到结点 a 之后的语句是(　　)。

```
struct node
{
  char data;
  struct node *next;
} a, b, *p=&a, *q=&b;
```

  A. a.next=q;   B. p.next=&b;
  C. p->next=&b;   D. (*p).next=q;

(9) 有以下程序，程序运行后的输出结果是(　　)。

```
struct STU
{ char num[10]; float score[3]; };
int main( )
{
  struct STU s[3]={ {"20021", 90, 95, 85},
                    {"20022", 95, 80, 75},
                    {"20023", 100, 95, 90} }, *p=s;
  int i;  float sum=0;
  for(i=0; i<3; i++)
    sum=sum+ p->score[i];
  printf("%6.2f\n", sum);
  return 0;
}
```

  A. 260.00 B. 270.00 C. 280.00 D. 285.00

(10) 字符'0'的 ASCII 码的十进制数为 48，且数组的第 0 个元素在低位，则以下程序的输出结果是(　　)。

```
#include <stdio.h>
int main( )
{
  union
  {
    short i[2];
    long k;
    char c[4];
```

```
    }r, *s=&r;
    s->i[0]=0x39;
    s->i[1]=0x38;
    printf("%c\n", s->c[0]);
    return 0;
}
```

  A. 39   B. 9   C. 38   D. 8

(11) 以下程序的输出是( )。

```
struct st { int x; int *y;} *p;
int dt[4]={10, 20, 30, 40};
struct st aa[4]={ 50, &dt[0], 60, &dt[0], 60, &dt[0], 60, &dt[0]};
int main( )
{
    p=aa;
    printf("%d\n",++(p->x));
    return 0;
}
```

  A. 10   B. 11   C. 51   D. 60

(12) 以下程序的输出是( )。

```
union myun
{
    struct { int x, y, z;} u;
    int k;
} a;
int main( )
{
    a.u.x=4; a.u.y=5; a.u.z=6;
    a.k=0;
    printf(%d\n", a.u.x);
    return 0;
}
```

  A. 4   B. 5   C. 6   D. 0

(13) 以下程序的输出是( )。

```
struct HAR { int x, y; struct HAR *p;} h[2];
int main( )
{
    h[0].x=1; h[0].y=2;
    h[1].x=3; h[1].y=4;
    h[0].p=&h[1]; h[1].p=h;
    printf("%d, %d \n",(h[0].p)->x,(h[1].p)->y);
    return 0;
}
```

  A. 1,2   B. 2,3   C. 1,4   D. 3,2

(14) 以下程序的输出是( )。

```
struct NODE { int num; struct NODE * next; };
int main( )
{
    struct NODE * p, * Q, * R;
    p=(struct NODE * ) malloc(sizeof(struct NODE));
    q=(struct NODE * )malloc(sizeof(struct NODE));
    r=(struct NODE * ) malloc(sizeof(struct NODE));
    p-> num=10;   q-> num=20;   r-> num=30;
    p-> next=q;    q-> next=r;
    printf("%d\n", p-> num+q-> next-> num);
    return 0;
}
```

  A. 10   B. 20   C. 30   D. 40

(15) 执行以下语句后的输出结果是(　　)。

```
enum weekday {sun, mon=3, tue, wed, thu};
enum weekday workday;
workday=wed;
printf("%d\n", workday);
```

  A. 5   B. 3   C. 4   D. 编译错

(16) 若已建立下面的链表结构,指针 p、s 分别指向图中所示的结点,则不能将 s 所指的结点插入到链表末尾的语句组是(　　)。

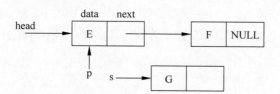

  A. s-> next=NULL; p=p-> next; p-> next=s;
  B. p=p-> next; s-> next=p-> next; p-> next=s;
  C. p=p-> next; s-> next=p; p-> next=s;
  D. p=(*p).next; (*s).next=(*p).next; (*p).next=s;

(17) 下面程序的输出结果是(　　)。

```
struct st { int x;   int * y; } * p;
int dt[4]={10, 20, 30, 40};
struct st aa[4]={50, &dt[0], 60, &dt[1], 70, &dt[2], 80, &dt[3]};
int main( )
{
    p=aa;
    printf("%d ",++p-> x);
    printf("%d ",(++p)-> x);
    printf("%d\n",++(*p-> y));
    return 0;
}
```

  A. 10 20 20   B. 50 60 21   C. 51 60 21   D. 60 70 31

(18) 设有以下语句：

struct st { int n; struct st * next;};
static struct st a[3]={5, &a[1], 7, &a[2], 9, '\0'}, * p;
p=&a[0];

则表达式(　　)的值是 6。

  A. p++ -> n   B. p->n++   C. (* p).n++   D. ++p->n

(19) 以下程序的输出结果是(　　)。

```
struct student
{
  char name[20];
  char sex;
  int age;
}stu[3]={"Li Lin", 'M', 18, "Zhang Fun", 'M', 19, "Wang Min", 'F', 20};
int main( )
{
  struct student * p;
  p=stu;
  printf("%s, %c, %d\n", p-> name, p-> sex, p-> age);
  return 0;
}
```

  A. Wang Min,F,20   B. Zhang Fun,M,19
  C. Li Lin,F,19   D. Li Lin,M,18

(20) 若要说明一个类型名 TPC，使得定义语句 TPC ch;等价于 char * ch;，以下选项中正确的是(　　)。

  A. typedef TPC * char;
  B. typedef * char TPC;
  C. typedef TPC char * ch;
  D. typedef char * TPC;

2. 程序填空题

(1) 从键盘上顺序输入整数，直到输入的整数小于 0 时才停止输入，然后反序输出这些整数，请填空。

```
#include <stdio.h>
struct data { int x; struct data * link; } * p;
void input( )
{
  int num;
  struct data * q;
  printf("Enter data: ");
  scanf("%d", &num);
  if(num < 0)  _____;
  q=_____;
  q-> x=num;  q-> link=p;
```

```
    p=q;          _____;
}
int main( )
{
    printf("Enter data until data < 0: \n");
    p=NULL;
    input( );
    printf("Output: ");
    while(_____)
    {
        printf("%d\n", p->x);
        _____;
    }
    return 0;
}
```

(2) 下面的程序从终端上输入 5 个人的年龄、性别和姓名,然后输出,请填空。

```
#include <stdio.h>
struct man { char name[20]; unsigned age; char sex[7]; };
void data_in(struct man *p, int n);
void data_out(struct man *p, int n);
int main( )
{
    struct man person[5];
    data_in(person, 5);
    data_out(person, 5);
    return 0;
}
void data_in(struct man *p, int n)
{
    struct man *q=_____;
    for(; p<q; p++)
    {
        printf("age:sex:name");
        scanf("%u%s", &p->age, p->sex);
        _____;
    }
}
void data_out(struct man *p, int n)
{
    struct man *q=_____;
    for(; p<q; p++)
        printf("%s;%u%s\n", p->name, p->age, p->sex);
}
```

(3) 以下函数 creatlist 用来建立一个带头结点的单链表,新的结点总是插入在链表的末尾。链表的头指针作为函数值返回,链表最后一个结点的 next 成员中放入 NULL,作为链表结束标志。读入时字符以 # 表示输入结束(#不存入链表),请填空。

    struct node

```
{
  char data;
  struct node * next;
};
_____ creatlist( )
{
  struct node * h, * s, * r;
  char ch;
  h=(struct node * )malloc(sizeof(struct node));
  r=h;
  ch=getchar( );
  while(ch!='#')
  {
    s=(struct node * )malloc(sizeof(struct node));
    s->data=_____;
    r->next=s; r=s;
    ch=getchar( );
  }
  r->next=_____;
  return h;
}
```

(4) 建立并输出 100 个同学的通讯录，每个通讯录包括同学的姓名、地址、邮政编码，请填空。

```
#include<stdio.h>
#define N 100
struct communication
{
  char name[20];
  char address[80];
  long int post_code;
}commun[N];
void set_record(struct communication * p)
{
  printf("Set a communication record\n");
  scanf("%s  %s  %ld", _____, p->address, _____);
}
void print_record(_____ p)
{
  printf("Print a communication record\n");
  printf("Name: %s\n", p->name);
  printf("Address: %s\n", p->address);
  printf("Post_code: %ld\n", _____);
}
int main( )
{
  int i;
  for(i=0; i<100; i++)
  {
    set_record(commun+i);
```

```
        print_record(commun+i);
    }
    return 0;
}
```

3. 编程题

(1) 已知学生的记录由学号和学习成绩构成,输入 n 个学生的学号和成绩。找出成绩最低的学生记录(假定最低成绩的记录是唯一的),通过函数返回。请编写程序实现该要求。

(2) 每个产品销售记录由产品代码 dm(字符型 4 位)、产品名称 mc(字符型 10 位)、单价 dj(整型)、数量 sl(整型)、金额 je(长整型)几部分组成。其中,金额=单价×数量。请编制函数 SortDat( ),其功能要求:按产品代码从大到小进行排列,若产品代码相同,则按金额从大到小进行排列。

(3) 编写一个程序,该程序可以完成个人财务管理。每个人的财务项目应当包括姓名、年度、收入、支出等。为了叙述简单,以一个财政年度为统计单位,程序中可以计算每个人的每个财政年度的收入总额、支出总额、存款总额等,并能够打印出来。需要注意的是,收入总额不可能只输入一次,而可能是多次收入的和;同样地,支出总额也不可能只是一次支出,应是多次支出的总和。

(4) 从键盘上输入 10 个学生的成绩,编写一程序对学生的成绩按从高到低输出,要求用链表来实现。

(5) 口袋中有若干红、黄、蓝、白、黑 5 种颜色的球,每次从口袋中取出 3 个球,编程打印出得到 3 种不同颜色的球的所有可能取法。

(6) 25 个人围成一个圈,从第 1 个人开始顺序报号,凡报号为 3 和 3 的倍数者退出圈子,找出最后留在圈子中的人原来的序号。

(7) 设有一个 unsigned long 型整数,现要分别将其前 2 字节和后 2 字节作为 2 个 unsigned short 型整数输出,试编一函数 partition 实现上述要求。要求在主函数中输入该 long 型整数,在函数 partition 中输出结果。

(8) 已知 head 指向一个带头结点的单向链表,链表中每个结点包含数据域(data)和指针域(next)。请编写函数实现如下所示链表的逆置。

若原链表为:

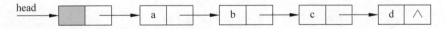

逆置后的链表应为:

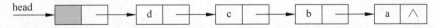

(9) 试利用指向结构体的指针编制一个程序,实现输入 3 个学生的学号、数学期中成绩和期末成绩,然后计算其平均成绩并输出成绩表。

(10) 试利用结构体类型编制一个程序,实现输入一个学生的数学期中成绩和期末成绩,然后计算并输出其平均成绩。

第12章 文件

微课视频

◇ 学习意义

到现在为止,读者应该已经掌握了 C 语言的各种数据类型、语法特点、程序结构及程序设计的基本方法,并能编制出一定质量的 C 语言程序,但是所编制的程序的数据处理流程基本上是通过键盘输入数据,然后在计算机内存中进行处理,最后在屏幕上显示输出。程序运行完后,运行的结果也就消失了。也许读者会想,能不能将程序处理的结果在程序运行完后长期保存起来呢?答案是肯定的,这就是以文件的形式存储在计算机外存中,就像所编写的 C 语言源程序以文件的形式存储在计算机外存上一样,需要时可以随时打开进行读写。本章主要讨论 C 语言如何创建一个文件,如何对文件进行读、写操作。通过本章的学习,读者可以清楚地了解到文件的组织结构、各种类型文件的信息存储方式以及 C 语言对文件处理的基本方法和技巧。

◇ 学习目标

(1) 理解文件的概念;
(2) 正确把握文本文件与二进制文件的区别;
(3) 掌握文件的打开、读写、定位以及关闭的方法;
(4) 掌握文件系统中有关文件操作的系统函数使用方法;
(5) 能设计出对文件进行简单处理的实用程序。

◇ 难点提示

(1) 文本文件、二进制文件中数据的存储方式;
(2) 文件指针与文件读写位置指针的区别与作用;
(3) 文件的定位读写。

微课视频

12.1 文件的基本概念

文件是存储在外部介质(可以是磁盘、磁带、光盘等)上数据的集合,是操作系统数据管理的单位。操作系统对外部介质上的数据是以文件形式进行管理的。也就是说,要想读取外部存储介质中的数据,必须首先按照文件名找到相应的文件,然后再从文件中读取数据。

要想将数据存放到外部存储介质中,首先要在外部存储介质上建立一个文件,然后再向文件写入数据。

为标识一个文件,每个文件都必须有一个文件名,其一般结构为:主文件名[.扩展名],文件命名规则须遵循操作系统的约定。例如,一个 C 语言源程序名为 prg.c。C 语言中使用数据文件的目的在于:

(1) 数据文件的改动不会引起程序的改动,即程序与数据分离。
(2) 不同程序可以访问同一数据文件中的数据,即数据共享。
(3) 能长期保存程序运行的中间数据或结果数据。

12.2 文件的类别

可以从不同的角度对文件进行分类。

1. 按文件的逻辑结构分类

(1) 记录文件。由具有一定结构的记录组成(定长和不定长),如数据库文件。
(2) 流式文件。由一个个字符(字节)数据顺序组成。

2. 按存储介质分类

(1) 普通文件。存储介质(磁盘、磁带等)文件,如磁盘文件。
(2) 设备文件。非存储介质(键盘、显示器、打印机等)。操作系统将外围设备以文件的形式进行统一管理。

3. 按文件的内容分类

(1) 程序文件。程序文件又可分为源文件、目标文件和可执行文件。
(2) 数据文件。如各种图像文件、声音文件等。

4. 根据文件的组织形式分类

(1) 顺序存取文件。
(2) 随机存取文件。

5. 按数据的组织形式分类

(1) 文本文件。即 ASCII 文件,ASCII 码文件的每一字节对应一个字符,因而便于对字符进行逐个处理。但一般占用存储空间较多,而且要花费转换时间(二进制与 ASCII 码之间的转换)。一般情况下,文件名后缀是.txt、.c、.cpp、.h、.hpp、.ini 等的文件大多是文本文件。如 C 语言源程序文件就是文本文件。文本文件在 Windows 系统中可以用记事本的方式打开。

(2) 二进制文件。二进制文件是把内存中的数据原样输出到磁盘文件中。可以节省存储空间和转换时间,但一字节并不对应一个字符,不能以字符形式直接输出。一般情况下,文件名后缀是.exe、.dll、.lib、.dat、.doc、.tif、.gif、.bmp 的文件大多是二进制文件。如 C 语言的执行文件就是二进制文件。二进制文件在 Windows 系统中一般不可用记事本方式打开,即使打开,看起来也都是一些"乱码"。图 12-1 给出了十进制数据 32767 在文本文件及二进制文件中的存放形式。

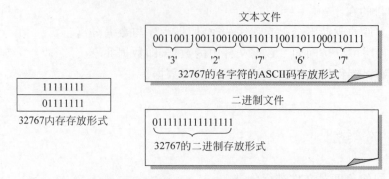

图 12-1　十进制数据 32767 在文本文件及二进制文件中的存放形式

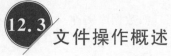

12.3　文件操作概述

1. 读文件与写文件

读文件是将磁盘文件中的数据传送到计算机内存的操作。写文件是从计算机内存向磁盘文件中传送数据的操作。

2. 构成文件的基本单元与流式文件

C 语言将文件看作由一个一个的字符(ASCII 码文件)或字节(二进制文件)组成的。文件中不存在其他更复杂的数据类型和结构,对文件数据的解释完全看程序本身。我们把按这种方式处理的文件称为流式文件。而在其他高级语言中,组成文件的基本单位是记录,对文件操作的基本单位也是记录。C 语言程序也可以按照操作系统的方式操作文件,本章只介绍流式文件的操作方法。

C 语言本身没提供输入输出的功能,必须通过调用标准库函数进行文件读写。

3. 缓冲文件系统

缓冲文件系统是系统自动地在内存区为每个正在使用的文件开辟一个缓冲区。从内存向磁盘输出数据时,必须首先将数据输出到输出文件缓冲区中,待输出文件缓冲区装满后,再一起输出到磁盘文件中;从磁盘文件向内存读入数据时,则正好相反:首先从磁盘文件中将一批数据读入到输入文件缓冲区中,待输入文件缓冲区装满后,再将输入文件缓冲区中的数据逐个送到程序数据区,其示意图如图 12-2 所示。

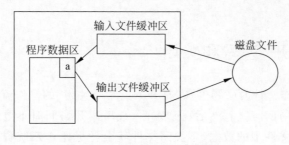

图 12-2　缓冲文件系统示意图

文件指针

微课视频

1. 文件结构体 FILE

C 语言程序在操作文件的过程中，必须保存有关文件的一些信息，如文件名、文件的状态、当前读写的位置等。C 语言将这些信息保存在一个文件结构体中，在 Visual C++ 2010 的 stdio.h 文件中将这个结构体类型定义为 FILE。

```
typedef struct _iobuf
{
   char   *_ptr;
   int    _cnt;
   char   *_base;
   int    _flag;
   int    _file;
   int    _charbuf;
   int    _bufsiz;
   char   *_tmpfname;
} FILE;
```

C 语言标准库函数每操作一个文件，都为这个文件建立一个 FILE 型变量。有了这个 FILE 型变量，利用 C 语言中有关文件操作库函数来操作文件时就可以将文件底层操作的细节与程序员隔离开，使具有文件操作的程序更容易编写。

2. 文件类型指针

C 语言按照流式文件方式操作文件的过程中要用到上述文件结构体所定义的指针，即文件指针。但程序员只能获取 FILE 型的指针，这个指针所指向的 FILE 型变量存放着操作文件的基本信息。这个 FILE 指针又称为文件类型指针。每个文件类型指针代表唯一一个文件。例如，下面定义了一个文件类型指针。

FILE   *fp;

这个 fp 指针将代表一个文件，对文件的任何操作都离不开这个文件类型的指针。

12.5 文件的打开、读写和关闭

C语言程序在操作文件时必须遵从"打开→读写→关闭"的操作流程。就好像到一个房间拿东西一样，首先要打开房门，然后再拿东西，最后离开房间时不要忘了把房门关上。不打开文件就无法读写文件中的数据，不关闭文件就会耗尽操作系统资源。从操作系统的角度看，每个打开的文件都对应了一个文件句柄，每打开一个文件，操作系统就为这个文件分配一个文件句柄，但操作系统所拥有的文件句柄的总数是有限的，如果程序只打开文件但不关闭文件，就会用完操作系统中的文件句柄，使后续的打开文件的操作失败。

■ 12.5.1 文件的打开与关闭

微课视频

1. 打开文件

C语言打开文件要调用 fopen 函数。这个函数的原型如下：

FILE * fopen(char * filename, char * mode);

说明：

(1) filename 是一个字符串，表示要打开的文件名，文件名前面可以加上该文件所在的磁盘路径。

(2) mode 也是一个字符串，表示打开文件的方式。其由两类字符构成，一类字符表示打开文件的类型，t 表示文本文件(text)，b 表示二进制文件(binary)，如果不指定文件类型，则默认为文本文件；另一类字符表示操作类型，r 表示从文件中读取数据(read)，w 表示向文件写入数据(write)，a 表示在文件尾追加数据(append)，+ 表示对文件可读可写。这些字符的具体含义如表 12-1 所示。

表 12-1 打开文件的方式

打开文件的方式字符	含 义
r	打开一个已存在的文件，准备从文件中读取数据。不能向文件写数据
w	创建一个新文件，准备向文件写入数据。不能从文件中读取数据。如果文件已经存在，这个文件将被覆盖
a	打开一个已存在的文件，准备在文件尾部追加数据。不能从文件中读取数据。如果文件不存在，则创建这个文件准备写入数据
r+	打开一个已存在的文件，准备读写。既可以读取数据，也可以写入数据
w+	创建一个新文件，准备读写。如果文件已经存在，则覆盖原文件
a+	等价于 a，但可从文件中读取数据
t	打开一个文本文件
b	打开一个二进制文件

(3) 函数的功能：按指定方式打开文件。

(4) 函数的返回值：如果文件打开成功，则返回该文件的指针，如果打开失败（如以读方式打开不存在的文件，以写方式打开文件时不能创建文件），则返回 NULL。

例如，下面的程序是以读的方式打开当前目录下的文本文件 wang.txt，如果打开文件失败，则退出系统。

```
FILE  * fp;
fp=fopen("wang.txt", "r");
if(fp==NULL)
{
  printf("the file : wang.txt not found! ");
  exit(-1);
}
```

如果是以写的方式打开 C 盘 bak 目录（文件夹）下的二进制文件 wang.dat，那么上述程序中调用 fopen 函数的语句可写成如下形式。

```
fp=fopen("C:\\bak\\wang.dat", "wb");
```

> ⚠ 注意：
> - 对文件操作的库函数，函数原型均在头文件 stdio.h 中，后续函数不再赘述。
> - 打开文件方式字符串 mode 字符的先后次序是：操作类型符在前，打开文件类型符在后。例如，"rb"、"wt"不可写成"br"、"tw"。而对于"＋"来说，可以放在操作类型符的右边，也可放在字符串的最后，但不可放在操作类型符的左边。例如，"w＋b"或"wb＋"都是正确的，而"＋wb"则是错误的。
> - 在程序开始运行时，系统自动打开三个标准文件，并分别定义了文件指针。
>
> 标准输入文件——stdin：指向终端输入（一般为键盘）。如果程序中指定要从 stdin 所指的文件输入数据，就是从终端键盘上输入数据。
> 标准输出文件——stdout：指向终端输出（一般为显示器）。
> 标准错误文件——stderr：指向终端标准错误输出（一般为显示器）。

2. 关闭文件

C 语言关闭文件要调用 fclose 函数。这个函数的原型如下：

```
int  * fclose(FILE  * filepointer);
```

说明：

(1) filepointer：文件指针，通常这个参数就是 fopen 函数的返回值。

(2) 函数的功能：关闭文件指针 filepointer 所指向的文件。

(3) 函数返回值：如果正常关闭了文件，则函数返回值为 0；否则，返回值为非 0。

例如，下面的程序打开和关闭了一个文件名为 wang.txt 的文件：

FILE * fp;

```
fp=fopen("wang.txt", "r+");
if(fp==NULL)
{
    printf("the file : wang.txt not found! ");
    exit(-1);
}
...                //读取和加工数据
fclose(fp);        //关闭该文件
```

> ⚠ 注意：不关闭文件可能会丢失数据！

12.5.2 文件的读写

在 C 语言中提供了多种文件读写的函数，这些函数主要包括：
- 字符读写函数：fgetc 和 fputc。
- 字符串读写函数：fgets 和 fputs。
- 数据块读写函数：fread 和 fwrite。
- 格式化读写函数：fscanf 和 fprinf。

下面分别予以介绍。

微课视频

1. 字符读写函数 fgetc 和 fputc

字符读写函数 fgetc 和 fputc 是以字符（字节）为单位进行文件读写的函数，每次可从文件读出或向文件写入一个字符。

（1）fgetc 函数原型。

```
int  fgetc(FILE * filepointer);
```

功能：从文件指针 filepointer 所指向的文件中，读取 1 字节（字符）的数据，同时将读写位置指针向前移动 1 字节（即指向下一个字符）。

返回值：如果读取正常，返回读到的字节值；如果读到文件尾或出错，则返回 EOF（其值在头文件 stdio.h 中被定义为 -1）。

（2）fputc 函数原型。

```
int  fputc(int c, FILE * filepointer);
```

功能：将形参 c 表示的字符数据输出到文件指针 filepointer 所指向的文件中去，同时将读写位置指针向前移动 1 字节（即指向下一个写入位置）。

返回值：如果输出成功，则函数返回值就是输出的字符数据 c；否则，返回 EOF。

【例 12-1】 将键盘上输入的一个字符串（以'@'作为结束字符），以 ASCII 码形式存储到一个磁盘文件中，然后从该磁盘文件中读出其字符串并显示出来。

第12章 文件

```
1    #include <stdio.h>
2    #include <stdlib.h>
3
4    int main(int argc, char *argv[])
5    {
6      FILE *fp1, *fp2;
7      char ch;
8
9      if(argc != 2)                                    //参数个数不对
10     {
11       printf("the number of arguments is not correct\n\n");
12       printf("Usage: 可执行文件名   filename \n");
13       exit(0);
14     }
15
16     if((fp1 = fopen(argv[1], "wt")) == NULL)         //打开文件失败
17     {
18       printf("can not open this file\n");
19       exit(0);
20     }
21
22     //输入字符,并存储到指定文件中
23     for(; (ch = getchar()) != '@';)
24       fputc(ch, fp1);                                //输入字符并存储到文件中
25     fclose(fp1);                                     //关闭文件
26
27     //顺序输出文件的内容
28     fp2 = fopen(argv[1], "rt");
29     for(; (ch = fgetc(fp2)) != EOF;)
30       putchar(ch);                                   //顺序读入并显示
31     fclose(fp2);                                     //关闭打开的文件
32     return 0;
33   }
```

运行结果(假设输入的命令行如下):

example12-1   wang.txt↙
How are you?@↙

How are you?

程序解释:

- 该程序是通过命令行参数来指定要创建的文件名(如 wang.txt),命令行参数的个数必须为 2,否则给出相应的提示,然后系统退出(第 9~14 行)。
- 接下来以写的方式打开文本文件(wang.txt),也就是创建该文件,如果创建失败,则给出错误信息后退出系统(第 16~20 行)。
- 再逐个读取通过键盘输入的字符,如果不是'@'字符,则将该字符写入到 fp1 所指向

的文件(wang.txt)中,否则循环结束,关闭文件(第23～25行)。
- 最后以读的方式打开文件(wang.txt),从文件中逐个读取字符,如果未遇到文件尾,则显示读取的字符,否则循环结束,关闭文件(第28～31行)。

⚠ 注意:文件(wang.txt)中存放的内容就是键盘输入的内容(How are you?)。

【例12-2】 利用字符读写函数实现文件复制。

```c
1    #include <stdio.h>
2    #include <stdlib.h>
3
4    int main(int argc, char *argv[])
5    {
6        FILE *input, *output;                    // input:源文件指针;output:目标文件指针
7
8        if(argc != 3)                             //参数个数不对
9        {
10           printf("the number of arguments is not correct\n");
11           printf("\n Usage: 可执行文件名   source-file   dest-file");
12           exit(0);
13       }
14
15       if((input=fopen(argv[1], "r"))==NULL)     //打开源文件失败
16       {
17           printf("can not open source file\n");
18           exit(0);
19       }
20
21       if((output=fopen(argv[2],"w"))==NULL)     //创建目标文件失败
22       {
23           printf("can not create destination file\n");
24           exit(0);
25       }
26
27       //复制源文件到目标文件中
28       for(;(!feof(input));)
29           fputc(fgetc(input), output);
30
31       fclose(input);                            //关闭源文件
32       fclose(output);                           //关闭目标文件
33       return 0;
34   }
```

程序解释:
- 该程序的功能是实现将源文件的内容复制到目的文件中,源文件名和目的文件名是通过命令行参数给定,因此加上执行文件名,命令行参数的个数应为3,如果不为3则格式错,给出提示信息,系统退出(第8～13行)。
- 接下来打开源文件(用于读)和创建目的文件(用于写),如果打开失败,则给出相应

提示信息,系统退出(第 15~25 行)。
- 判断源文件是否读到了文件尾,如果没有,则从源文件中读取一字节的数据写入到目的文件中,否则,文件复制结束。关闭源文件和目的文件(第 28~32 行)。

例 12-2 中的第 28 行用到了用于判断文件是否结束的库函数 feof,其函数原型为:

```
int feof(FILE *filepointer);
```

功能:在执行读文件操作时,如果遇到文件尾,则函数返回逻辑真(1);否则,返回逻辑假(0)。feof( )函数同时适用于 ASCII 码文件和二进制文件。

例如,!feof(input)表示源文件(用于输入)未结束,循环继续。

【思考题 12-1】 例 12-2 中的第 28、29 行如果不用 feof 函数来判断源文件结束,是否有其他的方法来代替? 如果有,如何改写?

上面介绍 fgetc 和 fputc 函数时多次提到文件读写**位置指针**,它有何作用? 与文件指针又有什么不同呢?

在文件内部有一个文件读写位置指针,用来指向文件当前读写的字节。在文件打开时,该指针总是指向文件的首字节。使用 fgetc 函数后,该位置指针将向后移动 1 字节。因此可连续多次使用 fgetc 函数,读取多个字符。但应注意文件指针和文件读写位置指针不是一回事。文件指针是指向整个文件的,必须在程序中定义说明,只要不重新赋值,文件指针的值是不变的。文件读写位置指针用以指示文件内部的当前读写位置,每读写一次,该指针均向后移动,它不需要在程序中定义说明,而是由系统自动设置的。

2. 字符串读写函数 **fgets** 和 **fputs**

字符串读写函数 fgets 和 fputs 是以字符串的形式对文件进行读写的函数。每次可从文件读出(指定长度)或向文件写入一个字符串。

微课视频

(1) fgets 函数原型。

```
char *fgets(char *s, int n, FILE *filepointer);
```

功能:从文件指针 filepointer 所指向的文件中,读取长度最大为 n-1 个字符的字符串,并在字符串的末尾加上串结束标志'\0',然后将字符串存放到 s 中。同时将读写位置指针向前移动实际读取的字符串长度(≤n-1)字节。当从文件中读取第 n-1 个字符后或读取字符过程中遇到换行符'\n'后,函数返回。因此,s 中存放的字符串的长度不一定正好是 n-1。

返回值:如果操作成功,返回读取的字符串的指针;如果读到文件尾或出错,则返回 NULL。

(2) fputs 函数原型。

```
int fputs(char *s, FILE *filepointer);
```

功能：将 s 所表示的字符串写到文件指针 filepointer 所指向的文件中去，同时将读写位置指针向前移动字符串长度个字节。注意，fputs 函数不会将字符串结尾符 '\0' 写入文件，也不会自动向文件写入换行符，如果需要写入一行文本，s 字符串中必须包含 '\n'。

返回值：如果操作成功，则函数返回值就是最后写入文件的字符值；否则，返回 EOF。

【例 12-3】 向文件 wang.txt 中写入两行文本，然后分三次读出其内容。

```c
1   #include <stdio.h>
2   #include <stdlib.h>
3
4   int main()
5   {
6       FILE *fp1, *fp2;
7       char str[]="123456789";
8
9       fp1=fopen("wang.txt", "w");      //创建文本文件 wang.txt
10      if(fp1==NULL)                    //创建文件失败
11      {
12          printf("can not open file: wang.txt\n");
13          exit(0);
14      }
15
16      fputs(str, fp1);                 //将字符串"123456789"写入文件
17      fputs("\nabcd", fp1);            //写入第一行文本的换行符和下一行文本
18      fclose(fp1);                     //关闭文件
19
20      fp2=fopen("wang.txt", "rt");     //以只读方式打开 wang.txt 文件
21      fgets(str, 8, fp2);              //读取字符串,最大长度是 7,将是"1234567"
22      printf("%s\n", str);
23      fgets(str, 8, fp2);              //读取字符串,最大长度是 7,实际上将是"89\n"
24      printf("%s\n", str);
25      fgets(str, 8, fp2);              //读取字符串,最大长度是 7,实际上将是"abcd"
26      printf("%s\n", str);
27
28      fclose(fp2);                     //关闭打开的文件
29      return 0;
30  }
```

运行结果：

```
1234567
89

abcd
```

程序解释：
- 程序首先创建文本文件 wang.txt，如果创建失败，则给出提示信息，并退出系统（第

9～14 行)。
- 向文件 wang.txt 中写入两个字符串后,关闭文件(第 16～18 行),此时文件 wang.txt 中存放的信息如图 12-3 所示。

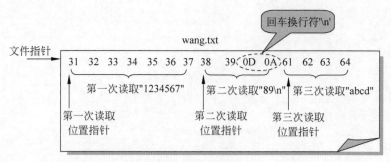

图 12-3 文件 wang.txt 中所存放字符的十六进制 ASCII 码形式

- 接下来以读的方式打开文件 wang.txt,读取其中 8−1＝7 个字符的字符串,放在字符数组 str 中,此时读取的字符串是"1234567",再读取 7 个字符的字符串,但因读取的过程中遇到了回车换行符'\n',所以实际读出的字符个数是 3,字符串为"89\n";最后读取 7 个字符的字符串,但因文件中只剩下 4 个字符,所以读取 4 个字符后文件就结束了,这样一来,读取的字符串实际上就是"abcd"(第 20～26 行)。
- 最后关闭文件 wang.txt(第 28 行)。

【思考题 12-2】 例 12-3 中的第 23 行如果改为 fgets(str,3,fp2);,则程序的输出是否发生变化? 写出程序的运行结果。

【例 12-4】 利用字符串读写函数实现文件复制。

```
1    #include <stdio.h>
2    #include <stdlib.h>
3
4    int main(int argc, char * argv[])
5    {
6      FILE * input, * output;      // input: 源文件指针; output: 目标文件指针
7      char string[81];
8
9      if(argc != 3)                               //参数个数不对
10     {
11       printf("the number of arguments not correct\n");
12       printf("\n Usage: 可执行文件名  source-file  dest-file");
13       exit(0);
14     }
15
16     if((input=fopen(argv[1],"r"))==NULL)        //打开源文件失败
17     {
```

```
18        printf("can not open source file\n");
19        exit(0);
20    }
21
22    if((output=fopen(argv[2],"w"))==NULL)   //创建目标文件失败
23    {
24        printf("can not create destination file\n");
25        exit(0);
26    }
27
28    //复制源文件到目标文件中
29    while(fgets(string, 81, input)!=NULL)
30        fputs(string, output);
31
32    fclose(input);        //关闭源文件
33    fclose(output);       //关闭目标文件
34    return 0;
35 }
```

微课视频

3. 数据块读写函数 fread 和 fwrite

C语言还提供了用于整块数据的读写函数 fread 和 fwrite,可用来读写一组数据,如一个数组元素、一个结构变量的值等。

(1) fread 函数原型。

unsigned fread(void * ptr, unsigned size, unsigned n, FILE * filepointer);

功能:从 filepointer 所指向的文件中读取 n 个数据项,每个数据项的大小是 size 字节,这些数据将被存放到 ptr 所指向的内存中。同时,将读写位置指针向前移动 n×size 字节。

返回值:如果操作成功,则函数返回值就是读取的数据项的个数(不是字节的个数);如果操作出错或遇到文件尾,则返回 0。

(2) fwrite 函数原型。

unsigned fwrite(void * ptr, unsigned size, unsigned n, FILE * filepointer);

功能:将 ptr 所指向的内存数据块(n 个大小为 size 字节的数据项)写入到 filepointer 所指向的文件中,实际要写入数据的字节数是 n×size。同时,将读写位置指针向前移动 n×size 字节。

返回值:如果操作成功,则函数返回值就是实际写入的数据项的个数(不是字节的个数);如果操作出错,则返回 0。

⚠ 注意:fread 和 fwrite 一般用于二进制文件的输入和输出。

【例 12-5】 将一个整型数组存放到文件中,然后从文件中读取数据到数组中并显示。

```
1    #include <stdio.h>
2    #include <stdlib.h>
3    #include <memory.h>
4
5    int main( )
6    {
7      FILE *fp;
8      short i, a[10]={0, 1, 2, 3, 4, 5, 6, 7, 8, 9};
9
10     fp=fopen("wang.dat", "wb");        //创建二进制文件 wang.dat
11     if(fp==NULL)                        //创建失败
12     {
13       printf("can not create file: wang.txt\n");
14       exit(0);
15     }
16     fwrite(a, sizeof(short), 10, fp);   //将数组 a 的 10 个整型数写入到文件中
17     fclose(fp);                         //关闭文件
18
19     fp=fopen("wang.dat", "rb");         //以读的方式打开二进制文件 wang.dat
20     if(fp==NULL)                        //打开失败
21     {
22       printf("can not open file: wang.dat\n");
23       exit(0);
24     }
25     memset(a, 0, 10*sizeof(short));     //将数组 a 的 10 个元素清 0
26     fread(a, sizeof(short), 10, fp);    //从文件中读取 10 个整型数据到数组 a
27     fclose(fp);                         //关闭文件
28
29     for(i=0; i<10; i++)                 //显示数组 a 的元素
30       printf("%d ", a[i]);
31     return 0;
32   }
```

运行结果:

```
0 1 2 3 4 5 6 7 8 9
```

二进制文件 wang.dat 中的存放信息如图 12-4 所示。

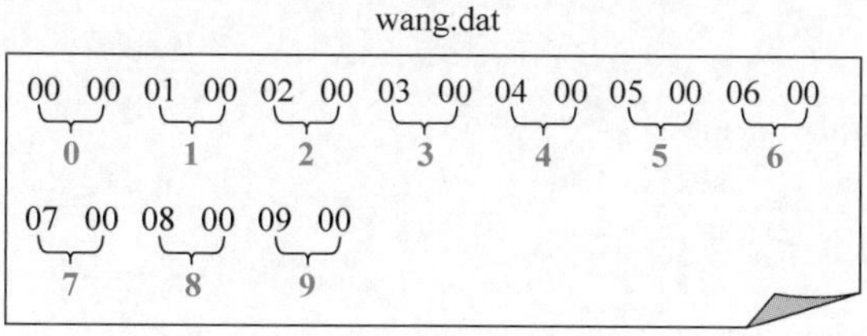

wang.dat

```
00 00  01 00  02 00  03 00  04 00  05 00  06 00
  0      1      2      3      4      5      6

07 00  08 00  09 00
  7      8      9
```

图 12-4 二进制文件 wang.dat 中所存放的数据(十六进制形式)

【例12-6】 将多个学生的基本信息存放到 student.dat 文件中,然后从文件中读出并显示。

```c
1    #include <stdio.h>
2    #include <stdlib.h>
3    #include <memory.h>
4
5    struct student_info
6    {
7      char no[9];
8      char name[10];
9      char sex;
10     int  age;
11     char address[20];
12   };
13   typedef struct student_info STUINFO;
14
15   void WriteToFile(STUINFO * pstu, int num);
16   void ReadFromFile(STUINFO * pstu, int num);
17
18   int main( )
19   {
20     int i, num;
21     STUINFO * pstu;
22
23     printf("input the number of students: ");      //输入学生人数
24     scanf("%d", &num);
25     fflush(stdin);
26
27     pstu = (STUINFO *) malloc(num * sizeof(STUINFO));   //动态分配内存
28     if(pstu == NULL)                                    //内存分配失败
29     {
30       printf("not enough memory\n");
31       return -1;
32     }
33
34     for(i=0; i<num; i++)                           //输入学生信息
35     {
36       printf("the %dth student: no=", i+1);
37       gets(pstu[i].no);
38       fflush(stdin);
39       printf("the %dth student: name=", i+1);
40       gets(pstu[i].name);
41       fflush(stdin);
42       printf("the %dth student: sex=", i+1);
43       scanf("%c", &pstu[i].sex);
44       fflush(stdin);
```

```
45        printf("the %dth student: age=", i+1);
46        scanf("%d", &pstu[i].age);
47        fflush(stdin);
48        printf("the %dth student: address=", i+1);
49        gets(pstu[i].address);
50        fflush(stdin);
51    }
52
53    WriteToFile(pstu, num);                          //将 pstu 所指向的学生信息写入文件中
54    memset(pstu, 0, num * sizeof(STUINFO));    //将 pstu 所指向的内存块清零
55    ReadFromFile(pstu, num);    //从文件中读取学生信息到 pstu 所指向的内存块中
56
57    //显示学生信息
58    printf("%10s%12s%6s%5s%20s\n","no","name","sex","age","address");
59    for(i=0; i < num; i++)
60        printf("%10s%12s%6c%5d%20s\n", pstu[i].no, pstu[i].name,
61                        pstu[i].sex, pstu[i].age, pstu[i].address);
62
63    free(pstu);                                      //释放动态分配的内存
64    return 0;
65 }
66
67 //将 pstu 所指向的学生信息写入文件 student.dat 中
68 void WriteToFile(STUINFO * pstu, int num)
69 {
70    FILE * fp;
71
72    fp=fopen("student.dat", "wb");
73    if(fp==NULL)
74    {
75       printf("can't create student.dat\n");
76       free(pstu);
77       exit(0);
78    }
79    fwrite(pstu, sizeof(STUINFO), num, fp);
80    fclose(fp);
81 }
82
83 //从文件 student.dat 中读取学生信息到 pstu 所指向的内存块中
84 void ReadFromFile(STUINFO * pstu, int num)
85 {
86    FILE * fp;
87
88    fp=fopen("student.dat", "rb");
89    if(fp==NULL)
90    {
91       printf("can't open student.dat\n");
92       free(pstu);
93       exit(0);
```

```
94        }
95        fread(pstu, sizeof(STUINFO), num, fp);
96        fclose(fp);
97    }
```

程序解释：

- 程序的第 5～13 行定义了结构类型 STUINFO，它包含学生的学号、姓名、性别、年龄和地址的信息。
- main 函数中首先获取学生的人数(第 23～25 行)，然后根据这个数值为学生信息的存放分配内存，如果分配失败，给出提示信息，程序终止，否则继续执行(第 27～32 行)。
- 第 34～51 行 for 循环的作用是获取学生信息，并将学生信息放在 pstu 所指向的内存中。
- 接下来调用函数 WriteToFile，该函数用于创建二进制文件 student.dat，如果创建失败，在退出系统前，要释放 pstu 所指向的内存，如果创建成功，则将 pstu 所指向的学生信息写入到文件中(第 67～81 行)。
- 再通过函数 memset 将 pstu 所指向的学生信息清 0(第 54 行)。
- 接着调用函数 ReadFromFile，该函数用于读取保存在 student.dat 文件中的学生信息，如果打开失败，要释放 pstu 所指向的内存，然后退出系统，否则，将学生信息从文件中读到 pstu 所指向的内存中(第 83～97 行)。
- 最后，显示学生基本信息，释放 pstu 所指内存块(第 63 行)。

4. 格式化读写函数 fscanf 和 fprinf

微课视频

C 语言提供了对文件进行格式化读写函数 fscanf 和 fprintf。二者的功能与前面学习的格式化输入、输出函数 scanf 和 printf 相似，区别在于 fscanf 和 fprintf 函数的操作对象是指定的文件，而 scanf 和 printf 函数的操作对象是标准输入(stdin)/输出(stdout)文件，即键盘和显示器。

(1) fscanf 函数原型。

```
int   fscanf(FILE *filepointer, const char *format[,address, …]);
```

功能：从 filepointer 所指向的文件中读取数据。除了多了一个文件指针的参数外，其他方面与 scanf 函数完全相同。

返回值：如果操作成功，则函数返回值就是读取的数据项的个数；如果操作出错或遇到文件尾，则返回 EOF。

(2) fprintf 函数原型。

```
int   fprintf(FILE *filepointer, const char *format[,address, …]);
```

功能：将表达式输出到 filepointer 所指向的文件中。除了多了一个文件指针的参数外,其他方面与 printf 函数完全相同。

返回值:如果操作成功,则函数返回值就是写入到文件中数据的字节个数;如果操作出错,则返回 EOF。

例如:

```
fprintf(fp, "%d,%6.2f", i, t);      //将 i 和 t 按%d, %6.2f 格式输出到 fp 文件
fscanf(fp, "%d,%f", &i, &t);        //若文件中有 3, 4.5,则将 3 送入 i,4.5 送入 t
```

【例 12-7】 将变量的值格式化写入文件中,然后从文件中格式化读出并显示。

```
1    #include <stdio.h>
2    #include <stdlib.h>
3
4    int main( )
5    {
6      int i=3;
7      float f=(float)9.8;
8      FILE *fp;
9
10     fp=fopen("wang.txt", "w");           //创建文本文件 wang.txt
11     if(fp==NULL)                         //创建失败
12     {
13       printf("can't create file: wang.dat\n");
14       exit(0);
15     }
16     fprintf(fp, "%2d,%6.2f", i, f);      //将变量 i 和 f 的值格式化输出到文件中
17     fclose(fp);                          //关闭文件
18
19     fp=fopen("wang.txt", "r");           //以读的方式打开文件 wang.txt
20     if(fp==NULL)                         //打开失败
21     {
22       printf("can't open file: wang.dat\n");
23       exit(0);
24     }
25     i=0;                                 //i 清 0
26     f=0;                                 //f 清 0
27     fscanf(fp, "%d,%f", &i, &f);         //从文件中读取数值到变量 i 和 f
28     fclose(fp);                          //关闭文件
29
30     printf("i=%2d, f=%6.2f\n", i, f);    //显示从文件中读取的变量 i 和 f 的值
31     return 0;
32   }
```

运行结果:

```
i=  3, f=  9.80
```

文本文件 wang.txt 中的存放信息如图 12-5 所示。

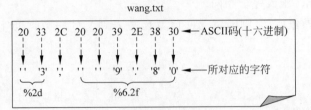

图 12-5 文本文件 wang.txt 中所存放的数据(十六进制 ASCII 码形式)

> ⚠ **注意**：文件格式化输出函数 fprintf 总是以字符串的形式将数据信息存放到文件中，而不是以数值的形式存放到文件中，不管打开的是文本文件还是二进制文件。

> ❓【思考题 12-3】 例 12-7 中的第 27 行如果改为 fscanf(fp,"%d%f",&i,&f);，则程序的输出是否发生变化？写出程序的运行结果。

微课视频

12.5.3 文件读写函数选用原则

从功能角度来说，fread( )和 fwrite( )函数可以完成文件的任何数据读/写操作。但为方便起见，依下列原则选用：

- 读/写 1 个字符（或字节）数据时：选用 fgetc( )和 fputc( )函数。
- 读/写 1 个字符串时：选用 fgets( )和 fputs( )函数。
- 读/写 1 个（或多个）不含格式的数据时：选用 fread( )和 fwrite( )函数。
- 读/写 1 个（或多个）含格式的数据时：选用 fscanf( )和 fprintf( )函数。

对使用文件类型的要求：

- fgetc( )和 fputc( )函数主要对文本文件进行读写，但也可对二进制文件进行读写。
- fgets( )和 fputs( )函数主要对文本文件进行读写，对二进制文件操作无意义。
- fread( )和 fwrite( )函数主要对二进制文件进行读写，但也可对文本文件进行读写。
- fscanf( )和 fprintf( )函数主要对文本文件进行读写，对二进制文件操作无意义。

12.6 文件的定位读写

前面介绍的对文件的读写方式都是顺序读写，即读写文件只能从头开始，顺序读写文件中各个数据。但在实际问题中常要求只读写文件中某一指定部分的数据。为了解决这个问题，可移动文件内部的位置指针到需要读写的位置，再进行读写，这种读写称为随机读写。实现随机读写的关键是要按要求移动位置指针，这称为文件的定位。移动文件读写位置指针的函数主要有 rewind、fseek 等。如果想知道当前文件读写位置指针的位置，可以通过调用 ftell 函数来获得。

文件的位置指针的最小值是 0，最大值是文件的长度。文件被打开时，文件的位置指针位于文件首部，随着数据的读写，文件的位置指针会向后移动。

(1) rewind 函数原型。

```
void rewind(FILE * filepointer);
```

功能：将 filepointer 所指向的文件的读写位置指针重新置回到文件首部。
返回值：无。
其运行效果如图 12-6 所示。

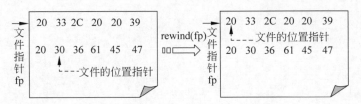

图 12-6　rewind 函数执行效果示意图

(2) fseek 函数原型。

```
int   fseek(FILE * filepointer, long offset, int whence)
```

功能：将 filepointer 所指向的文件的读写位置指针移动到特定的位置。这个特定的位置由 whence 和 offset 决定，即将位置指针移到距离 whence 的 offset 字节处。whence 的值如表 12-2 所示。如果 offset 为正值，表明新的位置在 whence 的后面，如果 offset 是负值，表明新的位置在 whence 的前面。

表 12-2　whence 的常量值及含义

whence 的常量值	数值	含　　义
SEEK_SET	0	文件的开始处
SEEK_CUR	1	文件位置指针的当前位置
SEEK_END	2	文件的末尾

返回值：如果操作成功，返回值为 0，否则返回一个非 0 值。
例如：

```
fseek(fp, -20L, 2);         //将文件位置指针从文件末尾处往后移动 20 字节
fseek(fp, 20L, SEEK_CUR);   //将文件位置指针从当前位置往前移动 20 字节
fseek(fp, -20L, 1);         //将文件位置指针从当前位置往后移动 20 字节
fseek(fp, 20L, SEEK_SET);   //将文件位置指针从文件开始处往前移动 20 字节
```

(3) ftell 函数原型。

```
long   ftell(FILE * filepointer)
```

功能：返回 filepointer 所指向的文件的当前读写位置指针的值（用相对文件开头的位移量表示）。

返回值:如果操作成功,返回当前位置指针的值,如果出错,否则返回−1L。

【例12-8】 磁盘文件上有3个学生数据,要求读入第1个和第3个学生数据并显示。

```c
1    #include <stdio.h>
2    #include <stdlib.h>
3    #include <memory.h>
4    
5    struct student_info
6    {
7        char no[9];
8        char name[10];
9        char sex;
10       int  age;
11       char depart[15];
12   }stu[3]={ {"0001", "WangFei", 'M', 18, "Computer"},
13             {"0002", "ZhangMin", 'M', 19, "Math"},
14             {"0003", "LiYan", 'F', 19, "English"} };
15   
16   int main()
17   {
18       int i;
19       FILE *fp;
20   
21       fp=fopen("student.dat", "wb+");    //以读写方式打开二进制文件
22       if(fp==NULL)                        //打开失败
23       {
24           printf("can't create file: student.dat\n");
25           exit(0);
26       }
27       fwrite(stu, sizeof(struct student_info), 3, fp);  //将学生信息写入到文件中
28       rewind(fp);         //将文件位置指针置回到文件头
29   
30       memset(stu, 0, 3*sizeof(struct student_info));  //清除学生信息
31       for(i=0; i<3; i+=2)  //读第1个和第3个学生的信息到结构数组stu中
32       {
33           fseek(fp, i*sizeof(struct student_info), SEEK_SET);  //文件位置指针定位
34           fread(&stu[i], sizeof(struct student_info), 1, fp);  //读取一个学生的信息
35           printf("%12s%14s%5c%5d%15s\n", stu[i].no, stu[i].name,
36                                            stu[i].sex, stu[i].age, stu[i].depart);
37       }
38   
39       fclose(fp);                                              //关闭文件
40       return 0;
41   }
```

运行结果：

```
0001    WangFei    M    18    Computer
0003    LiYan      F    19    English
```

程序解释：

- 程序开始定义了学生结构体类型 student_info，它包含学生的学号、姓名、性别、年龄和系别的信息。以该结构体定义了 3 个学生的结构体数组 stu，并对该数组赋初始值（第 5～14 行）。
- 在 main 函数中首先以读写方式打开二进制文件 student.dat，因为首先要创建该文件，所以要以写的方式打开，而后面又要从该文件中读取学生信息，必须还具备能够进行读的操作，所以文件的打开方式是"wb+"，如果打开失败，则退出系统（第 21～26 行），否则将 3 个学生的基本信息写入到文件 student.dat 中（第 27 行）。
- 第 28 行是将文件位置指针重新置回到文件头，为后面的读文件进行准备。因为将学生信息写入到文件以后，文件位置指针指向了文件尾，所以后面要从头读文件必须将位置指针置回文件头。
- 接下来就是先将结构数组 stu 清零，然后读取第 1 个和第 3 个学生的信息，分别放入 stu[0] 和 stu[2] 中；文件位置指针定位总是从文件头（SEEK_SET）开始向前移动 i * sizeof(struct student_info) 字节，再进行显示（第 30～37 行）。
- 最后关闭文件。

【例 12-9】 求文件的长度。

```
1    #include <stdio.h>
2    #include <stdlib.h>
3
4    int main(int argc, char * argv[])
5    {
6        FILE * fp;
7        long length;
8
9        if(argc != 2)                        //命令行参数有误
10       {
11           printf("Useage: 执行文件名   filename\n");
12           exit(0);
13       }
14
15       fp = fopen(argv[1], "rb");           //以读的方式打开文件
16       if(fp == NULL)                       //打开文件失败
17       {
18           printf("file not found!\n");
19           exit(0);
20       }
21       fseek(fp, 0L, SEEK_END);             //文件位置指针指向文件尾
22       length = ftell(fp);                  //取文件位置指针当前的位置，即文件的长度
```

```
23        printf("Length of File is %ld bytes\n", length);    //显示文件长度
24        fclose(fp);    //关闭文件
25        return 0;
26    }
```

程序解释：

- 该程序是通过命令行参数获得所求文件长度的文件名 argv[1]，参数的个数必须为 2，否则命令行格式错，系统退出（第 9~13 行）。
- 接着以读的方式打开该文件，如果打开失败，退出系统；否则将文件位置指针置于文件尾，再通过 ftell 函数获取当前文件位置指针的位置，也就是文件的长度（第 15~22 行）。
- 最后，显示该文件的长度，关闭文件（第 23~24 行）。

⚠ 注意：fseek 函数一般用于二进制文件。在文本文件中由于要进行转换，故往往计算的位置会出现错误。

12.7 文件应用综合举例

【例 12-10】 文件加密/解密。

```
1     #include <stdio.h>
2     #include <stdlib.h>
3
4     #define  KEY  0xFA
5
6     int main(int argc, char * argv[])
7     {
8         FILE *fpr, *fpw;
9         char ch, k=(char)KEY;
10
11        if(argc !=3 || *argv[2] != '+' && *argv[2] != '-')    //命令行参数有误
12        {
13            printf("Useage: 执行文件名  filename+/-\n");
14            exit(0);
15        }
16
17        fpr=fopen(argv[1], "rb");              //以读的方式打开文件
18        if(fpr==NULL)                          //打开文件失败
19        {
20            printf("file: %s not found!\n", argv[1]);
21            exit(0);
22        }
23        fpw=fopen(argv[1], "rb+");             //以读写的方式打开文件
```

```
24      if(fpw==NULL)                    //打开文件失败
25      {
26        printf("file: %s not found!\n", argv[1]);
27        exit(0);
28      }
29
30      while((ch=fgetc(fpr))!=EOF)
31      {
32        fputc(ch^k, fpw);
33        k=(*argv[2]=='+') ? ch : ch^k;
34      }
35
36      fclose(fpr);                     //关闭文件
37      fclose(fpw);                     //关闭文件
38      return 0;
39  }
```

程序解释：

- 该程序以命令行的形式给出加密/解密文件名 aegv[1]及加密/解密方式 argv[2]，argv[2]为"＋"表示对文件加密，为"－"表示对文件解密；命令行参数必须是3，否则给出提示信息，系统退出（第11～15行）。
- 程序中定义了两个文件指针：fpr 用于读文件，fpw 用于写文件（第8行），分别以读和写的方式打开要加密/解密的文件。注意 fpw 所指向的文件打开方式是"rb+"，不能写成"wb"，因为"wb"方式打开文件将创建或覆盖文件，原文件的内容将丢失。如果打开文件失败，则给出错误信息，系统退出（第17～28行）。
- 文件的加密方法是最初将 KEY 的值与文件中的第一个字节进行异或操作后写入文件中，文件后面的字节值是将前一字节值（原始字节值）与其进行异或而成，直到文件结束为止。解密的方法与加密的方法是一样的，因为 ch^k^k 等于 ch（第30～34行）。
- 最后关闭文件（第36～37行）。

12.8 本章小结及常见错误列举

微课视频

本章小结如下：

(1) C语言系统把文件当作一个"流"，按字节进行处理。
(2) C语言文件按编码方式分为二进制文件和 ASCII 文件。
(3) C语言中，用文件指针标识文件，当一个文件被打开时，可取得该文件指针。
(4) C语言在对文件进行操作时，必须遵从"打开（创建）→读写→关闭"的操作流程，即首先调用 fopen 函数打开文件，然后调用 fgetc、fputc、fgets、fputs、fread、fwrite、fprintf、fscanf 等函数进行数据读写，最后调用 fclose 函数关闭文件。
(5) 对文件操作要养成一个好的习惯：打开文件时，一定要检查 fopen 函数返回的文件指针是否是 NULL。如果不做文件指针合法性检查，一旦文件打开失败，就会造成野指针操作，严重时会导致系统崩溃。

（6）文件可按只读、只写、读写、追加四种操作方式打开，同时还必须指定文件的类型是二进制文件还是文本文件。

（7）文件可按字节、字符串、数据块为单位来读写，文件也可按指定的格式进行读写。

（8）文件内部的读写位置指针可指示当前的读写位置，移动该指针可以对文件实现随机读写。

在操作文件时，常见的错误有以下几种。

（1）文件读写操作完成后，不关闭文件。

不关闭文件将使程序耗尽操作系统提供的文件句柄资源，最终使包含文件操作的应用程序无法运行。

（2）文件的读写操作与打开方式不符。

程序员在打开文件时需要指定文件的操作类型，但有时因疏忽导致程序对文件操作方式与打开文件的方式不符，而使得文件操作失败。例如：

```
FILE *fp;
int a;
fp=fopen("wang.dat","wb");     //创建文件准备写入
fscanf(fp,"%d",&a);            //却从文件中读取数据，操作会失败
```

（3）文件打开方式字符顺序错乱。

打开文件方式的字符串只能包含两类字符，一类是操作类型符，如 w、r、a，另一类是文件类型符，如 t、b；操作类型符在前，文件类型符在后；文件类型符可以省略，表示文本文件，但操作类型符不可省略。例如：

```
FILE *fp;
fp=fopen("wang.dat","bw");     //创建文件准备写入，但会失败。应将"bw"改为"wb"
```

 习题 12

自测题

1. 选择题

（1）fscanf 函数的正确调用形式是（　　）。

　　A. fscanf(fp,格式字符串,输出表列);
　　B. fscanf(格式字符串,输出表列,fp);
　　C. fscanf(格式字符串,文件指针,输出表列);
　　D. fscanf(文件指针,格式字符串,输入表列);

（2）函数 rewind 的作用是（　　）。

　　A. 使位置指针重新返回文件的开头
　　B. 将位置指针指向文件中所要求的特定位置
　　C. 使位置指针指向文件的末尾

D. 使位置指针自动移至下一个字符位置

（3）fseek 函数的正确调用形式是（　　）。

　　A. fseek(文件类型指针,起始点,位移量)

　　B. fseek(fp,位移量,起始点)

　　C. fseek(位移量,起始点,fp)

　　D. fseek(起始点,位移量,文件类型指针)

（4）利用 fseek 函数可以实现的操作是（　　）。

　　A. 改变文件的位置指针　　　　　　B. 文件的顺序读写

　　C. 文件的随机读写　　　　　　　　D. 以上答案均正确

（5）函数调用语句：fseek(fp,-20L,2);的含义是（　　）。

　　A. 将文件位置指针移到距离文件头 20 字节处

　　B. 将文件位置指针从当前位置向后移动 20 字节

　　C. 将文件位置指针从文件末尾处退后 20 字节

　　D. 将文件位置指针移到离当前位置 20 字节处

（6）设有以下结构体类型：

struct st { char name[8]; int num; float s[4]; } student[50];

并且结构体数组 student 中的元素都已有值,若要将这些元素写到硬盘文件 fp 中,以下不正确的形式是（　　）。

　　A. fwrite(student, sizeof(struct st), 50, fp);

　　B. fwrite(student, 50 * sizeof(struct st), 1, fp);

　　C. fwirte(student, 25 * sizeof(struct st), 25, fp);

　　D. for(i=0; i<50; i++)

　　　　　fwrite(student+i, sizeof(struct st), 1, fp);

（7）若调用 fputc 函数输出字符成功,则其返回值是（　　）。

　　A. EOF　　　　　　B. 1　　　　　　C. 0　　　　　　D. 输出的字符

（8）系统的标准输入文件是指（　　）。

　　A. 键盘　　　　　　B. 显示器　　　　　　C. 软盘　　　　　　D. 硬盘

（9）若有以下定义和说明：

struct std { char num[6];   char name[8];   float mark[4]; } a[30];
FILE *fp;

设文件中以二进制形式存有 10 个班的学生数据,且已正确打开,文件指针定位于文件开头。若要从文件中读出 30 个学生的数据放入 a 数组中,以下不能实现此功能的语句是（　　）。

　　A. for(i=0; i<30; i++)　　fread(&a[i], sizeof(struct std), 1L, fp);

　　B. for(i=0; i<30; i++)　　fread(a+i, sizeof(struct std), 1L, fp);

　　C. fread(a, sizeof(struct std), 30L, fp);

　　D. for(i=0; i<30; i++)　　fread(a[i], sizeof(struct std), 1L, fp);

（10）若执行 fopen 函数时发生错误,则函数的返回值是（　　）。

　　　　A. 地址值　　　　　B. 0　　　　　　　C. 1　　　　　　　　D. EOF

(11) 当顺利执行了文件关闭操作时,fclose 函数的返回值是(　　)。

　　　　A. -1　　　　　　B. TRUE　　　　　C. 0　　　　　　　　D. 1

(12) 若以"a+"方式打开一个已存在的文件,则以下叙述正确的是(　　)。

　　　　A. 文件打开时,原有文件内容不被删除,位置指针移到文件末尾,可进行添加和读操作

　　　　B. 文件打开时,原有文件内容不被删除,位置指针移到文件开头,可进行重写和读操作

　　　　C. 文件打开时,原有文件内容被删除,只可进行写操作

　　　　D. 以上各种说法皆不正确

(13) 若要用 fopen 函数打开一个新的二进制文件,该文件要既能读也能写,则文件方式字符串应是(　　)。

　　　　A. "ab++"　　　　B. "wb+"　　　　C. "rb+"　　　　　　D. "ab"

(14) 以下可作为函数 fopen 中第一个参数的正确格式是(　　)。

　　　　A. c:user\text.txt　　　　　　　　　B. c:\user\text.txt
　　　　C. "c:\user\text.txt"　　　　　　　　D. "c:\\user\\text.txt"

(15) fgetc 函数的作用是从指定文件读入一个字符,该文件的打开方式必须是(　　)。

　　　　A. 只写　　　　　B. 追加　　　　　C. 读或读写　　　　D. B 和 C 都正确

(16) 若 fp 是指向某文件的指针,且已读到此文件末尾,则库函数 feof(fp) 的返回值是(　　)。

　　　　A. EOF　　　　　B. 0　　　　　　　C. 非零值　　　　　D. NULL

(17) 若要打开 A 盘上 user 子目录下名为 abc.txt 的文本文件进行读、写操作。下面符合此要求的函数调用是(　　)。

　　　　A. fopen("A:\user\abc.txt", "r")
　　　　B. fopen("A:\\user\\abc.txt", "r+")
　　　　C. fopen("A:\user\abc.txt", "rb")
　　　　D. fopen("A:\\user\\abc.txt", "w")

(18) 下面的程序执行后,文件 test.txt 中的内容是(　　)。

```
#include <stdio.h>
void fun(char * fname, char * st)
{
  FILE * myf;  int i;
  myf=fopen(fname, "w");
  for(i=0; i<strlen(st); i++)   fputc(st[i], myf);
  fclose(myf);
}
int main( )
{
  fun("test.txt", "new world");
  fun("test.txt", "hello,");
  return 0;
}
```

A. hello, B. new worldhello, C. new world D. hello, rld

(19) 以下叙述中错误的是（　　）。

A. 二进制文件打开后可以先读文件的末尾,而顺序文件不可以

B. 在程序结束时,应当用 fclose 函数关闭已打开的文件

C. 在利用 fread 函数从二进制文件中读数据时,可以用数组名给数组中所有元素读入数据

D. 可以用 FILE 定义指向二进制文件的文件指针

(20) 函数 ftell(fp) 的作用是（　　）。

A. 得到流式文件中的当前位置　　　B. 移到流式文件的位置指针

C. 初始化流式文件的位置指针　　　D. 以上答案均正确

(21) 在 C 程序中,可把整型数以二进制形式存放到文件中的函数是（　　）。

A. fprintf 函数　　B. fread 函数　　C. fwrite 函数　　D. fputc 函数

(22) 以下程序运行后的输出结果是（　　）。

```
int main( )
{
  FILE *fp;  int i=20, j=30, k, n;
  fp=fopen("d1.dat", "w");
  fprintf(fp, "%d\n", i);  fprintf(fp, "%d\n", j);
  fclose(fp);
  fp=fopen("d1.dat", "r");
  fscanf(fp, "%d%d", &k, &n);  printf("%d, %d\n", k, n);
  fclose(fp);
  return 0;
}
```

A. 20，30　　B. 20,50　　C. 30,50　　D. 30，20

(23) 已知函数的调用形式：fread(buffer, size, count, fp);其中 buffer 代表的是（　　）。

A. 一个整数,代表要读入的数据项总数

B. 一个文件指针,指向要读的文件

C. 一个指针,指向要读入数据的存放地址

D. 一个存储区,存放要读的数据项

(24) fwrite 函数的一般调用形式是（　　）。

A. fwrite(buffer,count,size,fp);　　B. fwrite(fp,size,count,buffer);

C. fwrite(fp,count,size,buffer);　　D. fwrite(buffer,size,count,fp);

(25) 标准库函数 fgets(p1,k,f1) 的功能是（　　）。

A. 从 f1 所指的文件中读取长度为 k 的字符串存入指针 p1 所指的内存

B. 从 f1 所指的文件中读取长度不超过 k-1 的字符串存入指针 p1 所指的内存

C. 从 f1 所指的文件中读取 k 个字符串存入指针 p1 所指的内存

D. 从 f1 所指的文件中读取长度为 k-1 的字符串存入指针 p1 所指的内存

2. 程序填空题

(1) 下面程序的功能是将一个磁盘中的二进制文件复制到另一个磁盘中,两个文件名

随命令行一起输入,输入时原有文件的文件名在前,新复制文件的文件名在后,请在_____处填入适当内容。

```c
#include <stdio.h>
int main(int argc, char *argv[])
{
    FILE *old, *new;
    char ch;
    if(argc != 3)
    {
        printf("You forgot to enter a filename\n");
        exit(0);
    }
    if((old=fopen(_____))==NULL)
    {
        printf("cannot open infile\n");
        exit(0);
    }
    if((new=fopen(_____))==NULL)
    {
        printf("cannot open outfile\n");
        exit(0);
    }
    while(!feof(old))   fputc(_____, new);
    fclose(old);
    fclose(new);
    return 0;
}
```

(2) 以下程序将从终端上读入的 10 个整数以二进制方式写入一个名为"bi.dat"的新文件中,请在_____处填入适当内容。

```c
#include <stdio.h>
int main()
{
    int i, j;
    if((fp=fopen(_____, "wb"))==NULL)
        exit(0);
    for(i=0; i<10; i++)
    {
        scanf("%d", &j);
        fwrite(_____, sizeof(int), 1, _____);
    }
    fclose(fp);
    return 0;
}
```

(3) 以下程序的功能是:从键盘上输入一个字符串,把该字符串中的小写字母转换成大写字母,输出到文件 test.txt 中,然后从该文件读出字符串并显示出来,请填空。

```c
#include <stdio.h>
```

```
int main( )
{
    FILE *fp;
    char str[100];
    int i=0;
    if((fp=fopen("test.txt", _____))==NULL)
    {   printf("Can't open this file.\n");   exit(0);   }
    printf("Input a string: \n");
    gets(str);
    while(str[i])
    {
        if(str[i]>='a' && str[i]<='z')
            str[i]=_____;
        fputc(str[i], fp);
        i++;
    }
    fclose(fp);
    fp=fopen("test.txt", _____);
    fgets(str, 100, fp);
    printf("%s\n", str);
    fclose(fp);
    return 0;
}
```

(4) 用以下程序把从键盘输入的字符存放到一个文件中，用字符#作为结束符，请按题意要求填空完善程序。

```
#include <stdio.h>
int main( )
{
    FILE *fp;
    char ch, fname[10];
    printf("Input the name of file:\n");
    gets(fname);
    if((fp=fopen(_____))==NULL)
    {
        printf("can't open file\n");
        _____;
    }
    while((ch=getchar())!='#')
        fputc(_____);
    fclose(fp);
    return 0;
}
```

3. 编程题

(1) 编写一程序其功能是显示指定的文本文件，在显示文件内容时同时加上行号。

(2) 编写一程序其功能是将两个文件的内容合并到一个文件中，并显示合并后的文件内容。三个文件名随命令行一起输入，输入时原有两文件的文件名在前，合并文件的文件名在后。

(3) 编写文本文件显示程序,在命令行中指定文本文件显示的范围,如下所示:

type　filename　m　n↙

其中,type 为执行文件名,filename 是要显示的文本文件名,m 和 n 指定了显示的范围,即显示从 m 行到 n 行的内容,当 m 和 n 不指定时,则显示文件的全部内容。

(4) 有一张成绩表,如表 12-3 所示,表名为 score_tab.txt,文件类型为文本文件,其结构为:学号 no(10 位数字),姓名 name(20 个字符以内,中间没有空格),分数 score(3 位数以内),所用时间 time(3 位数以内),彼此之间以一个空格分隔。要求分数按降序排列,分数相同则按所用时间升序排列,并输出名次。如果分数、所用时间均相同,则以相同名次输出,如表 12-4 所示。

表 12-3　成绩表(文件为 score_tab.txt)

学　号	姓　　名	分　数	时　间(min)
1234567890	Tom	90	10
2342534524	John	100	10
3243424324	Wang Jinghua	123	15
5656565656	Zhang San	100	26
3612536273	Zhang Sen	123	59
7352735255	Guo Jia	30	60
2757577577	Tan Sheng	100	10
9734289772	Liu Liang	67	26

表 12-4　输出结果

名　次	学　号	姓　　名	分　数	时　间(min)
1	3243424324	Wang Jinghua	123	15
2	3612536273	Zhang Sen	123	59
3	2342534524	John	100	10
3	2757577577	Tan Sheng	100	10
4	5656565656	Zhang San	100	26
5	1234567890	Tom	90	10
6	9734289772	Liu Liang	67	26
7	7352735255	Guo Jia	30	60

(5) 文件 student.dat 中存放着一年级学生的基本信息,这些信息由以下结构体来描述。

```
struct student
{
    long int num;           //学号
    char name[10];          //姓名
```

```
    int age;                //年龄
    char sex;               //性别
    char speciality[20];    //专业
    char addr[40];          //住址
};
```

请编写程序,输出学号为 970101~970135 的学生学号、姓名、年龄和性别。

附　录

附录 A　常见问题解答

附录 B　常用标准库函数

附录 C　C语言的关键字

附录 D　运算符和结合性

附录 E　ASCII 码

参 考 文 献

[1] 杨开城,张志坤.C语言程序设计教程、实验与练习[M].北京:人民邮电出版社,2002.
[2] 苏小红,等.C语言大学实用教程[M].2版.北京:电子工业出版社,2008.
[3] 吴文虎.程序设计基础[M].2版.北京:清华大学出版社,2004.
[4] 谭浩强.C程序设计教程[M].北京:清华大学出版社,2008.
[5] Schildt H.C语言大全.王子恢,戴健鹏,等译.4版.北京:电子工业出版社,2001.
[6] Deitel H M,Deitel P J.C程序设计教程[M].薛万鹏,等译.北京:机械工业出版社,2000.
[7] 谭浩强.C程序设计[M].5版.北京:清华大学出版社,2017.
[8] 王敬华,等.C语言程序设计教程[M].2版.北京:清华大学出版社,2009.
[9] 王敬华,等.C语言程序设计教程(第二版)习题解答与实验指导[M].北京:清华大学出版社,2009.

图书资源支持

感谢您一直以来对清华版图书的支持和爱护。为了配合本书的使用,本书提供配套的资源,有需求的读者请扫描下方的"书圈"微信公众号二维码,在图书专区下载,也可以拨打电话或发送电子邮件咨询。

如果您在使用本书的过程中遇到了什么问题,或者有相关图书出版计划,也请您发邮件告诉我们,以便我们更好地为您服务。

我们的联系方式:

清华大学出版社计算机与信息分社网站:https://www.shuimushuhui.com/

地　　址:北京市海淀区双清路学研大厦 A 座 714

邮　　编:100084

电　　话:010-83470236　010-83470237

客服邮箱:2301891038@qq.com

QQ:2301891038(请写明您的单位和姓名)

资源下载: 关注公众号"书圈"下载配套资源。

资源下载、样书申请

书 圈

图书案例

清华计算机学堂

观看课程直播